高等职业院校教学改革创新示范教材

办公自动化应用案例教程
（Office2013）（第3版）

宋玲玲　王永强　主　编

段学霞　罗锋华　李　伟　副主编

電子工業出版社

Publishing House of Electronics Industry

北京·BEIJING

内 容 简 介

全书以“任务”为引领，以办公典型工作任务为主线，循序渐进地讲解了办公自动化技术在现代办公中的应用。全书针对办公日常事务处理、文书处理、数据分析与处理、演示文稿策划与制作、图像处理、网络办公等办公自动化实际应用，主要介绍了常用办公软件的使用、现代办公设备的使用与维护和 Internet 相关知识。

本书编写模式新颖、层次分明、立足应用，充分考虑了高职学生的认知特点。全书共选取了 13 个实际工作任务、39 个拓展实训任务和 13 个综合实践任务，所选案例都具有很强的典型性和实用性。本书采用三层递进的编写方式，更加符合学生的认知规律和能力形成规律。同时本书配有在线课程、微课视频、电子课件、任务素材、课程标准、扩展案例、PPT 模板、办公辅助参考资料等教学资源，便于教学和读者自学。

本书可以作为文秘类、管理类、信息类、计算机类等专业高职高专办公自动化课程的教材或教学参考书，也可以作为办公自动化社会培训教材，以及各行业办公人员的自学用书。

图书在版编目（CIP）数据

办公自动化应用案例教程：Office2013/宋玲玲，王永强主编. —3 版. —北京：电子工业出版社，2017.7
高等职业院校教学改革创新示范教材
ISBN 978-7-121-31647-0

Ⅰ. ①办… Ⅱ. ①宋… ②王… Ⅲ. ①办公自动化－应用软件－高等职业教育－教材
Ⅳ. ①TP317.1

中国版本图书馆 CIP 数据核字（2017）第 122237 号

策划编辑：左　雅
责任编辑：左　雅
印　　刷：北京七彩京通数码快印有限公司
装　　订：北京七彩京通数码快印有限公司
出版发行：电子工业出版社
　　　　　北京市海淀区万寿路 173 信箱　邮编　100036
开　　本：787×1 092　1/16　印张：20.5　字数：525 千字
版　　次：2011 年 1 月第 1 版
　　　　　2017 年 7 月第 3 版
印　　次：2025 年 1 月第 14 次印刷
定　　价：43.00 元

凡所购买电子工业出版社图书有缺损问题，请向购买书店调换。若书店售缺，请与本社发行部联系，联系及邮购电话：（010）88254888，88258888。

质量投诉请发邮件至 zlts@phei.com.cn，盗版侵权举报请发邮件至 dbqq@phei.com.cn。

本书咨询联系方式：（010）88254580，zuoya@phei.com.cn。

第 3 版前言

随着计算机技术的发展，办公应用早已走进了互联网时代，随时随地可以接入云端管理各种文档资料。作为最流行和最常用的办公软件，Microsoft Office 也在不断升级更新，为用户提供更好的应用体验和技术引领。在保持原有特点的基础上，针对 Office 2013 加强及新增功能，对第 2 版进行了改版。新版教材既保持了原版内容的实用性和典型性，又体现了 Office 2013 新版本的特点、新增功能，力求做到设计思路清晰、内容新颖别致、功能与时俱进。

第 3 版主要做了如下修订。

1．针对 Office 2013 新增功能，增加了诸如云存储、图片处理、数据透视表等新内容。

2．新增 Photoshop 图像处理内容。

3．精心选取和设计任务承载案例，重新编写 PowerPoint 内容。

4．更新部分实训，完善和增加部分拓展实训案例。

为了拓展和补充相关知识，使读者实现立体学习，第 3 版丰富了在线资源内容。本书提供 SPOC 在线课程和 114 段微课视频，请在封面和书中二维码处扫描学习。除电子课件、任务素材、课程标准外，还提供了 4 个扩展教学案例，并且有针对性地精选了“办公辅助参考资料”供读者自主学习。（教学资源请登录**华信教育资源网 http://www.hxedu.com.cn** 免费下载。）

扩展教学案例内容如下：

✧ 扩展案例 1 产品生产方案的优化设计，见 217 页；

✧ 扩展案例 2 组建及运用办公局域网，见 315 页；

✧ 扩展案例 3 网上交流与电子商务，见 315 页；

✧ 扩展案例 4 传真机的使用与维护，见 111 页。

“办公辅助参考资料”不仅是学习资料，而且是实用的模板，能使读者轻松玩转手头工作，主要包含如下几个部分。

（1）PPT 模板，让你的展示更加富丽多彩：

✧ 标题模板——常用各种标题式样集锦；

✧ 封面模板——各种式样 PPT 首页集锦；

✧ 目录模板——各种式样精美目录页集锦；

✧ 企业模板——公司简介例样；

✧ 流程-关系-时间线模板——各种式样的时间流程示意图；

✧ 简约美观-流程图-箭头模板——各种式样流程图、多彩箭头图形。

（2）Exel 常用函数用法解析，让你不用为了找函数用法而费神费力。

（3）Word-Excel-PPT-PS 快捷键，让你提高工作效率。

（4）办公规章制度与表格，帮助你起草企业文档。

本书由宋玲玲主持修订并统稿，由宋玲玲、王永强任主编，由段学霞、罗锋华、李伟任副主编。其中，任务 1 至任务 3 由山东滨州职业学院宋玲玲完成修订，任务 4 和 4 个扩展案例由哈尔滨职业技术学院王永强完成修订；任务 5、任务 6 江西现代职业技术学院罗锋华完成修订；任务 7 由江西现代职业技术学院李伟完成修订；任务 8 至任务 10 由山东滨州职业学院段学霞完成修订。另外，宋玲玲编写了新增的 Photoshop 内容（任务 13），并对 PowerPoint 内容（任务

11、任务12）进行了重新编写。参与本书部分案例及拓展实训编写的还有丁银军、孔凡斌、宋志平、赵雪峰、张秀玲、李和明、崔海军、展斌、张功。本书在编写过程中，得到了电子工业出版社左雅编辑的大力支持，在此深表谢意！

由于编写时间仓促，水平有限，书中难免出现错误或不妥之处，恳请读者批评指正，提出宝贵建议，在此深表感谢！编者邮箱：sdbzslling@126.com。

编　者
2017年5月

第 2 版前言

《办公自动化应用案例教程》自 2011 年出版以来，被众多全国各类高等院校所选用，经过几年的教学实践检验，受到了广大师生和读者的认可和欢迎。同时，在教材的使用过程中我们也获得了很多读者提出的改进意见，比如：希望增加一些更加贴近实际的实训案例；办公设备的相关介绍比较少，需要增加一些常用办公设备的介绍、使用、维护和选购方法；网络办公方面的应用介绍比较少，内容也应更新；PowerPoint 部分内容相对比较简单；文字性文档等素材在书中的字号要加大；等等。据此，为了使本教材更加适应计算机技术的发展，更加贴近现代办公应用水平，更加满足一线教师对办公自动化教学的实际需求，我们决定对本书进行修订。

修订前，本书编者做了较为精心的准备工作。首先根据修订需要编制了“教材使用情况意见反馈表”，发放近 150 封电子邮件向用书教师征求修订意见。针对获得的修订意见，结合编者以及电子工业出版社左雅编辑的一些想法制定出本书的修订方案。

对于本书的修订，我们将在保持第 1 版特色的基础上努力推陈出新、优化教材内容、修订错误，着力保持教材内容的新颖性、实用性和典型性。

基于此，本书主要做了以下 7 个方面的修订。

1．新增 18 个拓展实训任务，使得教材更加新鲜、时尚，贴近岗位实际。

新增实训任务主要包括：制作古色古香的仿古文档；制作岗位能力培训简章；制作项目管理责任矩阵；制作会议日程安排表；制作设备采购计划表；复印机的选择、使用与维护；制作房产广告；制作公司简报；制作工程项目投标书；传真机的使用与维护；多功能一体机的使用与维护；制作“我是我选择的我”演示文稿；制作工作汇报演示文稿；制作公司入职培训演示文稿；制作求职简历演示文稿；使用 Foxmail 收发电子邮件；网上购买办公耗材；网上求职。

2．删除 9 个拓展实训任务。

对一些过时或者不贴近办公自动化应用实际的案例进行了删除。

3．针对第 1 版中 PowerPoint 部分内容相对简单的问题，对任务 13 进行了重新编写，增加了插入视频和 Flash 动画的方法、母版使用和设置方法，介绍了复杂动画的制作方法以及应用高级日程表等 PowerPoint 高级应用的相关内容。

4．为了更加深入地将现代网络技术应用于办公中，将第 1 版中的任务 16“网络常用通信工具的使用”更改为了“网上交流与电子商务”，主要介绍网上即时通信工具的使用，以及网上订票、网上求职、网上招聘、网上支付等电子商务的相关知识。

5．增加了复印机、传真机、多功能一体机等常用办公设备的使用与维护内容。

6．为了增加可操作性，对文字较多的实训案例单独提供实训文字内容供读者使用，并增大了书中部分效果图中文字的字号，使得教材更方便使用，更具可读性。

7．订正了第 1 版教材版面上的几处错误。

本书由宋玲玲主持修订并统稿。本书任务 1 至任务 7 由宋玲玲完成修订；任务 8 至任务 11 由段学霞完成修订；丁银军完成了任务 14、任务 15 和任务 12 部分内容的修订；另外，宋玲玲对任务 13 和任务 16 进行了重新编写，同时编写了任务 12 的拓展实训内容。参与本书的部分案例及拓展实训编写的还有崔海军、孔凡斌、宋志平、展斌和张功。

编　者

2014 年 2 月

第1版前言

在现代信息社会中知识经济已成为社会经济的核心，计算机、现代通信设备、网络技术在办公室中的应用越来越广泛，办公自动化技术已经深入到各行各业、各个领域、各个学科。近年来，随着政府机构改革以及现代企业制度的不断完善，企事业单位对办公室人员提出了越来越高的要求。如何切实有效地提高办公人员的办公自动化技术成为一个迫切而重要的问题。

当前，全国各职业院校正在大力推进职业教育人才培养模式和课程改革，“校企合作”、“工学结合”、“项目教学法”、“模块教学法”、“任务驱动教学法”等先进的人才培养模式和教学理念越来越被大家认同。然而，在教学实践中，笔者发现与之相配套的教学用书却非常少，这给实际的教学带来了很大不便。鉴于此，笔者决定在工作过程导向课程改革的基础上，进行本书的开发。本书从高等职业教育学生对办公自动化技术的应用能力要求和实际工作后的需求出发，根据实际工作任务提取能力目标，并将其整合到16个任务之中。每个任务均通过“任务情境”、“任务分析”、“任务实现”、“拓展实训”和“综合实践”5个部分展开。与同类教学用书相比本书具有如下特点。

1. 知识重构，任务引领

以企事业单位日常办公典型工作任务为依据选取教材内容。经过体系重构、知识重组，将全书分为“办公日常事务处理”、“文书处理”、“数据分析与处理”、“会议的筹备与组织”、“网络办公”5个部分，并将16个具有范例性和迁移性的实际工作任务设置其中。

2. 虚拟角色，创设情境

以一名刚刚高职毕业不久的大学生小王为原型，以她从事的公司文员工作为主线，以她所经历的典型工作案例为背景，设计任务情境。每个任务均通过一个具体的任务情境来提出，使学习者感觉仿佛置身于真实工作之中。

3. 任务分层，因材施教

采用“梯形递进式”编写模式，每个任务均采用“基础能力层”、“提高能力层”和“综合应用能力层”层层递进的方法设计。

基础能力层：通过完成16个基本任务，训练学习者对基础知识与基本技能的掌握。

提高能力层：每个基本任务后面都配有若干个“拓展实训”，并在其中添加一些新的知识元素，通过完成这些实训，学习者可以拓展知识，提高技能水平和应用能力。

综合应用能力层：在任务最后设计一个“综合实践”项目，由学习者运用所学知识独立完成，通过这一过程培养学习者解决实际问题的能力。

同时，这种编写方式也能达到分层教学、因材施教的目的。

4. 知识与技能有机结合

遵循“从做中学，在学中做”的思想，在完成任务过程中不但有详细具体的方法和步骤，还将“相关知识”、“操作技巧”、“提示”等元素穿插其中，使学习者不但知其然，而且知其所以然，使知识与技能有机结合。

5. 强化流程式操作

在任务实现过程中注重操作流程的设计，使学习者在学习过程中逐步养成遵守操作规范的习惯。

由于编者水平有限，书中难免有疏漏和错误之处，恳请广大读者批评指正。

编　者

2011年1月

目　　录

任务 1　制作个人工作计划

文字型文档是指只包含文字，没有图、表等其他对象的文档，是日常办公中应用最广泛的 Word 文档之一。文字型文档虽然普通但并不意味着简单，可以通过格式设置、版式调整以及各种应用达到理想的效果。下面就通过制作一份“个人工作计划”来介绍如何进行文字型文档的排版。

“个人工作计划”效果图如图 1-1 所示。

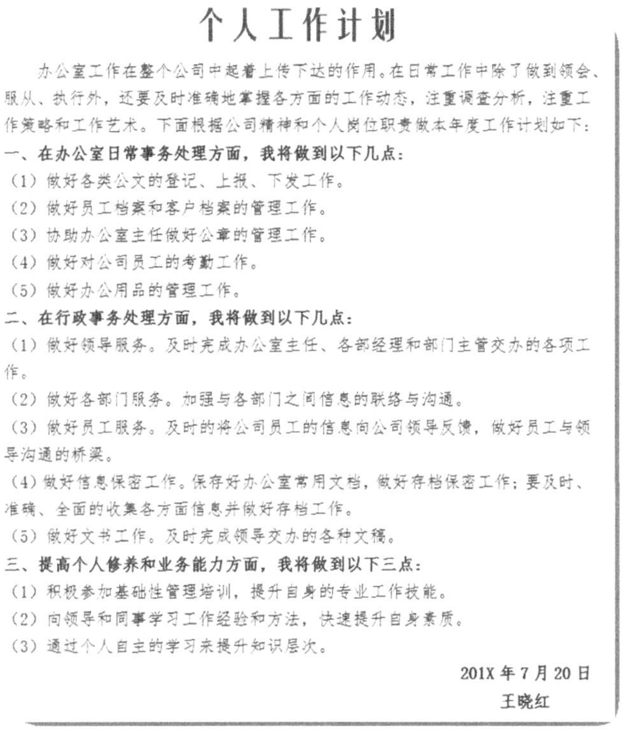

个人工作计划

办公室工作在整个公司中起着上传下达的作用。在日常工作中除了做到领会、服从、执行外，还要及时准确地掌握各方面的工作动态，注重调查分析，注重工作策略和工作艺术。下面根据公司精神和个人岗位职责做本年度工作计划如下：

一、在办公室日常事务处理方面，我将做到以下几点：

（1）做好各类公文的登记、上报、下发工作。

（2）做好员工档案和客户档案的管理工作。

（3）协助办公室主任做好公章的管理工作。

（4）做好对公司员工的考勤工作。

（5）做好办公用品的管理工作。

二、在行政事务处理方面，我将做到以下几点：

（1）做好领导服务。及时完成办公室主任、各部经理和部门主管交办的各项工作。

（2）做好各部门服务。加强与各部门之间信息的联络与沟通。

（3）做好员工服务。及时的将公司员工的信息向公司领导反馈，做好员工与领导沟通的桥梁。

（4）做好信息保密工作。保存好办公室常用文档，做好存档保密工作；要及时、准确、全面的收集各方面信息并做好存档工作。

（5）做好文书工作。及时完成领导交办的各种文稿。

三、提高个人修养和业务能力方面，我将做到以下三点：

（1）积极参加基础性管理培训，提升自身的专业工作技能。

（2）向领导和同事学习工作经验和方法，快速提升自身素质。

（3）通过个人自主的学习来提升知识层次。

201X 年 7 月 20 日

王晓红

图 1-1　“个人工作计划”效果图

1.1　任务情境

刚工作不久的大学生小王在一家计算机公司做办公室文员工作。在今天上午的例会上，经理要求公司的每位员工根据自己的工作和职责制订一份本年度的个人工作计划。作为公司的新员工，小王一定要好好表现喽！

知识目标

- Office 2013 设置与基本操作；
- Word 2013 的启动与退出；
- 熟悉 Word 2013 工作环境；
- 文字录入的方法与技巧；
- 文本基本编辑操作；
- 字符格式化的方法；
- 段落格式化的方法；
- 简单页面设置及打印；
- 文档保存与导出；
- 文件与文件夹的日常管理。

能力目标

- 能够根据工作职责制订出个人工作计划，并进行简单的编辑和排版；
- 能够利用所学知识对文字型文档进行排版。

1.2 任务分析

工作计划是行政活动中机关团体、企事业单位的各级机构或个人，对一定时期的特定工作预先所做的书面安排和打算。从任务情境中可以看出小王要写的是个人工作计划。在制订工作计划前，首先要明确个人的岗位职责和计划要达到的目标。工作计划的内容应简明扼要、具体明确、用词准确。除了内容有以上要求外，还要有合理美观的排版。

工作计划的内容一般只包含文字，属于文字型文档。一份标准的文字型文档通常具有以下特征。

- 文档标题位于页面正中，字体较正文字体偏大，具有醒目、概括的作用；
- 正文部分字体大小适中，段落结构清晰，再设置以适当的文字格式，便可达到规范、美观的效果；
- 文档结尾的落款一般位于页面偏右侧，要求简明、清晰、大小适中。

经过分析，制作一份精美的个人工作计划需要进行以下工作。

（1）新建一个空白 Word 文档；

（2）录入“个人工作计划”文字内容；

（3）对文档进行页面设置；

（4）设置文字格式；

（5）设置段落格式；

（6）打印文档；

（7）保存文档。

1.3 任务实现：制作个人工作计划

1.3.1 启动 Word 2013

启动 Word 的本质，就是将 Word 程序调入计算机内存。一切程序只有调入内存中才能被执行，这是计算机的基本工作原理。可以通过以下几种方法启动 Word 2013。

（1）执行【开始】→【所有程序】→【Microsoft Office 2013】→【Word 2013】菜单命令，便可启动 Word 应用程序，如图 1-2 所示。

（2）双击桌面上的 Word 2013 快捷方式图标，即可启动 Word 应用程序。

（3）在桌面或文件夹的空白位置，单击鼠标右键，在弹出的快捷菜单中选择【新建】→【Microsoft Word】命令，即可创建一个 Word 文档，可以直接重命名该文档。然后双击文档图标即可打开该新建文档。

启动 Word 后，首先出现如图 1-3 所示界面。用户可选择其左侧栏里显示的最近使用的文档或"打开其他文档"选项打开已存在文件；也可以在右侧栏中根据需要选择适合的模板创建新文件；若不需要模板，则选择"空白文档"创建一个空白文件。

图 1-2　启动 Word 2013

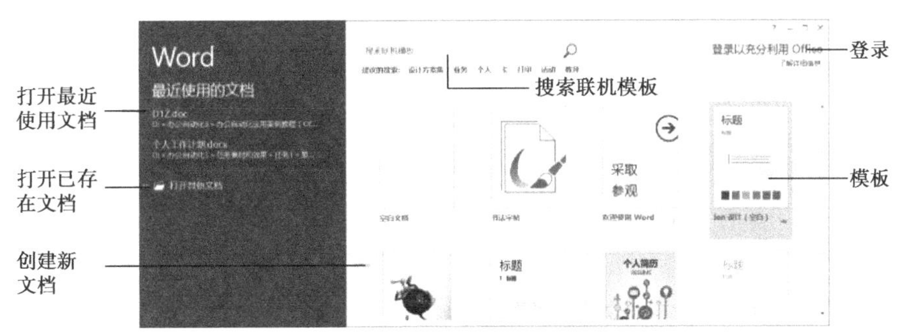

图 1-3　启动的 Word 2013 窗口

微课：Word 2013 工作界面

1.3.2　Word 2013 工作界面

经过以上操作，下一步便进入 Word 2013 工作界面，如图 1-4 所示。

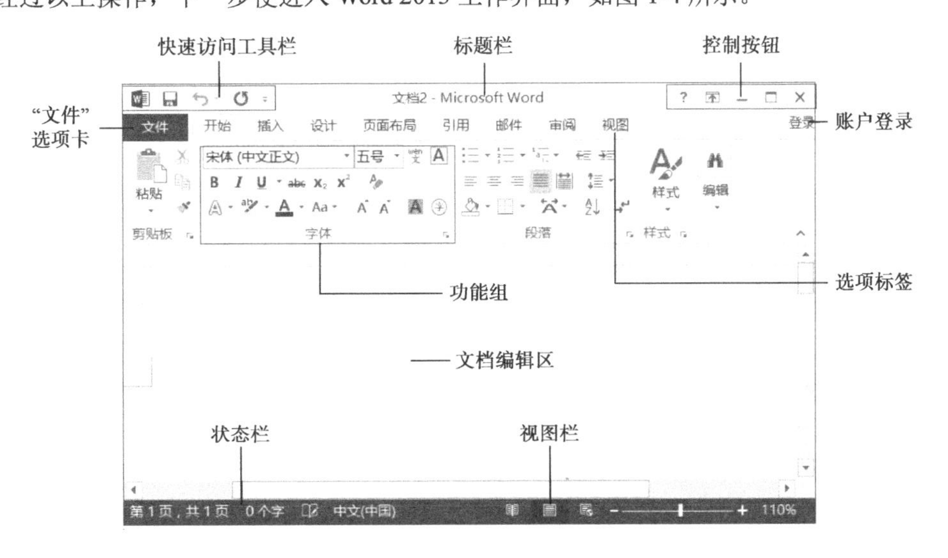

图 1-4　Word 2013 工作界面

Office 2013 Preview 在延续了 Office 2010 的 Ribbon（功能区）菜单栏的基础上，还融入了 Metro 风格（美俏，Windows 8 的主要界面显示风格），使得界面显示更加优雅美观，操作更加流畅快捷。Word 2013 整体界面更趋于平面化，相对 Word 2010 界面更加清新整洁和赏心悦目。

Word 2013 工作界面主要由标题栏、功能区、编辑区、状态栏等部分组成，如图 1-4 所示，各部分的功能如表 1-1 所示。

表 1-1 Word 2013 操作界面分析表

名 称	作 用
快速访问工具栏	用于快速访问频繁使用的工具，用户可根据需要自定义该工具栏（如进行快捷按钮的添加、删除、改变位置等）
“文件”选项卡	用于打开【文件】菜单，并进行文件的打开、保存、打印、共享、导出、关闭，以及账户和选项设置
标题栏	显示当前文档的名称及类型
控制按钮	用于对 Word 窗口的最大化、最小化、关闭进行控制
账户登录	可登录 Office 账户以及登录后显示账户名称和用户头像
选项标签	用于不同功能区之间的切换
功能组	用于放置各个功能区下所包含的功能选项
编辑区	用于显示内容或对文字、图片、图形、表格等对象进行编辑
状态栏	用于显示当前文档的页数、状态、视图方式以及显示比例等内容

1.3.3 Office 2013 设置及基本操作

为了更好地了解和使用 Office 2013，有必要在任务开始之前对 Office 2013 的一些设置和通用基础操作进行介绍。

下面以 Word 为例，从 Office 2013 账户设置、选项设置和 Office 2013 的通用基础操作等方面进行介绍，用了帮助用户构建个性化的 Office 2013 工作环境。

1. Office 2013 账户设置

作为一个较新版本，Office 2013 不仅对原有版本进行了改进和扩展，同时也新增了许多功能，其中一个非常重要的功能是：Office 用户在连通网络的情况下可随时随地登录 Office，并在云中保存和共享文件。要实现这一功能的前提是必须注册一个 Microsoft 账户。

相关知识

（1）认识 Office 2013 中的 Microsoft 账户。

Microsoft 账户可以实现 Windows 设置同步功能，即可将在当前计算机上进行的个性化和自定义设置漫游到任何其他计算机中。除此之外，还可借助 OneDrive 云服务实现不同计算机之间文件的同步，例如对存储在 OneDrive 云服务中的文档、照片等文件可以在不同计算机、平板电脑或手机中随时访问和编辑。

（2）什么是 OneDrive（以前叫 SkyDrive，后更名为 OneDrive）。

Windows OneDrive 是由微软公司推出的一项云存储服务，用户可以通过自己的 Windows Live 账户进行登录，上传自己的图片、文档等到 OneDrive 中进行存储。

首先介绍如何注册和登录一个 Microsoft 账户。

（1）配置账户。

① 打开 Word 文档，单击窗口右上角的【登录】链接，如图 1-5 所示。

② 弹出【登录】界面，在文本框中输入电子邮件地址，单击【下一步】按钮，如图 1-6 所示。

③ 在打开的界面中输入密码，单击【登录】按钮，如图 1-7 所示。

④ 此时，若之前已注册过账户，则登录成功，即可在窗口右上角显示用户名称。单击用户名右侧下拉按钮可显示用户相关设置信息，如图 1-8 所示。

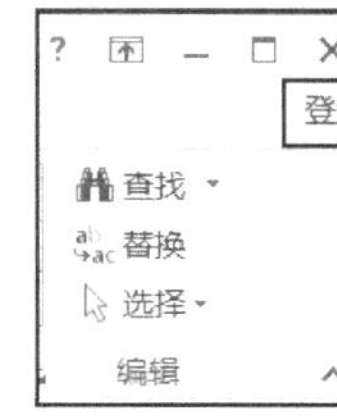

图 1-5　【登录】链接

图 1-6　【登录】界面

图 1-7　输入密码

若之前没注册账户，则会出现如图 1-9 所示界面，这时可单击【注册】链接进行账户注册。具体过程读者自行尝试完成。

图 1-8　登录后显示用户名称

图 1-9　注册链接界面

（2）设置账户背景和主题。注册并登录 Microsoft 账户后，为了使整个文档界面更具个性化，可以设置账户背景颜色和主题图案，步骤如下。

① 单击【文件】选项卡下的【账户】选项，弹出【账户】界面。单击【Office 背景】后的下拉按钮，在弹出的下拉列表中选择喜爱的背景图案，同样在【Office 主题】下选择适合的主题颜色，设置后如图 1-10 所示。

② 单击左上角的返回按钮，返回文档界面，即可看到设置背景和主题后的效果，如图 1-11 所示。

图 1-10　设置 Office 背景和主题

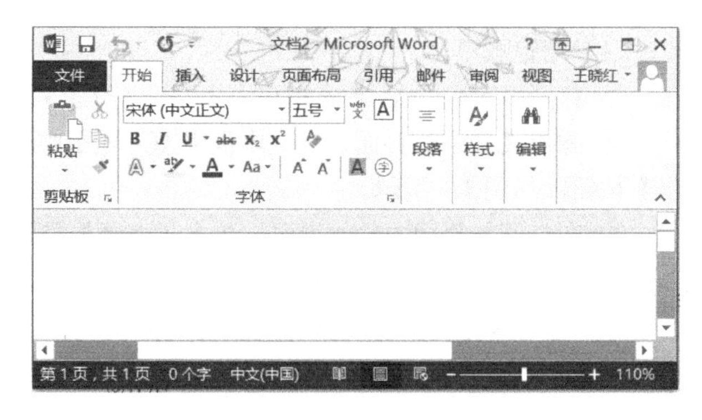

图 1-11　设置账户背景和主题后效果

提示　单击图 1-8 中的【账户设置】链接也可进入图 1-10 所示界面，进行背景和主题设置。

2. Office 2013 选项设置

在 Office 使用过程中，经常需要根据不同情况对其工作状态和方式进行更改，这就用到了【选项】设置。Office 2013（以 Word 2013 为例）选项设置主要包括常规、显示、校对、保存、版式、语言等。

单击【文件】选项卡下的【选项】选项，即可弹出【Word 选项】对话框，下面是各个选项页面及其设置内容。

（1）【常规】选项页面，如图 1-12 所示，主要进行一些常规设置，包括【用户界面选项】、【对 Microsoft Office 进行个性化设置】、【启动选项】。

（2）【显示】选项页面，如图 1-13 所示，更改文档内容在屏幕上的显示方式和打印时的显示方式。

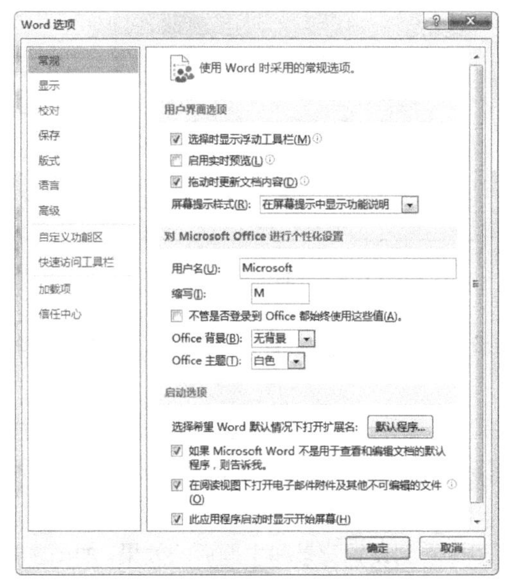

图 1-12　【常规】选项

图 1-13　【显示】选项

（3）【校对】选项页面，如图 1-14 所示，更改 Word 更正文字和设置其格式的方法。

（4）【保存】选项页面，如图 1-15 所示，可以自定义文档保存方式，例如，文件保存格式设置、保存自动恢复时间间隔和位置设置、默认本地文件位置和个人模板位置设置等。

图 1-14 【校对】选项

Word 选项

常规
显示
校对
保存
版式
语言
高级
自定义功能区
快速访问工具栏
加载项
信任中心

自定义文档保存方式。

保存文档

将文件保存为此格式(F): Word 文档 (*.docx)
保存自动恢复信息时间间隔(A) 10 分钟(M)
如果我没保存就关闭，请保留上次自动保留的版本
自动恢复文件位置(R): C:\Users\Administrator\AppData\Roaming\ 浏览(B)...
打开或保存文件时不显示 Backstage(S)
显示其他保存位置(即使可能需要登录)(S)。
默认情况下保存到计算机(C)
默认本地文件位置(I): C:\Users\Administrator\Documents\ 浏览(B)...
默认个人模板位置(T):

文档管理服务器文件的脱机编辑选项

将签出文件保存到:
此计算机的服务器草稿位置(L)
Office 文档缓存(O)
服务器草稿位置(V): C:\Users\Administrator\Documents\SharePoint 浏览(B)...

共享该文档时保留保真度(D): D1Z.doc
将字体嵌入文件(E)
仅嵌入文档中使用的字符(适于减小文件大小)(C)
不嵌入常用系统字体(N)

确定　取消

图 1-15 【保存】选项

3. Office 2013 通用基础操作

微课：设置快速访问工具栏

（1）设置快速访问工具栏。快速访问工具栏位于窗口左上角，用于放置一些常用工具，默认情况下只包含保存、撤销、恢复 3 个工具按钮。可以根据需要进行快速访问工具栏上工具按钮的添加、删除、改变位置等操作。

添加：单击右侧的，弹出【自定义快速访问工具栏】菜单，如图 1-16 所示，选择想要添加的工具选项即可实现添加；若菜单中没有，则单击【其他命令】选项，在弹出的图 1-17 所示对话框中选择想要添加的命令项，单击【添加】按钮进行添加，或使用【删除】按钮进行删除。

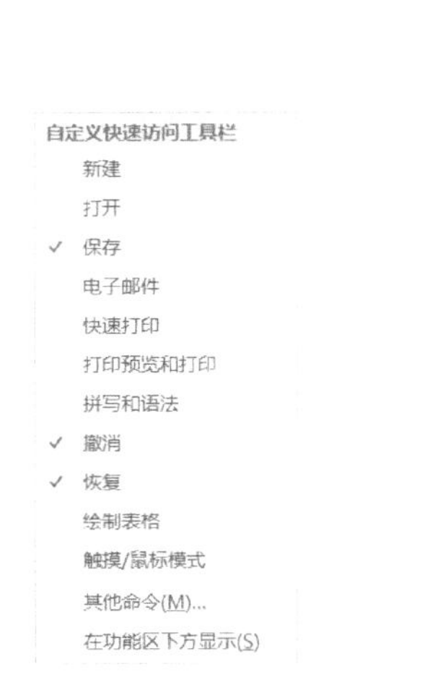

图 1-16 “自定义快速访问工具栏”菜单

图 1-17 【自定义快速访问工具栏】对话框

若想将功能区中的命令按钮添加到快速工具栏中，只需右击功能区中的命令按钮，在弹出的快捷菜中单击“添加到快速访问工具栏”命令即可，如图1-18所示。

删除：把光标放在想要删除的工具按钮上，单击鼠标右键，弹出如图1-19所示菜单；单击【从快速访问工具栏删除】命令，即可将其在工具栏中删除。

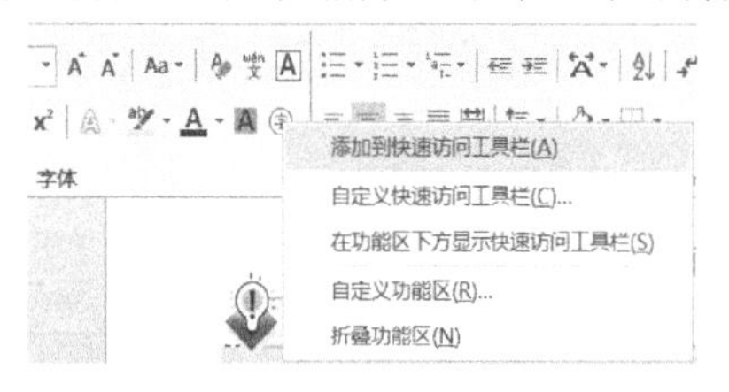

图1-18 将功能区中的命令添加到快速访问工具栏

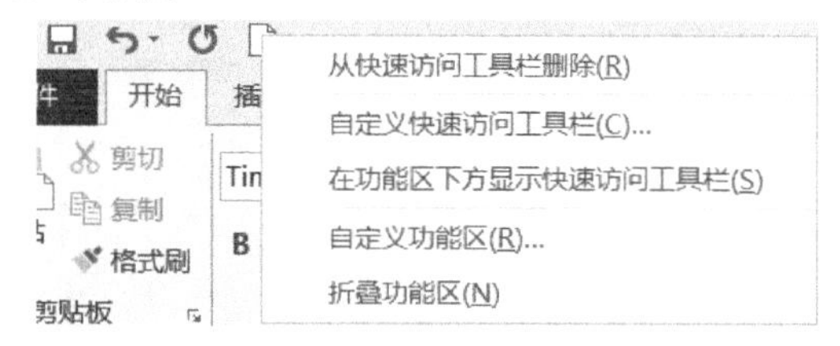

图1-19 删除快速访问工具栏中的命令按钮

微课：功能区操作

改变位置：在图1-16、图1-17、图1-18中都有【在功能区下方显示快速访问工具栏】选项，可以将快速访问工具栏设置在功能区下方显示。

（2）功能区操作。功能区相当于早期版本的“下拉菜单”，包含了Word的所有功能。功能区由选项卡、组、命令组成，如图1-20所示。

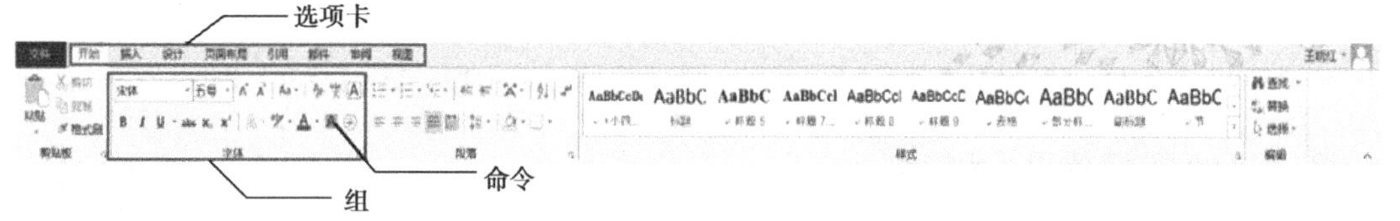

图1-20 功能区及组成

隐藏/显示功能区：使用“Ctrl+F1”快捷键可以隐藏/显示功能区；也可以单击功能区右下方的^折叠功能区，如图1-21所示。隐藏功能区后，可单击窗口右上方的，弹出如图1-22所示菜单，根据需要选择“自动隐藏功能区”，还是“只显示选项卡”，还是“选项卡和命令”都显示。

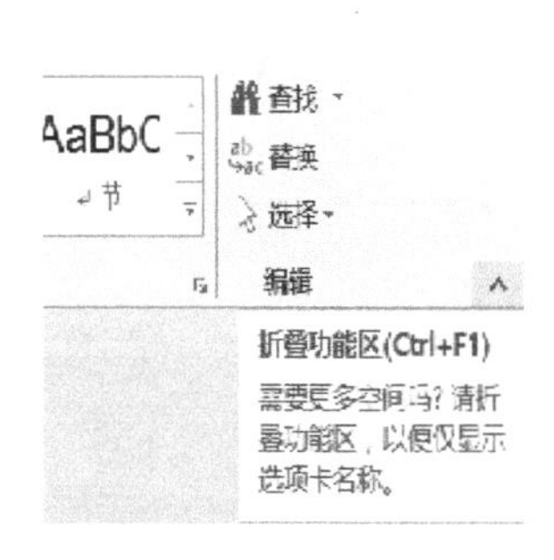

图1-21 折叠功能区

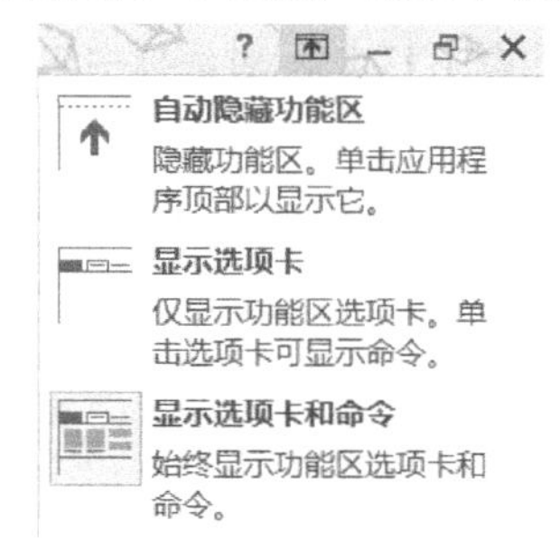

图1-22 功能区显示选项

微课：通用命令操作

（3）通用命令操作。Office中包含很多通用的命令操作，表1-2列出了一些常用基本操作。除此之外，还有许多命令操作，篇幅原因此处不再列出，读者在使用Office过程中应注意发现和总结。

表1-2 通用命令操作及功能

通用操作	方法与功能
Ctrl+鼠标中键（滚轮）	按住“Ctrl”键，向上滚动鼠标滚轮可增大文档显示比例，向下滚动则减小（每次以10%的比例增减）

续表

通 用 操 作	方法与功能
Alt+Tab 键	快速切换已打开窗口。有以下两种用法： 1. 直接使用“Alt+Tab”键，进行当前和最近一次使用窗口之间的切换； 2. 按住“Alt”键不放，单击“Tab”键，弹出当前所有窗口的名称和图标，不断单击“Tab”键可选择想切换的窗口，松开这两个键即可实现有选择的切换
Ctrl+F1 键	隐藏/显示功能区
选择文本	包括使用“选定栏”、“Shift”键、“Ctrl”键选择文本的方法，具体见本书 1.3.6 节
文本编辑	包括对象的复制、剪切、粘贴以及撤销与恢复等操作的快捷键的使用，具体见 1.3.6 节

（4）设置视图方式。视图，是指文档在应用程序窗口中的显示方式。Office 2013 中不同的组件分别有各自的视图模式，但设置方法是一致的。例如在 Word 中就有 5 种视图：阅读视图、页面视图、Web 视图、大纲视图和草稿，可以根据需要转换相应的视图。通常默认为页面视图。单击【视图】选项卡，在【视图】选项组中可以单击选择视图模式。

1.3.4　页面设置

对 Word 2013 的工作环境有了初步了解之后，下面进入“个人工作计划”的制作阶段，首先进行文档的页面设置。

通常很多用户是在完成文字录入、编辑和排版之后，打印文档之前，才进行页面设置。事实上，这种方式是不恰当的，因为页面设置可能改变纸张大小、页边距、版面等整体的页面结构和布局，容易导致已排好的版面发生错乱。因此，在输入具体内容之前就应首先进行页面设置。

本任务页面设置要求：A4 纸纵向打印，上、下、左、右页边距依次为 2.5 厘米、2.5 厘米、3 厘米、3 厘米。

微课：设置纸张

1. 设置纸张

（1）设置纸张大小。操作步骤：切换到【页面布局】选项卡，单击【页面设置】选项组中的【纸张大小】按钮纸张大小，在弹出的下拉列表中选择“A4（21 厘米×29.7 厘米）”即可，如图 1-23 所示。

提示　除 Word 提供的纸张大小外，用户还可以根据实际需要自定义纸张大小，步骤为：选择图 1-23 下拉列表中的【其他页面大小】选项，弹出【页面设置】对话框，如图 1-24 所示；在【纸张】选项卡【纸张大小】下拉列表中选择“自定义大小”；在【宽度】和【高度】微调框中设置所需大小。

（2）设置纸张方向。操作步骤：在【页面布局】选项卡中，单击【页面设置】选项组中的【纸张方向】按钮纸张方向，在弹出的下拉列表中选择“纵向”，如图 1-25 所示。

微课：设置页边距

2. 设置页边距

“页边距”是指文档内容与页面顶端和底端的距离，包括上边距、下边距、左边距和右边距。在页边距的可打印区域中插入图片、页眉和页脚等，可使文档更加美观。

可以通过以下方法设置页边距：切换到【页面布局】选项卡，单击【页面设置】选项组中的【页边距】按钮页边距，在弹出的下拉列表中选择系统给定的页边距；若其中没有需要的边距，可以选择【自定义边距】进行自定义设置。

自定义页边距的具体操作步骤如下。

（1）选择【页面布局】→【页面设置】→【页边距】→【自定义边距】命令，弹出【页面设置】对话框，如图 1-26 所示。

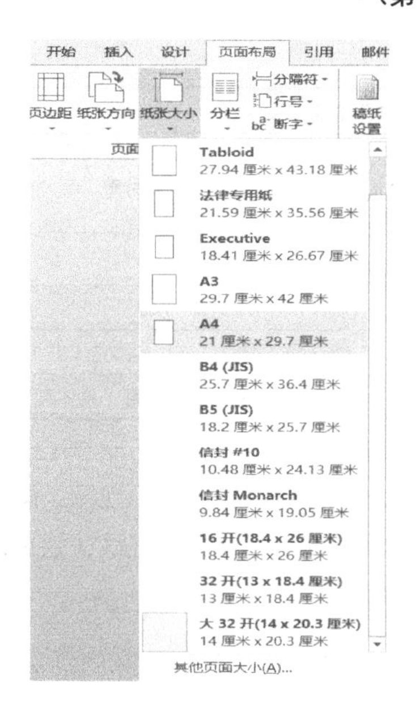

图 1-23 【纸张大小】下拉列表

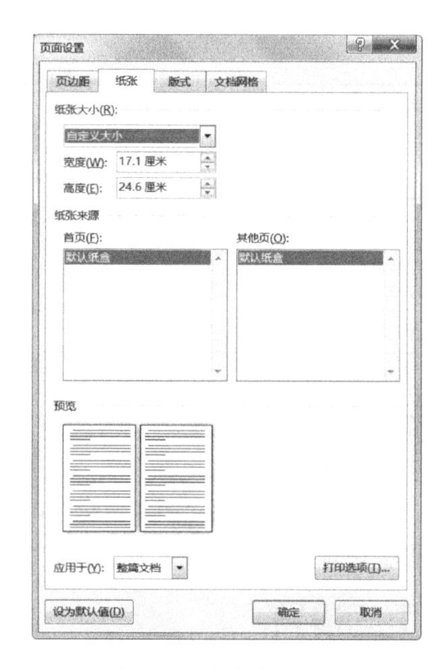

图 1-24 自定义纸张大小

（2）在【页边距】选项卡中的“上、下、左、右”微调框中依次设置页边距的值“2.5 厘米、2.5 厘米、3 厘米、3 厘米”，如图 1-26 所示。

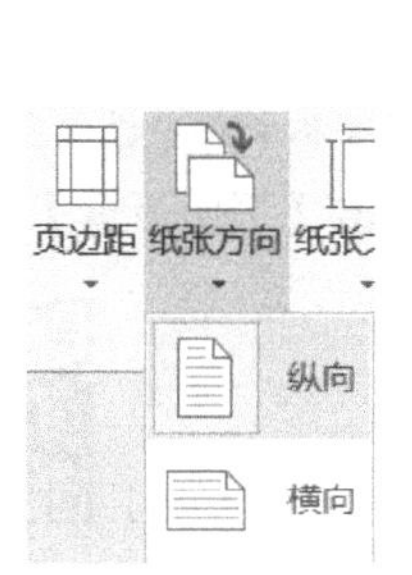

图 1-25 【纸张方向】下拉列表

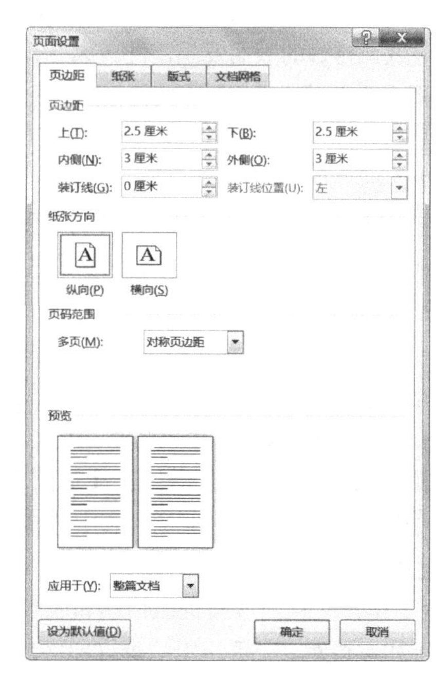

图 1-26 【页面设置】对话框【页边距】选项卡

（3）单击【确定】按钮即可将当前文档的页边距设置为设定值。

1.3.5 输入文本内容

为文档进行页面设置后，接下来的工作是将“个人工作计划”的文字内容录入到文档中。在输入文本内容之前，首先选择一种熟悉的汉字输入法。

1. 通过以下方法选择汉字输入法

（1）使用鼠标单击任务栏上的图标，从弹出的菜单中选取汉字输入法。

（2）使用键盘上的“Ctrl+Space”组合键，可以进行英文输入法和当前中文输入法之间的切换。

（3）使用键盘上的“Ctrl+Shift”组合键，可以在各种汉字输入法之间进行切换。

相关知识

- 汉字输入法主要分为拼音输入和字型输入两种。常用的汉字输入法有微软拼音输入法、智能 ABC 输入法、搜狗拼音输入法、五笔字型输入法等。
- 对于经常使用的输入法可以通过“控制面板”中的“区域和语言”来定义热键或将其设置为默认的汉字输入法。

2. 输入文本内容

在录入文本内容的过程中，应先进行单纯录入，然后再进行编辑排版。单纯录入的原则如下。

（1）不要使用空格键进行字间距的调整或居中方式、段落首行缩进等设置。

（2）不要使用回车键对段落间距进行调整，当一个段落结束时，才按回车键。

（3）不要使用连续按回车键产生空行的方法进行分页设置。

按照以上原则录入“个人工作计划”文本内容，效果如图 1-27 所示。

微课：单纯录入原则

个人工作计划
办公室工作在整个公司中起着上传下达的作用。在日常工作中除了做到领会、服从、执行外，还要及时准确地掌握各方面的工作动态，注重调查分析，注重工作策略和工作艺术。下面根据公司精神和个人岗位职责做本年度工作计划如下：
一、在办公室日常事务处理方面，我将做到以下几点：
（1）做好各类公文的登记、上报、下发工作。
（2）做好员工档案和客户档案的管理工作。
（3）协助办公室主任做好公章的管理工作。
（4）做好对公司员工的考勤工作。
（5）做好办公用品的管理工作。
二、在行政事务处理方面，我将做到以下几点：
（1）做好领导服务。及时完成办公室主任、各部经理和部门主管交办的各项工作。
（2）做好各部门服务。加强与各部门之间信息的联络与沟通。
（3）做好员工服务。及时的将公司员工的信息向公司领导反馈，做好员工与领导沟通的桥梁。
（4）做好信息保密工作。保存好办公室常用文档，做好存档保密工作；要及时、准确、全面的收集各方面信息并做好存档工作。
（5）做好文书工作。及时完成领导交办的各种文稿。
三、提高个人修养和业务能力方面，我将做到以下三点：
（1）积极参加基础性管理培训，提升自身的专业工作技能。
（2）向领导和同事学习工作经验和方法，快速提升自身素质。
（3）通过个人自主的学习来提升知识层次。
王晓红

图 1-27　录入文本内容后的效果

技　巧

- 使用“Ctrl+.”组合键，可进行中文标点符号和西文标点符号之间的切换。
- 使用“Shift+Space”组合键，可进行全角和半角的切换。
- 对于录入过程中出现的大小写字母，通常使用 CapsLock 键进行大小写切换。但使用 Shift 键则更加灵活方便：若当前输入的是小写，则按住 Shift 键的同时再按字母键，即可得到大写，反之亦然。

微课：快速输入文本、符号等对象

3. 输入符号和特殊符号

文档中除包含文字外有时还会包含一些符号和特殊符号。

例如，需要录入符号“★”，操作步骤如下。

（1）将光标定位到需要输入符号的位置，切换到【插入】选项卡，单击【符号】选项组中的【符号】按钮，如图1-28所示。

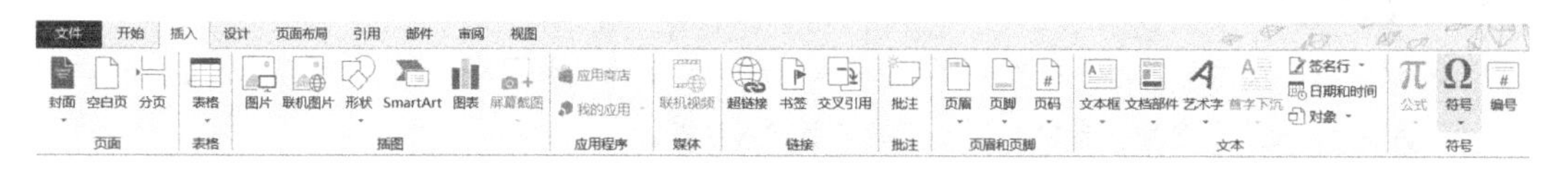

图1-28 【插入】选项卡

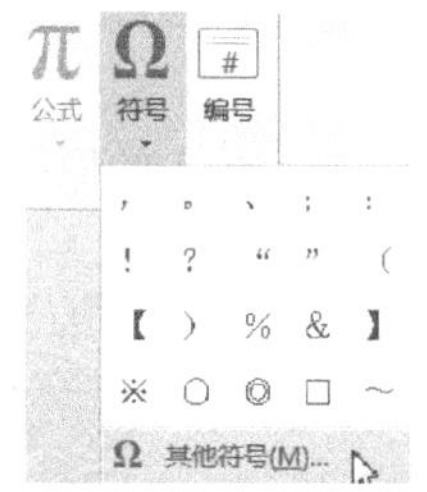

图1-29 选择【其他符号】选项

（2）在弹出的下拉列表中选择要输入的符号，若没有需要的符号，可选择【其他符号】选项，如图1-29所示。

（3）在弹出的【符号】对话框中，选择需要插入的符号“★”，如图1-30所示。

若想录入特殊符号“※”，可以在图1-30中单击【字体】下拉列表，在弹出的菜单中选择【Wingdings 2】命令，找到需要插入的符号，单击【插入】按钮即可，如图1-31所示。

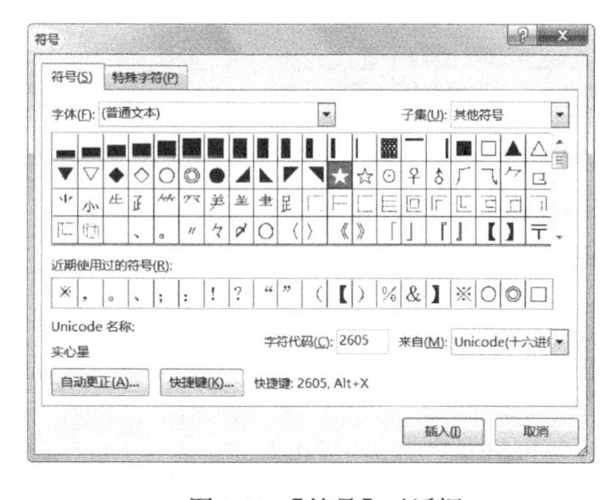

图1-30 【符号】对话框

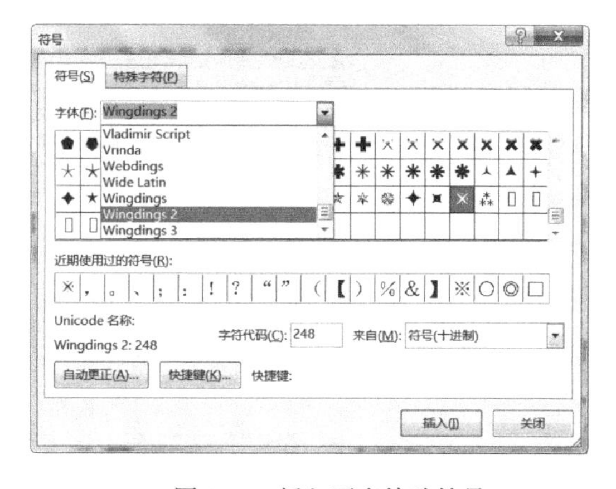

图1-31 插入更多特殊符号

相关知识

另外一种插入符号的简单方法：将鼠标放在中极品五笔右侧的小键盘上，单击右键，在弹出的菜单中选择需要输入符号的类型，包括标点符号、数字序号、数学符号、单位符号、制表符和特殊符号。输入完毕后，单击小键盘关闭。

4. 插入日期和时间

在“个人工作计划”文档的末尾落款处插入当前日期，具体操作步骤如下。

（1）将光标插入点定位到文档落款需要添加日期的位置。

（2）切换到【插入】选项卡，在【文本】选项组中单击【日期和时间】按钮，如图1-32所示。

（3）在弹出的【日期和时间】对话框中，选择需要的日期格式，单击【确定】按钮即可，如图 1-33 所示。插入后的效果如图 1-34 所示。

图 1-33　选择日期格式

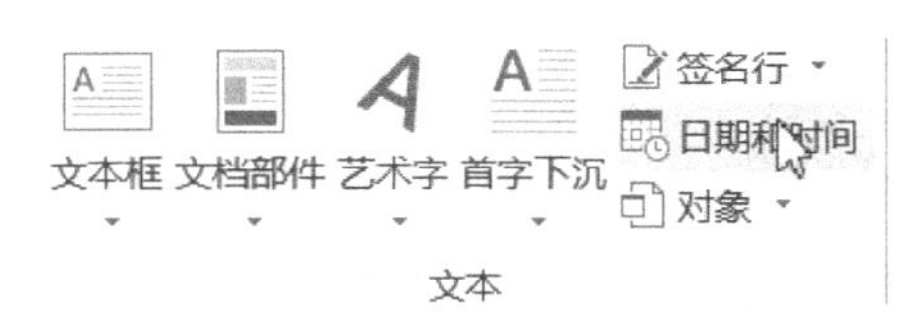

图 1-32 【文本】选项组

三、提高个人修养和业务能力方面，我将做到以下三点：

（1）积极参加基础性管理培训，提升自身的专业工作技能。

（2）向领导和同事学习工作经验和方法，快速提升自身素质。

（3）通过个人自主的学习来提升知识层次。

201X 年 7 月 20 日

王晓红

图 1-34　插入日期后的效果

1.3.6　文本的基本编辑操作

在文档编辑过程中，经常需要对文本进行选定、复制、删除、移动等操作。因此，在对文档进行排版之前，首先对文本的常用编辑操作进行介绍。

1. 选定文本

“先选择后操作”是 Windows 系统下程序的基本工作方式，Word 也不例外。当需要对文档的某部分进行操作时，首先必须选定该部分。Word 提供了多种选定文本的方法。

微课：文本选择的 7 种技巧

（1）选定任意长文本。将鼠标指针移动到需选定文本区的开始处，按下鼠标左键，拖动鼠标至要选定文本区的末端，然后松开鼠标左键。这时，被选定文本以反白形式显示。如果要取消选定区域，在任意位置单击鼠标左键即可。

技　巧

碰到文本比较长时，拖动鼠标会非常不方便。用户可以采用下面的方法选定大区域文本：将鼠标指针置于需选定文本的开始位置，然后再将光标移动到需选定文本区的末端并同时按下“Shift”键。

（2）选定一行、一段文本和整篇文档。用拖动鼠标左键的方法可以选定各种范围的文本，但不是最好的方法。想要快速选定一行、一段文本和整篇文档，可以将鼠标指针移到起始行左边的选定栏上，当鼠标指针形状变为↗时，单击鼠标左键一次可选定一行文本，快速单击左键两次可选定该行所在段，快速单击左键三次可选定整篇文档。

（3）选定连续的多行文本。将鼠标指针移到起始行左边的选定栏上，当鼠标指针形状变为↗时，按下鼠标左键向上或向下拖动即可选定连续的多行文本。

2. 移动和复制文本

文本的移动和复制是文档编辑中的常用操作，两者既有区别也有联系。两种操作中都涉及“剪贴板”的概念。剪贴板是 Windows 在内存中开辟的一块区域，用于临时保存公用数据。“剪切”、“复制”和“粘贴”操作都与剪贴板密切相关。它们具有不同的含义，“剪切”是将选定的文字从文档中删除，并把它保存到剪贴板上；“复制”是将选定的文本从文档中复制到剪贴板上；“粘贴”是将保存在剪贴板上的文字插入到文档中的插入点。

微课：粘贴

（1）移动文本。选定需要移动的文本，切换到【开始】选项卡，在【剪贴板】选项组中单击【剪切】按钮 剪切，然后把光标移动到目标位置，单击【粘贴】按钮 粘贴（单击按钮图标，不要单击图标下方的小三角），即可完成选定文本的移动。

（2）复制文本。选定需要复制的文本，切换到【开始】选项卡，在【剪贴板】选项组中单击【复制】按钮 复制，然后把光标移动到目标位置，单击【粘贴】按钮 粘贴 即可完成对选定文本的复制。

相关知识

Office 2013 的“粘贴”增加了粘贴选项功能，用户可根据实际需要选择粘贴格式，以下是 Word 2013 粘贴选项及功能。

在复制或剪切一些内容后，单击【粘贴】按钮下方的三角，会弹出如图 1-35 所示【粘贴选项】菜单，有三个图标，分别是保留源格式、合并格式、只保留文本。

若选择“保留源格式”，则被粘贴内容保留原始内容的格式。

若选择“合并格式”，则被粘贴内容保持原始内容的部分格式（如字形、下画线等强调型格式），并且合并目标位置的部分格式。

若选择“只保留文本”，则粘贴内容清除源格式，保持与目标位置格式完全一致。

技　巧

- 按下“Ctrl+C”组合键，可快速将选定内容复制到剪贴板。
- 按下“Ctrl+X”组合键，可快速将选定内容剪切到剪贴板。
- 按下“Ctrl+V”组合键，可快速将选定内容粘贴到目标位置。
- 使用“Ctrl+Z”组合键，可撤销前面的操作。
- 使用“Ctrl+Y”组合键，可恢复撤销的操作。

3. 删除文本

选定需要删除的文本，按键盘上的 Delete 键，即可将选定内容删除。

4. 插入与改写文本

在文本编辑过程中，有时会遇到这样的问题，本想在两个字之间插入一个字，反而把后面的字删掉了，这是由于当前编辑是“改写”状态造成的。在 Word 窗口底部的状态栏上能够进行“插入/改写”的状态显示，“插入/改写”状态可根据需要通过单击键盘上的“Insert”键进行切换。若状态栏中没显示插入/改写状态，则在状态栏空白处单击鼠标右键，在弹出的菜单中勾选“改写”，如图 1-36 所示。

1.3.7　设置文本格式

文本格式设置主要包括标题格式和正文格式的设置。本任务文本格式的设置要求和效果如图 1-37 所示。

1. 设置标题格式

（1）选定标题行。

（2）设置标题行格式。标题行格式为：方正姚体，小一号，加粗，红色显示。

① 选定标题行文本。

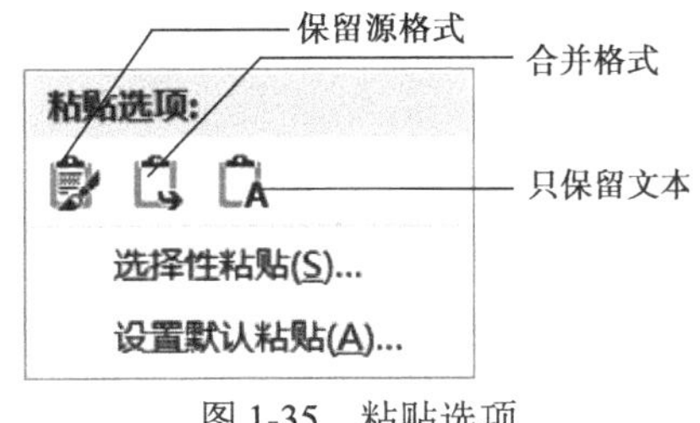

保留源格式
合并格式
粘贴选项:
只保留文本
选择性粘贴(S)...
设置默认粘贴(A)...

图 1-35　粘贴选项

自定义状态栏
格式页的页码(F) 16
节(E) 1
页码(P) 第 16 页，共 35 页
垂直页位置(V)
行号(B)
列(C)
字数统计(W) 15701 个字
正在编辑的作者数(A)
拼写和语法检查(S)
语言(L) 英语(美国)
签名(G) 关
信息管理策略(I) 关
权限(P) 关
修订(T) 关闭
大写(K) 关
改写(O) 插入
选定模式(D)
宏录制(M) 未录制
上载状态(U)
可用的文档更新(U) 否
视图快捷方式(V)
缩放滑块(Z)
显示比例(Z) 140%

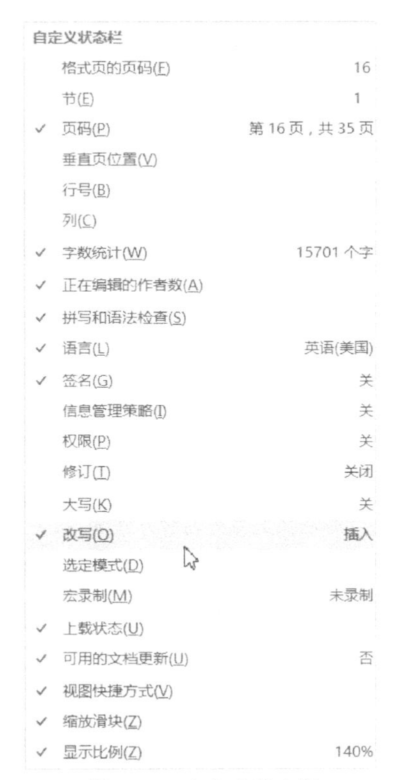

图 1-36　自定义状态栏

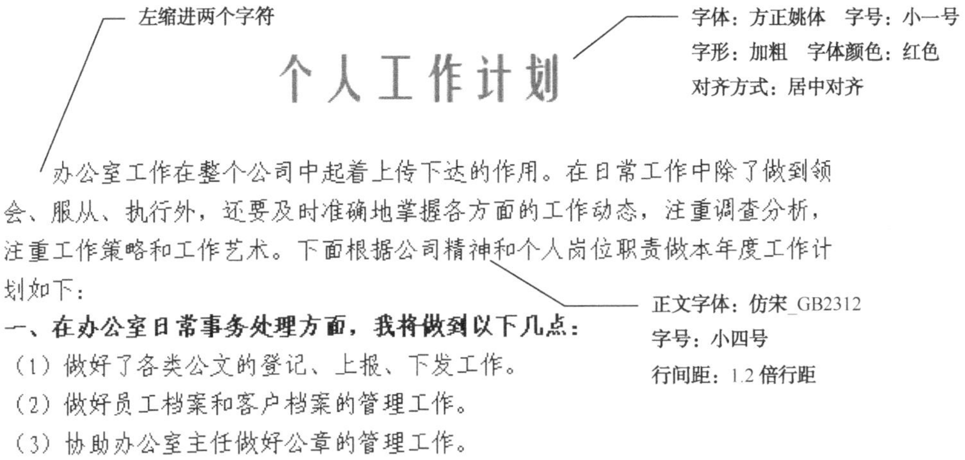

左缩进两个字符
字体：方正姚体　字号：小一号
字形：加粗　字体颜色：红色
对齐方式：居中对齐
个人工作计划
办公室工作在整个公司中起着上传下达的作用。在日常工作中除了做到领会、服从、执行外，还要及时准确地掌握各方面的工作动态，注重调查分析，注重工作策略和工作艺术。下面根据公司精神和个人岗位职责做本年度工作计划如下：
一、在办公室日常事务处理方面，我将做到以下几点：
（1）做好了各类公文的登记、上报、下发工作。
（2）做好员工档案和客户档案的管理工作。
（3）协助办公室主任做好公章的管理工作。
正文字体：仿宋_GB2312
字号：小四号
行间距：1.2 倍行距

图 1-37　文本格式的设置要求和效果

② 切换到【开始】选项卡，在【字体】选项组中单击【字体】文本框右侧的下拉按钮，在弹出的下拉列表中选择需要的中文字体即可，如图 1-38 所示。

③ 同样的方法可进行字号、字形、字符颜色的设置。

④ 在【段落】选项组中，单击【居中】按钮 ≡ 即可使标题文字居中显示。

设置完成后的标题效果如图 1-39 所示。

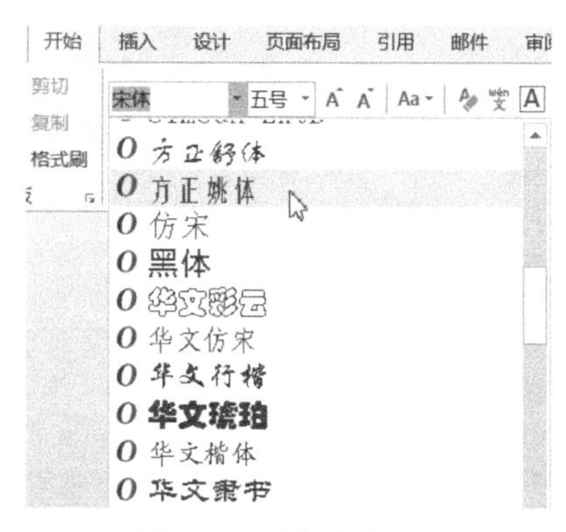

图 1-38　选择字体

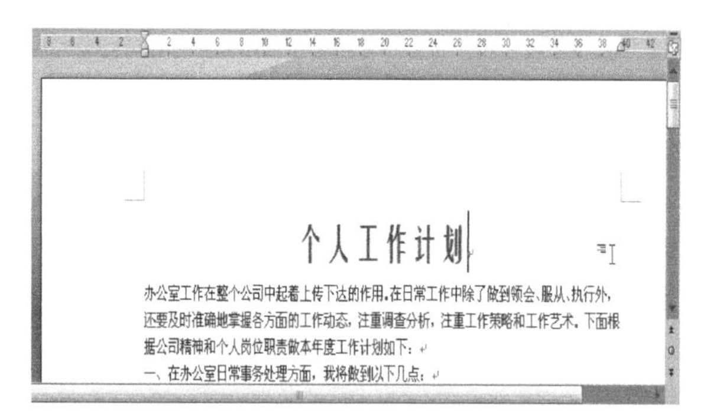

图 1-39　设置完成后的标题效果

相关知识

设置字体格式的另外两种方法如下。

➢ 选定需要设置字体的文本，即可出现浮动工具栏，将鼠标移向浮动工具栏，然后进行相应的设置，如图 1-40 所示。

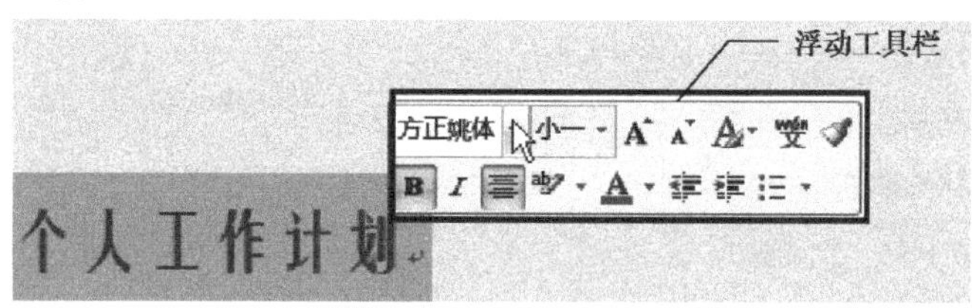

图 1-40　使用浮动工具栏设置字体格式

➢ 单击【字体】选项组右下角的启动按钮，在弹出的【字体】对话框中进行字符格式设置，如图 1-41 所示。

微课：设置段落格式

2. 设置正文格式

（1）设置段落格式。本任务对正文段落格式的要求：每个段落的首行缩进为 2 个字符，行间距为 1.2 倍行距。设置首行缩进的操作步骤如下。

① 选定需要进行首行缩进的段落。

② 切换到【开始】选项卡，单击【段落】选项组右下角的启动按钮，弹出【段落】对话框，如图 1-42 所示。

③ 在【缩进和间距】→【缩进】→【特殊格式】下拉列表中选择“首行缩进”，在【磅值】下拉列表中选择“2 字符”。

④ 单击【确定】按钮，即可完成选中段落的首行缩进。

设置行间距的具体操作步骤如下。

① 在图 1-42 所示【段落】对话框中，在【行距】下拉列表中选择“多倍行距”，在【设置值】微调框中设置“1.2”。

② 单击【确定】按钮，即可完成选中段落的行间距设置。

微课：设置字符格式

（2）设置正文字体格式。正文字体格式要求：仿宋_GB2312，小四号。选中所有正文内容，切换到【开始】选项卡，在【字体】选项组中的字体下拉列表中选择“仿宋_GB2312”，在【字号】下拉列表中选择“小四号”，即可完成格式设置。设置完成后的格式效果如图 1-43 所示。

图 1-41　【字体】对话框

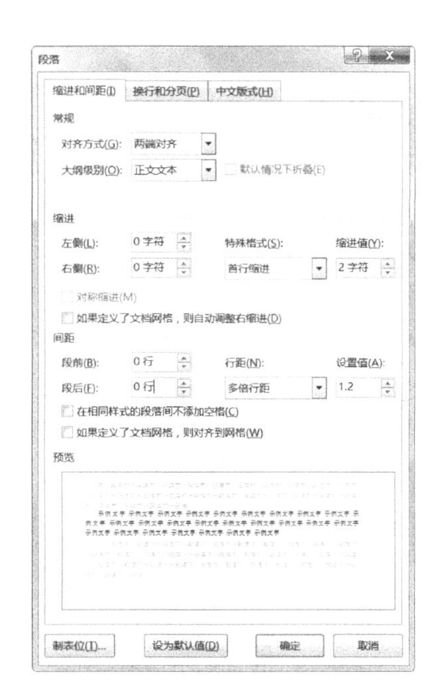

图 1-42　【段落】对话框

个人工作计划

办公室工作在整个公司中起着上传下达的作用。在日常工作中除了做到领会、服从、执行外，还要及时准确地掌握各方面的工作动态，注重调查分析，注重工作策略和工作艺术。下面根据公司精神和个人岗位职责做本年度工作计划如下：

一、在办公室日常事务处理方面，我将做到以下几点：

（1）做好了各类公文的登记、上报、下发工作。

（2）做好员工档案和客户档案的管理工作。

（3）协助办公室主任做好公章的管理工作。

图 1-43　正文格式效果

1.3.8　打印文档

对文档进行了编辑排版、页面设置等操作之后，便可进入打印环节。

1. 打印预览

为防止打印出来的文档与预期效果存在差距，在正式打印之前，可以先通过“打印预览”功能查看输出效果。实现打印预览的操作如下。

（1）在图 1-44 所示窗口右侧栏中会显示文档预览。

（2）使用“Ctrl+P”组合键也可以实现打印预览。

2. 打印设置

微课：打印设置

打印设置可以对打印范围、打印份数、打印内容等进行设置。

本任务的打印要求：页面范围为全部；打印份数为两份。操作步骤如下。

（1）单击窗口左上方的【文件】选项卡，在弹出的菜单中选择【打印】选项，如图 1-44 所示。

（2）在右侧栏中，可以对打印份数、打印机名称、单双面打印、打印方向、打印纸张、边距等进行设置，如图 1-44 所示。

（3）设置完成后，单击 打印 按钮，即可对文档进行打印。

相关知识

打印设置中“页面范围”的相关设置

设置打印文档的部分页：在图 1-44 所示【设置】选项组下的“页数”文本框中，输入需要打印的页数范围。例如，需要打印当前文档的第 2～6 页内容，则需输入“2-6”；如需要打印当前文档的第 3、第 6、第 8 页，则需输入“3，6，8”。

思考：如果在“页数”文本框中输入“2，3-6”，则会打印哪几个页面？

图 1-44 【打印】选项设置窗口

1.3.9 保存与导出文档

打印好文档后就可以准备上交了，高兴之余别忘了对文档进行保存。

Office 2013 文件存储位置有两个，一是本地计算机，二是微软个人账户所分配到的 OneDrive 硬盘空间。

1. 对新建文档进行保存

（1）单击【文件】选项卡，在弹出的下拉菜单中选择【保存】选项。

（2）弹出如图 1-45 所示【另存为】界面。

若想将文档保存在本地计算机，则单击【计算机】选项，右侧会出现【最近访问的文件夹】和【浏览】选项，可从中选择文档保存位置、设置文档名称和保存类型（Word 2013 文档默认的扩展名是“.docx”）。

若想将文档保存到 OneDrive 云空间（云盘），则单击图 1-45 所示的【One Drive -个人】选项，右侧出现用户王晓红在 OneDrive 云空间中的【最近访问的文件夹】以及【浏览】选项，如图 1-46 所示；单击【浏览】按钮，弹出图 1-47 所示【另存为】窗口，显示当前用户云空间中的两个文件夹“文档”和“图片”（默认情况下用户云空间中只有这两个文件夹），在窗口空白处单击鼠标右键，在弹出的菜单中选择【新建文件夹】选项，可新建文件夹（此处新建“办公文档”文件夹）；然后打开“办公文档”文件夹，设置文件名称和文件类型，如图 1-48 所示。

图 1-45 【另存为】界面—文档保存在本地计算机

图 1-46 【另存为】界面—文档保存在 OneDrive 云空间

图 1-47 将文档保存在 OneDrive

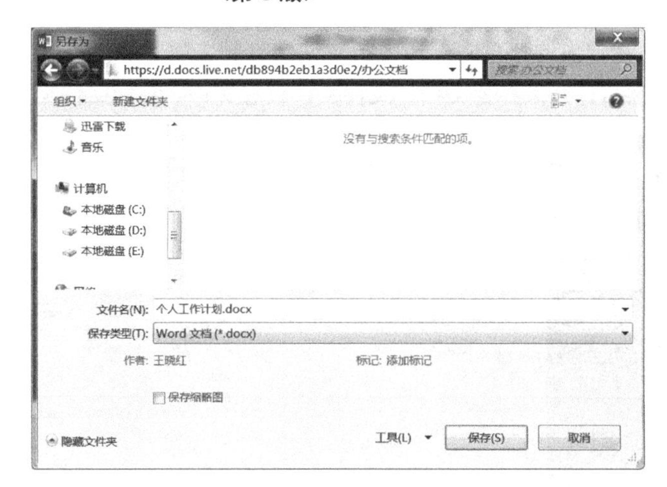

图 1-48　将文档保存在“办公文档”文件夹下

以上即可完成将新建文档保存到王晓红的 OneDrive 云空间中。

2. 对原有文档进行保存

如果对已保存过的文档进行了修改，也需要对文档再进行保存。可以通过以下 3 种方式对原文档进行保存。

（1）单击快速访问工具栏中的【保存】按钮。

（2）单击【文件】选项卡，在弹出的下拉菜单中执行【保存】命令。

（3）按下“Ctrl+S”组合键或“Shift+F12”组合键。

3. 导出文档

在工作中，经常会将已定稿的 Word 文档转换为 PDF 或 XPS 格式，以防止其内容被修改和便于阅读。下面介绍将 Word 文档导出为 PDF 或 XPS 文档的方法。

单击【文件】选项卡，在弹出的下拉菜单中单击【导出】选项，出现如图 1-49 所示页面；单击右下方【创建 PDF/XPS】按钮，出现如图 1-50 所示窗口，在窗口中设置文件保存位置、文件名称、文件类型，单击【发布】命令按钮即可实现导出。

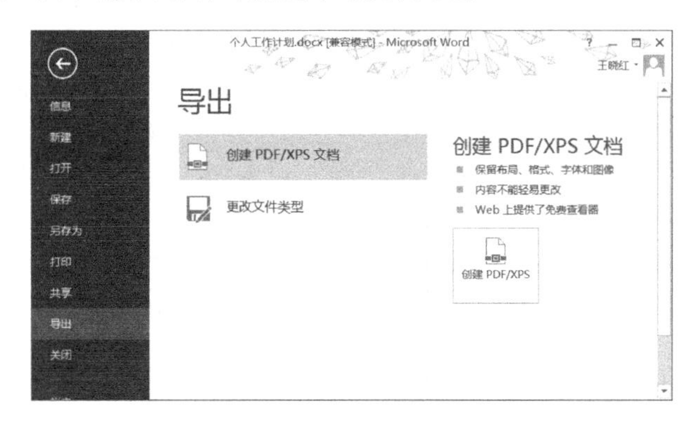

图 1-49　【导出】页面

若想将当前文档更改文件类型，则单击图 1-49 中的【更改文件类型】选项，出现如图 1-51 所示页面，选择想要更改的文件类型，单击下方的【另存为】按钮即可。

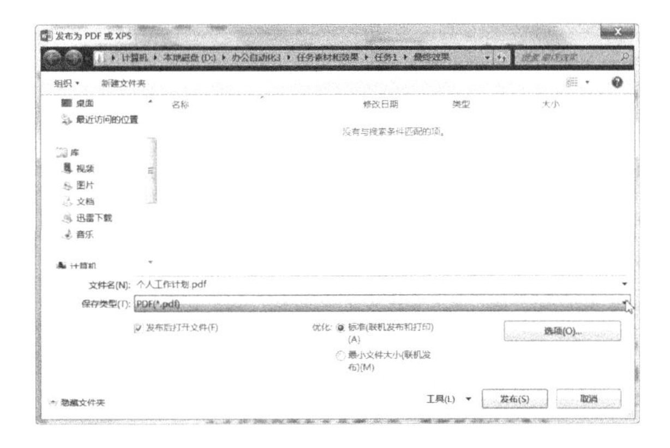

图 1-50 【发布为 PDF/XPS】窗口

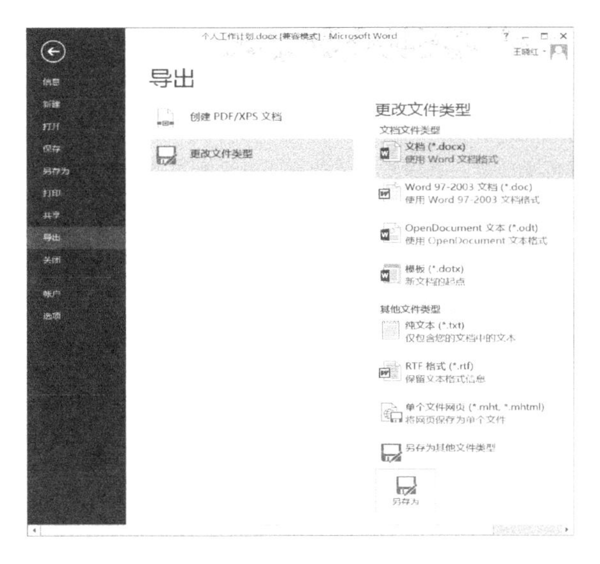

图 1-51 【更改文件类型】页面

技　巧

- 按下“Ctrl+N”组合键，可快速创建新的空白文档。
- 按下“Ctrl+O”组合键或“Ctrl+F12”组合键，可快速打开【打开】对话框。
- 按下“Ctrl+S”组合键或“Shift+F12”组合键，可快速进行文档保存或快速打开【另存为】对话框。
- 按下“Ctrl+P”组合键，可快速打开【打印】对话框。

相关知识

在对文档进行保存、复制、移动等操作过程中，须要用到文件和文件夹管理的相关知识。

（1）新建文件夹。以新建一个名为“工作文件夹”的文件夹为例。

操作步骤：单击桌面上的“计算机”图标，打开如图 1-52 所示窗口，选择需创建文件夹的磁盘驱动器，找到适合的位置，在窗口空白处单击鼠标右键，在弹出的快捷菜单中执行【新建】→【文件夹】命令；然后输入新建文件夹的名字“工作文件夹”，一个新文件夹就创建成功了，如图 1-53 所示。

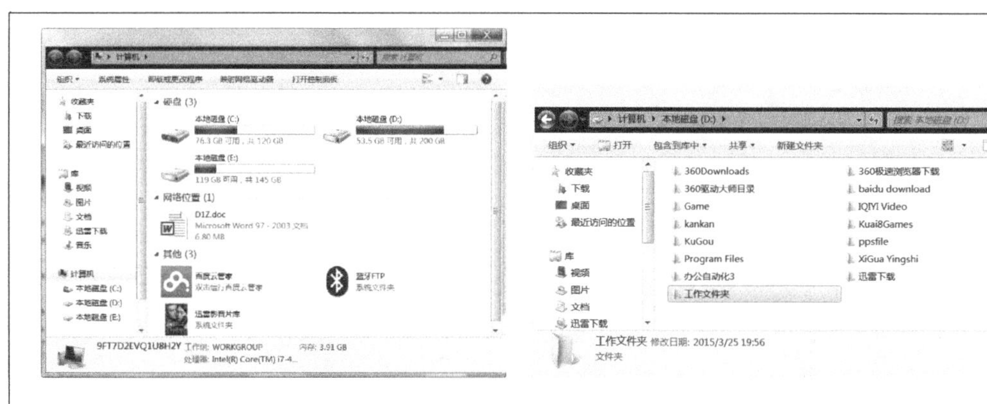

图 1-52 【计算机】窗口　　　　图 1-53 新建文件夹成功后的效果

（2）为文件或文件夹重命名。

操作步骤：选定需要重命名的文件或文件夹，单击鼠标右键，在弹出的快捷菜单中选择【重命名】命令，或者慢速双击该文件或文件夹，然后输入新的文件或文件夹名即可完成重命名。

（3）文件或文件夹的选定。

单击可选定一个文件或文件夹，选定后的文件或文件夹会变为蓝色，表示已被选定。

如果要选定多个连续的文件或文件夹，可在选定第一个文件后，按住“Shift”键不放，再单击最后一个文件或文件夹，这时，从第一个文件或文件夹到最后一个文件或文件夹所构成的连续区域中的所有文件或文件夹都被选定，如图 1-54 所示。

如果要选定多个不连续的文件或文件夹，可在选定第一个文件后，按住“Ctrl”键，依次单击需选定的文件或文件夹即可，如图 1-55 所示。

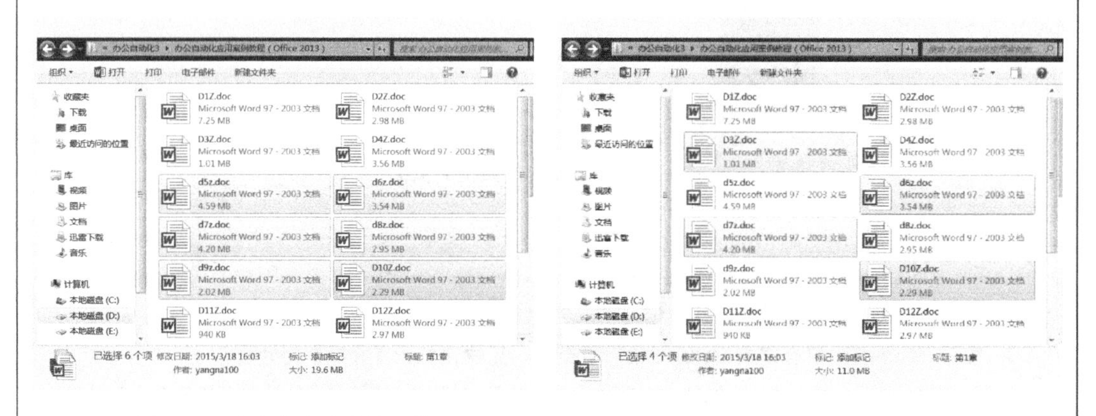

图 1-54 选定多个连续的文件　　　　图 1-55 选定多个不连续的文件

（4）隐藏文件或文件夹。以隐藏新建立的文档“个人工作计划.docx”为例。

操作步骤：选定此文档，单击鼠标右键，在弹出的快捷菜单中执行【属性】命令，如图 1-56 所示；弹出【属性】对话框，在属性选项组中勾选【隐藏】复选框，即可完成该文档的隐藏，如图 1-57 所示。

查看已隐藏的文件或文件夹。操作步骤：单击图 1-52 窗口左上方的【组织】按钮，在弹出的菜单中选择【文件夹和搜索】选项，弹出【文件夹选项】对话框，在【查看】选项卡下的【高级设置】栏中选择【隐藏文件和文件夹】下的【显示隐藏的文件、文件夹和驱动器】单选项，如图 1-58 所示；单击【确定】按钮，即可显示隐藏的文件、文件夹和驱动器。

图 1-56　执行【属性】命令

图 1-57　【属性】对话框

图 1-58　【文件夹选项】对话框

1.3.10　关闭文档

完成文档的编辑处理后，需要关闭文档。定位到需要关闭的文档，执行下面任何一个操作都可以关闭当前文档。

（1）单击窗口右上方控制按钮区中的✕。

（2）双击左上角的 Word 控制图标 。

（3）执行【文件】选项卡下的【关闭】命令。

（4）把光标放在“标题栏”的任意位置单击鼠标右键，在弹出的快捷菜单中选择【关闭】命令。

（5）按下“Alt+F4”组合键。

拓展实训

实训 1：制作罗红霉素胶囊说明书

制作一份“罗红霉素胶囊说明书”，效果图如图 1-59 所示。

微课：实训 1

罗红霉素胶囊说明书

【药品名称】

通 用 名：罗红霉素胶囊

英 文 名：Roxithromycin Capsules

汉语拼音：Luohongmeisu Jiaonang

分 子 式：$C_{41}H_{76}N_{2}O_{15}$

分 子 量：837.03

【性　状】

本品内容物为白色或类白色粉末和颗粒。

【药代动力学】

本品与白蛋白的结合率为 15.6～26.7%；服本品 0.3g，吸收较好，峰浓度较高，达峰时间 1.30±1.00 小时，峰浓度 6.32±1.45mg/l，本品主要从尿及粪便中排出。

【适 应 症】

1．适用于敏感菌株引起的下列感染：（1）上呼吸道感染；（2）下呼吸道感染；（3）耳鼻喉感染；（4）皮肤软组织感染。

2．也可用于支原体、衣原体及军团菌引起的感染。

【用法用量】

口服，成人每次 0.15g，每日 2 次。儿童的减或遵医嘱。

【生产企业】

企业名称：XXX 药业集团有限公司

邮政编码：335566

电话号码：0123-12345678

网　　址：www.yaoye.com

图 1-59 “罗红霉素胶囊说明书”效果图

制作要求如下。

（1）格式和页面设置要求。

① 标题格式：字体：微软雅黑；字号：小二号；字体颜色：深灰色；居中对齐。为标题文字设置阴影、映像等文本效果罗红霉素胶囊说明书。

② 正文格式：中文字体：微软雅黑。西文字体：自选。字号：小五号。行间距：单倍行距。加文字水印效果。

③ 纸张大小：自定义大小，宽度：12 厘米；高度：20 厘米。

④ 页边距：上、下、左、右页边距均为 1.27 厘米。

（2）为说明书设置水印效果。

以下是说明书文字内容，供文字录入时使用。

罗红霉素胶囊说明书

【药品名称】

通 用 名：罗红霉素胶囊

英 文 名：Roxithromycin Capsules

汉语拼音：Luohongmeisu Jiaonang

分 子 式：$C_{41}H_{76}N_{20}O_{15}$

分 子 量：837.03

【性　　状】

本品内容物为白色或类白色粉末和颗粒。

【药代动力学】

本品与白蛋白的结合率为 15.6～26.7%；服本品 0.3g，吸收较好，峰浓度较高，达峰时间（1.30±1.00）小时，峰浓度（6.32±1.45）mg/l，本品主要从尿及粪便中排出。

【适 应 症】

1. 适用于敏感菌株引起的下列感染：（1）上呼吸道感染；（2）下呼吸道感染；（3）耳鼻喉感染；（4）皮肤软组织感染。

2. 也可用于支原体、衣原体及军团菌引起的感染。

【用法用量】

口服，成人每次 0.15g，每日 2 次。儿童酌减或遵医嘱。

【生产企业】

企业名称：×××药业集团有限公司

邮政编码：335566

电话号码：0123-12345678

网　　址：www.yaoye.com

提示

（1）【、】、～、±等符号的输入，参见“输入符号和特殊符号”内容。

（2）输入分子式“$C_{41}H_{76}N_{20}O_{15}$”操作步骤：选定需设为下标的内容，切换到【开始】选项卡，单击【字体】选项组中的【下标】按钮 ×₂，即可完成下标设置。该操作也可使用组合键“Ctrl+=”完成。

（3）文本效果设置。为使文字显示不枯燥，Word 新版本提供了“文本效果和版式”设置，具体设置方法：单击【开始】→【字体】→【文本效果和版式】按钮 A，如图 1-60 所示，上方显示了系统给定的效果格式（此处选择了第 2 行第 5 列效果），若不满意，可再进行“轮廓”、“阴影”、“映像”、“发光”等效果设置。此处进行了【阴影】和【映像】效果设置，如图 1-61 和图 1-62 所示。

图 1-60　文本效果与版式

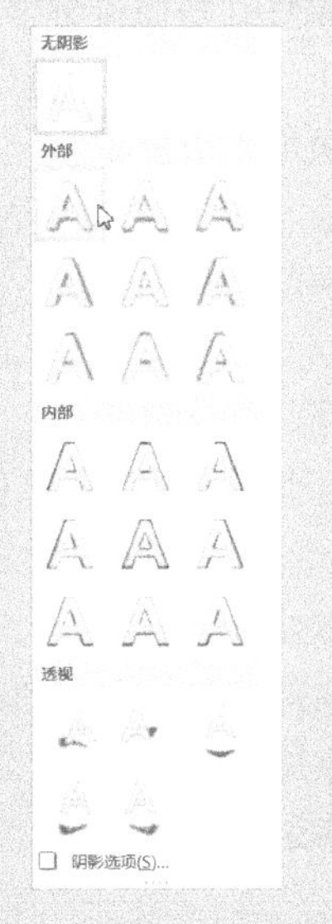

图 1-61　【阴影】效果

图 1-62　【映像】效果

（4）水印效果设置。水印是出现在文档底层的文本或图片。Word 2013 中可以使用内置的水印样式，还可以自定义水印。本文档使用的是自定义水印，操作步骤如下。

① 切换到【设计】选项卡，单击【页面背景】选项组中的【水印】按钮。

② 在弹出的下拉列表中选择【自定义水印】选项，如图 1-63 所示。

③ 弹出【水印】对话框，如图 1-64 所示。

④ 选中【文字水印】单选项，然后进行文字、字体、字号、颜色、是否半透明及版式的设置。

⑤ 单击【确定】按钮完成水印效果的设置。

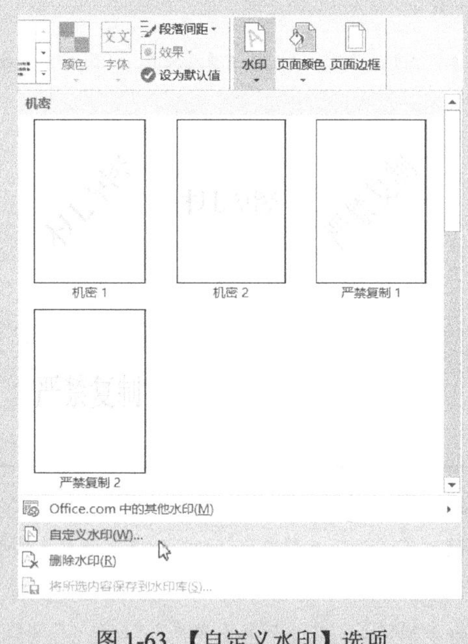

图 1-63 【自定义水印】选项

图 1-64 【水印】对话框

实训 2：制作旅行社路线报价单

微课：实训 2

制作一份“旅行社路线报价单”，效果图如图 1-65 所示。

制作要求如下。

（1）格式和页面设置要求。

① 标题格式：华文行楷，一号，红色字体，居中对齐，带圈字，阴影。

② 副标题格式：华文行楷，小三号，红色字体，阴影。

③ 正文格式。

小标题格式：华文行楷，小三号，白色字体。

其他正文格式：仿宋_GB2312，小四号，黑色字体，1.15 倍行距，添加绿色背景。

④ 纸张大小：B5 纸。

⑤ 页边距：上、下、左、右页边距均为 2 厘米。

（2）为“隆重推出”文字设置错落有致的格式和有阴影效果的边框。

（3）为“经典主打路线”、“北京旅行经典路线”、“国内路线”等标题设置底纹。

以下是报价单文字内容，供文字录入时使用。

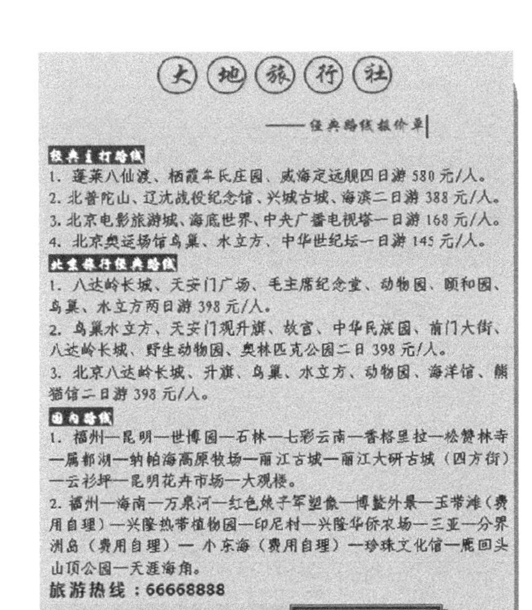

图 1-65 “旅行社路线报价单”效果图

大地旅行社

——经典路线报价单

经典主打路线

1. 蓬莱八仙渡、栖霞牟氏庄园、威海定远舰四日游 580 元/人。

2. 北普陀山、辽沈战役纪念馆、兴城古城、海滨二日游 388 元/人。

3. 北京电影旅游城、海底世界、中央广播电视塔一日游 168 元/人。

4. 北京奥运场馆鸟巢、水立方、中华世纪坛一日游 145 元/人。

北京旅行经典路线

1. 八达岭长城、天安门广场、毛主席纪念堂、动物园、颐和园、鸟巢、水立方两日游 398 元/人。

2. 鸟巢水立方、天安门观升旗、故宫、中华民族园、前门大街、八达岭长城、野生动物园、奥林匹克公园二日 398 元/人。

3. 北京八达岭长城、升旗、鸟巢、水立方、动物园、海洋馆、熊猫馆二日游 398 元/人。

国内路线

1. 福州—昆明—世博园—石林—七彩云南—香格里拉—松赞林寺—属都湖—纳帕海高原牧场—丽江古城—丽江大研古城（四方街）—云衫坪—昆明花卉市场—大观楼。

2. 福州—海南—万泉河—红色娘子军塑像—博鳌外景—玉带滩（费用自理）—兴隆热带植物园—印尼村—兴隆华侨农场—三亚—分界洲岛（费用自理）— 小东海（费用自理）—珍珠文化馆—鹿回头山顶公园—天涯海角。

旅游热线：66668888

（1）标题“大地旅行社”格式中的阴影效果和带圈字符效果设置。

① 阴影效果设置。选中标题文字，在图 1-61 中进行阴影效果设置。

② 带圈字符效果设置。操作步骤：选定“大”字，单击【开始】→【字体】→【带圈字符】㊫按钮，弹出【带圈字符】对话框，在【样式】选项区中选择“增大圈号”，如图 1-66 所示，单击【确定】按钮，

即可将选定字符设置为带圈字符效果。

注意：Word 中的“带圈字符”设置只能一个字一个字地设定，无法同时对多个字一起设置。

（2）页面背景颜色设置。为增强整个页面效果，可为文档添加恰当的页面背景颜色。操作步骤：单击【设计】→【页面背景】→【页面颜色】按钮，在弹出的下拉列表中选取恰当的颜色，如图 1-67 所示。

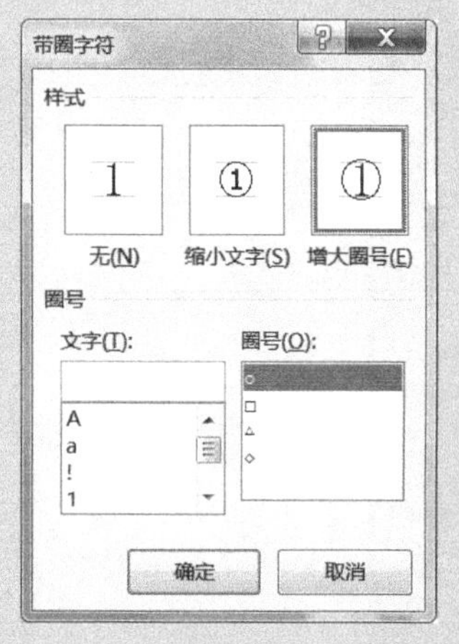

图 1-66 【带圈字符】对话框

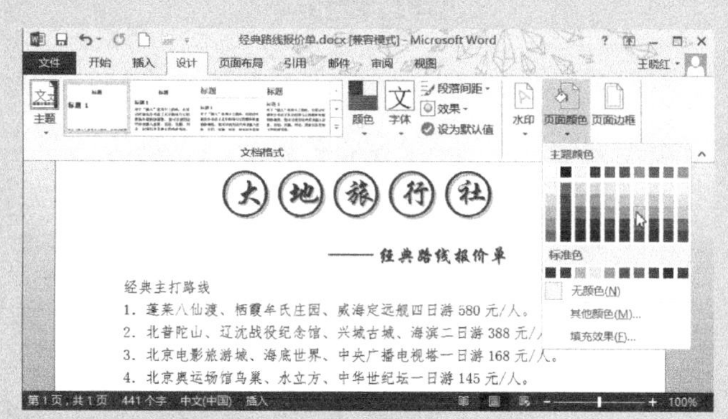

图 1-67 【页面颜色】下拉列表

（3）为“隆重推出”设置错落有致的格式和有阴影效果的边框。

① 格式效果设置。“隆重推出”4 个字在整个文档中起着强调的作用。为了吸引观众、增强效果，可对文字高度进行调整，使文字错落有致、美观大方。具体操作步骤：选中“隆重推出”中的“重”字，切换到【开始】选项卡，单击【字体】选项组右下角的启动按钮，弹出【字体】对话框，切换到【高级】选项卡，设置间距为“加宽”，磅值为“5 磅”，设置位置为“降低”，磅值为“8 磅”，如图 1-68 所示。

② 边框设置。为段落或文字添加边框和底纹，不但能突出段落或文字内容，还能起到美化文档的作用。为“隆重推出”文字设置带阴影的红色边框的操作步骤：选中“隆重推出”文字，单击【开始】→【段落】→【边框】按钮右侧的下拉按钮，在下拉列表中单击【边框和底纹】选项，弹出【边框和底纹】对话框，在【边框】选项卡下选择左侧列表中的【阴影】选项，在【样式】列表中选择第 10 个边框样式“————”，在【颜色】栏中选择“深红色”，在【宽度】栏中选择“3.0 磅”，在【应用于】栏中选择“文字”，如图 1-69 所示，单击【确定】按钮即可为选定文字设置边框格式。

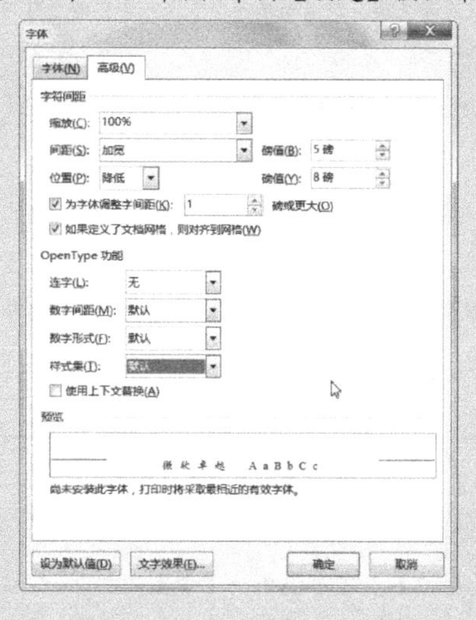

图 1-68 字符间距和位置设置

图 1-69 边框设置

（4）为“经典主打路线”文字设置底纹。操作步骤：选中“经典主打路线”文字，打开【边框和底纹】对话框，切换到【底纹】选项卡，在【图案】栏下的【样式】下拉列表中选择“5%”，在【应用于】栏中选择“文字”；在【填充】下拉列表中选择【其他颜色】选项，如图 1-70 所示；弹出【颜色】对话框，切换到【自定义】选项卡，在【颜色模式】下拉列表中选择“RGB”，将【红色】设置为“200”，【绿色】和【蓝色】均设置为“0”，如图 1-71 所示，【确定】后即可完成底纹设置。

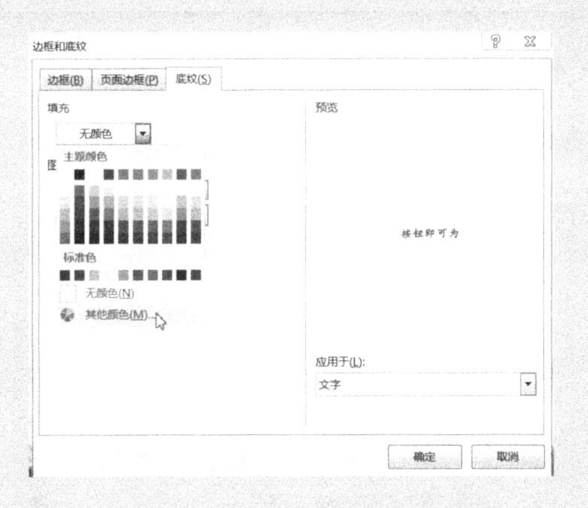

图 1-70　选择【其他颜色】选项　　图 1-71　自定义颜色

边框和底纹既可应用于段落也可应用于文字，本实训中设置的边框和底纹都是应用于文字。将底纹应用于段落的效果如图 1-72 所示，将边框应用于段落的效果如图 1-73 所示。

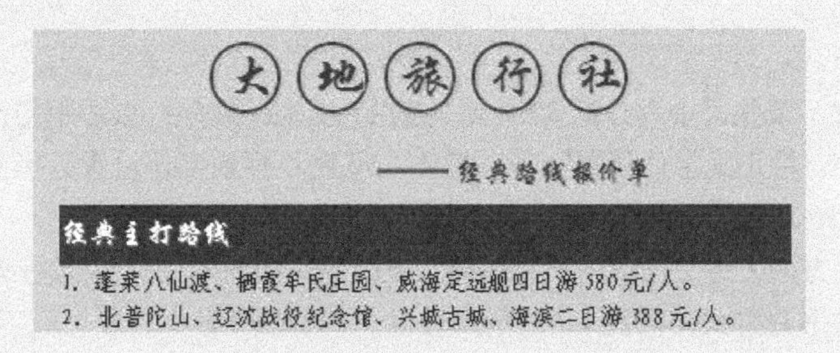

图 1-72　将底纹应用于段落的效果

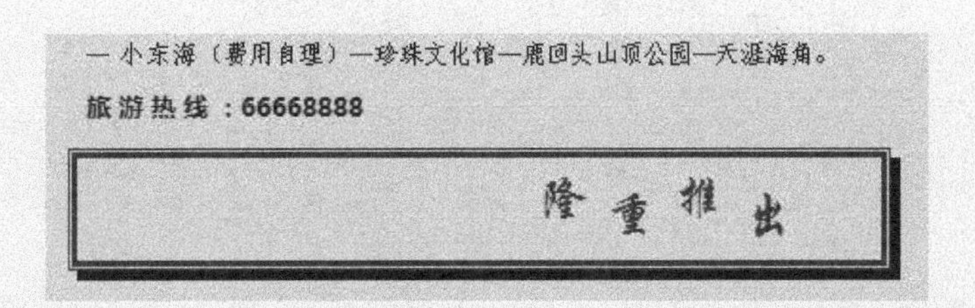

图 1-73　将边框应用于段落的效果

（5）使用“格式刷”将已设置好的底纹格式快速应用到其他标题。操作步骤：将光标放置在“经典主打路线”中的任意位置，单击【开始】选项卡下的【格式刷】按钮，此时光标变成刷子形状，将其移到“北京旅行经典路线”开头位置，拖动鼠标左键拖选标题文字，即可将其设置成“经典主打路线”文字格式。

技　巧

使用格式刷有两种方式，一种是一次性使用，另一种是多次使用。单击【格式刷】按钮 可进行一次格式设置；双击【格式刷】按钮，可以重复多次使用格式刷功能。若不再需要使用，再次单击【格式刷】按钮或按 Esc 键即可取消格式刷功能。

实训 3：制作古色古香的仿古文档

微课：实训 3

制作一篇古色古香的仿古诗词文档，效果图如图 1-74 所示。

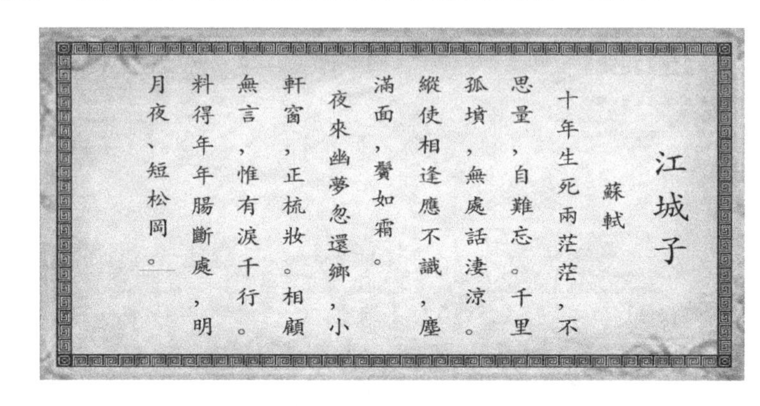

江城子

蘇軾

十年生死兩茫茫，不
思量，自難忘。千里
孤墳，無處話淒涼。
縱使相逢應不識，塵
滿面，鬢如霜。
夜來幽夢忽還鄉，小
軒窗，正梳妝。相顧
無言，惟有淚千行。
料得年年腸斷處，明
月夜、短松岡。

图 1-74　“仿古文档”效果图

制作步骤如下。

（1）页面设置。纸张大小为：高 30 厘米，宽 17 厘米；纵向；页边距均设置为 2 厘米。

（2）录入文字。将正文字体设置为华文楷体，30 磅；标题字体设置为华文楷体，45 磅；行距设置为 3.5 倍行距。

（3）更改文字方向。将文档纸张从“纵向”更改为“横向”，然后将文字从横向书写方式更改为从右至左竖排书写方式，如图 1-75 所示。

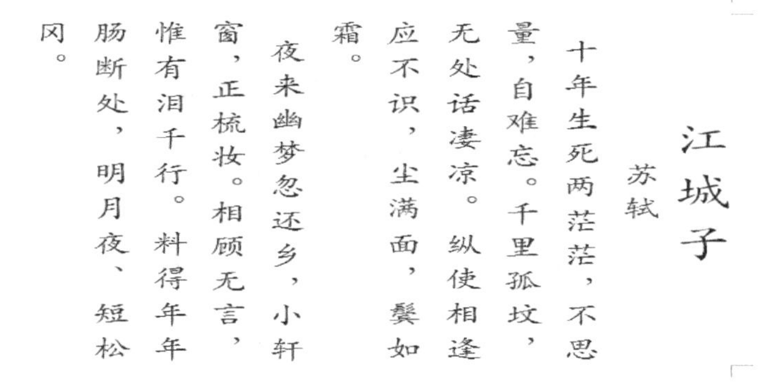

江城子

苏轼

十年生死两茫茫，不思
量，自难忘。千里孤坟，
无处话凄凉。纵使相逢
应不识，尘满面，鬓如
霜。
夜来幽梦忽还乡，小轩
窗，正梳妆。相顾无言，
惟有泪千行。料得年年
肠断处，明月夜、短松
冈。

图 1-75　文字竖排效果

（4）简繁转换。为了增加仿古效果，利用 Word 自带的简繁转换功能将文字转换成繁体字效果。

（5）添加图片水印效果。

（6）为文档设置艺术型页面边框。

提示　（1）更改文字方向的方法。选定文字，单击【页面布局】→【页面设置】→【文字方向】按钮，在下拉列表中选择“垂直”，此时文字变为竖排方式显示。

（2）简繁转换。选中文字，单击【审阅】→【中文简繁转换】→【简转繁】按钮，即可将文字转换为繁体。

（3）页面边框设置方法。单击【开始】→【段落】→【边框】按钮 右侧小三角，在弹出的下拉列表中选择【边框和底纹】选项，弹出“边框和底纹”对话框，切换到【页面边框】选项卡下并进行如图 1-76 所示设置（颜色：红色，着色 2，深色 50%。宽度：18 磅）。单击图 1-76 所示右下方的【选项】按钮，弹出如图 1-77 所示【边框和底纹选项】对话框，设置上、下、左、右边距为“20 磅”。

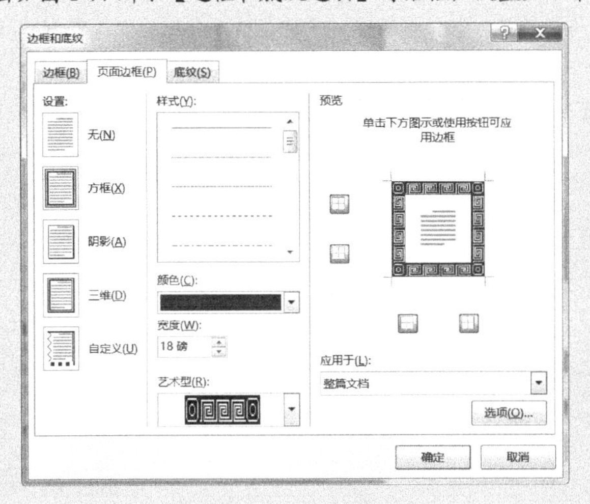

图 1-76　页面边框设置

图 1-77　边距设置

实训 4：制作岗位能力培训简章

制作“人才测评师岗位能力培训班培训简章”，效果图如图 1-78 所示。

微课：实训 4

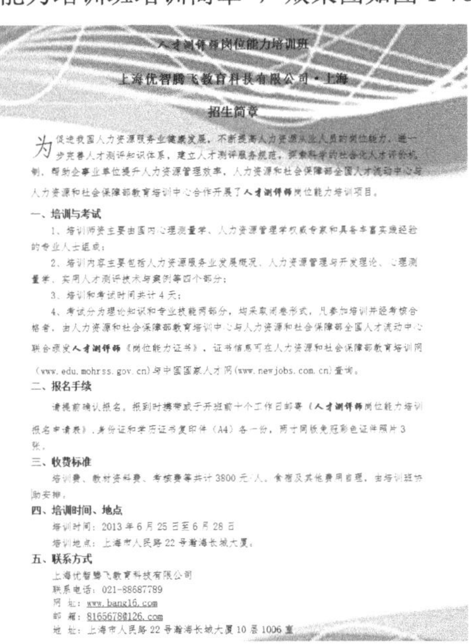

人才测评师岗位能力培训班

上海优智腾飞教育科技有限公司 • 上海

招生简章

为促进我国人力资源服务业健康发展，不断提高人力资源从业人员的岗位能力，进一步完善人才测评知识体系，建立人才测评服务规范，探索科学的社会化人才评价机制，帮助企事业单位提升人力资源管理效率，人力资源和社会保障部全国人才流动中心与人力资源和社会保障部教育培训中心合作开展了**人才测评师**岗位能力培训项目。

一、培训与考试

1、培训师资主要由国内心理测量学、人力资源管理学权威专家和具备丰富实践经验的专业人士组成；

2、培训内容主要包括人力资源服务业发展概况、人力资源管理与开发理论、心理测量学、实用人才测评技术与案例等四个部分；

3、培训和考试时间共计 4 天；

4、考试分为理论知识和专业技能两部分，均采取闭卷形式，凡参加培训并经考核合格者，由人力资源和社会保障部教育培训中心与人力资源和社会保障部全国人才流动中心联合颁发**人才测评师**《岗位能力证书》，证书信息可在人力资源和社会保障部教育培训网（www.edu.mohrss.gov.cn）与中国国家人才网（www.newjobs.com.cn）查询。

二、报名手续

请提前确认报名。报到时携带或于开班前十个工作日邮寄《**人才测评师**岗位能力培训报名申请表》，身份证和学历证书复印件（A4）各一份，两寸同版免冠彩色证件照片 3 张。

三、收费标准

培训费、教材资料费、考核费等共计 3800 元/人。食宿及其他费用自理，由培训班协助安排。

四、培训时间、地点

培训时间：2013 年 6 月 25 日至 6 月 28 日

培训地点：上海市人民路 22 号瀚海长城大厦。

五、联系方式

上海优智腾飞教育科技有限公司

联系电话：021-88687789

网　址：www.bang16.com

邮　箱：816567800126.com

地　址：上海市人民路 22 号瀚海长城大厦 10 层 1006 室

图 1-78　“培训简章”效果图

本实训包含的能力点如下。

（1）首字下沉效果设置；

（2）用高级替换对指定文字进行美化；

（3）使用自动图文集创建个性化词条。

提示 （1）首字下沉效果设置。将光标定位在首字前面，单击【插入】→【文本】→【首字下沉】按钮，在下拉列表中选择“首字下沉选项”，选择【位置】为“下沉”，然后设置字体、下沉行数以及与正文的距离，如图 1-79 所示。

（2）用高级替换功能美化指定文字。为突出“人才测评师”文字，将文中所有“人才测评师”设置为“深红色、加粗、华文行楷、小四号”格式效果。这种为指定文字进行格式美化的操作可由 Word 中的高级替换完成。步骤如下。

将光标定位在文档头位置，单击【开始】→【编辑】→【替换】按钮，弹出【查找和替换】对话框；

切换到【替换】选项卡下，在【查找内容】对应的文本框中输入“人才测评师”，将光标设置到“替换为:”后面的文本框中；

单击【更多】命令按钮，在伸展开的对话框中选择【格式】命令按钮，在下拉列表中选择“字体”，然后在弹出的【替换字体】对话框中设置所需格式，如图 1-80 所示。

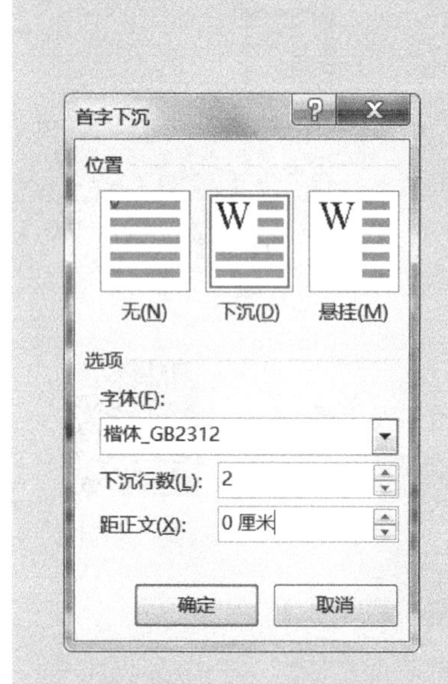

图 1-79　首字下沉设置

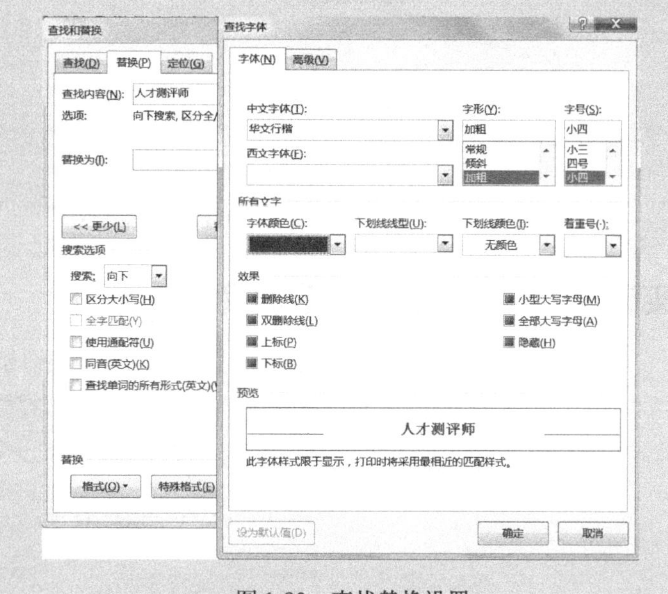

图 1-80　查找替换设置

注意：可通过图 1-80 中的【特殊格式】进行“段落标记、图形、域、分隔符、换行符”等特殊格式的替换。

（3）使用自动图文集创建个性化词条。在日常办公中经常用到诸如“公司名称”、“地址”等固定词条，如本实训中的“上海优智腾飞教育科技有限公司”、“上海市人民路 22 号瀚海长城大厦 10 层 1006 室”等固定的名称和地址。为了避免重复录入，若能把这些词条集中在一起组成图文集，想要什么直接选取就能获得，使用起来则会更加方便快捷，且不会录入错误。Word 提供的自动图文集便能够实现此功能，方法如下。

选中想设置为自动图文集的文字，如“上海市人民路 22 号瀚海长城大厦 10 层 1006 室”，单击【快速访问工具栏】中的【自动图文集】按钮，在弹出的下拉列表中单击“将所选内容保存到自动图文集库”，即可将所选内容添加到自动图文集库，如图 1-81 所示。什么时候需要这些词条，在【插入】→【文件】→

【文档部件】→【自动图文集】中选择即可获得，如图 1-82 所示。

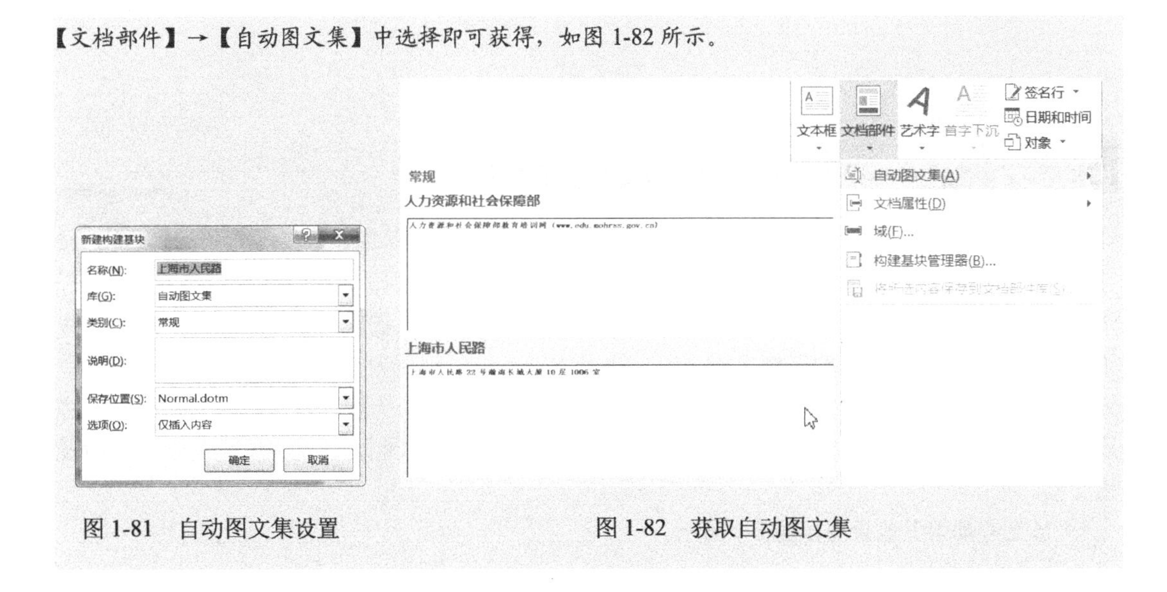

图 1-81　自动图文集设置　　　　图 1-82　获取自动图文集

技　巧

若“快速访问工具栏”中没有“自动图文集”按钮，则可通过以下方法设置。

单击左上角的【文件】选项卡，选择【选项】选项，弹出【Word 选项】对话框；在左侧列表中选择【快速访问工具栏】，将右侧窗口中的【从下列位置选择命令】设置为“不在功能区中的命令”(因为“自动图文集”属于工具栏命令，不属于功能区命令)，然后将“自动图文集”添加到右侧列表中即可，如图 1-83 所示。

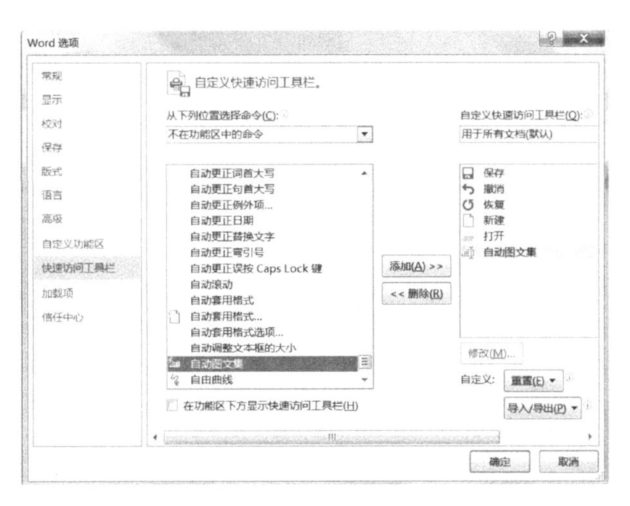

图 1-83　将“自动图文集”命令添加到“快速访问工具栏”

综合实践

选取你熟悉的一种生活用品或者家用电器，结合该产品的功能和特点，利用所学知识和技能设计并制作一份文字型产品说明书。要求：条理清晰、详略得当、数据可靠、说明有力；排版科学合理、美观大方。

任务2 制作员工考勤表

在日常办公中经常用到表格类文档，虽然 Excel 提供了强大的表格处理功能，但对于那些不需要进行复杂数据处理的表格文档来说，使用 Word 编辑则更为方便。实际工作中常用的个人简历表、来电登记表、会议安排表、差旅费报销单、客户资料卡等都属于此类文档。下面将通过制作一份“员工考勤表”来介绍怎样利用 Word 的表格功能制作简明扼要、清晰美观的表格文档。

“员工考勤表”效果图如图 2-1 所示。

考 勤 表

201X 年 6 月份

单位名称： 部门名称： 填表日期：201X 年 7 月 2 日

姓 名	1	2	3	4	5	6	7	8	9	10	11	12	13	14	15	16	17	18	19	20	21	22	23	24	25	26	27	28	29	30	31
张晓宏																															
杨春丽																															
王保康																															
张 惠																															
王 萍																															
吴凡超																															
王红云																															
叶凯丰																															
许 伟																															
马晓艳																															
付建英																															
刘晓娜																															
赵翠香																															
王云峰																															
李振军																															

填表说明：

记号说明如下：出勤√，病假○，事假△，旷工X，迟到早退#，婚假+，丧假一，产假◇，探亲假□，加班⊙，特殊情况用文字注明。

分管领导：______ 部门负责人：______ 考勤员：______

图 2-1 “员工考勤表”效果图

2.1 任务情境

为加强公司劳动管理，维护工作秩序，提高工作效率，近日来，公司对员工考勤管理制度进行了重新修订。其中，请、休假制度，加班制度，日常考勤制度都进行了大幅度调整。今天上午一上班，办公室张主任就急匆匆来到小王办公室，要求小王尽快根据新修订的考勤管理制度制作一份“员工考勤表”。

知识目标

- 表格的创建方法；
- 表格的基本编辑操作；
- 表格的格式设置。

能力目标

- 能够根据公司考勤制度制作出员工考勤表；
- 能够根据实际需要设计并制作出美观实用的表格。

2.2 任务分析

考勤工作可以督促员工自觉遵守工作规章制度，是记录员工工作表现和行为的有效凭证，同时也是计算薪酬的主要依据。由此可见，考勤表在行政工作中起着非常重要的作用。小王要想按时保质地完成这项任务，首先必须熟悉公司目前的考勤制度，明确考勤表在各个环节中所起的作用，然后才能准确、合理地设置考勤项目，使考勤表起到应有的作用。

考勤表要求结构清晰、效果直观，又无须进行复杂的数据处理，所以采用 Word 的表格功能进行排版最恰当不过了。Word 2013 提供了强大的表格编辑功能，使用它小王肯定能够制作出美观实用的表格。

经过分析，制作一份精美、实用的员工考勤表需要进行以下工作。

（1）对考勤表进行页面设置。

（2）考勤表的标题设置。

（3）创建一个空表格，调整好表格的布局和大小。

（4）输入表格文本内容，并设置文本格式。

（5）美化表格，对表格进行格式设置。

2.3 任务实现：制作员工考勤表

2.3.1　考勤表页面设置

按照文档排版操作流程，首先进行页面设置。考虑到考勤表需要记录员工每天的考勤情况，以月为单位进行考勤，至多需要 31 天的考勤空间，所需表格比较宽，因此需要将表格的纸张方向设置为“横向”，将纸张大小设置为办公常用的 A4 纸。

根据以上分析，需要对本任务进行以下页面设置：上、下、左、右页边距分别为 3 厘米、3 厘米、2 厘米、2 厘米；装订线位置：上；纸张方向：横向；纸张大小：A4 纸。相关设置如图 2-2 和图 2-3 所示。

图 2-2　设置页边距

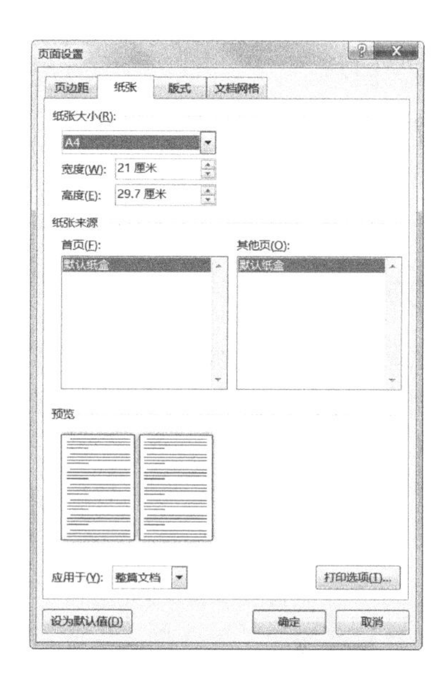

图 2-3　设置纸张大小

2.3.2　表格标题设置

在插入表格之前，首先对表格标题进行设置。本任务表格的标题格式要求如图 2-4 所示。

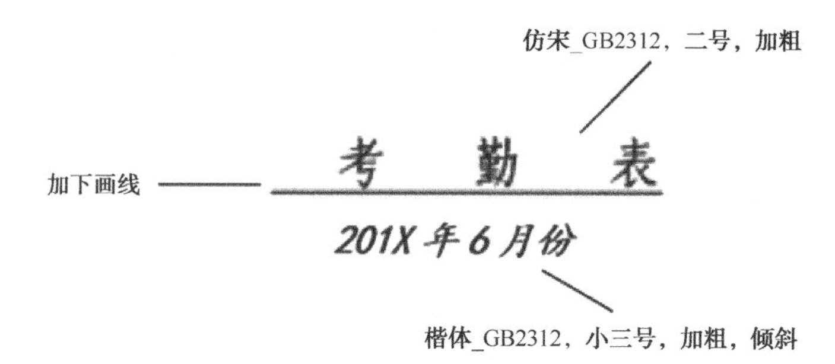

图 2-4　表格标题格式要求

在文档编辑过程中，为某些词、句设置下画线不但可以美化文档，还能使文档轻重分明、重点突出。此处设置的下画线除具有以上作用外，还起到了与下面日期进行分隔的作用。

为“考勤表”设置下画线的具体操作步骤如下：选定“考勤表”文本内容；单击【开始】→【字体】→【下画线】按钮 U ˇ，即可完成选定文本的下画线设置。

思考：怎样设置“波浪型”下画线？怎样为下画线设置颜色？

2.3.3　创建表格

微课：创建表格

Word 2013 提供了多种创建表格的方法，如虚拟表格、手动绘制表格、Excel 电子表格等。根据本任务表格的特点，采用【插入表格】对话框的方法创建表格。

因为在创建表格过程中需要输入表格的行数和列数，所以首先需要确定插入表格的行数、列数。因为考勤表需要记录每天的考勤情况，一个月最多有 31 天，所以需要设置 31 列，再加上“姓名”列，共需要设置 32 列；根据版面大小设置行数为 16 行。下面是创建一个 32 列、16 行表格的具体操作步骤。

（1）单击【插入】→【表格】→【表格】按钮，在弹出的下拉列表中选择【插入表格】选项，如图 2-5 所示。

（2）弹出【插入表格】对话框，在【表格尺寸】下的列数和行数微调框中分别设置表格的行数和列数为“32”和“16”，如图 2-6 所示。

图 2-5　【表格】下拉列表

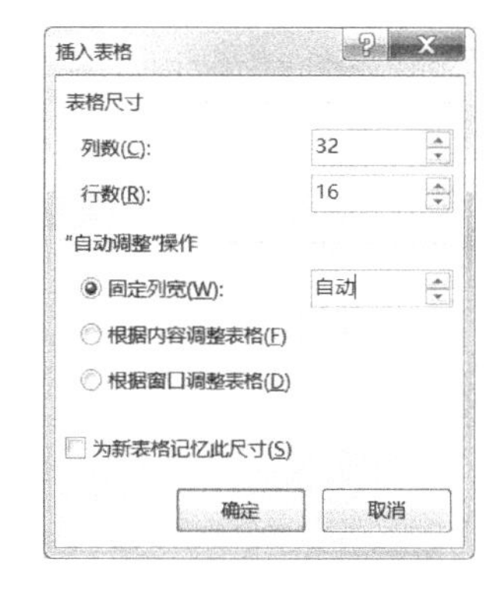

图 2-6　设置表格的列数和行数

（3）单击【确定】按钮，即可在文档中插入一个 32 列、16 行的空白表格，如图 2-7 所示。

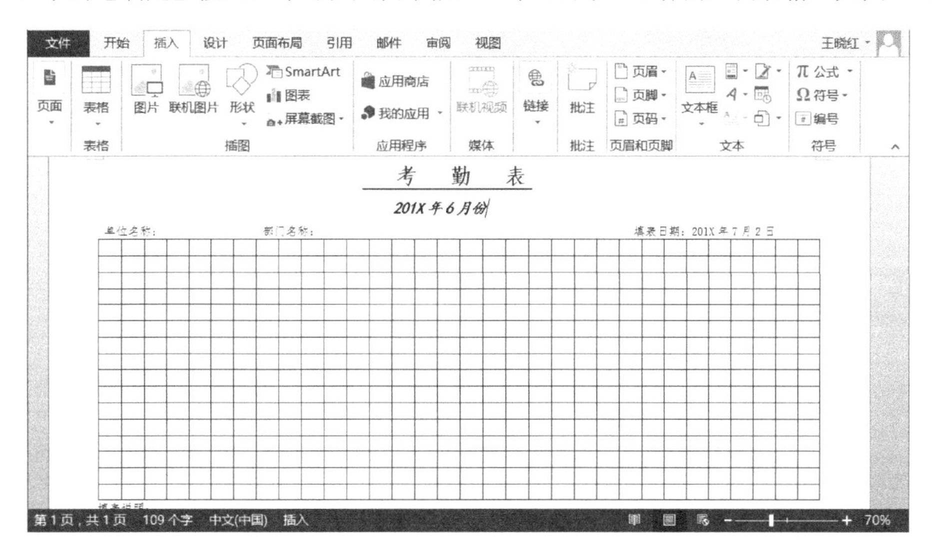

图 2-7　插入空白表格

相关知识

其他创建表格的方法

（1）使用“虚拟表格”功能创建表格。对于行数、列数比较少的表格，可以使用虚拟表格功能创建表格。具体操作步骤如下：单击【插入】→【表格】→【表格】按钮，在弹出的下拉列表中有一个 10 列 8 行的虚拟表格，如图 2-8 所示。用户可以在虚拟表格中选择行列值，然后单击鼠标左键，即可快速插入一个空白表格。

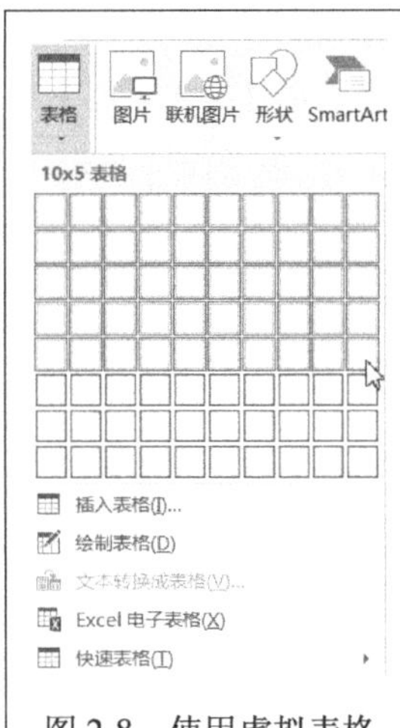

图 2-8 使用虚拟表格功能创建表格

（2）手动绘制表格。对于比较复杂的表格，可以采用手动绘制的方法创建。具体操作步骤：选择图 2-8 中的【绘制表格】选项，此时，鼠标呈笔状 ✎，将鼠标定位到要插入表格的起始位置，然后按住鼠标左键并进行拖动，即可在屏幕上画出一个虚线框，直到大小合适后，释放鼠标即可绘制出表的外框。然后按照同样的方法，在框内绘制出需要的横纵表线即可。

（3）使用“快速表格”功能创建表格。Word 2013 提供了“快速表格”功能，通过该功能，不但可以快速插入 Word 提供的内置样式表格，还可以将自己制作的表格保存在内置样式库中。具体操作步骤：选择图 2-8 中的【快速表格】选项，在弹出的级联列表中提供了多种内置表格样式，单击需要的样式，即可将其插入到光标所在位置，如图 2-9 所示。

保存自定义表格到内置样式库

具体操作步骤：单击【插入】→【表格】→【表格】→【快速表格】选项，在弹出的级联列表中选择【将所选内容保存到快速表格库中】选项。弹出【新建构建基块】对话框，在【名称】文本框中输入表格名称。单击【确定】按钮即可将自定义表格保存到内置样式库，如图 2-10 所示。

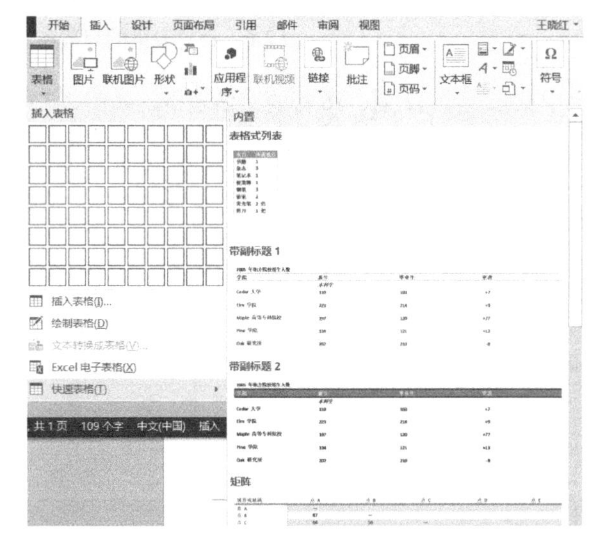

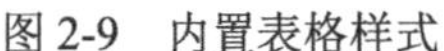

图 2-9 内置表格样式

图 2-10 【新建构建基块】对话框

2.3.4 表格基本编辑操作

创建好空表格后，有时会根据需要对表格进行一些编辑操作，如调整表格的位置和大小，单元格、行、列的选定，以及单元格的插入、删除等操作。

微课：选定操作

1. 选定操作

（1）选定单元格。

① 方法一：将鼠标指向单元格左侧，待指针呈黑色箭头时，单击鼠标左键即可选中该单元格，如图 2-11 所示。

② 方法二：将光标定位到需选择的单元格中，单击【表格工具/布局】→【表】→【选择】按钮，在弹出的下拉列表中选择【选择单元格】选项，也可选定当前单元格，如图 2-12 所示。

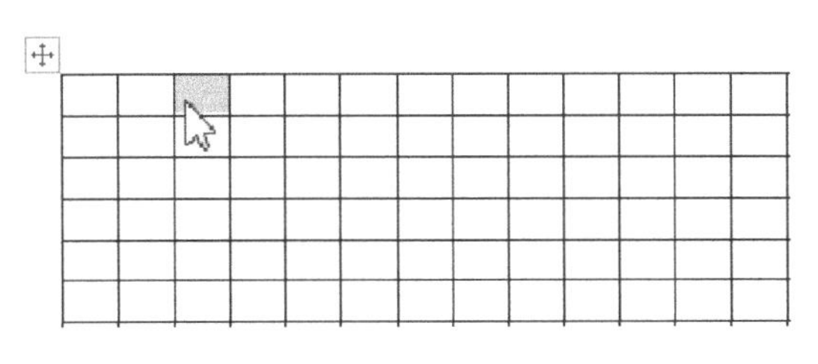

图 2-11　选定单元格方法一

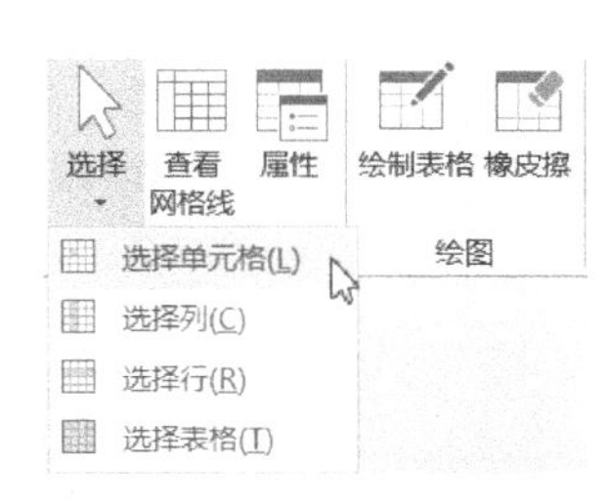

图 2-12　选定单元格方法二

技　巧

在以上方法的基础上，采用按下鼠标左键拖动或者按住 Shift 键的方法可以选定多个连续的单元格；采用按住 Ctrl 键同时单击不连续单元格的方法，可以选定多个不连续的单元格。

（2）选定行或列。

① 方法一：将鼠标指向表格某行左侧选定栏，待指针变为空心箭头时，单击鼠标左键即可选定该行，如图 2-13 所示。将鼠标指向某列上侧，待指针变为实心箭头↓时，单击鼠标左键即可选定该列，如图 2-14 所示。

图 2-13　选定行

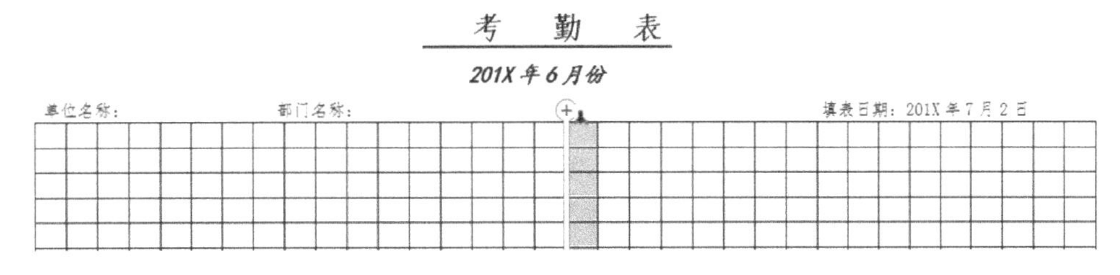

图 2-14　选定列

② 方法二：打开如图 2-12 所示的下拉列表，在列表中选择【选择行】、【选择列】完成行、列选定。

技　巧

参照单元格的选定方法，可以采用按下鼠标左键拖动或者按住 Shift 键的方法选定连续的行或列；使用按住 Ctrl 键同时单击不连续行或列的方法选定不连续的行或列。

（3）选定整个表格。

① 方法一：单击表格左上角的标志，即可选中整个表格，如图 2-15 所示。

② 方法二：单击表格右下角的□标志，也可选中整个表格，如图 2-15 所示；

注：调整表格大小的方法：将光标放在表格右下角的□上，光标会变成↖↘形状，如图2-15所示，按住鼠标左键拖放可以跟放大缩小图片一样改变表格整体大小。

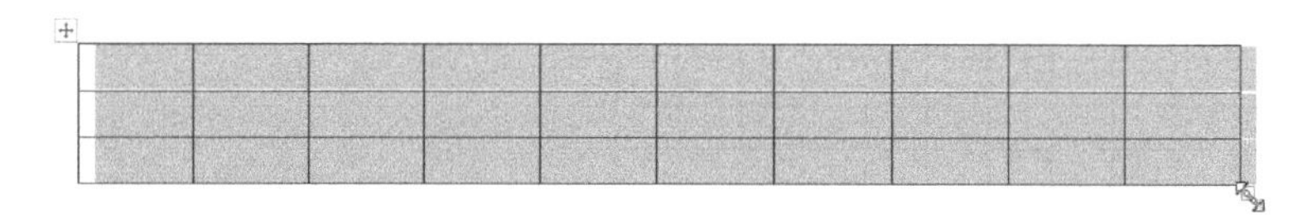

图2-15　选定整个表格

③ 方法三：打开如图2-12所示的下拉列表，在列表中选择【选择表格】即可选中整个表格。

微课：行列编辑操作

2. 插入和删除行、列或整个表格

表格操作中，经常需要插入/删除行/列操作，如公司员工经常有调入调出现象，就需要对表格中的行进行插入和删除。

（1）插入行。

方法一：Word 2013新增一种插入行、列的方法：例如，想在张晓宏和杨春丽之间插入一个新行，只需将光标放在表格最左侧两行中间位置，如图2-16所示，这时只要单击前方出现的⊕即可在两行之间插入一新行，插入后效果如图2-17所示。插入列也是相似的操作，读者自己尝试完成。

姓　名	1	2	3	4	5	6	7	8	9	10	11	12	13	14	15	16	17	18	19	20	21	22	23	24	25	26	27	28	29	30	31
张晓宏																															
杨春丽																															
王保康																															

图2-16　插入行最简单的方法

姓　名	1	2	3	4	5	6	7	8	9	10	11	12	13	14	15	16	17	18	19	20	21	22	23	24	25	26	27	28	29	30	31
张晓宏																															
杨春丽																															

图2-17　插入新行后

方法二：将光标定位在某条记录的任意位置；切换到【表格工具/布局】选项卡，如图2-18所示，根据需要选择【行和列】选项组中的【在上方插入】、【在下方插入】、【在左侧插入】和【在右侧插入】选项按钮，即可插入一空行。

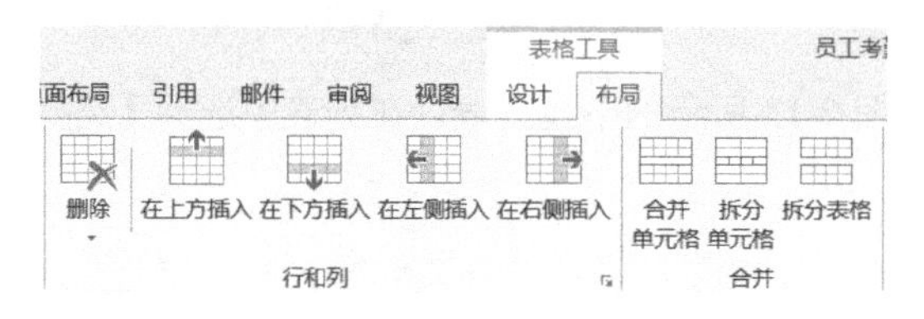

图2-18　插入行选项

技　巧

使用键盘上的Tab键可快速在表格最后一行下面添加一个空行，具体操作方法：将光标定位到最后一行的最后一个单元格处，按下Tab键，即可在下面添加一个空行。

（2）删除行。最近，员工“许伟”调离了公司，怎样将考勤表中“许伟”这条记录删除呢？操作步骤如下。

① 将光标定位到“许伟”所在行的任意位置。

② 单击【表格工具/布局】→【行和列】→【删除】按钮，在弹出的下拉列表中选择【删除行】选项，如图 2-19 所示。

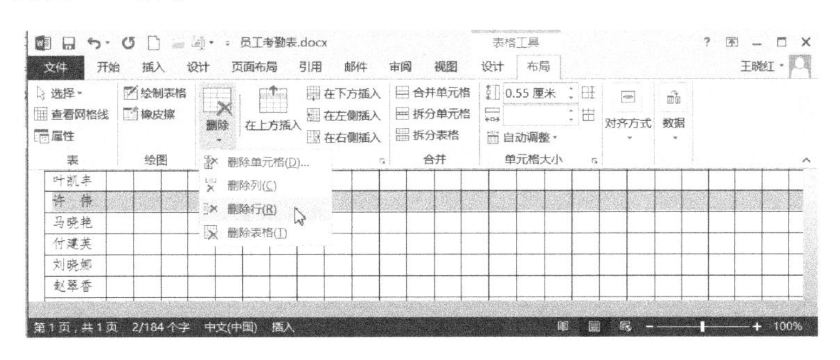

图 2-19　删除行

这时会发现“许伟”所在行已被删除。

另外，也可以在选定该行的基础上，单击鼠标右键，在弹出的菜单中选择【删除行】命令，即可删除选定行。（此处的选定行可以是一行也可以是连续或不连续的多行。）

相关知识

在图 2-19 的下拉列表中选择【删除列】选项，即可完成选定列的删除。

（3）删除整个表格。若想删除整个表格，可根据以下操作完成。

① 选定需要删除的表格。

② 单击【表格工具/布局】→【行和列】→【删除】按钮，在弹出的下拉列表中选择【删除表格】选项，即可删除选定表格。

技　巧

选定整个表格后，按 Delete 键进行删除，只能删除表格中的内容，并不能将表格删除。可以使用“Ctrl+X”组合键快速删除整个表格。

3. 调整表格大小

微课：调整表格大小

（1）调整行高与列宽。为了使整个版面布局更加合理、美观，需要对新建表格的行高和列宽进行调整。根据版面大小，本任务表格的行高、列宽设置要求为：各行行高均为“0.55 厘米”，第一列列宽为“1.69 厘米”，其他列宽在调整好整个表格的列宽后设置为平均分布。

设置各行行高均为“0.55 厘米”，具体操作步骤如下。

① 选定整个表格。

② 切换到【表格工具/布局】选项卡，在【单元格大小】选项组中，将【高度】微调框设置为“0.55 厘米”，如图 2-20 所示。

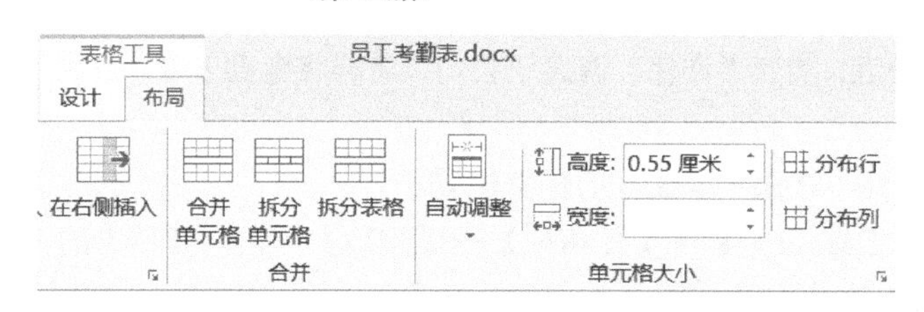

图 2-20　通过【表格行高】微调框设置行高

相关知识

除以上方法外，还可以通过以下方法调整行高。

（1）直接拖动鼠标调整。将光标放置在需调整行高的下边框线处，待到光标变成÷形状，按住鼠标左键拖动，拖到合适位置松开鼠标即可。这种方法虽然是调整行高最简单、最直接的方法，但是不能精确地设置行高。

（2）通过【表格属性】对话框调整。选定需要调整行高的行，单击【表格工具/布局】→【表】→【属性】按钮，弹出【表格属性】对话框。切换到【行】选项卡，勾选【尺寸】栏下的【指定高度】复选框，在右侧微调框内设置具体的高度即可，如图 2-21 所示。单击【上一行】、【下一行】按钮可以对其他行进行高度设置。

设置第一列列宽为“1.69 厘米”，具体操作步骤如下。

① 选定表格中的第一列。

② 切换到【表格工具/布局】选项卡，在【单元格大小】选项组中，将【表格列高度】微调框设置为“1.69 厘米”。

调整列宽的其他方法与上面相关知识中讲到的调整行宽的其他方法相同，读者自己尝试完成。

（2）分布行或列。调整了某些列的列宽，特别是对中间列的列宽进行调整后，整个表格中的列宽会出现宽度不一致的问题，若想使部分列列宽相同，可以使用“分布列”的功能实现。操作步骤如下。

① 选定需要进行平均分布的列。

② 单击图 2-22 中的【分布列】按钮，即可使所选定的列列宽一致。

“分布行”操作只需单击图 2-22 中的【分布行】按钮即可，读者自己尝试完成。

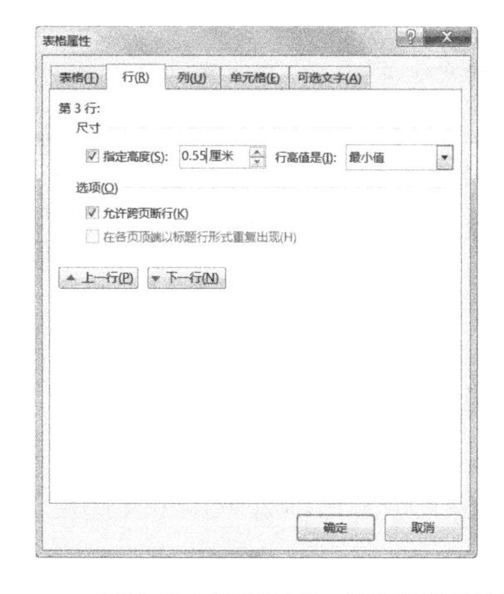

图 2-21　通过【表格属性】对话框设置行高

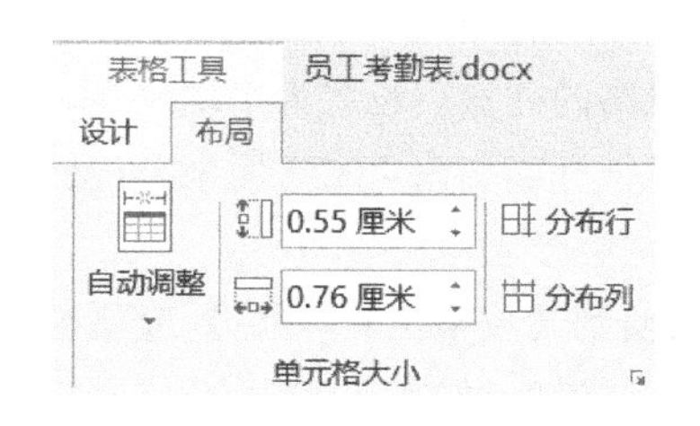

图 2-22　分布列

4. 设置表格对齐方式

微课：设置表格对齐方式

默认情况下，新建表格的对齐方式是两端对齐，事实上，Word 为表格提供了 3 种对齐方式，分别是左对齐、居中和右对齐，可以根据需要为表格设置不同的对齐方式。比如在对表格的行高、列宽进行调整后，很容易导致表格的位置发生变化，可以通过以下步骤将表格设置到合适位置。

（1）将光标定位在表格的任意位置，单击【表格工具/布局】→【表】→【属性】按钮，如图 2-23 所示。

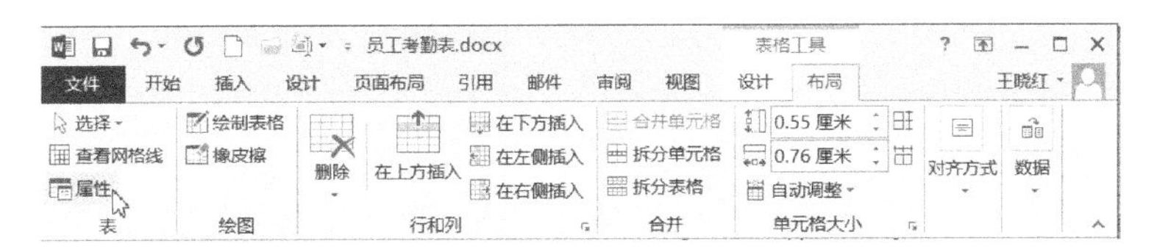

图 2-23 【表格工具/布局】选项卡

（2）弹出【表格属性】对话框，切换到【表格】选项卡，在【对齐方式】栏中选择需要的对齐方式，设置完成后单击【确定】按钮即可，如图 2-24 所示。

图 2-24 设置表格对齐方式

2.3.5 表格文本格式设置

调整好表格的位置和大小后，下一步需要为考勤表输入内容，并对表格内的文本进行格式设置。

本任务表格内文本格式：字体：仿宋_GB2312；字号：五号；对齐方式：水平居中（水平和垂直方向都居中）。

为当前考勤表中的文本设置“水平居中”对齐方式，操作步骤如下：选定整个表格，切换到【表格工具/布局】选项卡，在【对齐方式】选项组的左侧有 9 种对齐方式的按钮，单击最中间的【水平居中】按钮即可，如图 2-25 所示。

相关知识

表格内文本的 9 种对齐方式分别是：靠上两端对齐、靠上居中对齐、靠上右对齐、中部两端对齐、水平居中、中部右对齐、靠下两端对齐、靠下居中对齐和靠下右对齐，其设置效果如图 2-26 所示。

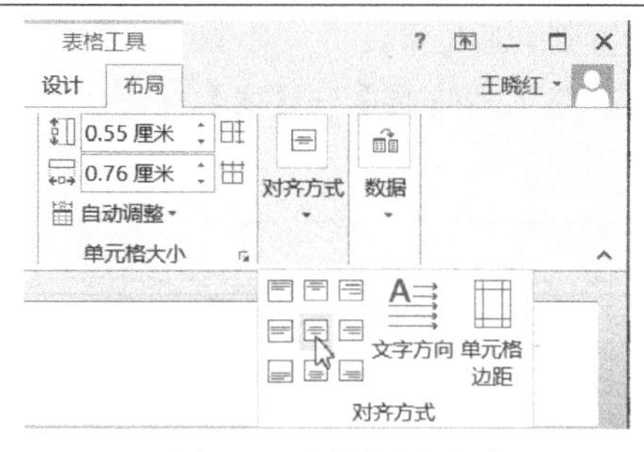

图 2-25 设置对齐方式

靠上两端对齐	靠上居中对齐	靠上右对齐
中部两端对齐	水平居中	中部右对齐
靠下两端对齐	靠下居中对齐	靠下右对齐

图 2-26 9 种对齐方式效果图

2.3.6 表格格式设置

经过以上操作，考勤表已具雏形，但由于缺少美化，表格仍略欠生动。因此，为了使表格更加美观，可以通过为表格设置边框、底纹、表格样式等方式对表格进行美化。

微课：设置边框和底纹

1. 设置边框和底纹

本任务中表格的边框格式要求：外边框宽度“1 磅”，内边框宽度“0.5 磅”，其他为默认格式。底纹要求：表格中第一行加灰色底纹。

（1）边框设置。为表格进行外边框格式设置，具体操作如下：选定整个表格。切换到【表格工具/设计】选项卡，单击【边框】下的启动按钮，弹出【边框和底纹】对话框，将【边框】选项卡下的【宽度】设置为“1.0 磅”，然后，依次单击【预览】选项下田字格的 4 个外边框。单击【确定】按钮，即可将外边框设为选定效果，如图 2-27 所示。

进行内边框格式设置，只需将图 2-27 中的【宽度】设置为“0.5 磅”，然后依次单击【预览】选项下田字格的 2 个十字型内边框，单击【确定】按钮，即可将选定表格的内边框设为选定效果。

（2）底纹设置。选定表格第一行，按照上面的方法打开【边框和底纹】对话框，切换到【底纹】选项卡，在【填充】选项对应的下拉列表中选择“灰色”，单击【确定】按钮即可，如图 2-28 所示。

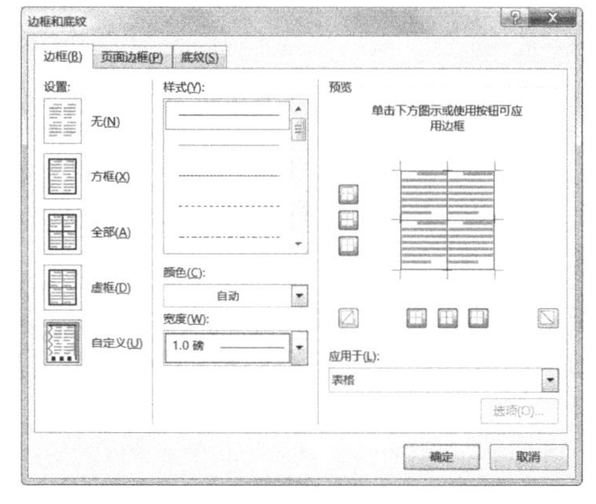

图 2-27 表格边框设置

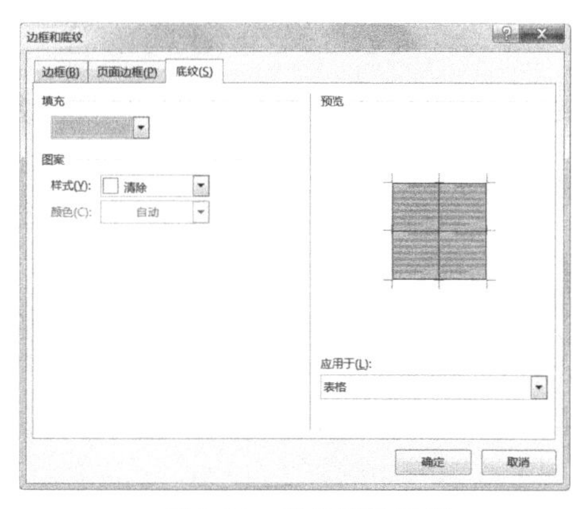

图 2-28 表格底纹设置

相关知识

对表格的边框设置，除了可以设置边框的颜色和宽度外，还可以对边框的类型和样式进行设置。若遇到此类问题，用户可以打开如图 2-27 所示的对话框，设置相应选项即可。

2. 设置表格样式

Word 2013 为表格提供了多种内置样式，并提供了“表格样式选项”设置。设置表格样式的操作步骤：选定整个表格，切换到【表格工具/设计】选项卡。在【表格样式】选项组中单击【样式库】中的下拉按钮。在弹出的下拉列表中选择需要的样式即可，如图 2-29 所示。

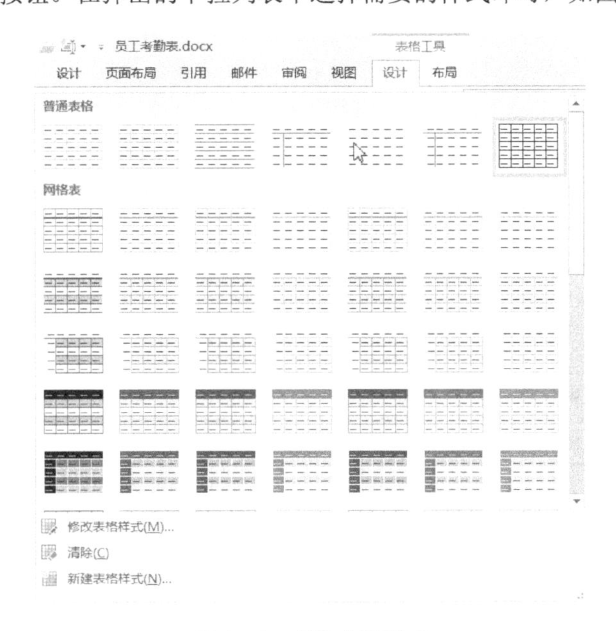

图 2-29　表格内置样式

如图 2-30 所示为“考勤表”设置表格样式后的效果。

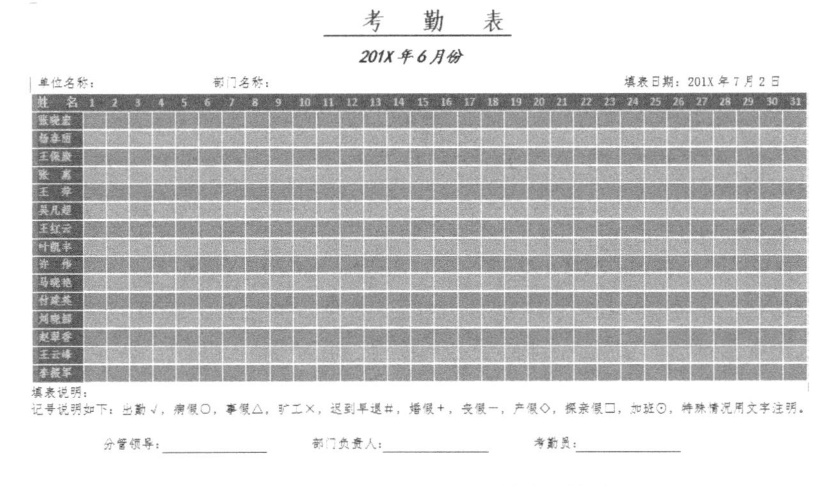

考　勤　表

201X 年 6 月份

单位名称：　　　　部门名称：　　　　填表日期：201X 年 7 月 2 日

姓　名	1	2	3	4	5	6	7	8	9	10	11	12	13	14	15	16	17	18	19	20	21	22	23	24	25	26	27	28	29	30	31
张晓宏																															
杨春丽																															
王保政																															
张　嵩																															
王　萍																															
吴凡超																															
王红云																															
叶凯丰																															
许　伟																															
马晓艳																															
付建英																															
刘晓娜																															
赵翠香																															
王云峰																															
李振军																															

填表说明：

记号说明如下：出勤√，病假○，事假△，旷工×，迟到早退#，婚假+，丧假一，产假◇，探亲假□，加班⊙，特殊情况用文字注明。

分管领导：________　　部门负责人：________　　考勤员：________

图 2-30　“考勤表”设置表格样式后的效果

至此，一个美观、实用的员工考勤表就制作完成了。

拓展实训

实训1：制作项目管理责任矩阵

项目管理责任矩阵：一个项目需要完成的任务千头万绪，参与项目的成员数目众多，因此在项目管理中，需要将所分解的工作任务落实到有关部门或个人，确保每个任务都有相应的成员去负责和完成，责任矩阵就是用来进行成员分工的有效工具。

责任矩阵是由线条、符号和简洁文字组成的图表，不但易于制作和解读，而且能够较清楚地反映出项目各部门之间或成员之间的工作责任和相互关系，如图2-31和图2-32所示。请在理解项目管理责任矩阵的基础上制作以下责任矩阵，体会并掌握这种管理工具的运用。图2-31所示为以符号表示的责任矩阵，图2-32所示为以字母表示的责任矩阵。

项目管理责任矩阵

项目相关方	项目经理	土建总工	机电总工	总会计师	工程管理部	财务部	合同造价部	材料供应部	设计院	咨询专家	电力局	水电部	技术公司	某施工公司
设　计	●	●	●	●					▲	●	□	○	□	□
招投标	●	●	●	●		●	▲		●	●	○	□	□	□
施工准备	▲	●	□	□					○	□	□			△
采　购	○	□	●	□	□	●	●	▲	●	●				
施　工	○	▲	●	□	●	●	●	●		●				▲
项目管理	▲	●	●	●	●	●	●	●		●				□

表中各符号含义：▲负责　□通知　●辅助　△承包　○审批

图2-31　以符号表示的责任矩阵

实训2：制作会议日程安排表

设计制作“会议日程安排表”，效果图如图2-33所示。

制作要求如下。

（1）纸张大小：A4纸。

（2）页边距：上、下页边距为2厘米，左、右页边距为1.5厘米。

（3）标题格式：第1行（黑体，三号，加粗）；第2行（宋体，四号，加粗）；居中对齐。

（4）表格内文本格式：宋体，五号。

（5）行高：固定值0.9厘米。

（6）可根据需要，将表格转换成文本，转换后效果如图2-37所示。

项目管理责任矩阵

个人与部门 活动/任务	公司领导	职能部门领导	项目经理	项目支持办	网络管理者	项目成员	全体人员
召开项目定义会议	D	BX	BX	X		A	A
确定收益	D	B	PX	X		A	A
草拟项目定义报告		D	BX	X	[illegible]	[illegible]	A
召开项目启动会议		X	DX	X	A	X	
完成里程碑计划		B	DX	X	C	A	A
完成责任矩阵	D	BX	BX	X	C	A	A
准备时间估算		A	P	X	A	T	A
准备费用估算		A	P	X	A	T	A
准备收益估算		A	P			T	
评价项目活力	D	B	PX	B		C	C
评价项目风险	D	B	PX	X	C	C	C
完成项目定义报告	D	B	BX	X	C	C	C
项目队伍动员		B	DX	X	X	X	

注：X-执行工作　D-单独或决定性决策　B-部分或参与决策　P-控制进度
T-培训工作　C-必须咨询　I-必须通报　A-可以建议

图 2-32　以字母表示的责任矩阵

"全国职工基本职业素质培训"座谈会

会议日程安排表

8 月 22 日（星期五）		
时　间	**地　点**	**内　容**
22 日全天	酒店前台	会议代表报到，入住
12:00-13:30	酒店二楼宴会厅	午　餐（桌餐）
17:50-19:30	酒店二楼宴会厅	晚　餐（自助）
8 月 23 日（星期六）		
时　间	**地　点**	**内　容**
7:00-8:00	酒店二楼宴会厅	早　餐（自助）
8:20-11:00	一号楼五楼第七会议室	1. 主持人介绍会议的议题、议程
		2. 全总领导讲话
		3. 中工网负责人介绍"全国职工基本职业素质培训"项目
		4. "全国职工基本职业素质培训"运营中心主任介绍全国职
		5. 各方代表对方案进行研讨
		6. 主持人总结发言
11:00-11:10	酒店门口	与会代表合影
11:10-12:00	房间	休息
12:00-13:30	酒店二楼宴会厅	午　餐：欢迎午宴
13:30-17:50		与会人员自由安排
17:50-19:30	酒店二楼宴会厅	晚　餐：欢迎晚宴
8 月 24 日（星期日）		
时　间	**地　点**	**内　容**
7:30-8:30	酒店二楼宴会厅	早　餐（自助）
24 日全天	酒店前台	代表自行安排退房，返程

图 2-33　"会议日程安排表"效果图

提示 1. 在表格制作过程中，需要根据需要来绘制线条，例如需要在图 2-34 中绘制 5 根线条。操作步骤为：单击【表格工具/设计】→【边框】→【边框】按钮，在弹出的下拉列表中选择【绘制表格】选项 绘制表格(D)，在“笔样式”、“笔画粗细”、“笔颜色”下拉列表中选择需绘制线条的样式、粗细和颜色，光标变为铅笔样式，然后在需要绘制线条的地方拖动鼠标绘制即可，绘制后效果如图 2-35 所示。

8:20-11:00	一号楼五楼 第七会议室	

图 2-34　表格原始效果

<table>
<tr><td rowspan="6">8:20-11:00</td><td rowspan="6">一号楼五楼
第七会议室</td><td></td></tr>
<tr><td></td></tr>
<tr><td></td></tr>
<tr><td></td></tr>
<tr><td></td></tr>
<tr><td></td></tr>
</table>

图 2-35　绘制线条后的效果

2. Word 提供了表格与文本之间相互转换的功能。

（1）表格转换成文本。操作步骤如下。

① 选定整个表格，单击【表格工具/布局】→【数据】→【转换为文本】按钮。

② 弹出如图 2-36 所示的【表格转换成文本】对话框，可以看到【文字分隔符】选项下有 4 个选项【段落标记】、【制表符】、【逗号】、【其他字符】，选择其中的【制表符】选项，单击【确定】按钮即可将表格转换成如图 2-37 所示的文本。

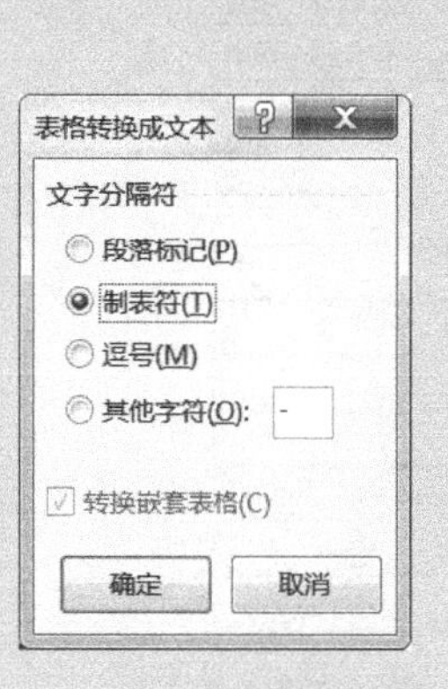

图 2-36 【表格转换成文本】对话框

8 月 22 日（星期五）
时　间　　地　点　　内　　容
22 日全天　　酒店前台　　会议代表报到，入住
7:30-8:30　　酒店二楼宴会厅 早　餐（自助）
12:00-13:30　　酒店二楼宴会厅 午　餐（桌餐）
17:50-19:30　　酒店二楼宴会厅 晚　餐（自助）
8 月 23 日（星期六）
时　间　　地　点　　内　　容
7:00-8:00　　酒店二楼宴会厅 早　餐（自助）
8:20-11:00　　一号楼五楼第七会议室
1. 主持人介绍会议的议题、议程
2. 全总领导讲话
3. 中工网负责人介绍“全国职工基本职业素质培训”项目基本情况
4. “全国职工基本职业素质培训”运营中心主任介绍全国职工基本职业素质培训推广实施方案，交与会各方研究讨论
5. 各方代表对方案进行研讨
6. 主持人总结发言
11:00-11:10　　酒店门口　　与会代表合影
11:10-12:00　　房间　　休息
12:00-13:30　　酒店二楼宴会厅 午　餐：欢迎午宴
13:30-17:50　　与会人员自由安排
17:50-19:30　　酒店二楼宴会厅 晚　餐：欢迎晚宴
8 月 24 日（星期日）
时　间　　地　点　　内　　容
7:30-8:30　　酒店二楼宴会厅 早　餐（自助）
25 日全天　　酒店前台　　代表自行安排退房，返程

图 2-37　转换后效果

（2）文本转换成表格。将图2-37所示文本转换成表格，操作步骤如下。

① 选定需转换成表格的文本内容，单击【插入】→【表格】→【表格】按钮，在弹出的下拉列表中选择【文本转换成表格】选项，如图2-38所示。

②弹出【将文字转换成表格】对话框，如图2-39所示。在【表格尺寸】栏中的【列数】框中选择表格列数，在【文字分隔位置】栏中选择【制表符】单选项，单击【确定】按钮即可将文字转换成表格。

图2-38 【表格】下拉列表

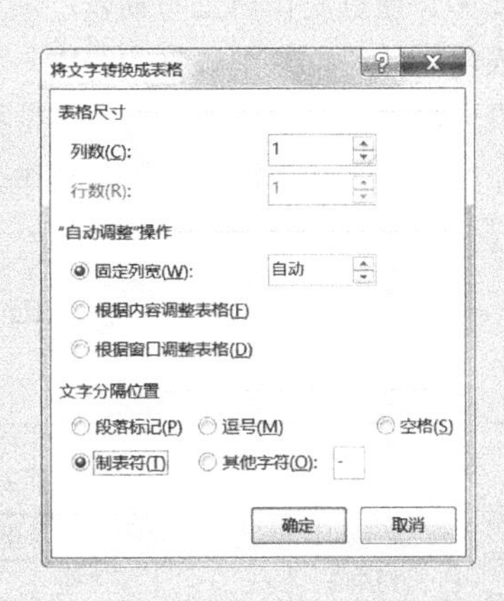

图2-39 【将文字转换成表格】对话框

综合实践

某公司新进一批员工，为使他们能够快速了解公司文化、公司管理制度、部门职能和岗位职责，尽快适应公司环境，公司计划对新进员工进行为期5天的岗前培训。请根据培训时间设计培训内容并制作一份员工培训日程安排表。要求：结构清晰、内容条理、时间安排有效合理。

任务 3 制作客户资料卡

在任务 2 中，通过制作员工考勤表、项目管理责任矩阵、会议日程安排表，介绍了如何利用 Word 的表格功能进行规则表格的编辑与处理。而在实际工作中，经常会遇到一些相对复杂的不规则表格，如“客户资料卡”、“差旅费报销单”、“员工档案表”等。下面将通过制作一张客户资料卡介绍如何进行不规则表格的制作。

“客户资料卡”效果图如图 3-1 所示。

客 户 资 料 卡

客户基本资料	公司名称		代　号		统一编号		
	公司地址		电　话		公司执照	字 第　　号	
	工厂地址		电　话		工厂登记证	字 第　　号	
	公司成立		资本额		员工人数	职员　　人 作业员　　人	
	主要业务				行业类别		
	负 责 人		身份证号码				
	现住地址		电话		担任本职期间		
	执　　行 业 务 者		身份证号码				
营运资料	产品种类						
	主　　要 销售对象						
	年营业额		纯益率		资产总额		
	负债总额		负债比率		权益净值		
	最近三年 每股盈余		流动比率		固定资产		
银行往来情形	金融机构名称	类别	账号	开户日期	退票及注销记录	金融机构评语	
补充说明							

审查人员：__________

图 3-1 “客户资料卡”效果图

3.1 任务情境

随着公司的不断发展，客户也越来越多，怎样管理和利用好每位客户的资料信息已成为一项迫切而重要的工作。为了更详细地掌握客户资料，公司要求对“客户资料卡”在原先只有“客户基本资料”的基础上，新增加“营运资料”和“银行往来情形”两项内容。业务部小张一上班就来到小王办公室，说他昨天晚上忙到很晚也没能做出新的客户资料卡，想让小王帮忙制作一下。

知识目标

- 制作不规则表格的方法；
- 单元格的合并与拆分；
- 利用公式对表格中的数据进行简单计算。

能力目标

- 能够根据业务要求设计出结构清晰、内容翔实、美观实用的客户资料卡，并进行编辑排版；
- 能够利用单元格的合并与拆分功能制作出符合要求的不规则表格。

3.2 任务分析

客户资料管理是客户管理的一项重要内容，利用客户的详细资料信息不仅可以有效地提高服务客户的质量和水平，而且还可以动态地调研客户需求，把握客户消费趋势和竞争趋势。客户资料卡可以直观、清晰地描述客户资料信息，在业务活动中起着重要的作用。客户资料卡一般包括“客户基本资料”、“营运资料”，以及“银行往来情形”等内容。

经过分析，制作一张结构清晰、内容翔实的客户资料卡需要进行以下工作。

（1）确定表格的行数和列数，创建规则表格；

（2）格式化表格；

（3）根据需要对单元格进行合并与拆分，同时进行单元格宽度和高度的调整。

3.3 任务实现：制作客户资料卡

3.3.1 客户资料卡页面及表格标题设置

本任务页面设置要求为：上、下、左、右页边距分别是 3 厘米、3 厘米、2 厘米、2 厘米；装订线位置为上；纸张方向为纵向；纸张大小为 A4 纸。

在插入表格之前，首先对表格标题进行设置，格式要求如图 3-2 所示。

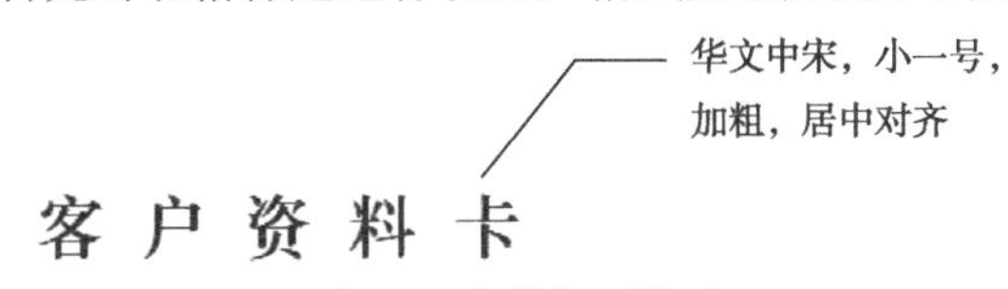

图 3-2 表格标题格式

3.3.2 制作不规则表格

制作不规则表格一般需要经过以下几个环节：首先大致确定出表格的行数和列数，生成规则表格；对表格进行格式设置；然后根据需要对单元格进行合并与拆分；最后得到符合要求的不规则表格。下面是制作不规则表格的具体过程。

1. 插入空表

要生成一个空表，首先要确定表格的行数和列数。如何确定不规则表格的行数和列数是制作不规则表格的关键。行数确定原则：不管行高的大小，只要是一行就确定行数为 1 行；列数确定原则：以表格整体列数的多少确定列数。

根据以上原则，确定本任务需要先插入一个 21 行 7 列的规则表格。插入表格的方法在前面已经介绍过，读者自己完成。

2. 表格内文本格式设置

插入表格后，会发现表格比较小，设置表格的字号大小就可以改变表格大小。按照任务要求，将表格内文本格式设置为“宋体，五号”。设置方法：选定整个表格，切换到【开始】选项卡，在【字体】选项组中单击【字体】下拉按钮，在弹出的下拉列表中选择“宋体”，在字号下拉列表中选择“五号”。

微课：合并与拆分单元格

3. 合并与拆分单元格

“客户资料卡”主要包含 4 部分内容：客户基本资料、营运资料、银行往来情形和补充说明。下面以制作“客户基本资料”部分为例，介绍如何通过单元格的合并与拆分功能制作不规则表格，制作前、后效果如图 3-3 和图 3-4 所示。

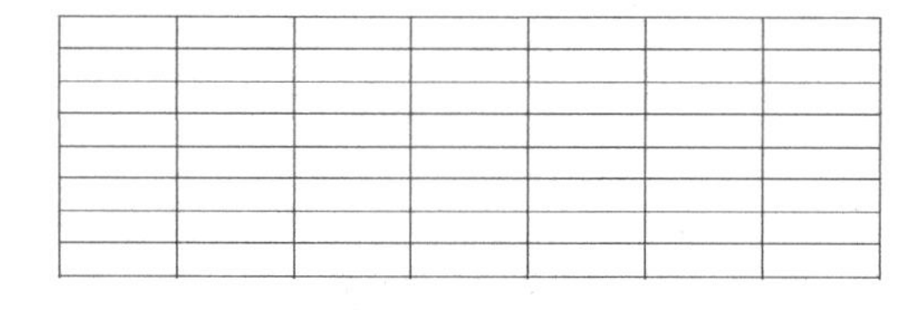

图 3-3 制作前效果

客 户 资 料 卡

客户基本资料	公司名称		代 号		统一编号	
	公司地址		电 话		公司执照	字 第 号
	工厂地址		电 话		工厂登记证	字 第 号
	公司成立		资本额		员工人数	职员 人 作业员 人
	主要业务				行业类别	
	负 责 人		身份证号码			
	现住地址		电话		担任本职期间	
	执 行 业 务 者		身份证号码			

图 3-4 制作后效果

（1）合并单元格。“客户基本资料”部分共 8 行，按照从左至右的原则，首先处理第 1 列单元格。从对比图中可以看出，需要将第 1 列中前 8 行单元格合并为一个单元格，然后再填入文字“客户基本资料”。具体操作步骤为：选定需要合并的 8 个单元格，单击【表格工具/布局】→【合并】→【合并单元格】按钮 合并单元格，如图 3-5 所示。此时，所选单元格将合并为一个单元格，效果如图 3-6 所示。

微课：单元格宽度与高度调整

（2）单元格宽度与高度调整。填入内容“客户基本资料”，发现第一列的宽度比较大，需要变窄一些。要调整单元格宽度，可以将鼠标指针指到列与列之间，等到指针呈⇹形状时，按下鼠标左键并拖动，此时，文档中将出现虚线，当虚线到达合适位置时，释放鼠标即可实现列宽的调整，如图 3-7 所示。

客 户 资 料 卡

图 3-6　合并后的效果

客户资料卡

图 3-5　合并单元格

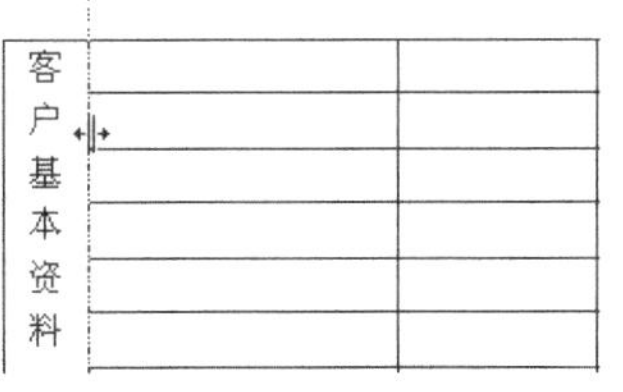

图 3-7　调整单元格的宽度

高度调整与宽度调整相似，读者自己完成。

（3）拆分单元格。要在表格第 4 行中填入“资本额”，需要将其所在单元格拆分成两个单元格，制作前后效果如图 3-8 和图 3-9 所示。具体操作步骤为：选定需要拆分的单元格，单击【合并】选项组中的【拆分单元格】按钮拆分单元格，如图 3-10 所示。弹出【拆分单元格】对话框，在【列数】微调框内设置“2”列，单击【确定】按钮即可，如图 3-11 所示。

客户基本资	公司名称		代　号		统一编号	
	公司地址		电　话		公司执照	字 第　号
	工厂地址		电　话		工厂登记证	字 第　号
	公司成立					

图 3-8　单元格拆分前效果

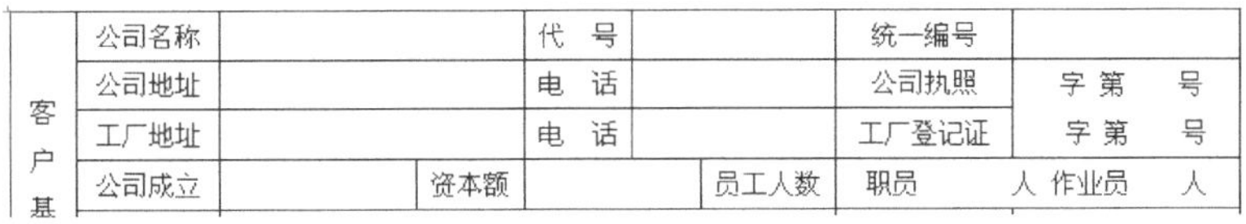

客户基	公司名称			代　号		统一编号	
	公司地址			电　话		公司执照	字 第　号
	工厂地址			电　话		工厂登记证	字 第　号
	公司成立		资本额		员工人数	职员　人	作业员　人

图 3-9　单元格拆分后效果

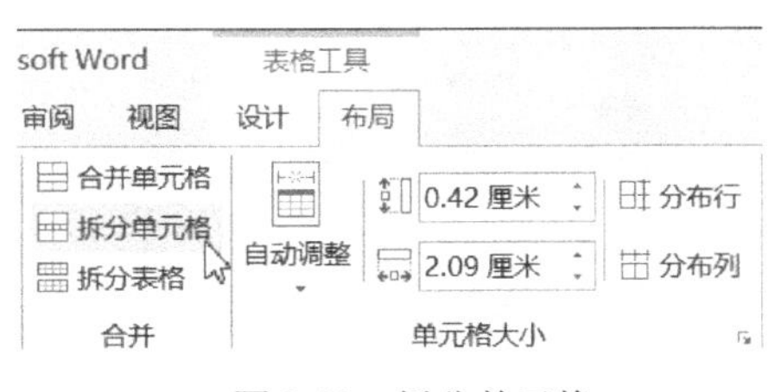

图 3-10　拆分单元格

图 3-11　设置拆分行列数

按照单元格合并与拆分的方法，对表格其他部分进行拆分与编辑处理，一会儿工夫，一张结构清晰、美观实用的表格就制作完成了。

技 巧

微课：拆分与合并表格

单元格拆分和表格拆分不同，下面介绍一种拆分表格的快捷方法。

若想将如图 3-12 所示的表格拆分成如图 3-13 所示的两个表格，操作如下：将光标定位到第 3 行最后一个单元格的后面，使用“Ctrl+Shift+Enter”组合键即可实现表格的拆分。在这个状态下，按 Delete 键又可将拆分的表格合成一个表格。

1							
2							
3							
4							

图 3-12　原表格

1							
2							

3							
4							

图 3-13　拆分后表格

拓展实训

微课：实训 1

实训 1：制作差旅费报销单

制作一份“差旅费报销单”，效果图如图 3-14 所示。

差 旅 费 报 销 单

报销部门：　　　　年　　月　　日　　　　附件共______张

<table>
<tr><td colspan="2">姓 名</td><td colspan="2"></td><td colspan="2">职 别</td><td colspan="2"></td><td colspan="2">出差事由</td><td></td></tr>
<tr><td colspan="3">部门负责人审批</td><td colspan="3"></td><td colspan="2">领导审批</td><td colspan="3"></td></tr>
<tr><td colspan="11">出差起止日期自　　年　　月　　日起至　　年　　月　　日止共　　天</td></tr>
<tr><td colspan="2">日期</td><td rowspan="2">起讫地点</td><td rowspan="2">天数</td><td rowspan="2">机票费</td><td rowspan="2">车船费</td><td rowspan="2">市内交通费</td><td rowspan="2">住宿费</td><td rowspan="2">出差补助</td><td rowspan="2">其他</td><td rowspan="2">小计</td></tr>
<tr><td>月</td><td>日</td></tr>
<tr><td></td><td></td><td></td><td></td><td></td><td></td><td></td><td></td><td></td><td></td><td></td></tr>
<tr><td></td><td></td><td></td><td></td><td></td><td></td><td></td><td></td><td></td><td></td><td></td></tr>
<tr><td></td><td></td><td></td><td></td><td></td><td></td><td></td><td></td><td></td><td></td><td></td></tr>
<tr><td></td><td></td><td></td><td></td><td></td><td></td><td></td><td></td><td></td><td></td><td></td></tr>
<tr><td></td><td></td><td>合 计</td><td></td><td></td><td></td><td></td><td></td><td></td><td></td><td></td></tr>
<tr><td colspan="11">总计金额（大写）　　万　　仟　　佰　　拾　　元　　角　　分　预支________元　补助________元</td></tr>
</table>

会计主管：　　　　复核：　　　　报销人：

图 3-14 “差旅费报销单”效果图

制作要求如下。

（1）标题格式：宋体，小二号，黑色字体，居中对齐。

（2）表格内文本格式：宋体，五号，黑色字体。

（3）表格外边框线格式：蓝色，2.25 磅。内边框线格式：蓝色，1.5 磅。

（4）纸张大小：A4 纸。

（5）页 边 距：上、下、左、右页边距分别为 0.83 厘米、0.83 厘米、3.17 厘米、3.17 厘米。

（6）为制作好的文档设置打开权限密码“666888”。

技　巧

（1）如图 3-15 所示上下两个表是不同的，区别在于下表中的第二行“领导审批”单元格与第一行是不对齐的。若想制成下表的效果，使用一般的拖动竖线的方法是行不通的，因为这样会使整条竖线同时变动。

微课：非一致单元格调整

微课：嵌套表格

姓　名		职　别		出差事由	
部门负责人审批		领导审批			

姓　名		职　别		出差事由	
部门负责人审批		领导审批			

图 3-15　上下表比较

下面介绍一种可单独拖动线条位置的方法：选中需单独设置线条位置的单元格区域，如图 3-16 所示，然后按照前面讲到的方法将光标放在竖线处拖动即可。

姓　名		职　别		出差事由	
部门负责人审批		领导审批			

图 3-16　选定需单独设置竖线位置的单元格

（2）加密文档。加密文档是指对文档设置打开权限密码，设置打开权限密码后，当用户打开该文档时，只有输入正确的密码才能打开；若输入的密码错误，将被视为非法用户，且无法打开该文档。

制作好表格后，为文档设置打开权限密码“666888”，操作步骤如下。

① 单击【文件】选项卡，在下拉列表中选择【信息】选项，如图 3-17 所示。

② 单击右侧栏中的【保护文档】按钮，在下拉列表中选择【用密码进行加密】选项，如图 3-18 所示。在弹出的【加密文档】对话框中输入密码“666888”，单击【确定】按钮即可，如图 3-19 所示。

（3）取消密码保护。对文档加密后，若想取消密码保护，可以打开【加密文档】对话框，将密码文本框内的密码删除掉，然后单击【确定】按钮即可，如图 3-20 所示。

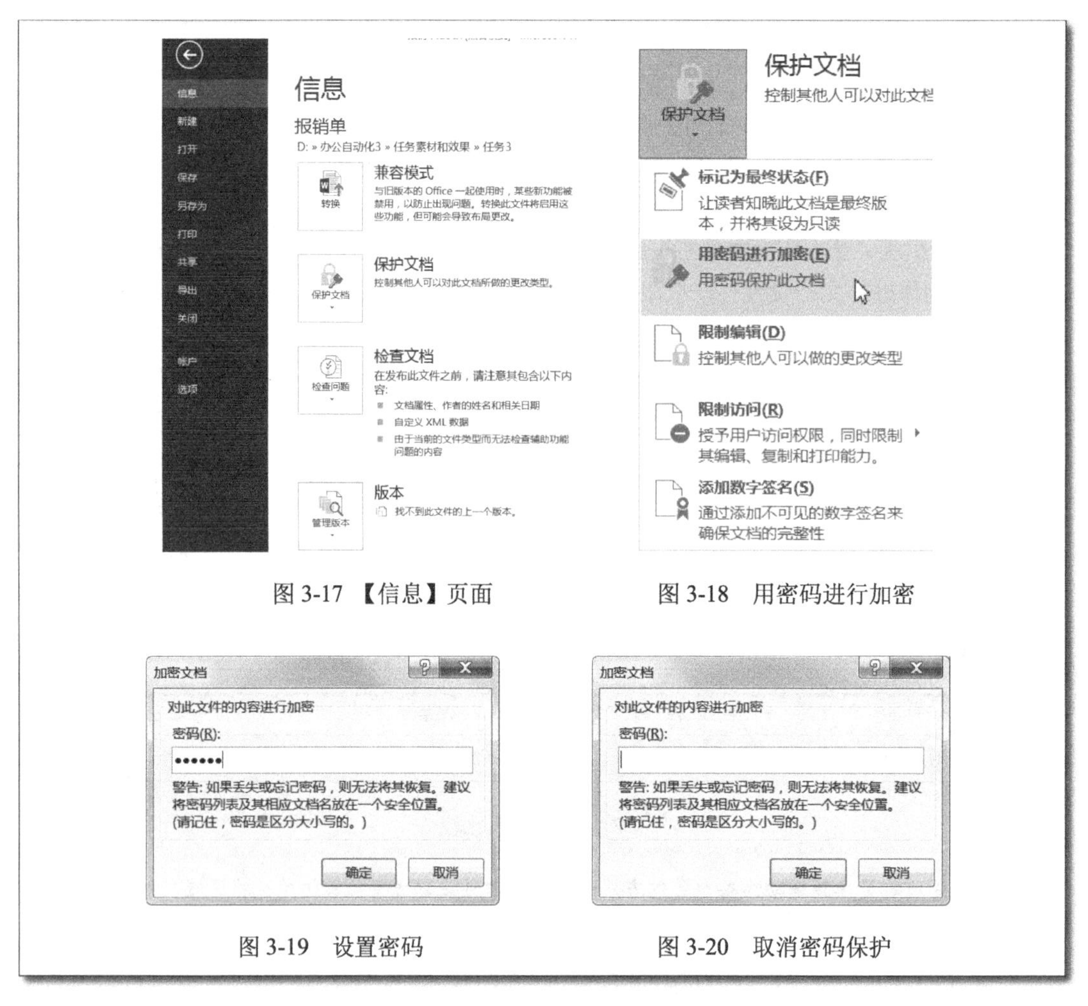

图 3-17 【信息】页面　　图 3-18 用密码进行加密

图 3-19 设置密码　　图 3-20 取消密码保护

实训 2：制作设备采购计划表

微课：实训 2

制作一份“设备采购计划表”，效果图如图 3-21 所示。

台式电脑等电子设备采购计划表

填表日期：__________

序号	科室名称	用途	硬盘	显示器	数量(台)	预算金额（万元）	其它要求
1	销售部	■ 办公 □ 运行专业软件 □ 综合	■ 500GB □ 750GB 其它：	■ 17'液晶 □ 17'CRT 其它：	3	1.5	
2	综合科	□ 办公 □ 运行专业软件 ■ 综合	■ 500GB □ 750GB 其它：	■ 17'液晶 □ 17'CRT 其它：	1	0.5	
3	成本科	■ 办公 □ 运行专业软件 □ 综合	■ 500GB □ 750GB 其它：	■ 17'液晶 □ 17'CRT 其它：	2	1.0	
4	财务部	□ 办公 ■ 运行专业软件 □ 综合	□ 500GB ■ 750GB 其它：	■ 17'液晶 □ 17'CRT 其它：	2	3.0	
				小 计：	8	6	

其它电子设备（含数码相机、打印机、扫描仪、投影仪、多功能讲台和通用软件等）

设备名称	数量	预算金额（万元）	设备名称	数量	预算金额（万元）
打印机	5	0.8	投影仪	1	0.4
扫描仪	2	0.6	一体机	2	1.2
小 计：			小 计：		

注：根据部门预采购电脑类型，结合实际需要，在相应调查栏中选择或直接给出参数。当所报预采购台数和预算金额有出入，操作部门将采取台数优先保证的形式降低配置。对采购型号如有特殊要求请在备注中说明，或附表说明。

填表人：__________　　部门盖章：__________

图 3-21 “设备采购计划表”效果图

完成以上表格制作，具体要求如下。

（1）标题格式：黑体，二号，字体颜色为“深蓝”，居中对齐。

（2）表格内文本格式：宋体，小四号，列标题加粗显示。

（3）使用公式计算数量和预算金额。

提示　在 Word 中，可以对表格中数据进行简单运算，如求和、求平均值等。在进行单元格运算之前，先了解 Word 单元格的命名规则：列以“A、B、C、D…”命名，行以“1、2、3、4…”命名，如第 3 行第 5 列的单元格被命名为“E3”。下面将通过计算数量和预算金额介绍表格中数据的简单运算。

以计算设备数量为例，操作步骤如下。

将光标定位到数量小计对应的单元格处，单击【表格工具/布局】→【数据】→【公式】按钮 fx 公式，如图 3-22 所示。

弹出【公式】对话框，在【公式】文本框中输入运算公式“=SUM（ABOVE）”，如图 3-23 所示，单击【确定】按钮即可在当前单元格中显示运算结果。

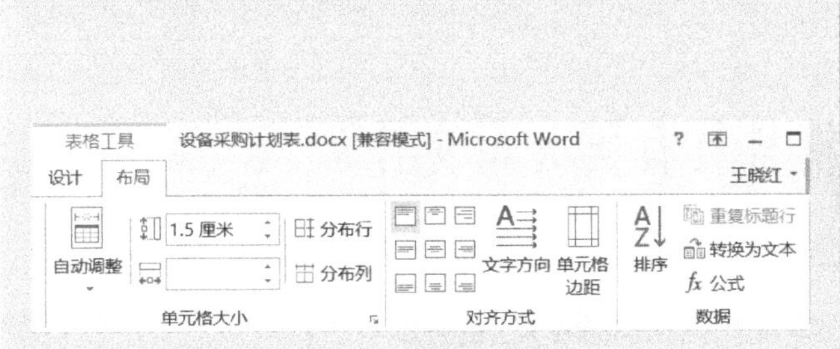

图 3-22 【表格工具/布局】选项卡

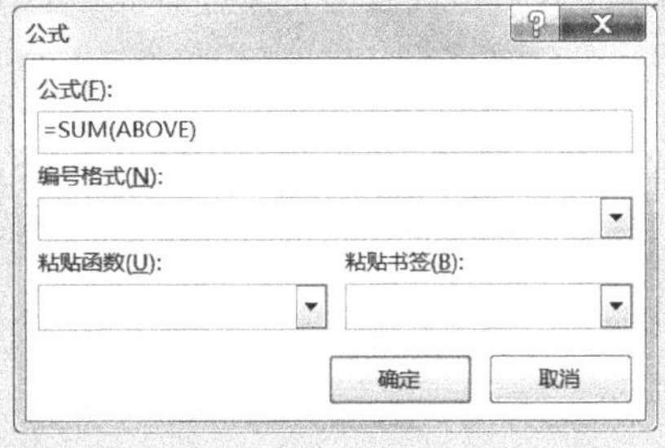

图 3-23　输入运算公式

注意：公式中函数的参数除了 ABOVE 外，还有 Left、Right、单元格区域等，形式为：=SUM（Left），=SUM（Right），=SUM（A2:C6），读者可以自行练习。

综合实践

在求职过程中，如何使自己从众多求职者中脱颖而出，签约到一家满意的单位是每位毕业生所期望的。在求职过程中，除了自身需具备一定实力外，通过一些“包装”手段，尽显求职简历的魅力也是至关重要的。请根据自己的实际情况和求职意向设计并制作一份求职简历。要求：内容简明扼要、表述清晰条理、重点突出、富有个性、不落俗套；排版科学合理、赏心悦目。

任务4 通知、请示等公文处理

公文是各级各类国家机构、社会团体和企事业单位在处理公务活动过程中使用的有特定效能和广泛用途的公共文书。日常办公中所用的公告、通告、议案、决定、通报、请示、通知、批复、意见等都属于公文。在企业和公司中所用的公文一般是商务公文，主要包括信函、请示、会议纪要、市场调查报告等。公文在办公中起着非常重要的作用，如上情下达、互通情报、宣传教育、规范人们行为等，同时也可以为日常工作提供依据和凭证。下面将通过制作一份“关于召开第二季度工作总结和表彰大会的通知”介绍公文的写作格式，以及公文文档的编辑与排版。

“通知”效果图如图4-1所示。

XX计算机科技有限公司文件

办字（201X）126号

关于召开第二季度工作总结和表彰大会的通知

全体员工：

为了表彰在本季度工作中有突出表现的部门和个人，公司决定召开“201X年第二季度工作总结和表彰大会”。

为方便各部门做好活动的组织和安排工作，现将有关事项通知如下：

一、 会议内容

✧ 总结第二季度工作要点。

✧ 表彰先进部门和个人。

✧ 各部门负责人发言。

✧ 公司领导做总结性发言。

二、 参会人员

公司全体员工。所有员工必须参加，有确实不能参加者，要提前跟部门领导请假，再报请上级领导批准。

三、到会时间

201X年7月18日下午3:00

四、会议地点

公司二楼会议室

请全体员工准时参加。

附件：受表彰部门及个人名单

201X年7月10日

图4-1 “通知”效果图

4.1 任务情境

为总结前期工作，表彰在本季度工作中有突出表现的部门和个人，公司决定将于近期召开本年度第二季度工作总结和表彰大会。办公室张主任把会议的有关事项向小王做了一下简要交代，然后让小王草拟出一份通知，并下达到各个部门。公文的写作与处理可是小王的强项哦，下面就着手完成吧。

知识目标

- 通知、请示、邀请函等公文的写作格式；
- 创建与使用模板文件的方法；
- 项目符号和编号的设置方法；
- 绘制图形并进行格式设置；
- 对象的超链接设置。

能力目标

- 能够根据实际情况进行各种公文的写作，并进行编辑和排版。

4.2 任务分析

会议通知是上级对下级、组织对成员或平行单位之间部署工作、传达事情或召开会议所使用的应用文书，在日常办公中应用非常广泛。会议通知主要由公司行政部门根据安排撰写发出，内容要求言简意赅、措辞得当、时间及时。

通知属于公文的一种，一般由文件版头、发文字号、公文标题、公文正文、成文时间、印章等组成，必要时还可以添加附件链接。

（1）文件版头：正式公文一般都用套红印刷的版头，用套红大字标明公文的制发机关，写做“××××（机关）文件”。

（2）发文字号：发文字号依次由机关代号、发文年度、发文顺序号组成，写做“××字［20×］×号”的样式。发文字号的位置在文件版头的正下方，红色横隔线正上方。

（3）公文标题：公文标题就是该文的名称。标题一般由发文机关、公文事由、公文种类 3 部分组成。发文机关是制发该文的单位，要用机关全称；公文事由是公文主要内容的概括，要简明；公文种类是公文种别的名称。标题中除法规、规章加书名号外，一般不用标点符号。公文标题的位置在公文首页，文件版头横隔线的下方正中间。在书写、打印时要注意计算好字数，摆好位置，以整齐、富有美感为宜。

（4）公文正文：正文是公文的主体，叙述公文的具体内容。写法依各文种要求，要求一文一事，不可一文数事。正文的位置在主送机关下面，开头空两格，以下与一般文章相同。

（5）成文时间：成文时间以领导人签发的日期为准。成文时间的位置在正文末尾右下方，俗称落款位置。

（6）印章：除会议纪要外，正式公文都要加盖印章。印章一般加盖于公文落款处。

（7）附件：附件是用于补充说明正文的文字材料。公文如有附件，应在正文之后、成文时间之前，并注明附件的名称、顺序和份数。

经过分析，制作会议通知需要进行以下工作。

（1）创建公司红头模板文件；

（2）根据模板创建新文档；

（3）编辑会议通知内容；

（4）为会议通知添加附件，并设置超链接；

（5）制作电子公章；

（6）加盖电子公章。

4.3 任务实现：制作会议通知

微课：创建模板文件

4.3.1 创建公司红头模板文件

在日常办公中，公司的许多文件都是以红头文件的形式下发的。既然每次都要用到文件的红头部分，那么，何不将红头部分的格式和基本内容制作成模板的形式，这样，既避免了重复劳动，又提高了工作效率。创建模板文件首先应编排好模板文件内容，然后将编排好的文档保存为模板文件即可。下面是创建公司红头模板文件的过程。

相关知识

Office 2013 为用户提供了强大的模板功能，用户可以通过三种方式使用模板：一是 Office 提供的内置模板；二是可联机搜索模板；三是自定义模板。巧用模板会带来事半功倍的效果。

Word 2013 自带内置模板，在新建文档时可选择内置模板来创建新文档。除此之外，还提供联机搜索精美的专业模板，例如可搜索“设计方案集类、业务类、个人类、卡类、活动类、教育类”等多种类型的模板，用户可以直接搜索这些联机模板来创建新文档。如果没有用户需要的模板，则可以自行创建个性化模板，以便以后调用。

1. 编辑红头模板文件

文件红头部分一般包括文件版头、发文字号和红色分隔线 3 部分，如图 4-2 所示。

XX 计算机科技有限公司文件 —— 文件版头：方正姚体，小初，加粗，红色字体

字（201X）号 —— 发文字号：方正姚体，小四，黑色字体

—— 红色分隔线：颜色：红色；粗细：2.25磅

图 4-2　文件红头部分格式

文本的格式设置在前面已经介绍过，读者自行完成。

在“发文字号”下面插入一条红色分隔线的具体操作步骤如下。

（1）将光标定位到“发文字号”下一行位置，单击【插入】→【插图】→【形状】按钮，在弹出的下拉列表中单击直线＼，如图 4-3 所示。

（2）这时，鼠标指针变成十字形状“＋”，在文档编辑区中按下鼠标左键并拖动，拖到适当位置释放鼠标，即可绘制出一条直线，如图 4-4 所示。

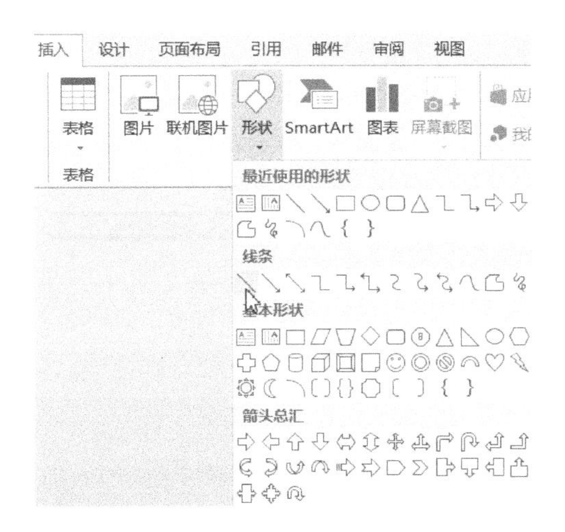

图 4-3 【形状】下拉列表

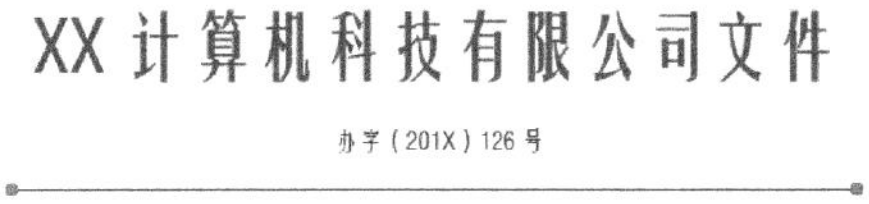

XX 计算机科技有限公司文件

办字（201X）126 号

图 4-4　绘制出的直线

默认情况下，绘制出的形状颜色为浅蓝色，可以通过以下方法对形状的颜色、粗细等样式进行设置。

（1）单击【绘图工具/格式】→【形状样式】→【形状轮廓】按钮 形状轮廓 。

（2）在弹出的下拉列表中选择主题颜色面板中的“红色”。

（3）单击【粗细】选项在其下拉列表中选择“2.25 磅”，如图 4-5 所示。

这时，绘制的直线已设置为 2.25 磅粗细的红色线条，如图 4-6 所示。

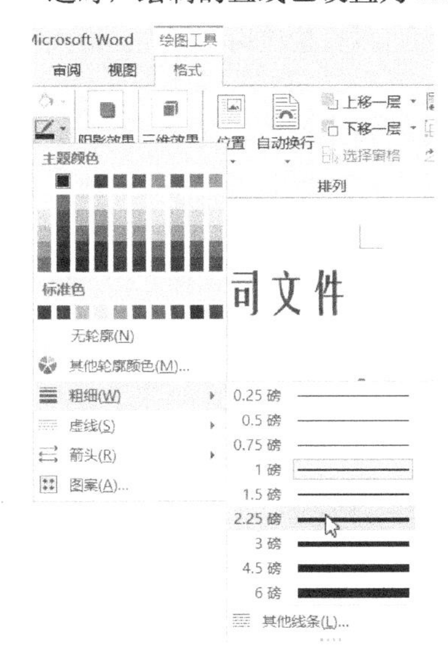

XX 计算机科技有限公司文件

办字（201X）126 号

图 4-5　设置线条粗细

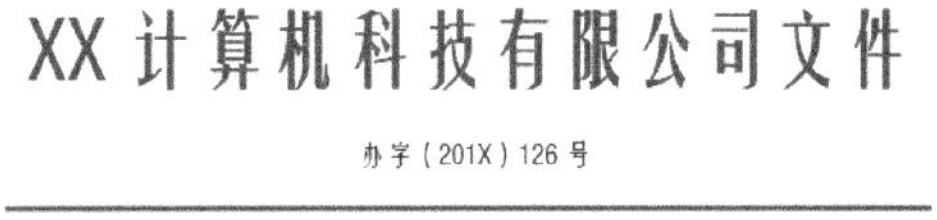

图 4-6　设置后的效果

技　巧

绘制自选图形时，在拖动鼠标的同时按下 Shift 键，可以绘制出特殊的效果，如绘制“椭圆”时，按住 Shift 键，可以绘制出圆；绘制“矩形”时，按住 Shift 键，可以绘制出正方形等。

2. 将新建红头文件保存为模板

（1）单击【文件】选项卡下的【保存】选项，在图 4-7 所示页面中选择保存在【计算机】，然后单击其对应栏右下方的【浏览】按钮，如图 4-7 所示。

（2）弹出【另存为】对话框，在【保存类型】列表框中选择“Word 模板（.dotx）”选项，在【文件名】文本框内输入模板文件名“公司红头文件模板”，如图 4-8 所示。

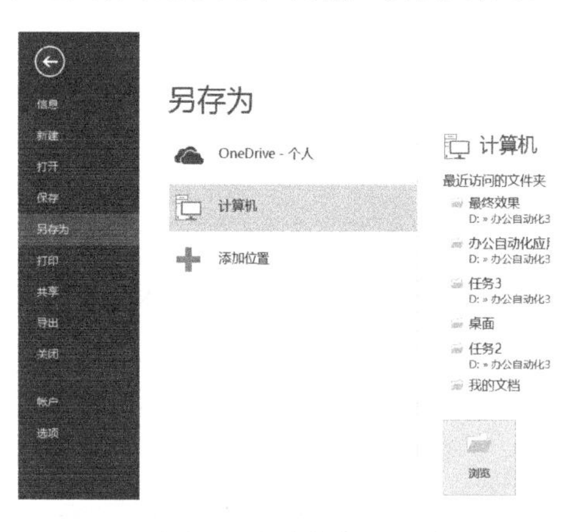

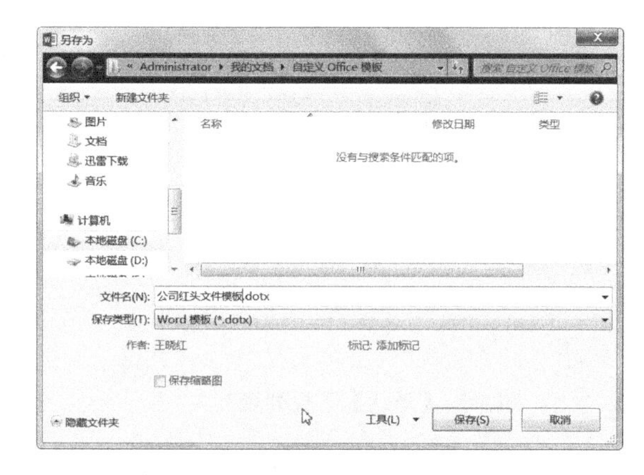

图 4-7 【另存为】界面　　　　图 4-8　保存文件为模板

注：Word 2013 中的模板是一种特殊的文档类型，一般以“.dotx”为后缀。

（3）单击【保存】按钮，即可将编辑好的文件保存为模板文件。

4.3.2　根据模板创建新文档

模板文件制作好后，就可以通过模板来创建新文档，从而可以直接应用模板内的格式和内容。具体操作步骤如下。

（1）单击【文件】选项卡下的【新建】选项，出现如图 4-9 所示页面；页面右侧栏中显示了创建新文档可选择使用的模板，有两个选项卡【特色】和【个人】(默认是【特色】选项卡)；【特色】选项卡下显示了 Word 提供的内置模板；【个人】选项卡下显示用户自定义模板。

（2）单击【个人】选项卡，出现图 4-10 所示页面，其下可见刚刚创建的模板文件“公司红头文件模板”，单击该模板即可创建以它为模板的新文档。

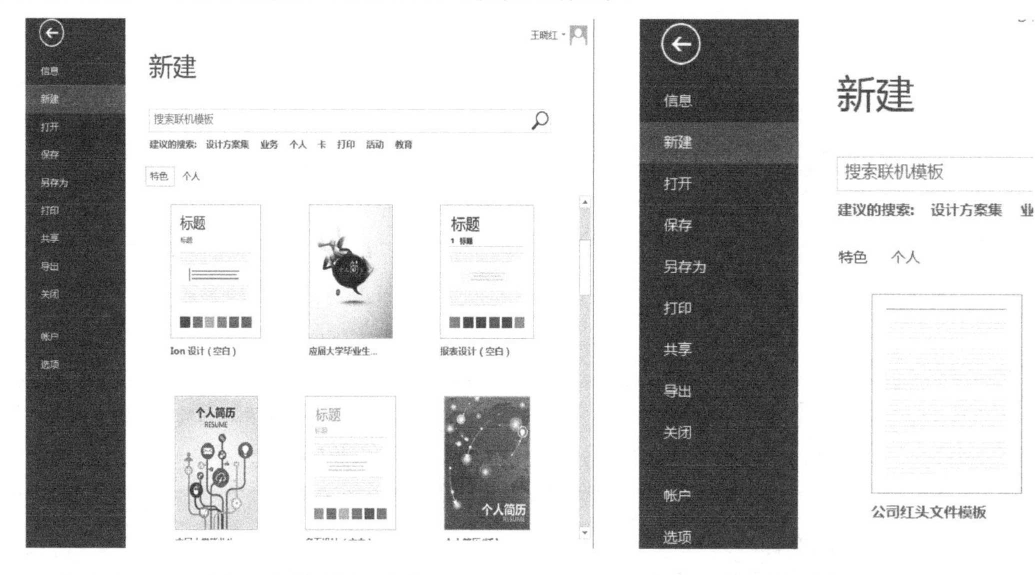

图 4-9 【新建】页面　　　　图 4-10　根据模板文件创建新文档

4.3.3　项目符号和编号设置

使用“公司红头文件模板”创建新文档后，下一步将进行“会议通知”正文的制作。按照文档排版的操作流程，首先输入通知标题和正文等文本内容，然后再进行格式设置。本任务相关格式要求如图 4-11 所示。

字体、字形、字号及行间距的设置在前面已经介绍过，读者自行完成。下面介绍怎样为段落添加编号和项目符号。

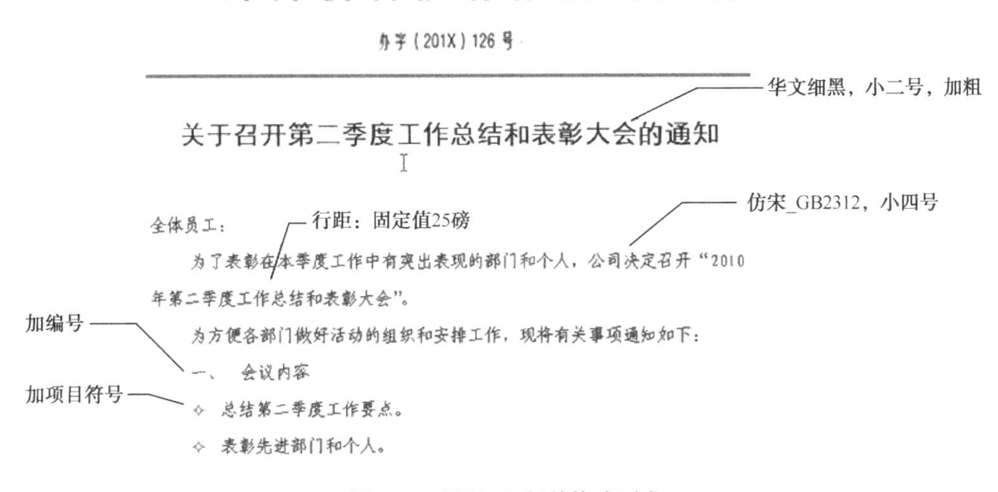

图 4-11　“通知”相关格式要求

1. 添加编号

微课：设置项目编号

“会议内容”、“参会人员”、“到会时间”和“会议地点”是本通知需要体现的核心内容。为了突出重点，使文件整体框架更加清晰，所有内容一目了然，可以对这 4 项内容进行编号设置。具体操作步骤如下。

（1）按住 Ctrl 键依次选中以上 4 项不连续的内容。

（2）在【开始】选项卡的【段落】选项组中，单击【编号】按钮☰▾右侧的下拉按钮。

（3）在弹出的下拉列表中单击第 2 行第 1 列样式，即可为所选段落添加所选编号，如图 4-12 所示。

2. 添加项目符号

微课：设置项目符号

“会议内容”下面有 4 项并列内容，为使并列的内容更加美观、更有条理，需要用项目符号将并列内容标出。具体操作步骤如下。

（1）选定“会议内容”下的 4 段文字。

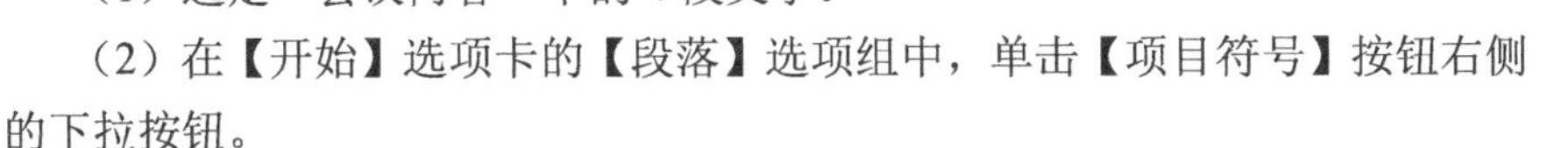

（2）在【开始】选项卡的【段落】选项组中，单击【项目符号】按钮右侧的下拉按钮。

（3）在弹出的下拉列表中单击样式✧，即可为所选段落添加项目符号✧，如图 4-13 所示。

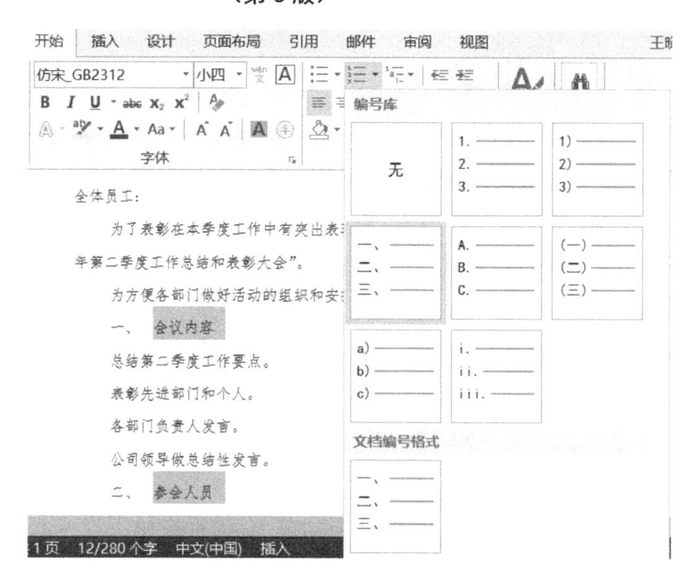

图 4-12　选择编号样式

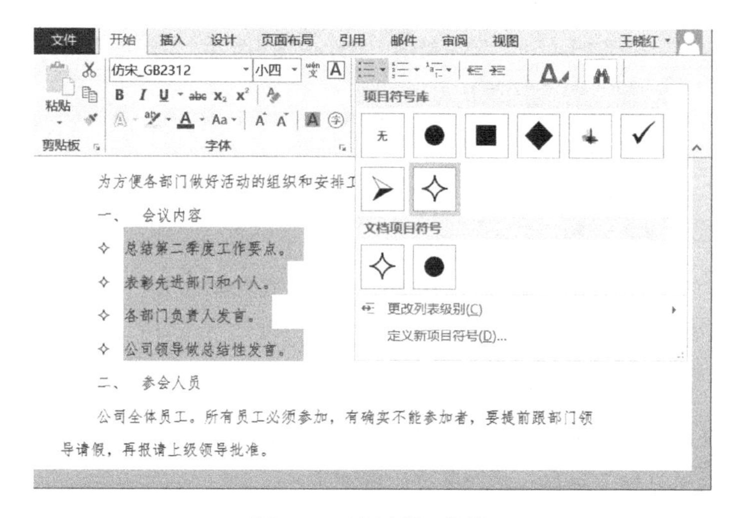

图 4-13　选择项目符号

相关知识

除了可以对已输入的文本添加项目符号外，还可以在输入时自动产生项目符号。具体操作步骤：将光标定位在需要插入项目符号的位置，然后参照上面的方法设置项目符号，添加项目符号后，每次按回车键换到下一段时，则会在下一段的开始处自动插入设置的项目符号。

4.3.4　为附件设置超链接

为了使通知内容更加具体和完善，需要在正文之后添加一个名为“受表彰部门及个人名单”的附件。各部门接到通知后，只需按住 Ctrl 键同时单击附件链接便可打开附件文件。为该附件设置超链接的具体操作步骤如下。

（1）选定“附件：受表彰部门及个人名单”文本内容。

（2）在选定区域内单击鼠标右键，在弹出的快捷菜单中执行【超链接】命令，如图 4-14 所示。

图 4-14　执行【超链接】命令

（3）弹出【插入超链接】对话框，选择【链接到:】下的【原有文件或网页】选项，在【查找范围】对应的下拉列表中选择附件所在位置，并选定需链接文件“通知附件.docx”，如图 4-15 所示。

图 4-15　设置链接文件

（4）单击【确定】按钮即可完成对选定文本的超链接。

提示　如果链接的附件内容与通知在同一个文件内，但相隔比较远时，则可在打开的插入超链接对话框中，选择【链接到:】栏下的【本文档中的位置】选项，在【请选择文档中的位置】对应的列表中选择“受表彰部门及个人名单”（注意：在此之前要将附件内容的标题“受表彰部门及个人名单”设置为标题样式），单击【确定】按钮，完成同一文件下的超链接设置，如图 4-16 所示。

图 4-16　同一文件下的超链接设置

思考：如何进行“电子邮件地址”及“新建文档”的超链接设置？

4.3.5 制作公章

经过以上环节的制作，“通知”文件已基本完成。为了使文件更具严肃性，需要在正文最后落款处加盖公章。

1. 制作电子公章

微课：制作电子公章

随着计算机应用的普及及网络的发展，电子文档已逐步取代纸质文件，使用电子公章也成为一种趋势。公章一般为圆形或椭圆形，颜色一般为红色，中间有一颗五角星，五角星上方是单位的名称。本公司的公章采用圆形轮廓，颜色为红色，制作效果如图4-17所示。

制作电子公章的步骤：插入一个圆作为公章外形轮廓，设置艺术字“××计算机科技有限公司”并放置于圆形内上方，然后在中间插入红色五角星，最后将文本框“公用章”放在五角星的下方。具体操作步骤如下。

微课：编辑形状

（1）构造公章外形轮廓。

① 绘制圆。单击【插入】→【插图】→【形状】按钮，在列表中选择“椭圆”，拖动鼠标左键画一个大小适宜的圆，如图4-18所示。

② 将圆设置为无填充。单击该圆，会自动切换到【绘图工具/格式】选项卡，在【形状样式】选项组中，将 形状填充 设置为“无填充颜色”，如图4-19所示。

图4-17 电子公章效果图

图4-18 初始圆

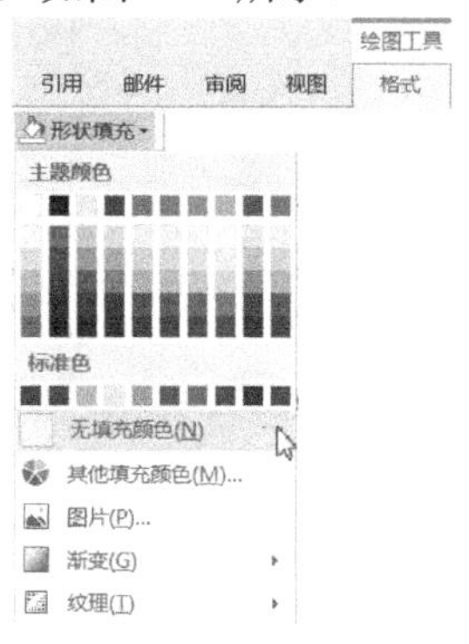

图4-19 设置形状填充为无

微课：图形排列与对齐

③ 设置形状轮廓。单击 形状轮廓 按钮，选择【虚线】→【其他线条】命令，如图4-20所示，窗口右侧出现【设置形状格式】窗格，此处有3个选项设置“填充线条”、“效果”、“布局属性”（当前是“填充线条”设置）。可在此对当前形状进行颜色、透明度、宽度、复合类型等设置，如图4-21所示。

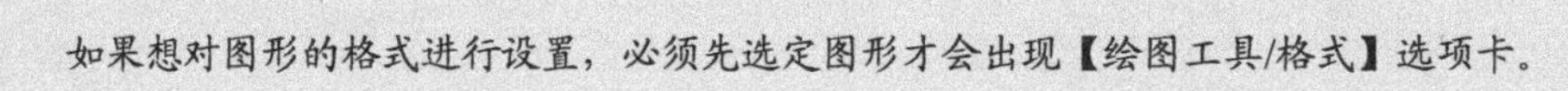

提示 如果想对图形的格式进行设置，必须先选定图形才会出现【绘图工具/格式】选项卡。

（2）设置公司名称的艺术字效果。将公司名称“××计算机科技有限公司”设置成半圆形艺术字效果。具体操作步骤如下。单击【插入】→【文本】→【艺术字】按钮，在列表中选择第1行第1列艺术字效果，如图4-22所示。在出现的文本框中输入艺术字文字，如图4-23所示。

选择【绘图工具/格式】→【艺术字样式】→【文本效果】→【转换】命令，在弹出的如图4-24所示列表中选择“跟随路径”栏下的“上弯弧”选项，将艺术字设置为上弯弧效果，拖动边框设置弧度大小和形状，效果如图4-25所示。

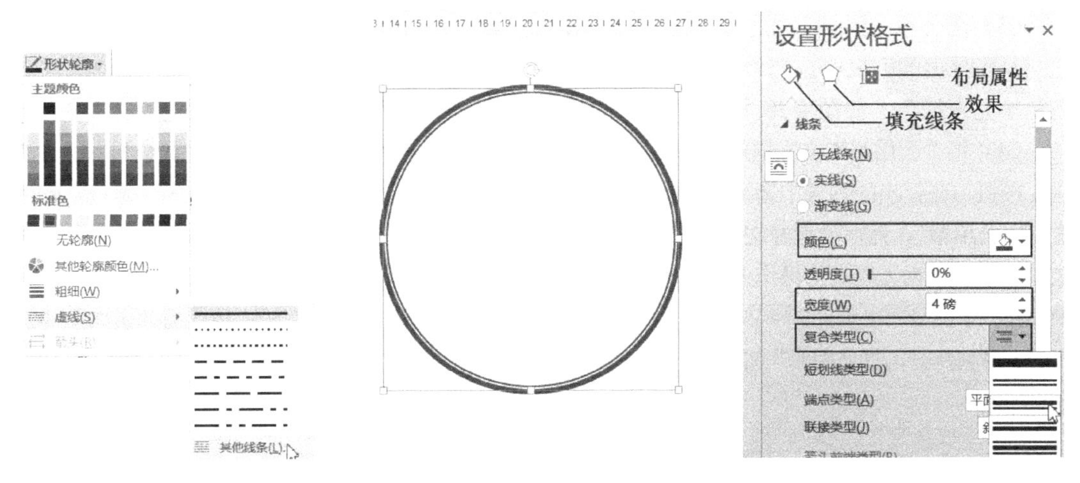

图 4-20　设置形状轮廓　　　　图 4-21　圆的形状轮廓设置

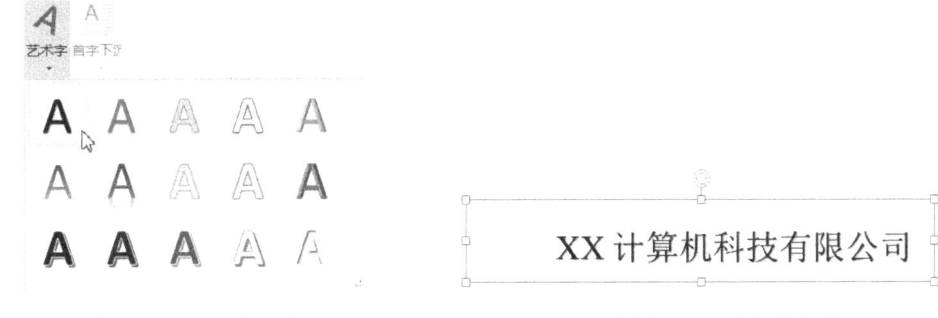

图 4-22　插入艺术字　　　　图 4-23　输入艺术字文字

选中艺术字，在【艺术字样式】选项组中，将“文本填充”和“文本轮廓”都设置为红色，效果如图 4-26 所示。

将制作好的艺术字拖放到公章内上方，效果如图 4-27 所示。

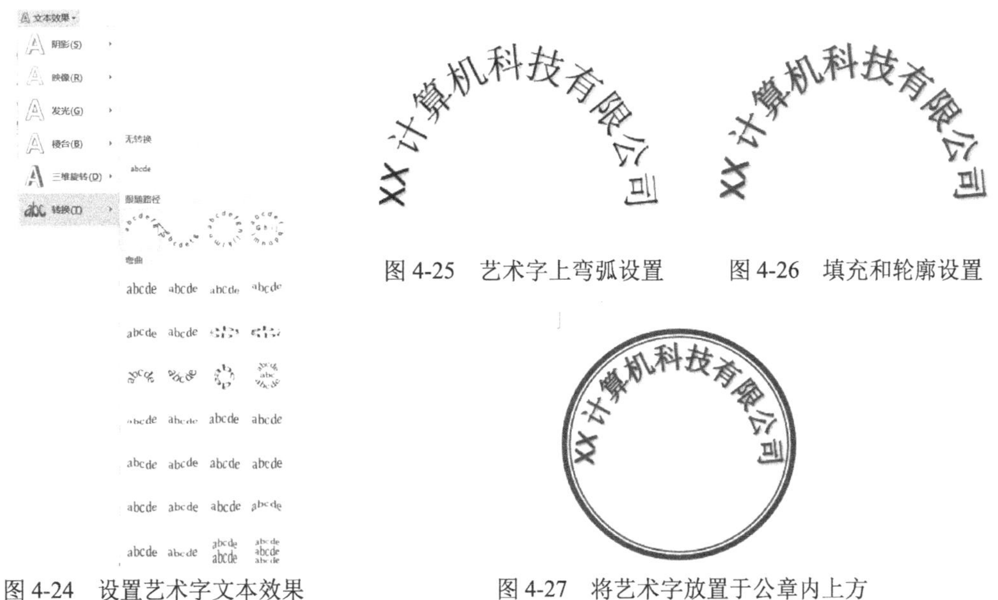

图 4-24　设置艺术字文本效果

图 4-25　艺术字上弯弧设置　　　　图 4-26　填充和轮廓设置

图 4-27　将艺术字放置于公章内上方

（3）在公章中间插入红色五角星。具体操作步骤：单击【插入】→【插图】→【形状】按钮，在弹出的列表中选择☆，拖动鼠标左键画一个大小适中的五角星，使用上面所学方法将五星填充为红色，如图 4-28 所示。将制作好的红色五星拖动到公章中间的适宜位置。

（4）将“公用章”文本框放入公章内下方。具体操作步骤：单击【插入】→【文本】→【文本框】按钮，在弹出的列表中选择【绘制文本框】命令，拖动鼠标绘制一个大小适中的文本框，输入文字“公用章”，然后设置好文字格式，效果如图 4-29 所示。这时，文本框线条为默认的黑色。将边框线条设置为无线条的操作方法：选定文本框，单击鼠标右键，在弹出的快捷菜单中选择【设置形状格式】命令，出现如图 4-21 所示任务窗格，将文本边框设置为“无线条”，设置后效果如图 4-30 所示。将制作好的“公用章”文本框拖动到公章中的适宜位置，即可得到如图 4-31 所示的电子公章。

图 4-28　红心五角星

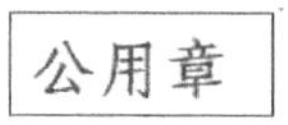

公用章

图 4-29　文本框

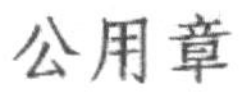

公用章

图 4-30　将边框线条设置为无线条后的效果

图 4-31　电子公章效果图

微课：将电子公章保存成图片文件

2. 将电子公章保存成图片文件

将制作好的公章保存成图片文件，方便以后使用，方法如下。

方法一：使用 Word 2013 自带屏幕截图功能。

Word 2013 新增内置屏幕截图功能，具体使用方法如下。

首先，当前 Word 文档不能是欲抓图文档。

（1）单击【插入】→【插图】→【屏幕截图】按钮，出现如图 4-32 所示列表。

（2）在【可用视窗】下显示了当前可截图窗口，使用键盘的上、下、左、右光标键可选择需截图的窗口；如果想截取整个屏幕内容，单击需截图窗口即可；若想截取屏幕的部分内容，则单击下方的【屏幕剪辑】选项，这时会出现灰蒙蒙的状态，拖动鼠标左键选取需要截取的内容即可。（需要注意的是，使用屏幕剪辑功能时，需保证要截取的窗口是当前 Word 文档之前最近一次显示过的窗口。）

方法二：使用 PrntScr 键屏幕抓图功能。

（1）按一下键盘上的 PrntScr 键，则将当前整个屏幕的内容以图片的形式复制到剪贴板上。

（2）启动【附件】中的【画图】应用程序，按“Ctrl+V”组合键将（1）中抓到剪贴板上的屏幕图片内容复制到当前文件中。

（3）使用画图【工具栏】中的【选择】工具选取电子公章部分，然后新建一个位图文件，并将其保存在里面，如图 4-33 所示，保存为文件“公章.jpg”即可。

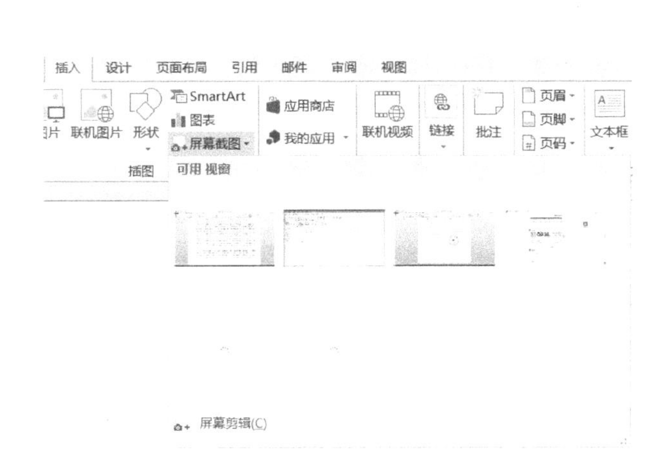

图 4-32　屏幕截图

图 4-33　使用画图工具保存图片

屏幕抓图键 PrntScr 和 Alt+ PrntScr 的使用。

（1）PrntScr 键：将当前整个屏幕的内容以图像的形式复制到剪贴板。

（2）Alt+ PrntScr 键：将当前活动窗口或对话框的内容以图像的形式复制到剪贴板。

3. 加盖电子公章

制作好电子公章后，就需要将公章加盖到通知右侧的落款上。具体操作步骤：选定制作好的公章，单击【图片工具/格式】→【排列】→【自动换行】按钮，在弹出的下拉列表中选择【衬于文字下方】，如图 4-34 所示。然后将其拖动到落款位置即可，加盖电子公章后的效果如图 4-35 所示。

微课：设置图片的文字环绕方式

图 4-34　设置文字环绕方式

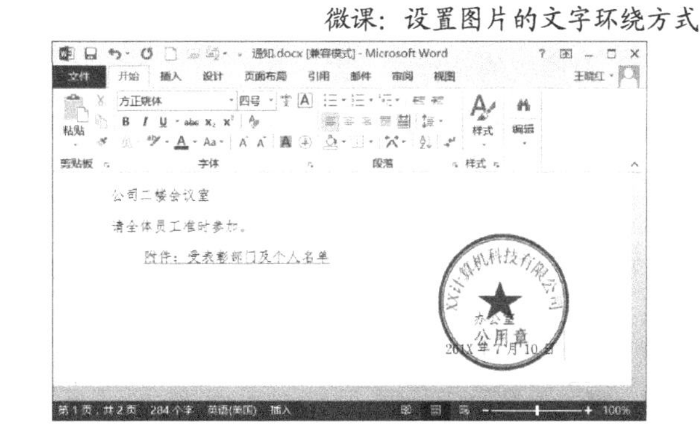

图 4-35　加盖公章后的效果

拓展实训

实训 1：制作购置办公设备的请示

随着公司的不断发展，业务量在不断增加，需要打印的材料也越来越多。而目前小李所在的业务部只有一台打印机，由于材料不能及时打印，极大地影响了公司的业务和工作效率。业务部经理让小李起草一份购置打印机的请示，以缓解目前办公设备的紧张状况。在撰写请示时应该注意以下几个事项。

（1）请示应当一文一事。

（2）语言精练，讲清事项与事由。

（3）注意与报告的区别。

购置办公设备的请示效果图如图4-36所示。

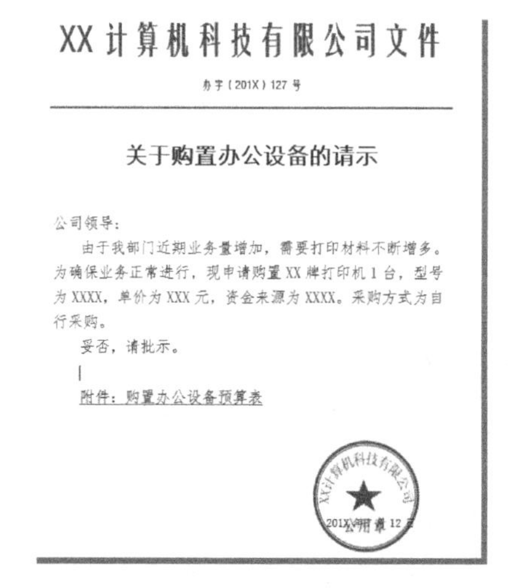

XX计算机科技有限公司文件

办字（201X）127号

关于购置办公设备的请示

公司领导：

由于我部门近期业务量增加，需要打印材料不断增多。为确保业务正常进行，现申请购置XX牌打印机1台，型号为XXXX，单价为XXX元，资金来源为XXXX。采购方式为自行采购。

妥否，请批示。

附件：购置办公设备预算表

图4-36　购置办公设备的请示效果图

实训2：打印机的选择、安装与维护

报上级部门的请示很快审批下来。下一步的任务就是如何选购打印机了，购买什么样的打印机才是最适合的呢，下面先来了解一下各种打印机的特点。

1. 打印机的分类

目前，常见的打印机有针式打印机（如图4-37所示）、喷墨打印机（如图4-38所示）、激光打印机（如图4-39所示）3种。简单地讲，针打就是用打印针击打色带，将色带上的颜色印到纸上而产生图案；喷墨是通过高压，将墨盒中的墨汁喷射到纸上而产生图案；激光是通过静电在硒鼓上产生墨粉图案，然后将墨粉转印到纸上。

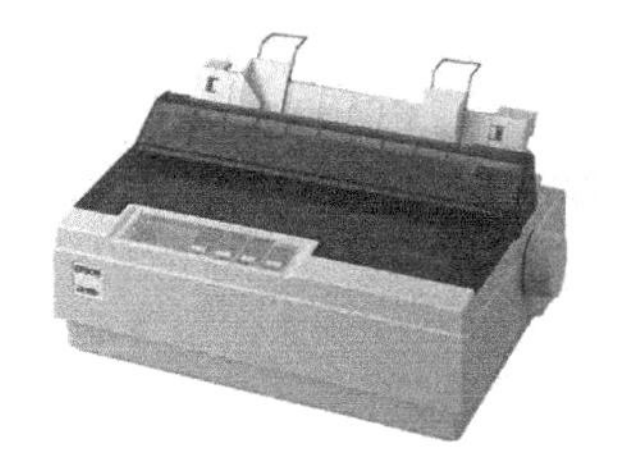

图4-37　针式打印机

图4-38　喷墨打印机

图4-39　激光打印机

（1）针式打印机的性能特点。与其他类型的打印机相比较，针式打印机具有以下优点。

- 纸张适应性好。可适应0.065～0.52mm的单页纸、单页复制纸、连续纸、信封、明信片、带标签的连续纸、卷纸等多种类型的纸。

- 独具复制打印功能。因其特有的工作模式，使其具有独有的复制能力和蜡纸打印的功能，这个功能也是别的打印机所无法比拟的。
- 耗材低廉。针式打印机的耗材主要是色带，一般每条色带可完成 200 万～800 万字符的打印，而每条普通色带的售价仅在几元到十几元之间。
- 操作简单、易于维护。针式打印机的生产技术已相当成熟，其产品的性能可靠，操作简单。

针式打印机的缺点如下。

- 分辨率较低。其有限的点阵击打方式决定了它不可能有更高的分辨率。
- 速度较慢。和同价格档次的激光和喷墨打印机比较，其打印速度较慢。
- 噪声较大。针式打印的工作方式决定了它有不可避免的噪声。

（2）喷墨打印机的性能特点。喷墨打印机的主要优点有：分辨率高，工作噪声较小，打印速度较快，能够实现质量较高的彩色打印，设备体积小，占用空间少。主要缺点有：耗材（主要指墨盒）成本高，打印质量与打印速度、墨质及纸张的关系密切，不具备针式打印机的复制能力。

（3）激光打印机的性能特点。激光打印机分为黑白激光打印机和彩色激光打印机两大类。从应用角度来划分，激光打印机大体可分为家用激光打印机、中小企业激光打印机和高端商用激光打印机。家用激光打印机价格低廉，对输出质量不作过高要求；中小企业激光打印机侧重于打印质量，双面打印和网络打印，价格要求适中；高端商用激光打印机侧重于输出速度和输出质量，一般用于专业输出的打印部门或单位。

激光打印机的主要优点有：打印质量高，几乎达到了印刷的水平；打印速度快，噪声小。主要缺点有：耗材贵，激光打印机使用碳粉，一盒碳粉可以打印 3000～5000 张纸；对纸张的要求高；不具备针式打印机的复制能力。

根据以上对打印机的了解，业务部决定购买性价比较高的激光式打印机。

2. 安装打印机

经过比较，业务部选购了 Canon Inkjet MX7600 series FAX 打印机。在使用打印机之前，首先进行打印机的安装。安装打印机的流程：安装打印机硬件→安装打印机驱动程序→打印测试。

（1）安装打印机硬件。

① 选定合适的位置，摆放好打印机。

② 连接打印机与计算机。使用随机附带的数据线将打印机与计算机的 USB 接口连接。

③ 连接打印机的电源线。将打印机的电源线一端插头插到打印机的背部，另一端插头插到主电源插座上。

（2）安装打印机驱动程序。硬件连接好之后，要使打印机能够正常工作，必须安装相应的驱动程序。下面介绍安装 Canon Inkjet MX7600 series FAX 型号打印机驱动程序的过程，具体操作步骤如下。

① 单击【开始】菜单，执行【设备和打印机】命令，如图 4-40 所示。

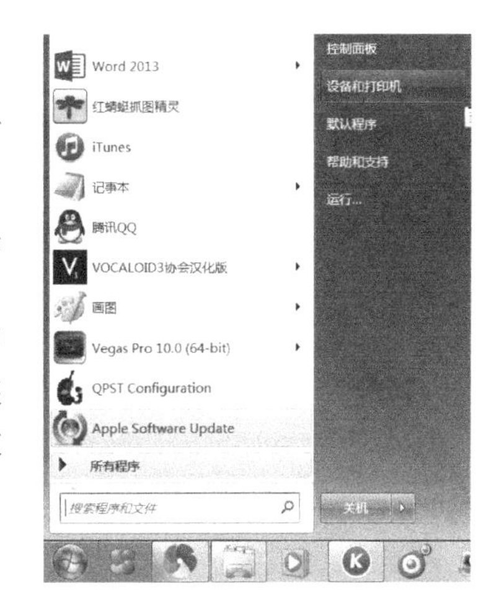

图 4-40　执行【设备和打印机】命令

② 弹出【添加打印机】窗口，如图 4-41 所示；在窗口空白处单击鼠标右键，在弹出的菜单中选择【添加打印机】命令，如图 4-41 所示。

③ 弹出如图 4-42 所示向导窗口，选择安装打印机的类型，是“本地打印机”还是“网络

无线打印机”。

图 4-41 【添加打印机】窗口

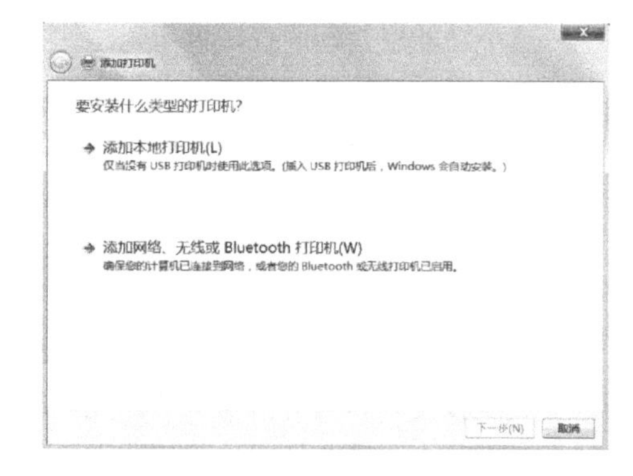

图 4-42 【添加打印机向导】对话框

④ 单击【下一步】按钮进入【选择打印机端口】步骤，选择与计算机通信时所使用的端口，本例中选择了“LPT1”端口，如图 4-43 所示。

⑤单击【下一步】按钮进入【安装打印机驱动程序】步骤，选择厂商为“Canon”，打印机为“Canon Inkjet MX7600 series FAX”，如图 4-44 所示。

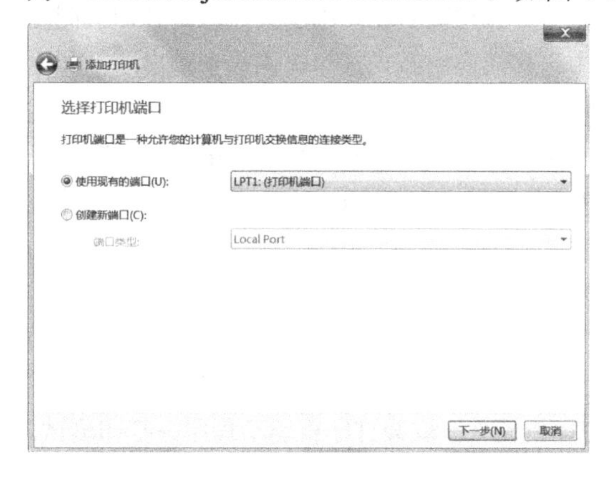

图 4-43 选择打印机端口

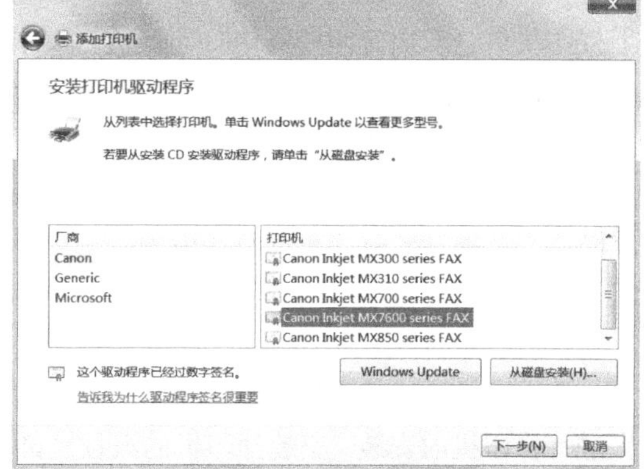

图 4-44 安装打印机驱动程序

⑥ 单击【下一步】按钮进入【输入打印机名称】步骤，设置打印机名称，如图 4-45 所示。

⑦ 单击【下一步】按钮进入【打印机共享】步骤，进行是否共享这台打印机的设置，本例将这台打印机设置为不共享打印机，如图 4-46 所示。

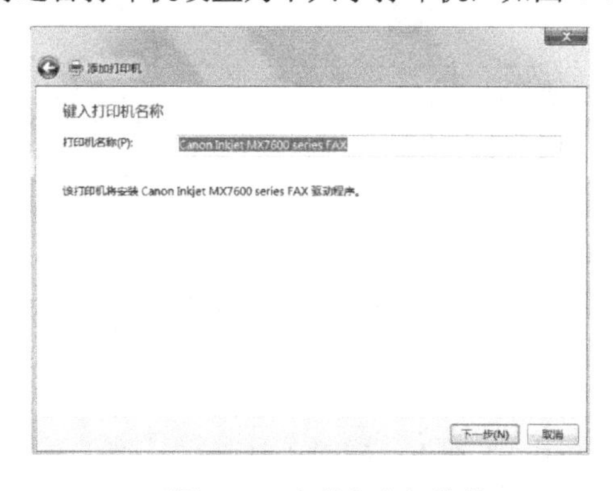

图 4-45 安装打印机软件

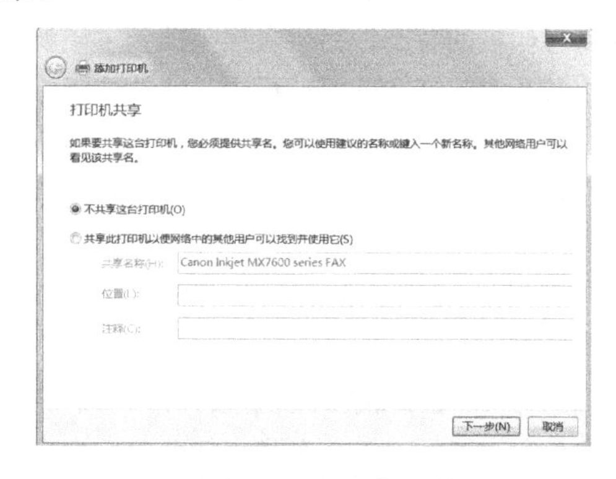

图 4-46 打印机共享

⑧ 单击【下一步】按钮，出现安装打印驱动程序页面，安装成功后显示图 4-47 页面。单击【打印测试页】按钮进行打印测试，若测试页被正确打印，说明打印机安装成功，单击【完成】按钮，完成打印机的安装。

此时，在图 4-48 所示的窗口中，将出现新安装的打印机“Canon Inkjet MX7600 series FAX”图标，并在该图标上设有默认标记✔。

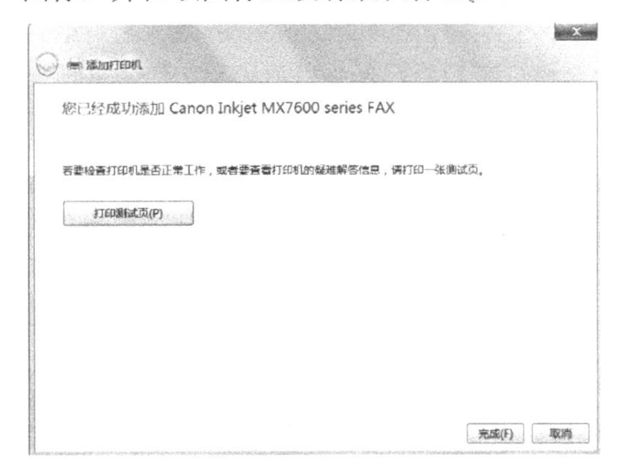

图 4-47　打印测试页

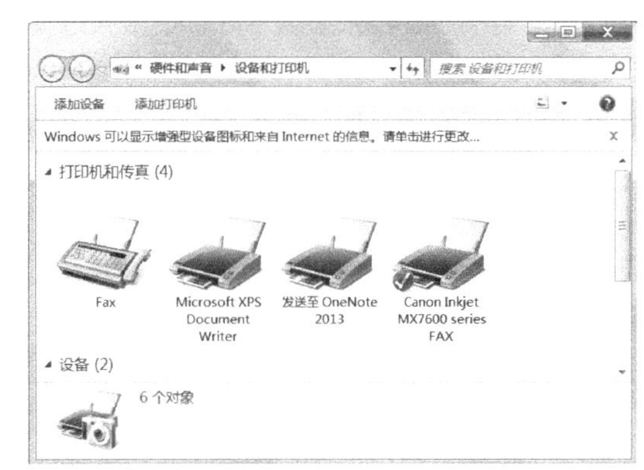

图 4-48　成功添加打印机

提示 安装打印机驱动程序通常有三种方法。第一种方法是在控制面板的打印机和其他硬件项目中直接添加打印机。第二种方法是通过计算机系统自动检测到已连接好的打印机，并由添加新硬件向导引导用户一步步装配打印驱动程序。第三种方法是通过直接运行打印机自带的驱动程序装配打印驱动程序。三种方法都可以达到目的，上面介绍的是第一种方法，其他方法读者可自己尝试完成。

3. 打印机的维护

安装好打印机的硬件和软件后，打印机就可以正常工作了。打印机在使用过程中需要精心维护，以便延长其使用期限和提高打印质量。下面以激光打印机为例介绍打印机在使用过程中应注意的事项。

- 打印机应放置在清洁、干燥的环境中，以免因为灰尘或潮湿而影响使用。
- 开启打印机电源开关后，在预热状态时，不要盲目操作。
- 由于激光打印机进行打印依赖的是静电作用，因此应使用正规去静电打印纸，以免降低打印质量。
- 打印纸应放置在干燥的环境中，一旦受潮将易产生挤纸等故障。
- 长时间使用后可以使用高纯度酒精或专业滚筒清洁器来清洗送纸滚筒上的污垢，这些污垢主要是打印纸带入的。
- 如果打印质量下降可能是由于冠状电线有沉积灰尘，影响静电使用效率所致。用户可以按照说明手册找到冠状电线然后使用干棉布轻拭，切忌使用酒精或其他溶剂，否则会破坏电线的静电效果。
- 长时间使用后散热风扇会沉积较多灰尘而影响散热效率，这时可以使用小毛刷对其进行清理，保证打印机正常散热。

4. 打印机常见故障及排除

下面以激光打印机为例，介绍其在使用过程中常见的故障现象及排除方法。

（1）故障现象：卡纸或不能走纸。激光打印机最常见的故障是卡纸，出现这种故障时，操作面板上的指示灯会发光，并向主机发出一个报警信号。

排除方法：打开机盖，取出被卡的纸。要注意，必须按进纸方向取纸，绝不可反方向转动任何旋钮。如果经常卡纸，就要检查进纸通道，纸的前部边缘刚好在金属板的上面。取纸辊是激光打印机最易磨损的部分。当盛纸盘内纸张正常，而无法取纸时，其原因往往是取纸辊磨损或弹簧松脱，造成压力不够，不能将纸送入打印机内。取纸辊磨损，一时无法更换时，可用缠绕橡皮筋的办法进行应急处理。缠绕橡皮筋后，增大了搓纸摩擦力，能使进纸恢复正常。此外，盛纸盘安装不正，纸张质量不好，如纸张过薄、过厚、受潮等，都可能造成卡纸或不能走纸。

（2）故障现象：输出全张白纸。可能原因：粉盒内已无墨粉；激光器机械快门没打开；激光束检测器污染或损坏；激光器损坏。

排除方法。先更换新的粉盒，看故障是否消失。在更换粉盒时，应检查墨粉密封条是否拉出，如果密封条没有拉出，就会造成没有“墨粉图像”。若是粉盒内墨粉用完，则故障现象首先是输出的印件的纵向中间部分变淡，接着是图文变淡的范围逐渐扩大，最后是全张的图像都不明显，而全张都白的现象非常少见，且图像变淡所经历的时间较长，因此，全张白纸故障基本上可以排除粉盒内无墨粉的原因。如果是其他故障原因，需要请专业人员维修。

（3）故障现象：打印纸输出变黑。可能原因：初级电晕放电线路失效或控制电路出故障，使得激光一直发射，造成打印输出内容全黑的现象。

排除方法：检查电晕放电线是否已断开或电晕高压是否存在，检查激光束通路中的光束探测器是否正常。因为这几个方面直接关系到输出效果。

（4）故障现象：输出字迹偏淡。可能原因：墨粉盒内的墨粉较少、显影辊的显影电压偏低或墨粉未被极化带电而无法转移到感光鼓上。此外，有些打印机的粉盒下方有一组感光开关，用来调节激光的强度，使其与墨粉的感光灵敏度匹配。如果这些开关设置不正确，也会造成打印字迹偏淡。

排除方法：取出墨粉盒轻轻摇动，如打印效果没有改善，则应更换墨粉盒或请专业维修人员进行处理。

（5）故障现象：输出时出现竖条白纹。可能原因：如果安装在感光鼓上方的反射镜上有脏物，激光遇到镜子上的脏物无法反射到感光鼓上，从而在打印纸上形成一条窄的白条纹。次级电晕线装在打印纸通道下方，会吸引灰尘和纸屑，电晕部件部分变脏或被堵塞，从而阻止墨粉从感光鼓转移到打印纸上，也会造成在打印纸上出现竖条白纹。

（6）故障现象：打印纸上单侧变黑。可能原因：激光束扫描到正常范围以外，或感光鼓上方的反射镜位置不正确，或墨粉集中在盒内某一边等，都可能产生打印机单侧变黑的故障。

排除方法：取下墨粉盒，轻轻摇动，使盒内墨粉均匀分布，如仍不能改善，则需要更换墨盒。

实训 3：复印机的选择、使用与维护

假如你在日常办公中需要保留一些重要但是没有电子版的文件和资料的副本，你会选择什么办公设备？当然会毫不犹豫地选择“复印机”。在现代办公中，纸质文件的复印是一项极为常见的工作，文件复印设备能够快速、准确、清晰地再现文件资料以及图样的原型，可以很好地保存重要文件，实现资料与信息的共享、保存以及传递等。

1. 复印机的选择

（1）复印机的分类。

➢ 按复印的颜色分为单色、多色、彩色复印机。

- 按复印尺寸分为普及型、便携式、工程图纸复印机。
- 按对纸张的要求分为普通纸复印机、特殊涂层纸复印机。
- 按显影方式分为干法显影、湿法显影。目前常用的是干法显影复印机。
- 按成像处理方式分为数字式和模拟式复印机。
- 按复印速度分为低速、中速和高速 3 挡，低速为 12 张/min，中速为 15～35 张/min，高速为 36 张/min 以上。
- 按光导材料分为硒、硒碲合金、氧化锌和有机光导体等材料。

（2）根据使用场合选择不同的复印机。复印机品牌、型号很多，在购买时，需对本单位的工作性质、实际需要了解透彻，从而选择合适的机型。选购复印机要从多角度考虑，明确对复印机的要求，例如：需要单面规格的复印还是双面复印，是否配有多种供纸盒，复印尺寸是大幅面还是中小幅面等。

不同类型复印机的特点如下。

① 便携式个人机。机身小，可手提携带，复印幅面为 A4 纸，复印速度为 5 张/min 左右，无缩放功能，适合家庭或经理办公室自用，可以放置于桌面上，但复印成本较高，消耗材料贵。

② 中低档办公型。功能较齐全，复印速度一般在 25 张/min 左右，供纸方式一般为双纸盒加手送，是办公用的主要机型，可满足日常文印的要求，还可以偶尔承担小规模的批量复印。

③ 高速高档型。复印速度快，可达 30 张/min 以上，自动化程度高、功能齐全、多数带有双面复印功能，适用于大型办公室、小型文印中心等。

④ 高速柜式生产型。复印速度快，在 50 张/min 以上，稳定性高，功能齐全，承印量大且带有液晶显示屏。高速柜式生产型全部为柜式一体且配有自动双面送稿器及分页器，功能已接近了轻型印刷机，适用于大型办公室的文印中心等场合。

2. 复印机的外形结构

复印机的外形结构如图 4-49 和图 4-50 所示。

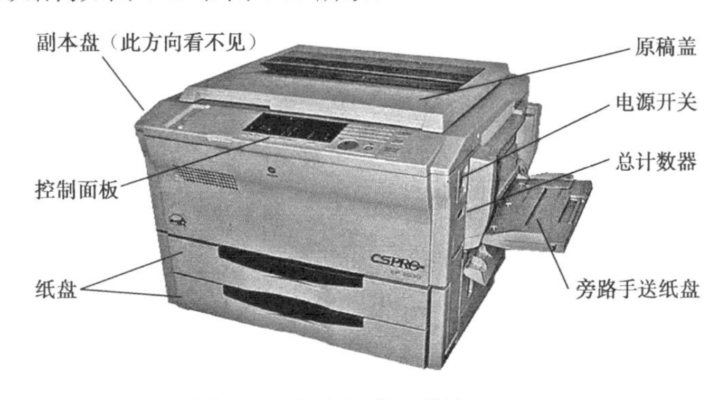

图 4-49　复印机外形结构（一）

3. 复印机的使用操作

各种型号复印机的基本操作顺序大体相同，使用前应认真阅读随机附带的操作手册，掌握操作方法。一般需经过以下步骤：机器预热；检查、放置原稿；复印纸尺寸选择；设定复印倍率；调节复印浓度；设定复印份数；开始复印。

（1）机器预热。首先打开电源，复印机进入预热状态，操作面板上指示灯亮，出现预热等待信号，这个状态约持续 1min。这段时间可以做些准备工作，当定影温度上升到规定温度时，操作面板上相应的指示灯亮或发出声音，表示机器预热结束，可以进行复印。如果机器没有装入纸盒、纸盒没有纸或机器有卡纸等故障时，复印机将不能进入等待状态，操作面板上将显示相应的符号或故障代码。

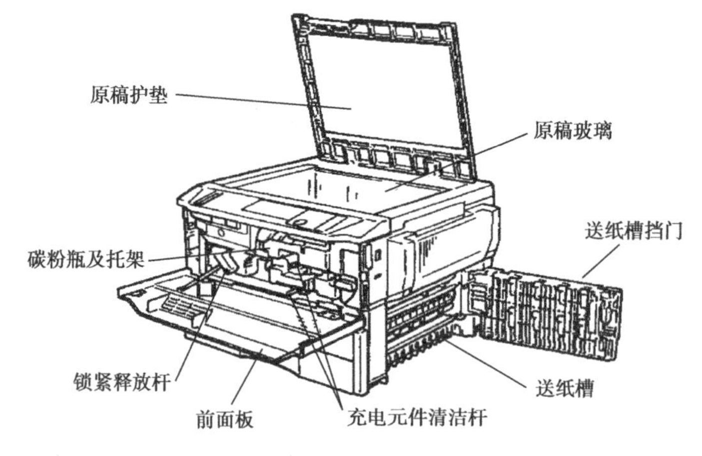

图 4-50　复印机外形结构（二）

（2）检查、放置原稿。拿到复印原稿后，应检查原稿的纸张尺寸、质量、数量和装订方式等，做到心中有数。检查原稿的装订方式，可以拆开的原稿应拆开，这样复印时不会产生阴影。

原稿放置在原稿台玻璃板上，不同型号的复印机有不同放置原稿的方法，一般有两种：一种是将原稿放置在稿台的中间；另一种是靠边放置在定位线上。复印前应对复印机的放稿方式进行了解，原稿正面朝下向着玻璃板放置，轻轻盖紧原稿盖板，以防漏光而出现黑边。

（3）复印纸尺寸选择。一般复印机具有自动选择纸张模式，在这种模式下，若将原稿放置在原稿输送装置或玻璃板上，复印机会自动检测到原稿的尺寸，并选用与原稿相同的纸张。这种模式只适用于按实际尺寸复印。

当复印尺寸不规则时，例如复印报纸、杂志时，不能自动检测到纸张尺寸时，可以指定所要的尺寸。方法是：根据所需复印件的尺寸要求，将纸装入相应的纸盒里，按纸盒选择键，选中所需复印纸尺寸的那个纸盒即可。

（4）设定复印倍率。通常复印机都有复印缩放功能，设置复印机的复印倍率有以下方式。

① 固定缩放倍率。缩放只有固定的几挡，很容易将一种固定尺寸纸上的稿件经过放大或缩小后印到另一种固定尺寸的纸上去，例如：A4←A3，即将 A3 规格的原稿复印到 A4 纸上。

② 使用无极变倍键进行无极变倍复印。使用这种方式，可以对原稿进行 50%～200%、级差为 1%的无级变倍缩放。

③ 使用自动无极变倍键，实行自动无极变倍。使用这种模式，机器会根据原稿和供纸盒内的纸尺寸自动设置合适的复印倍率。

（5）调节复印浓度。根据原稿纸张、字迹的色调深浅适当调节复印浓度，可以用自动浓度选择方式进行调整。当采用自动方式仍不能满足复印的要求时，可以用手动的方式进行调整。原稿纸张颜色较深的，应将复印浓度调浅些；字迹浅、不十分清晰的，应将浓度调深些。

（6）设定复印份数。用数字键输入所需要的份数，可以将一份原稿复印多份。设置完成，按下复印键即可开始复印。

（7）开始复印。按下复印键，复印机开始复印操作。

4. 复印机的日常保养

➢ 工作前，查看电源的电压是否符合复印机要求；

- ➢ 室内环境、台板、桌面保持干净，空气清新；
- ➢ 抖松当天需用的复印纸，避免复印时纸张贴合过紧，搓纸困难；
- ➢ 揭开稿台盖板，清洁稿台玻璃；
- ➢ 较大复印量后，清洁一下积存的色粉；
- ➢ 复印完毕后，切断复印机电源，罩上外罩。

5. 复印机的日常维护

（1）光学系统的清洁。

- ➢ 用橡皮气球把光学元件表面的灰尘及墨粉吹去；
- ➢ 用软毛刷把嵌在各个缝隙中的灰尘除去；
- ➢ 用光学脱脂棉或镜头纸，轻擦光学元件表面；
- ➢ 用光学脱脂棉蘸清洁液擦去油污、手指印等污迹。

（2）防止或减少卡纸。

- ➢ 严格选择、裁切和保管复印用纸；
- ➢ 加强设备的日常保养和定期检修；
- ➢ 一旦发现卡纸故障，要及时处理，并找出原因，排除隐患；
- ➢ 认真按操作规程要求进行操作。

6. 复印过程中常见问题及处理

- ➢ 卡纸：复印机面板上的卡纸信号出现后，需要打开机门或左右侧板，取出卡住的纸张，然后检查纸张是否完整，不完整时应找到夹在机器内的碎纸。分页器内卡纸时，需将分页器移离主机，压下分页器进纸口，取出卡纸。复印机偶尔卡纸是不可避免的，但是经常卡纸，说明机器有故障，需要进行修理。
- ➢ 纸张用完：纸张用完时，面板上纸盒空的信号灯会亮，需将纸盒取出装入复印纸。
- ➢ 墨粉不足：墨粉不足时，面板上墨粉不足的信号灯会闪烁，表明机内墨粉已快用完，如果不及时补充，复印机的复印质量将下降，甚至无法工作。
- ➢ 废粉过多：复印机在成像过程中，会产生很多废墨粉，收集在一个盒中，废粉装满后，会在面板上显示信号，此时必须及时倒掉，否则将影响复印质量。

实训 4：制作考试试卷

微课：实训 4

“考试试卷”效果图如图 4-51 所示。

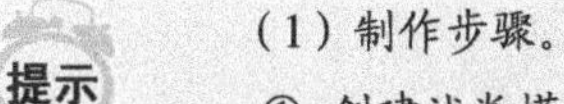

提示 （1）制作步骤。

① 创建试卷模板。

② 调用模板快速编辑试卷。

③ 使用公式工具创建公式。

（2）创建试卷模板。

① 试卷模板页面设置。因为试卷一般为 8 开大小，所以需要将纸张大小设置为：宽度 39 厘米，高度 27.1 厘米。试卷一般为横向排版，所以设置纸张方向为“横向”。

② 制作试卷侧边密封栏。侧边密封栏由“姓名”等考生信息、密封线条及密封线字样三部分组成。制作这三部分就需要插入三个文本框，下面以制作最左侧的“姓名”等考生信息为例介绍如何制作侧边栏。具体操作步骤如下。

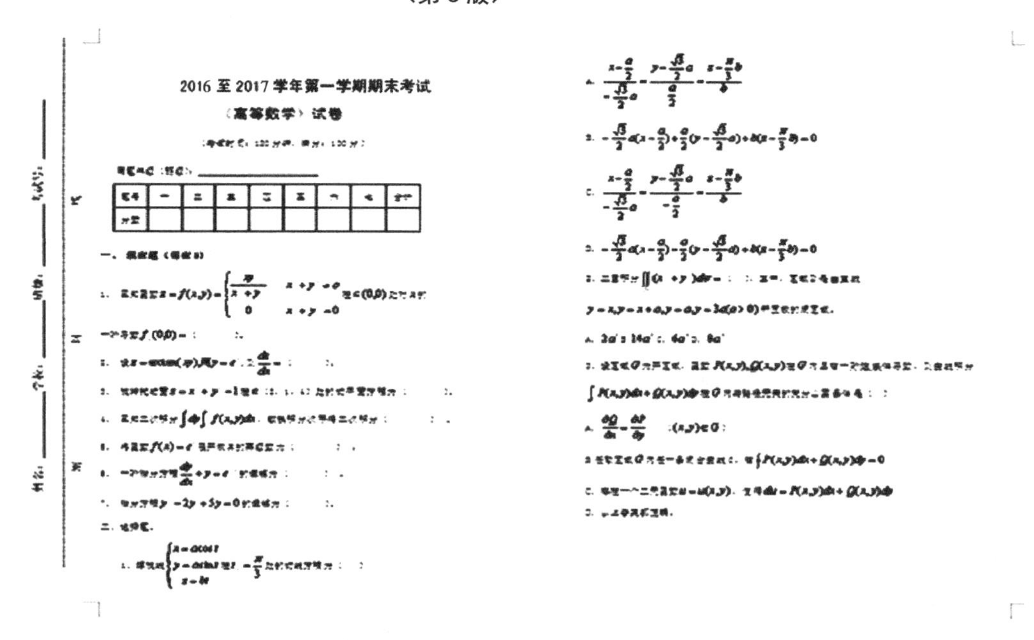

图 4-51 “考试试卷”效果图

✧ 在文档中插入一个横排文本框，输入内容：“姓名：______ 学校：______ 班级：______ 考试号：______”并选定其中内容，如图 4-52 所示。

图 4-52 输入并选中文本框内容

✧ 把光标放在选定区域内，单击鼠标右键，在弹出的快捷菜单中执行【文字方向】命令，弹出如图 4-53 所示的【文字方向—文本框】对话框。

✧ 在弹出的对话框中选择[文字abc]，单击【确定】按钮，得到如图 4-54 所示的状态，然后只要调整文本框的大小，就会得到如图 4-55 所示的状态。

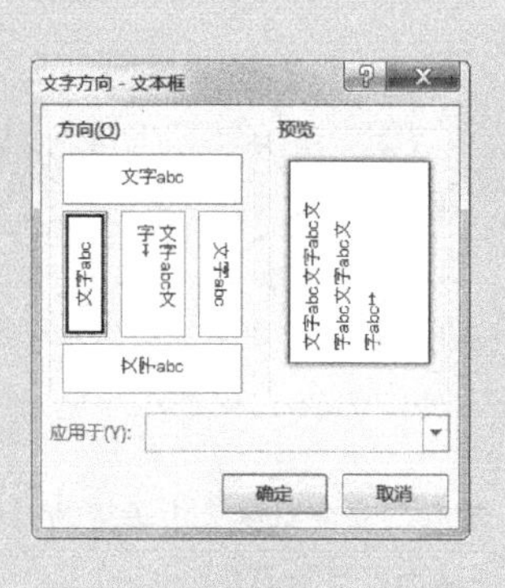

图 4-53 设置文字方向

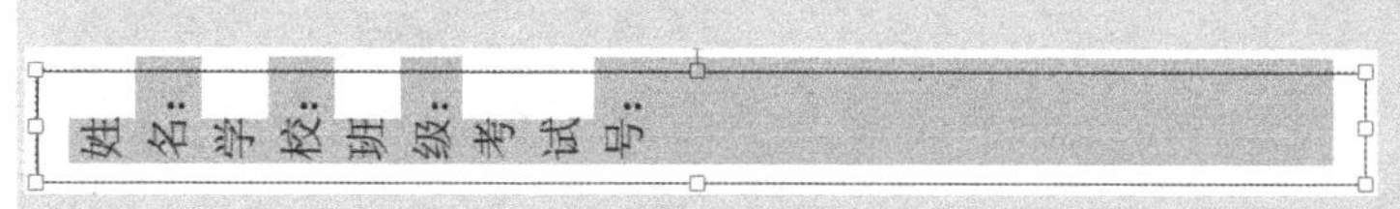

图 4-54 设置文字方向后效果

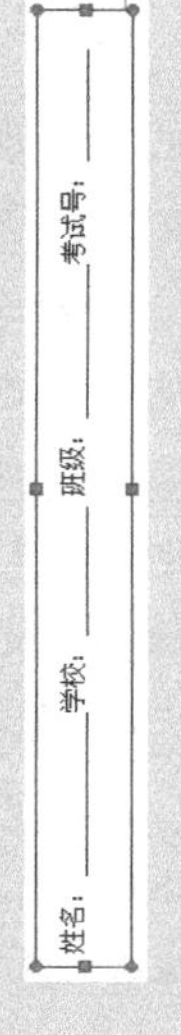

图 4-55 调整文本框大小后的效果

✧ 将文本框的【形状轮廓】设为“无轮廓”即可得到所需格式。

③ 因为试题版面为 8 开横向设置，为了方便学生答题，一般将试卷分为两栏。下面介绍怎样将试卷设置成两栏格式，具体操作步骤如下：切换到【页面布局】选项卡，单击【页面设置】选项组下的【分栏】按钮。在弹出的下拉列表中选择【更多分栏】选项，弹出【分栏】对话框。在【预设】栏中选择【两栏】，将分栏数设为两栏。设置【宽度和间距】栏中的【间距】微调框为“4 字符”，如图 4-56 所示。单击【确定】按钮即可将文档分为两栏。

最后将设置好的试卷模板文档保存为模板文件。

（3）使用“公式工具”创建公式。在编辑试卷过程中，需要编辑许多公式，Word 提供的公式功能为此类问题提供了完美的解决方案。下面以编辑如图 4-57 所示公式为例，介绍怎样使用公式工具创建公式，具体操作步骤如下。

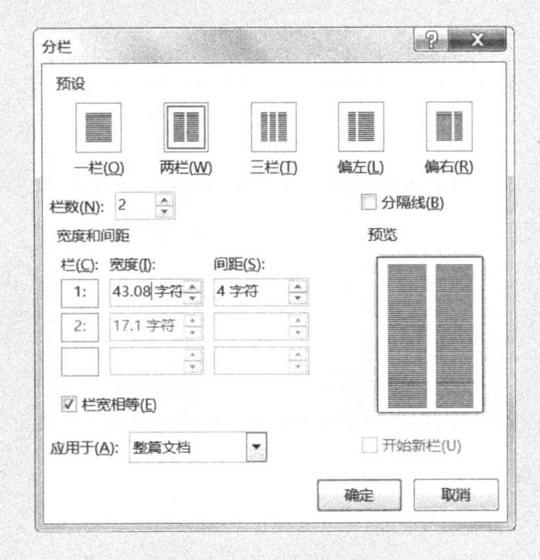

图 4-56　设置分栏

$$f(x,y)=\begin{cases}\dfrac{xy}{x^2+y^2} & x^2+y^2\neq 0\\ 0 & x^2+y^2=0\end{cases}$$

图 4-57　“公式”效果图

① 切换到【插入】选项卡，单击【符号】选项组中的【公式】按钮，弹出如图 4-58 所示列表；新版本 Word 给出了许多内置公式供用户使用，若内置中没有想要的公式，选择列表下方【插入新公式】命令，选项区出现【公式工具/设计】选项区，如图 4-59 所示。

② 通过键盘输入“f(x,y)=”，单击【结构】选项组下的【括号】按钮，在下拉列表中选择符号，效果如图 4-60 所示。

③ 单击第一个条件框，开始编辑分段函数的第一段。单击【结构】选项组下的【分数】按钮，在下拉列表中选择，输入“xy”，效果如图 4-61 所示。

④ 把光标切换到第一个条件框的分母位置，单击【结构】选项组下的【上下标】按钮，在下拉列表中选择 x^2，采用同样的方法输入“x^2+y^2”，效果如图 4-62 所示。

⑤ 使用同样的方法完成公式其他部分的编辑。

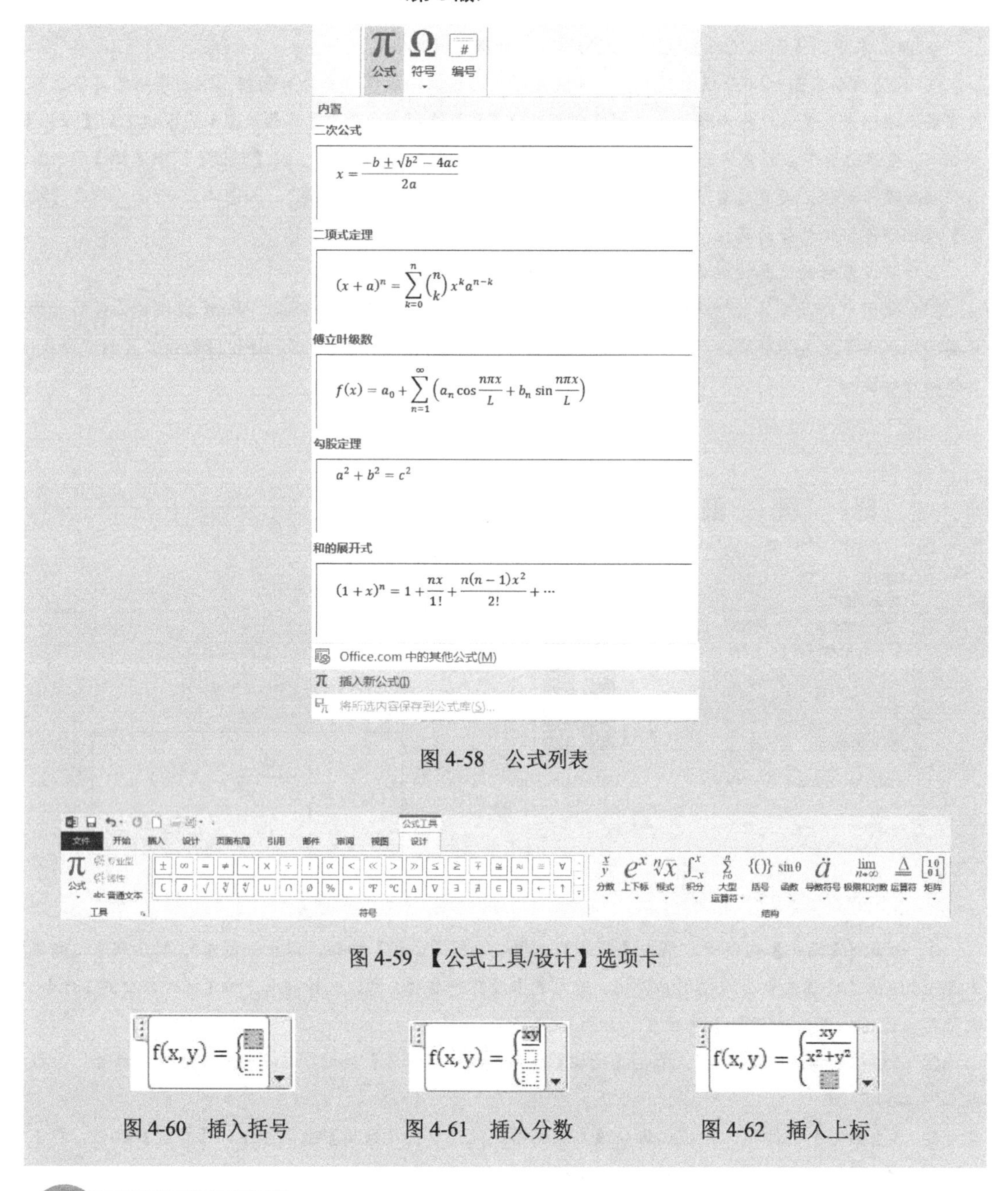

图 4-58　公式列表

图 4-59　【公式工具/设计】选项卡

图 4-60　插入括号　　图 4-61　插入分数　　图 4-62　插入上标

综合实践

为了检验学生的设计开发能力、创新能力及团队协作能力，提高学生的学习兴趣，系里决定举办专业技能大赛，并安排学生制作一份关于××系举办专业技能大赛的通知。要求：格式规范，内容言简意赅、措词得当、说明条理，并有相关附件文件。

任务 5　制作宣传海报

当前小到门面店铺，大到公司企业，宣传已成为必不可少的营销手段。宣传的方式比较多样，常见的有电视、广播、网络、现场传单等形式，其中效果最快、最直接、费用最少的当属现场宣传的形式。而现场宣传的具体效果除商品本身的吸引力外，宣传海报的表现力也是影响营销效果的重要因素之一。一个好的宣传海报可以激发潜在顾客的购买欲望，有效地提高营销业绩。下面将通过制作一张产品宣传海报来介绍如何利用 Word 所提供的各项功能进行文档的图文混排。

“宣传海报”效果图如图 5-1 所示。

图 5-1　“宣传海报”效果图

5.1　任务情境

随着“五一”黄金周的临近，许多商家正全面开展各种促销活动。小王所在公司也不例外，为了做好本次促销活动的宣传工作，公司企划部决定采用宣传海报的形式进行产品促销活动。经过选择促销产品、制定促销方案等工作，本次促销活动的设计方案已基本完成，下一步的工作是根据设计方案完成宣传海报的制作。小王作为公司的 Office 高手，这项任务非他莫属了，下面就着手完成吧。

知识目标

- 使用表格进行版面布局的方法；
- 在文档中插入各种对象的方法；
- 各种图形对象的格式设置；
- 图形与文字环绕的设置方法。

能力目标

- 能够根据需要使用表格进行版面布局设计；
- 能够恰当地选用图形、图像对文档进行装饰和美化；
- 能够灵活运用所学知识进行文档的图文混排。

5.2 任务分析

海报是一种信息传递艺术，是一种大众化的宣传工具。海报设计必须有相当的号召力与艺术感染力，要调动形象、色彩、构图、形式感等因素形成强烈的视觉效果。它的画面应有较强的视觉中心，应力求新颖、单纯，还必须具有独特的艺术风格和设计特点。

宣传海报的内容通常既包含文字又包含图片、图形等，属于图文混排型文档。本任务案例为制作某公司“五一”黄金周笔记本电脑的宣传海报。作为产品宣传海报，首先要给顾客以价格上的刺激，所以价格应使用一些醒目的形状并填充鲜艳的颜色进行标识。另外，活动期间的一些优惠、抽奖等促销方案也应以特殊格式突出显示，使顾客一目了然，以达到突出卖点、刺激消费者购买的目的。除了展示产品信息和促销手段外，别忘了告诉顾客具体的活动地址和联系方式，否则顾客想买也不知道去哪里找了。

经过分析，制作一张精美的宣传海报需要进行以下工作。

（1）布局海报版面；

（2）设计海报标题；

（3）产品展示区的图文混排；

（4）装饰海报版面。

5.3 任务实现：制作宣传海报

5.3.1 用表格进行版面布局

在制作海报之前，首先要设计海报的整体版面布局。为了使海报的整体结构更加合理，海报的内容更加便于操作，这里使用表格来进行整个版面的布局。用表格确定版面布局的优点是整个版面整洁、有条理，各个单元格的内容互不影响，方便用户对各部分进行单独编辑，且为日后修改打下基础。用表格进行版面布局的具体操作如下。

1. 页面设置

海报的具体大小应根据实际情况确定，这里自定义海报的大小为宽度 26 厘米，高度 22 厘米，如图 5-2 所示。作为海报，页边距也不应设置太大，为了有效利用每一寸宣传空间，设置上、下、左、右页边距均为“1 厘米”，设置纸张方向为“横向”，如图 5-3 所示。

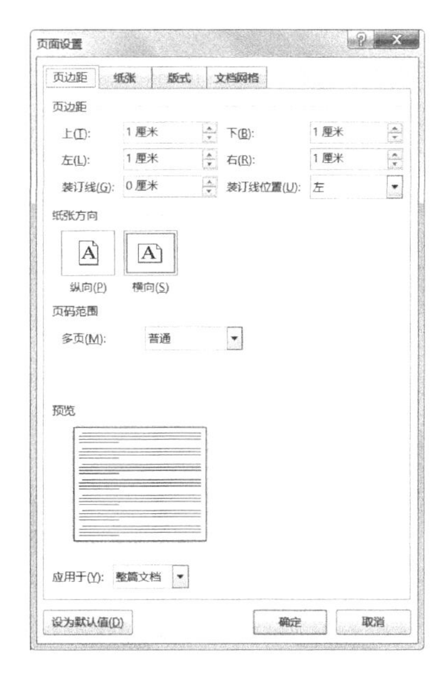

图 5-2　自定义纸张大小　　　　图 5-3　设置页边距和纸张方向

2. 设计表格布局版面

微课：设计表格布局版面

（1）设计表格布局版面，首先要确定表格的行数和列数。经过分析，本海报主要由标题区、产品展示区和信息区 3 部分组成，标题区占 1 行，产品展示区占 3 行，两者之间空 1 行，信息区占 1 行，所以表格的行数应设置为 6 行。纵向划分为：产品展示区占 3 列，奖品展示区占 1 列，所以表格的列数应设置为 4 列。根据以上分析，需要插入一个 6 行 4 列的表格。插入的表格如图 5-4 所示。

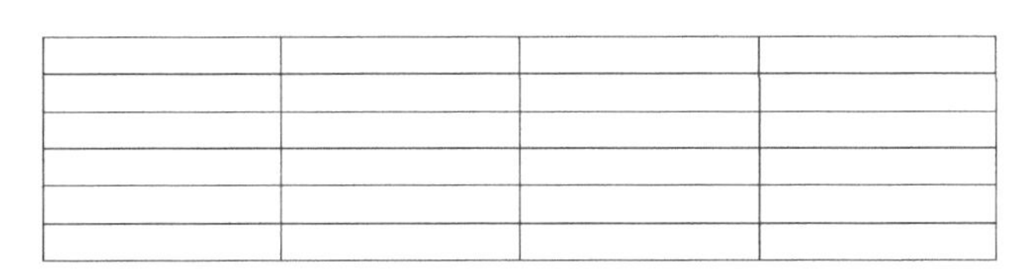

图 5-4　插入的表格

（2）对生成的表格进行拆分与合并，得到如图 5-5 所示效果的表格。

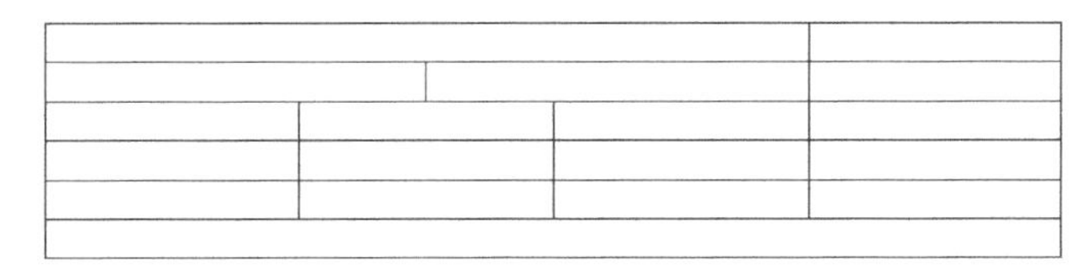

图 5-5　拆分与合并后的表格

（3）设置各单元格的大小。根据实际需要以及版面布局大小，将表格第 1 行高度设置为 3 厘米，第 3～5 行每行高度设置为 3.5 厘米，第 6 行高度设置为 2.8 厘米。具体操作为：选定表格第 1 行，切换到【表格工具/布局】选项卡，设置【单元格大小】选项组下的【高度】为“3 厘米” 高度: 3 厘米 。采用同样的方法，按要求设置好其他行的高度。

（4）将表格边框设为无色，并呈虚线显示。在设计过程中表格只是起到规划结构、布局版面的目的，而真正显示时表格的边框线反而影响了整个画面的美观。我们既要显示表格的边框线以便于观察，又要不影响海报的美观，只要将表格边框设为无色，并呈虚线显示就可以了。操作步骤为：选定整个表格，单击【表格工具/设计】→【边框】→【边框】按钮，在下拉列表中选择【无框线】，如图5-6所示，这时表格边框将设为无色。单击【表格工具/布局】→【表】→【查看网格线】按钮 查看网格线，使按钮呈“选中”状态，如图5-7所示，表格边框将呈虚线形式显示，效果如图5-8所示。

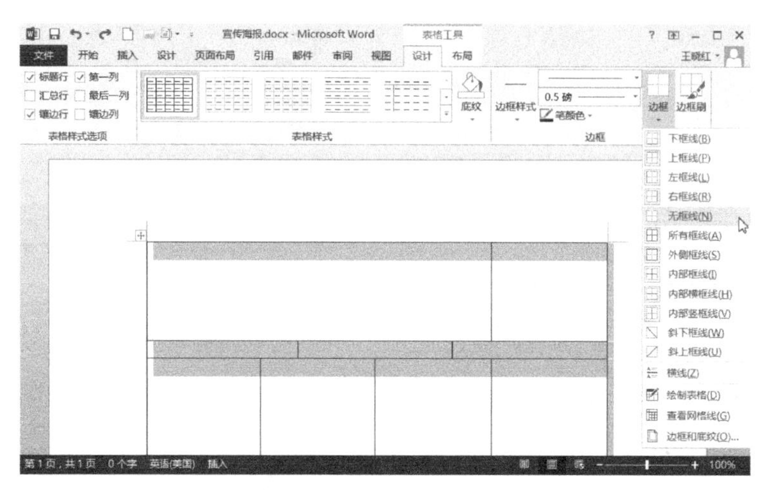

图5-6　将表格边框设置为无边框

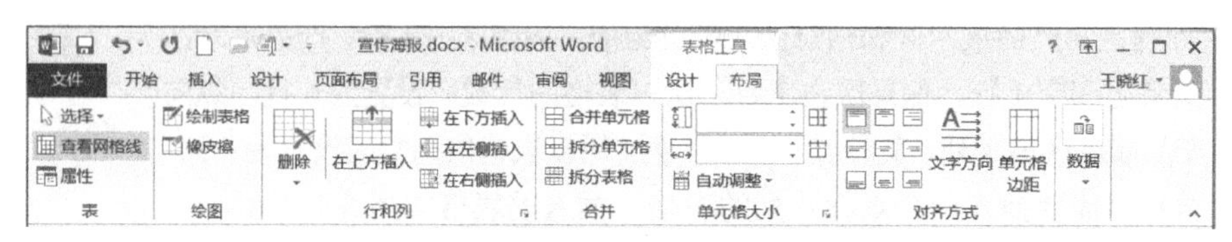

图5-7　将【查看网格线】设置为选中状态

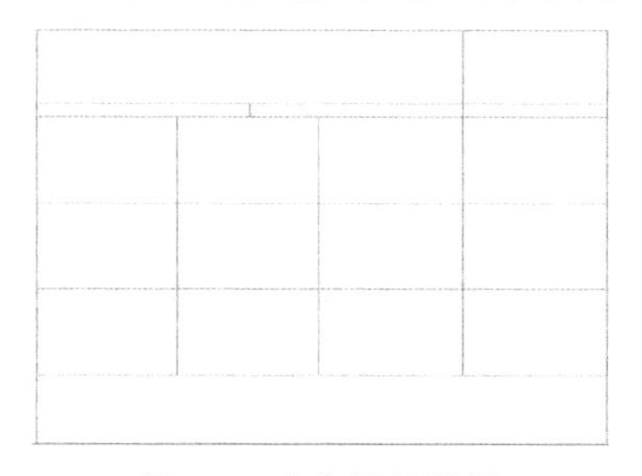

图5-8　表格最终效果

5.3.2　使用艺术字制作海报标题

微课：插入艺术字标题

海报标题应该符合海报的整体风格，而且要醒目有特点。本任务使用艺术字制作海报标题，具体操作步骤如下。

（1）将光标定位到表格第1行第1个单元格，单击【插入】→【文本】→【艺术字】按钮 艺术字，在弹出的样式表中选择一种艺术字样式，如图5-9所示；在弹出的文本框中输入文字“欢乐五一，购机有奖”，设置【字号】为“40”，加粗显示，如图 5-10 所示。

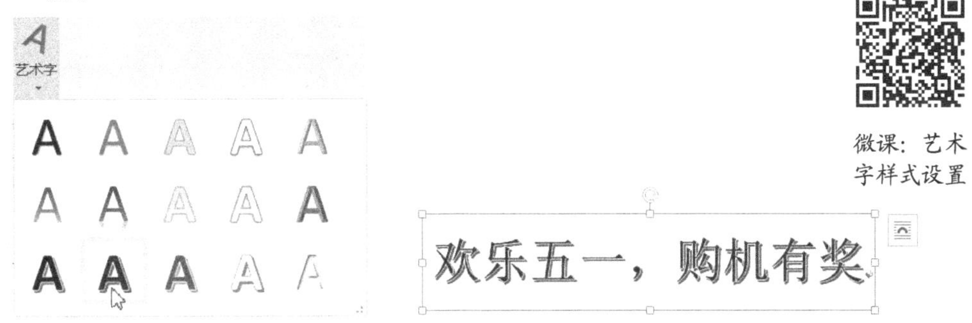

微课：艺术字样式设置

图 5-9　选择艺术字样式　　　　图 5-10　编辑艺术字文字

（2）选中艺术字，单击【绘图工具/格式】→【艺术字样式】→【文本填充】按钮设置艺术字填充为蓝色，同样在【文本轮廓】中设置艺术字轮廓为红色，如图 5-11 所示，效果如图 5-12 所示。

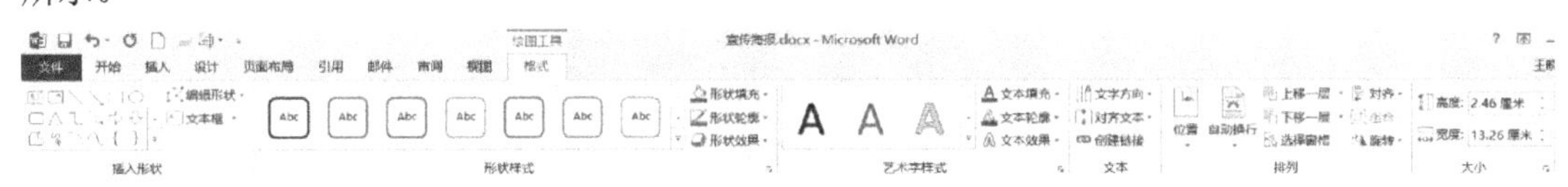

图 5-11　艺术字样式设置

欢乐五一，购机有奖

图 5-12　艺术字效果

（3）为标题设置背景图片。将光标定位到第 1 行第 1 个单元格，单击【插入】→【插图】选项组下的【图片】按钮，在弹出的【插入图片】对话框中选择需插入的背景图片文件，如图 5-13 所示，单击【插入】按钮，即可将选定的图片插入到单元格中。选定插入图片，单击【排列】选项组中的【自动换行】按钮，在下拉列表中选择【衬于文字下方】选项，调整图片的大小和位置，得到如图 5-14 所示效果。（注：此操作也可先选中图片，单击图片右侧出现的，在列表中选择所需布局选项。）

图 5-13　插入背景图片

图 5-14　海报标题制作效果

提示　插入联机图片：Word 2013 增加了在文档中直接插入网络中图片的功能，使用插入联机图片功能可以很方便地插入互联网上的图片，免去了先下载到本地再插入到 Word 文档中的过程，为插入图片带来很大的方便。请读者自行尝试。

5.3.3　制作产品展示栏

产品展示栏是海报的主体内容，也是海报的主要宣传对象。为使其更加直观，需插入产品相关的图片进行展示。这就用到 Word 中的外部图片引用功能和图文混排设置。

（1）输入海报文字内容，并设置字体格式为宋体，五号，加粗，效果如图 5-15 所示。

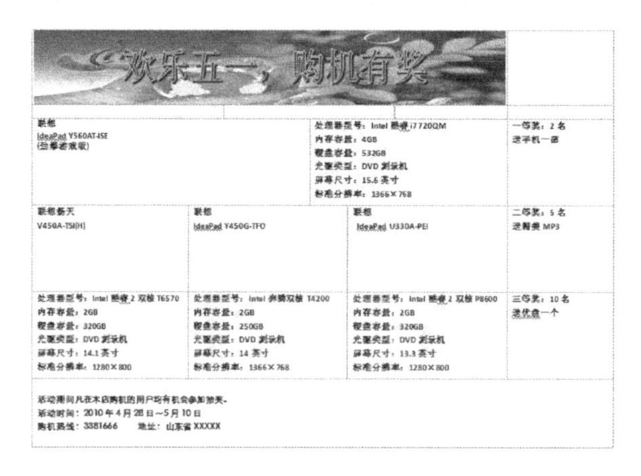

图 5-15　输入海报文字内容

（2）文字编辑完成后，下一步通过插入图片来美化单元格。按照前面讲过的插入标题背景图片的方法插入对应的图片，并把【自动换行】设置为“紧密型环绕”，然后调整图片的位置和大小，效果如图 5-16 所示。

图 5-16　插入图片后的效果

（3）图片美化。选中图片，会自动出现【图片工具/格式】选项卡，如图 5-17 所示；可以在此对图片进行“背景删除、颜色饱和度、色调、重新着色、锐化/柔化、亮度/对比度、艺术效果、图片边框、图片效果、图片版式、图片剪裁、位置”等设置。有关图片格式设置在本书 PowerPoint 部分有详细讲述，在此不再赘述，请读者尝试完成。

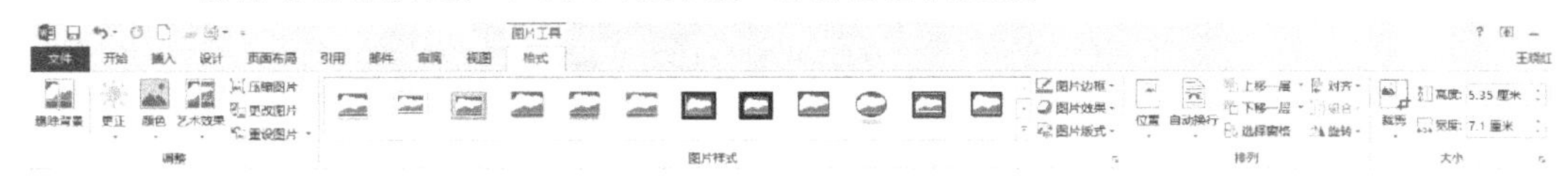

图 5-17 【图片工具/格式】选项卡

5.3.4 用自选图形装饰版面

为了突出购机价格上的优惠，使用自选图形对价格进行装饰。具体步骤如下。

（1）单击【插入】→【插图】→【形状】按钮，在弹出的列表中选择【星与旗帜】下的“爆炸形 1”选项，拖动鼠标左键绘制出如图 5-18 所示图形。

（2）将图形拖动到合适位置，选定图形，单击鼠标右键，在弹出的快捷菜单中执行【添加文字】命令，输入文字“5266 元”，效果如图 5-19 所示。

（3）选定图形，出现【绘图工具/格式】选项卡，在【形状样式】选项组→【形状填充】中设置填充色为“红色”；将【形状轮廓】设置为“无轮廓”，得到如图 5-20 所示图形效果。

（4）采用同样的方法，为每件产品的价格设置类似于图 5-20 所示的图形效果。

图 5-18　插入自选图形

图 5-19　为自选图形添加文字

图 5-20　自选图形最终效果

（5）本次宣传方案吸引人的不仅是诱人的价格，还有学生购机优惠 10%以及购机即可抽奖等优惠活动。通过设置艺术字和设置自选图形的方式突出这两项亮点，以达到震撼和醒目的效果，使得海报更加生动，效果如图 5-21 所示。

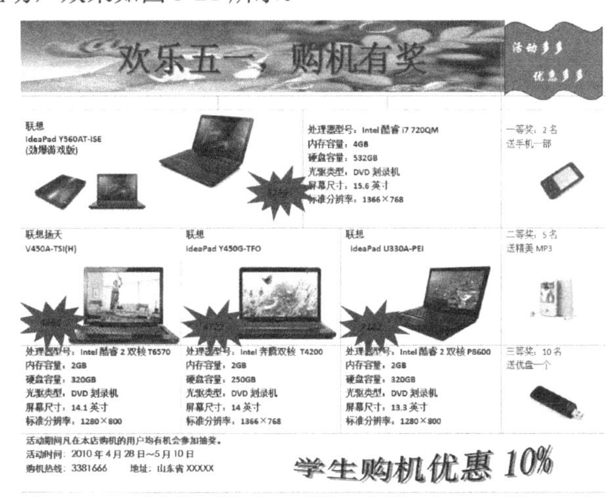

图 5-21　完善版面内容后的效果

微课：压缩图片

微课：图片亮度、对比度调整

微课：图片样式设置

（6）至此，海报的主要内容已基本完成。为了增加海报的渲染力度，使整个版面的色彩更加协调，最后，再为海报设置适当的底纹填充效果。具体操作步骤：选定产品展示区所在表格，单击【表格工具/设计】→【表格样式】→【底纹】按钮，在弹出的颜色面板中选择适合的颜色。采用同样的方法为信息区设置适合的底纹颜色，效果如图5-22所示。

图5-22 宣传海报效果

微课：删除图片背景

（7）图5-22中的图片带有白色背景，删除图片背景的方法如下。

① 选中图片，单击【图片工具/格式】→【调整】→【删除背景】选项，出现如图5-23所示画面。上方功能区中显示的是删除图片背景所需的选项组（如图5-24所示）；下方图片被分为两种颜色：一种是原色，即已被识别出来的部分区域；另一种是被玫红色覆盖的区域，即还没被识别出的区域；拖动边框控点，调整识别区域进行自动识别。

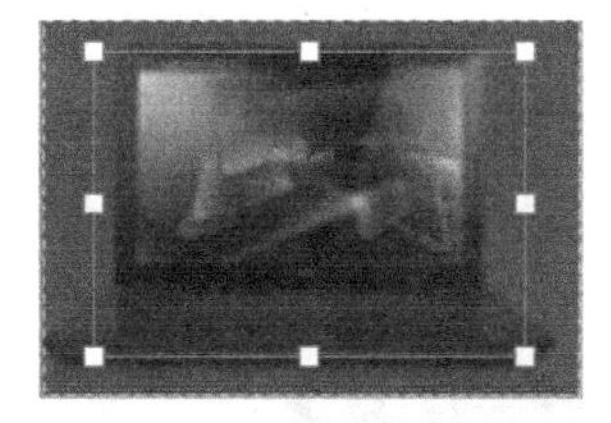

图5-23 宣传海报效果图

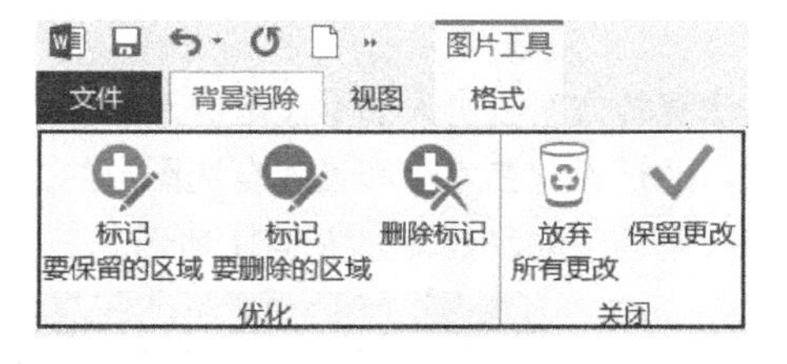

图5-24 宣传海报效果

② 单击功能区中的【标记要保留的区域】选项，然后使用鼠标依次单击需要识别的区域，如果变为原色，则说明已被识别出；否则继续单击相关位置，直到被识别出为止，如图5-25所示。若已被完全识别出，单击图5-24中的【保留更改】选项即可。删除背景后效果如图5-26所示。

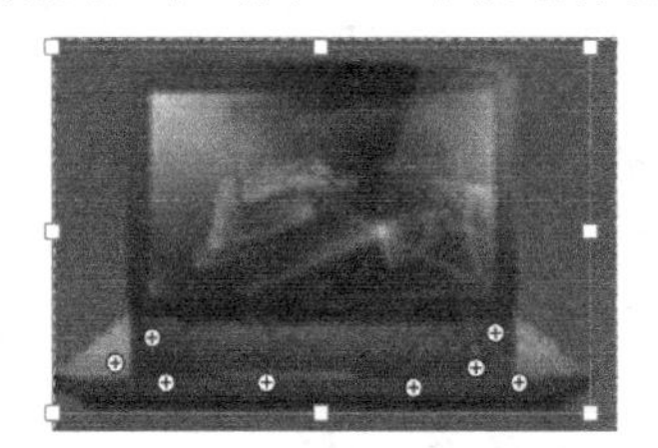

图5-25 宣传海报效果图

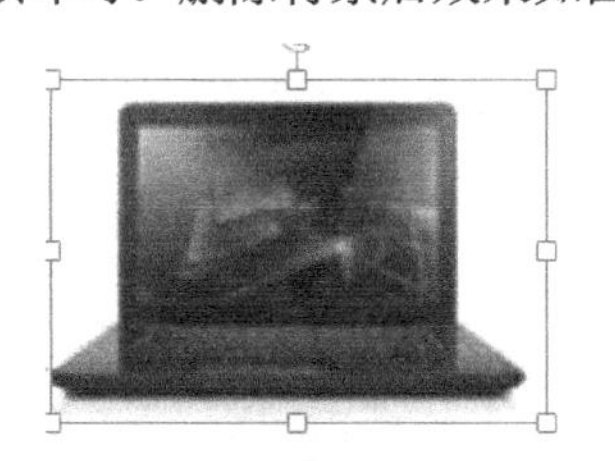

图5-26 删除背景后效果

宣传海报最终效果如图5-1所示。

拓展实训

微课：实训 1

实训 1：设计制作员工工作证

为统一公司形象，营造企业文化氛围，以更好的态度为顾客服务，公司决定为每位员工制作一张工作证。工作证用于描述员工的一些基本信息，一般包括“单位名称、照片、姓名、职务、编号”等内容，参照效果如图 5-27 所示。

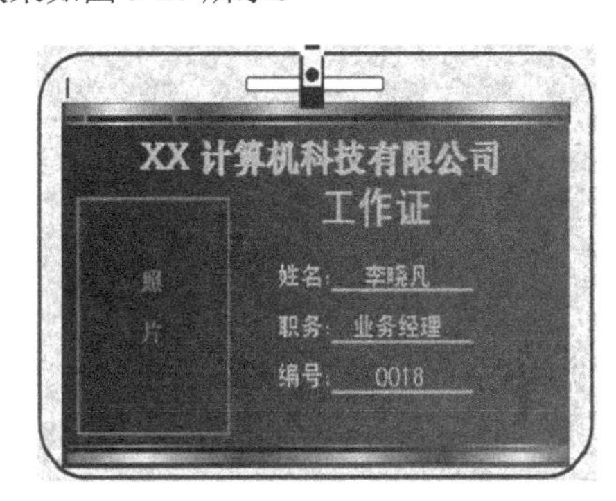

图 5-27 “员工工作证”效果图

制作要求如下。

（1）设置工作证的尺寸为 15cm×10cm。

（2）通过设置填充效果和插入图片美化工作证背景。

（3）在工作证的左侧插入员工一寸免冠照片。

（4）添加员工的基本信息，建议使用文本框或矩形形状实现。

实训 2：扫描仪的选购、安装与使用

扫描仪是一种捕获图像信息的设备，它通过扫描将图像、照片和文本等信息转换成计算机可以显示、编辑、储存和输出的数字格式的信息。扫描仪的应用范围很广泛，例如，用于扫描美术图片和照片，然后将其插入到文件中；用于扫描印刷文字，然后配合使用文字识别软件（OCR）实现汉字高速录入等。

在实训 1 设计员工工作证的过程中，员工照片就需要先使用扫描仪扫入图像，然后再将图片文件插入到工作证的相应位置。假如目前我们公司还没有扫描仪，那么怎样进行扫描仪的选购、安装与使用呢？下面就先来了解一些扫描仪的相关知识。

1. 扫描仪的种类

扫描仪产品的种类纷繁复杂，目前常见的类型有滚筒式扫描仪、平台式扫描仪、大幅面扫描仪、胶片扫描仪、条码扫描仪及 3D 扫描仪等类型。

（1）滚筒式扫描仪。滚筒式扫描仪又称鼓式扫描仪，广泛应用于专业印刷排版领域。滚筒式扫描仪采用高灵敏的 PMT 传感技术，能够捕捉到原稿最细微的色调，并能够获得很高的分辨率。滚筒式扫描仪的价格较高，低档的也在 10 万元以上，高档的可达数百万元。由于该类扫描仪一次只能扫描一个点，所以扫描速度很慢，通常情况下扫描一幅图像要花费几十分钟甚至几个小时。

（2）平台式扫描仪。平台式扫描仪又称平板式扫描仪，用于扫描平面文档，如纸张或者书

页等。平台式扫描仪是目前办公用扫描仪的主流产品，这类扫描仪光学分辨率在300～8000dpi，色彩位数为24～48位，扫描幅面一般为A4或者A3纸张大小。

（3）大幅面扫描仪。大幅面扫描仪又称工程图纸扫描仪，用于大幅面的扫描，扫描幅面一般为A1、A0幅面大小。

（4）胶片扫描仪。胶片扫描仪用于透射扫描幻灯片、摄影负片、CT片及专业胶片，有较高的分辨率。

（5）条码扫描仪。条码扫描仪又称为扫描笔，主要用于文字识别。它的外形与一支笔相似，扫描宽度大约与四号汉字相同，使用时将扫描笔贴在纸上逐行扫描。

（6）3D扫描仪。3D扫描仪结构和原理与传统的扫描仪完全不同，生成的文件能够描述物体三维结构的坐标数据，将3D扫描仪扫描的结果输入3Ds Max软件中，可完整地还原出物体的3D模型。

2. 扫描仪的选购

若不需要打印，只需选购300×600dpi光学分辨率的扫描仪；若需打印输出，宜选购600×1200dpi光学分辨率的扫描仪；若需要进行文字识别和立体扫描，不可选购CIS感光元件的扫描仪；轻印刷行业，应选购速度快、精度高SCSI卡的扫描仪；印刷广告业，则选择具有1.9D以上密度范围的扫描仪；彩印行业需购置专业级的1000×2000dpi以上的高档扫描仪。

经过以上了解，公司选择购买了一台HP Scanjet 5590平台式扫描仪。在使用扫描仪扫描图像之前，首先进行扫描仪的安装。

3. 扫描仪的安装

（1）安装扫描仪硬件。

① 选择平整的位置，摆放好扫描仪。

② 打开自动保护锁。

提示　为了在搬运过程中保护光学组件，扫描仪都设计有一个自动保护锁。在安装和使用扫描仪时，应使自动保护锁开关处于开锁状态；当需要移动扫描仪时应确认自动保护锁开关处于上锁状态，以确保扫描仪光学组件不因搬动而受损。

③ 连接扫描仪和计算机。将随机附带的USB电缆一端与扫描仪的USB端口相连，一端与计算机的USB端口相连，然后连接扫描仪的电源，如图5-28所示。

（2）安装扫描仪驱动程序。目前扫描仪多为USB接口，支持Windows的即插即用功能，在计算机连接扫描仪后，Windows会自动发现扫描仪设备，插入扫描仪驱动程序安装光盘，接着按照扫描仪安装使用手册的提示完成扫描仪的安装过程。

4. 扫描软件的安装

将附带光盘插入光驱，在【我的电脑】窗口中双击光驱中的setup.exe程序，出现如图5-29所示的窗口，选择其中的第一项“HP Photosmart Softwre”进行安装。

5. 扫描仪的使用

（1）将扫描仪平稳地放在桌面上。

（2）启动计算机，接通扫描仪的电源和数据线。

（3）打开保护锁。

（4）将文件需要扫描的一面朝下紧贴玻璃板放好，然后合上盖板。

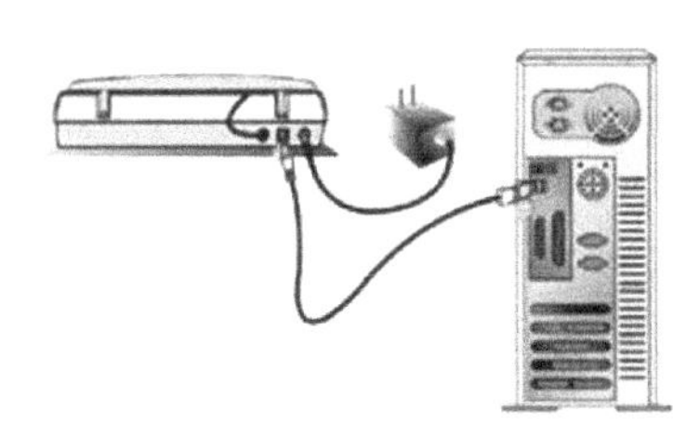

图 5-28　硬件连接图

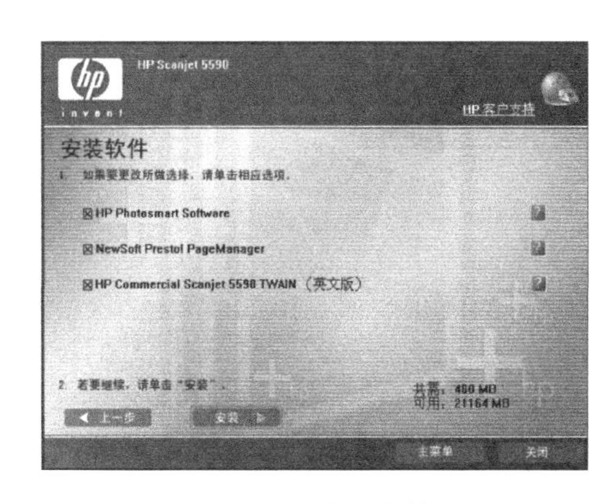

图 5-29　安装软件

（5）启动扫描程序。

（6）选择扫描设备。由于系统可能同时安装了多种扫描设备，所以扫描之前必须选择扫描设备。即使只安装一种扫描设备，第一次使用也要进行扫描设备的选择，如图 5-30 所示。

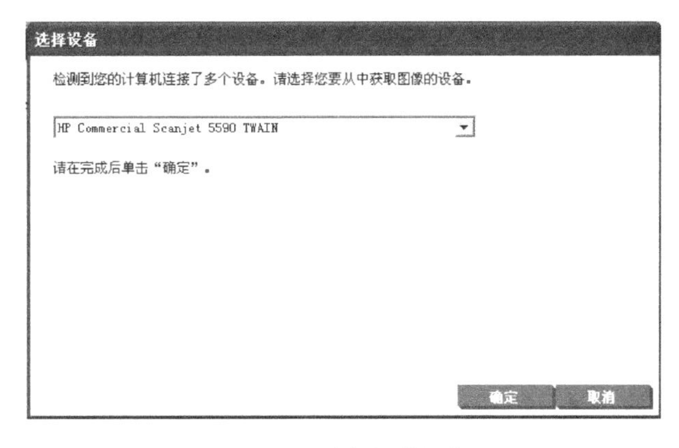

图 5-30　选择扫描设备

（7）进行扫描设置。可以进行扫描模式、亮度、对比度、每英寸点数及页面大小等的设置，如图 5-31 和图 5-32 所示。

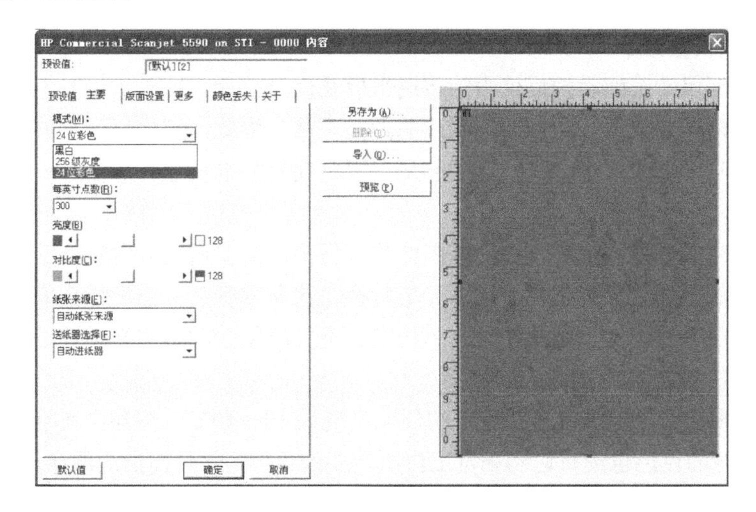

图 5-31　扫描设置

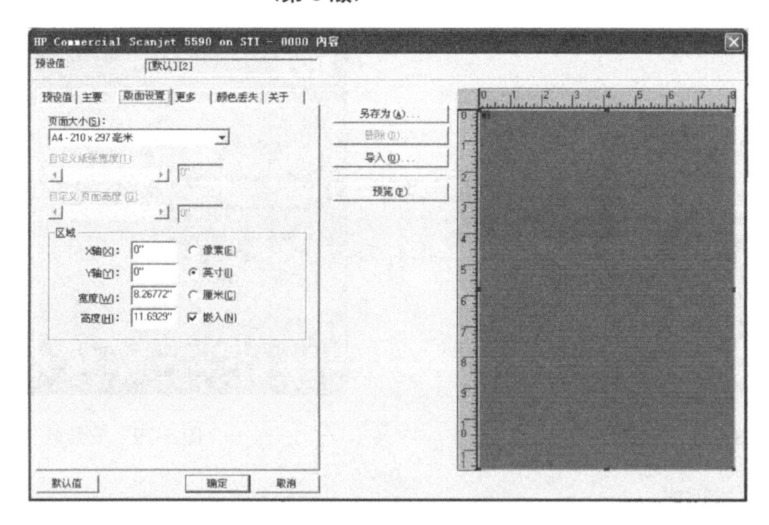

图 5-32　扫描版面设置

（8）扫描图片。完成扫描设置后，单击【确定】按钮进行图片扫描，扫描后效果如图 5-33 所示。

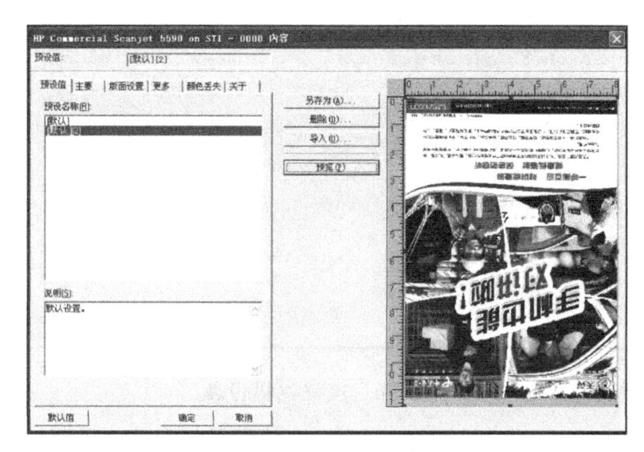

图 5-33　扫描效果

（9）保存扫描图片。如果对扫描效果满意，单击【另存为】按钮对扫描图片进行保存。

6. 扫描仪的日常维护

（1）做好定期保洁工作。扫描仪中的玻璃平板及反光镜片、镜头沾染灰尘或者其他杂质，会使扫描仪的反射光线变弱，从而影响图片的扫描质量。为此，扫描仪适宜放置在少尘的环境中，用完后要及时用防尘罩将扫描仪遮盖起来。要定期对扫描仪进行清洁，清洁的顺序是先外壳后玻璃平板。

（2）保护好光学部件。扫描仪在扫描图像的过程中，需要通过光电转换器把模拟信号转换成数字信号，然后再送到计算机中。这个光电转换设置非常精密，光学镜头或反射镜头的位置对扫描的质量有很大的影响。因此在工作过程中，不要随便改动这些光学装置的位置，同时要尽量避免对扫描仪的震动或者倾斜。

（3）扫描前要预热。扫描仪正常工作的环境温度为 10～40℃，扫描仪在刚启动时光源的稳定性比较差，光源的色温也没有达到正常工作所需要的色温，此时扫描的图像往往饱和度不足，因此在扫描前要先让扫描仪预热一段时间。

（4）扫描中途不要切断电源。扫描仪的镜组运动速度比较慢，当扫描一幅图像后，需要等待一段时间才能从底部归位。若在扫描中途切断电源，镜组则无法归位。

实训3：制作房产广告

房地产作为一种商品推向市场，要进行销售，房产销售广告作为其重要的推销方式，创意与设计显得尤为重要。下面是两个各具风格的房产广告，请利用前面学的图文混排知识和技能完成制作。

（1）“保利·维格兰花园”房产广告，效果如图5-34所示。广告中文字内容如下。

图5-34　“保利·维格兰花园”房产广告效果图

> 自然是永恒的，当你是中产阶级时，你不得不承认历史无视你的事实，你得承认历史不会支持你的事实，也不会为此抱歉意。这就是你为每天的舒适和宁静付出的代价。正因为这个代价，所有的幸福是枯燥无结果的；所有的悲哀也无人同情，我们谈论社会的压力与匆忙，但最终的印象是对空虚的追求，在享受中寻找自我。多元享受无处不在，在保利·维格兰花园，你随时都可触摸到北欧风情的文化存在。
>
> - 地段：位于珠江新城CBD中心，市内交通便捷，尽占齐全完整的城市资源。
> - 建筑：源自北欧风格的俊朗外立，线条简洁明快，建筑及装修材质极尽自然、环保。
> - 园林：8000m^{2}北欧风格园林、乔木、白桦、灌木等设计得富于层次感，典雅现代的雕塑，浪漫的美人鱼喷泉……各具北欧风情，令人目不暇接。
> - 配套：北欧文化泛会所，拥有北欧艺术馆、芬兰桑拿房、星空恒温泳池、网球场等齐全设施。
>
> 户型：75～157m^{2}的多种实用选择

提示　制作步骤如下。

（1）页面设置。纸张大小：宽42厘米，高27厘米；上、下、左、右页边距均为1.27厘米；纸张方向为横向。

（2）将背景设置为黑色。

（3）插入绿色图片，设置其版式为“四周型”环绕方式，并拖动到合适位置。

（4）插入一个矩形，设置其填充色为“白色”，拖动到合适位置。

（5）按照以上方法依次在适当位置插入文本框和图片，在文本框中输入文字。

（2）“碧丽星城”房产广告，效果如图5-35所示。

图 5-35 “碧丽星城”房产广告效果图

实训 4：制作公司简报

简报，就是对相关情况的简要报道。机关、团体、企事业单位编发的“工作动态”、“情况反映”、“经验交流”、“内部参考”等都属于简报的范畴。

简报的作用：简报可以向上级反映情况、汇报工作，对所属单位提出意见和要求，还能与平级单位交流经验、传送信息。

简报的分类：

- 按时间分为定期简报、不定期简报；
- 按性质分为工作简报、生产简报、学习简报、会议；
- 按内容分为综合性简报、专题性简报等。

简报的格式：

- 报头（简报名称、编号、编印单位、印发日期、密级等项目）；
- 报核/版面（包括标题和正文内容，编者所加“按语”或“内容提要”）；
- 报尾（包括发送单位和印发份数等内容，写在简报最后一页的末端）。

下面制作如图 5-36 所示的水电公司简报。

利用分栏排版，可以创建不同风格的文档。通过分栏方式排版，既可以美化页面，又能节约版面，使版面更加紧凑和美观。分栏一般用于报纸、报刊等混合页面的排版。

为简报正文设置分栏的具体操作步骤如下。

（1）将光标定位于标题下方。

（2）切换到【页面布局】选项卡，单击【页面设置】选项组中的【分栏】按钮，在弹出的下拉列表中选择【三栏】，如图 5-37 所示。

（3）若选择【更多分栏】选项，可在弹出的【分栏】对话框中自行设置分栏的列数、宽度、应用范围及有无分隔线等，设置完毕后单击【确定】按钮即可，如图 5-38 所示。

说明：宽度和间距中的宽度是指对应栏的栏宽值，间距是指栏与栏之间的距离。

中国水电 SINOHYDRO　水电公司 简报　2013 年 5 月 8 日　总第五十九期　星期五

中国水电十五局三公司党委工作部主办
网　址：http://www.sinohydro15j3gs.com

局副总经理田习学在南俄 5 工地检查工作

4 月 4 日，局副总经理田习学陪同集团国际公司副总经理沈德才（主管国际公司老挝水电投资项目）来工地检查工作。4 月 5 日上午，田总在项目部召开了项目中层动员会。

会上项目总经理肖谋就工地目前的工作情况和工作中存在的实际困难向田总作了详细汇报，并作了动员讲话。

听完项目经理肖谋的动员讲话后，田总讲到：这个项目是局第一个 BOT 项目，干好这个项目，守住老挝市场，大家要充分认识到该项目对于局、三公司的重要性。一年多来，大家在艰苦的环境下取得了突出成绩，这说明我们的团队团结向上，战斗力极强。虽然目前面对很多困难，但是我们的团队没有任何问题，所以在这种情况下，大家要发挥主观能动性保质保量地完成各项施工任务。

讲话中田总要求：一、项目部要充分认识到本工程的重要性，发挥每一位员工的主观能动性，必须干好本工程，守住老挝市场。二、施工中要不等不靠，倒排工期，优化施工方案，从项目班子到一线员工，层层分工，落实责任，明确考核奖励机制，与各工区每月签订施工目标责任书，月底组织考核检查，做到施工任务日清月结。

田总讲话

4 月 7 日-8 日，正值施工高峰期的南水北调穿黄项目迎来了公司总经理黄少英、副总经理赵景文、人力资源部主任王小军、经营管理部主任阎宫红一行，在项目部经理杨广安的陪同下，参观了正在紧张施工的二桥套桩及一号路土方填筑施工现场，黄总听取了杨广安同志对穿黄项目工程建设、质量、安全和经营方面的工作汇报，并向穿黄项目全体参建人员表示了亲切慰问。

4 月 8 日，在项目经理杨广安同志的陪同下，黄总一行参观了一号路土方填筑以及二后续施工任务重、干扰大、质量要求高，具有一定的挑战性，在今后的施工管理中，黄总提出了三点要求：一是要求精心组织、细节安排，学会啃硬骨头精神，面对困难就克服困难，严把细节，妥处理好工期、质量、安全的关系，搞好文明工地建设。二是进一步加强商务管理工作，做到工程索赔量最佳确保工程效益。三是要继续发扬项目部领导班子决心大、士气高的精神，继续做好精神文明建设，为进一步推动十五局高效发展做贡献。（徐华）

主　编：刘宁
副主编：李文波
编　辑：徐华

图 5-36　水电公司简报效果图

若勾选分隔线复选框，即可在各栏之间加入分隔线。

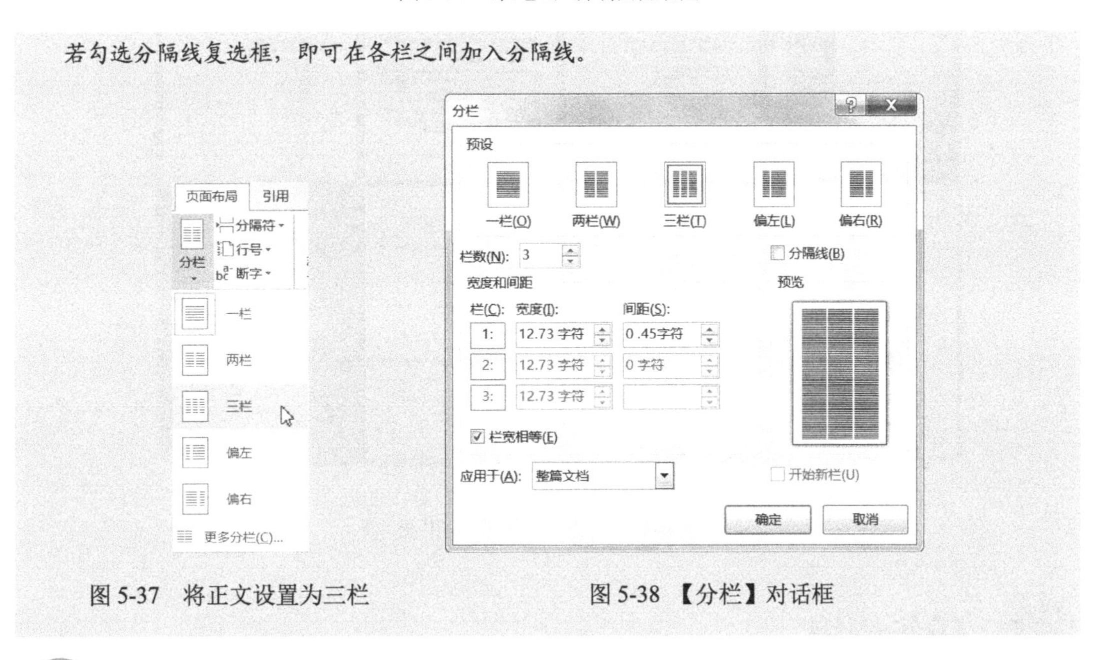

图 5-37　将正文设置为三栏　　　　图 5-38　【分栏】对话框

综合实践

新的一年即将开始，请利用所学知识使用自己的照片制作一个明星年历。要求在制作过程中合理使用表格进行版面布局，恰当地使用艺术字和文本框，适当地添加边框和底纹进行格式美化。整体要求：布局合理、图文并茂。

任务 6　制作产品说明书

通过完成前面几项任务，学习了制作各种效果的文档。其中，既有简单的文字型文档、表格类文档，也有常用公文与图文混排文档。但是这些文档大多是单页或两三页之内的较短文档，而在实际工作中用户经常需要制作多章节或大量数据的复杂文档，如企业中常用的调研报告、工作总结、项目合同、调研论文、标书及产品说明书等。这类文档页码较多，结构复杂，如果仅使用手工逐字设置页码的方式，既浪费人力又不利于后期编辑修改，经常会发生添加或删除文档中某一小段内容而使得整篇文档全乱的情况，或者文档中各个章节编号混乱的问题。

下面将通过制作某公司产品说明书的案例，介绍长文档中的样式应用、目录生成、页眉页脚设置等内容，掌握对较长文档进行编辑的方法和技巧。

"产品说明书"效果图如图 6-1 所示。

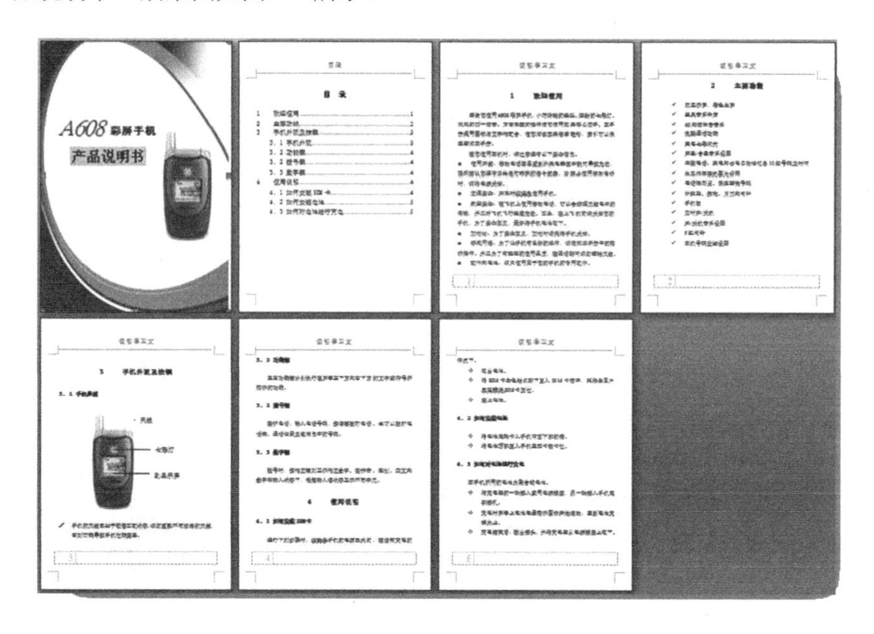

图 6-1 "产品说明书"效果图

6.1 任务情境

小王的大学同学张浩在一家专业从事研究、生产和销售手机的企业任职。昨天张浩给小王打来电话，说他最近非常忙，前几天部门领导给他安排了一项任务——为公司新研发的手机制作一份产品说明书，而他近几天还要去外地参加一个比较重要的会议，因为小王在大学时就是公认的 Office 高手，于是想请小王帮忙完成产品说明书的制作。为老同学帮忙当然是义不容辞，随后张浩把已整理好的产品相关资料发给了小王，下面就跟随小王一起来完成这种较长文档的编辑与排版吧。

知识目标

- 分节符的使用；
- 页眉页脚的设置与页码的编制方法；
- 样式的应用与修改方法；
- 自动生成目录的方法。

能力目标

- 能够利用所学知识对长文档进行编排与修饰。

6.2 任务分析

产品说明书，是生产厂家向用户介绍产品的性能特点、使用方法、保养维修及注意事项等内容的应用文体。它主要用于结构比较复杂，需按一定程序使用的产品，尤其是新开发、新上市的产品。产品说明书是生产厂家向市场、用户介绍和推荐产品的一种重要宣传工具，它可以使经销单位了解产品，帮助用户熟悉产品，从而占领市场；同时，它还能够提供有关科技情报和资料，供科研部门及企业的科技人员掌握有关科技动态。它的主要特点是其内容的科学性和实用性，既要准确客观，又要通俗易懂。产品说明书的结构一般由封面、前言、正文、落款等部分组成。

经过分析，制作一份美观、实用的产品说明书需要进行以下工作。

（1）草拟产品说明书大纲；

（2）设计产品说明书封面；

（3）在标题下添加具体文字和图片等内容；

（4）统一设置文档的格式，为各级标题设置样式；

（5）为文档设置页眉和页脚；

（6）生成带有超链接效果的文档目录。

6.3 任务实现：制作产品说明书

微课：分节符的概念与作用

6.3.1 使用分节符划分文档

在对说明书文档进行编辑处理之前，首先输入说明书的文字内容。在输入文字过程中可以先不考虑字符格式及段落格式，尤其是文档中的各级标题，不需要做格式美化，因为文档标题的格式是最后通过“样式”直接定义的。在输入文字完成后，再对整篇文档设置正文所需的字符格式和段落格式。

在对文档进行排版时，经常需要对同一文档中的不同部分进行不同的版面设置。而在默认情况下 Word 将整篇文档看做“1 节”，若对某个部分进行版面设置则整篇文档都会随之改变，要想对不同部分设置不同的版式，必须使用“分节符”来实现。比如，将要制作的产品说明书由 3 部分组成，分别是说明书的封面、目录和正文。其中，封面不需要页眉页脚，目录的页眉页脚也与正文不同，所以应该把整篇文档分成 3 节：第 1 节为说明书的封面，第 2 节为说明书的目录，第 3 节为说明书的正文。只有这样才能单独设置说明书某一部分的格式。为说明书设置分节的操作步骤如下。

微课：插入删除分节符

（1）将光标定位到整篇文档最开始处，单击【页面布局】→【页面设置】→【分隔符】按钮 分隔符，在【分节符】对应列表中选择【下一页】选项，如图 6-2 所示。这时会在正文文档前多出一个空白页面，同时空白页面上会出现“分节符（下一页）”的格式标记。这个页面就是利用文档分节实现的，它是文档的第 1 节，后面的所有正文页是文档的第 2 节，如图 6-3 所示。

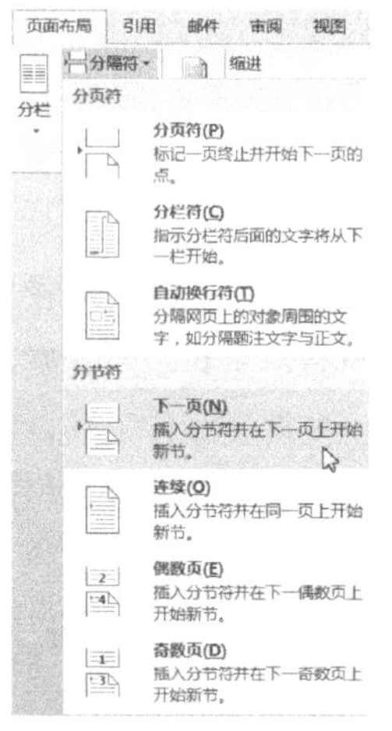

图 6-2　插入分节符

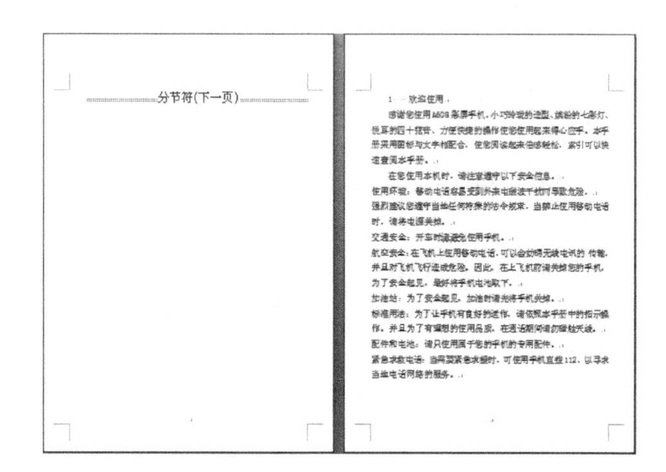

图 6-3　插入分节符后的效果

（2）使用同样的方法，在正文页面前再插入一个分节页面。这时“分节符”将整个文档划分成了 3 节。在第 2 节的上方输入“目录”两个字，并对其进行格式美化设置。“目录”标题下暂时先空着，等后面设置了段落样式后再进行目录的自动生成。设置完成后的效果如图 6-4 所示。

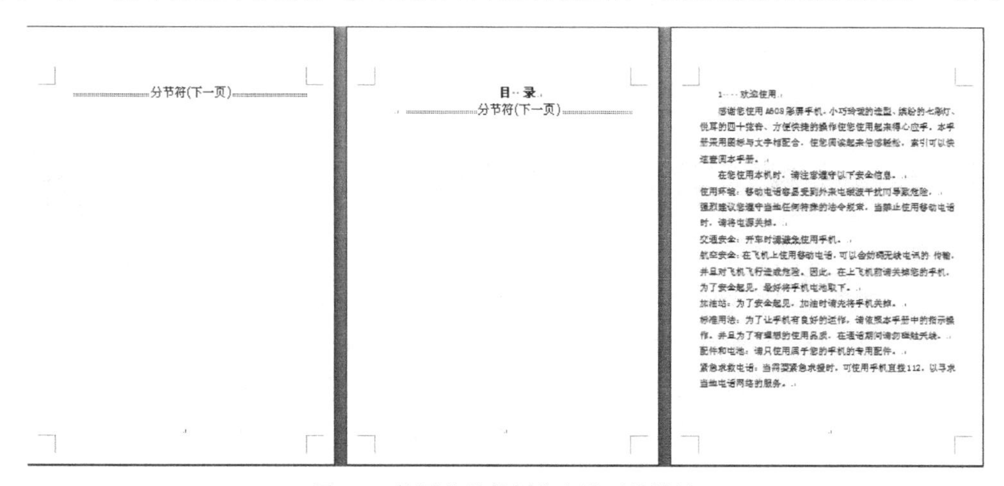

图 6-4　使用分节符划分文档后的效果

提示

插入分节符后，若不显示“分节符（下一页）”格式标记，可以通过以下方法设置。

◇ 单击左上角的【文件】选项卡，执行菜单下方的【选项】命令。

◇ 弹出【Word 选项】对话框，在左侧列表框中选择【显示】选项，然后勾选【始终在屏幕上显示这些格式标记】栏下的【显示所有格式标记】复选框，如图 6-5 所示。

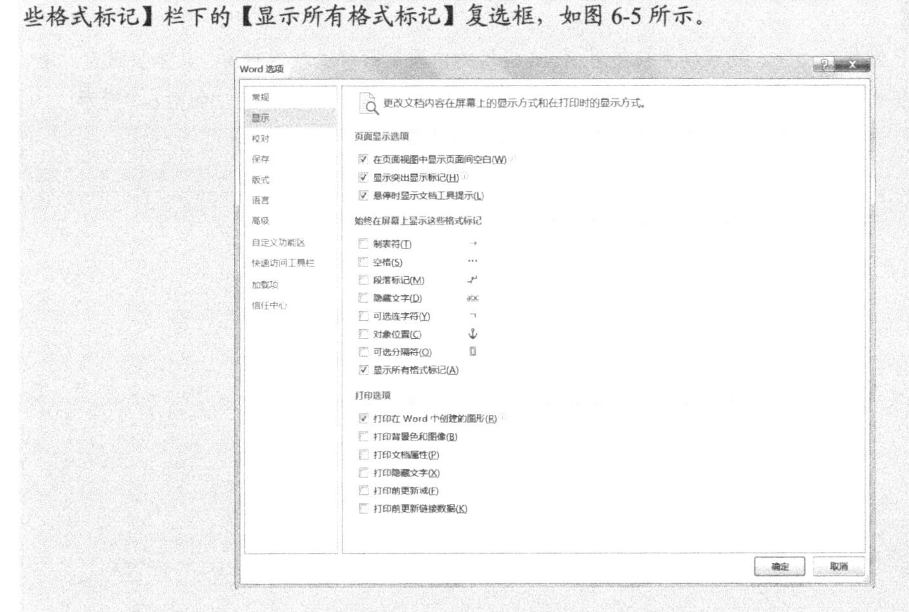

图 6-5　勾选【显示所有格式标记】复选框

✧ 单击【确定】按钮，即可将所有格式标记（如制表符、空格、段落标记、隐藏文字等）显示于编辑区内。

6.3.2　制作说明书封面

为了使说明书更加美观、产品的特色更加突出显明，需要为其添加正式封面。制作步骤为：首先插入封面背景图片；然后插入产品图片；最后使用文本框插入产品说明文字，并进行格式美化。制作效果如图 6-6 所示。

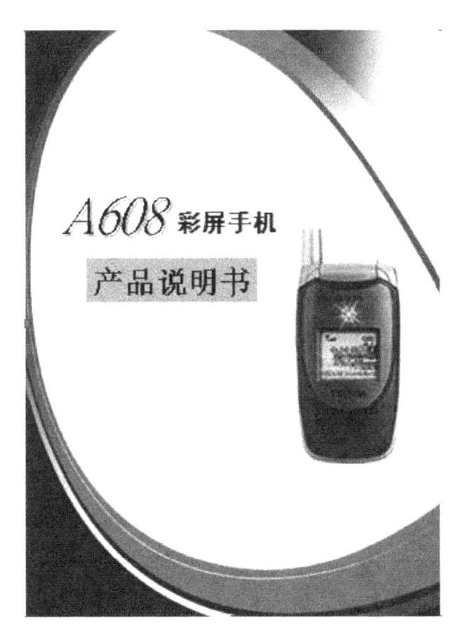

图 6-6 “产品说明书”封面效果图

相关知识

除了可以自己制作封面外，还可以直接使用 Word 提供的内置封面样式获得封面。具体步骤为：单击【插入】→【页面】→【封面】按钮，在弹出的下拉菜单中选择需要的封面即可，如图 6-7 所示。

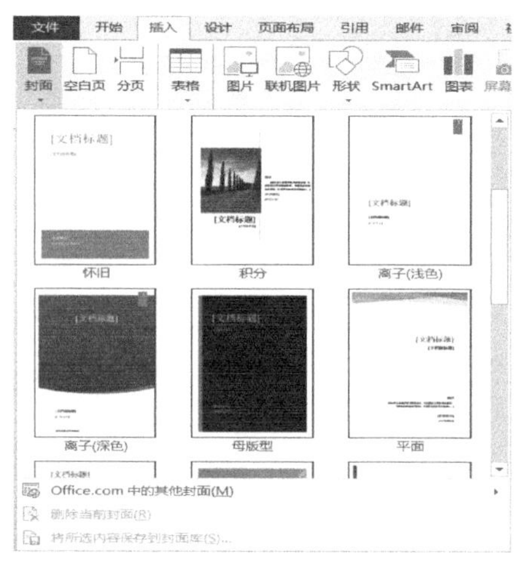

图 6-7　内置封面样式

6.3.3　设置页眉和页脚

微课：插入和删除页眉页脚

说明书的封面页和目录页设置完成后，下面就来设置文档的页眉和页脚。页眉是页面上方（上边距内）的信息，可以输入文字信息，如公司名称、制作人姓名、部门、文档名称或页码等，也可以插入公司的标志图片等对象。页脚是页面下方（下边距内）的信息，通常可在其中输入文档页码、总页数、作者或日期时间等内容。

微课：更改页眉页脚格式

因为本文档中各部分的页眉页脚设置要求不同，所以之前已经对文档进行了分节设置，这为页眉页脚的设置做好了准备工作。本文档各个部分对页眉页脚的要求为：首页（封面页）不需要设置页眉页脚；目录页不需要设置页脚，需设置页眉为“目录”；正文页需设置页眉为“说明书正文”，页脚设置适合的页码样式。下面进行页眉和页脚的具体设置，操作如下。

（1）将光标定位到目录页空白处，单击【插入】→【页眉和页脚】→【页眉】按钮。

（2）在下拉列表的下方选择【编辑页眉】选项，这时会进入到【页眉和页脚】视图。注意，在【页眉和页脚】视图下不能对正文中的文字进行更改和编辑，所以正文部分是灰色的，当退出页眉和页脚视图回到正常的页面视图后，页眉和页脚中的文字便会变成灰色。

（3）由于文档进行过分节，因此现在第 1 页（第 1 节）页眉中显示的是“页眉－第 1 节—”，在页脚中显示“页脚－第 1 节—”；在第 2 页（第 2 节）页眉中显示的是“页眉－第 2 节—”，在页脚中显示“页脚－第 2 节—”；在后面的正文页（第 3 节）页眉中显示的是“页眉－第 3 节—”，在页脚中显示“页脚－第 3 节—”，如图 6-8 所示。

（4）首先为目录页设置页眉。因为目录页的页眉与封面页不同，所以应该先取消“与上一节相同”功能，再进行页眉设置。具体方法：切换到【页眉和页脚工具/设计】选项卡，单击【导航】选项组下的【链接到前一条页眉】按钮，使按钮弹起呈“不选中”状态，如图 6-9 所示。在目录页页眉处输入“目录”，即可完成目录页页眉的设置。

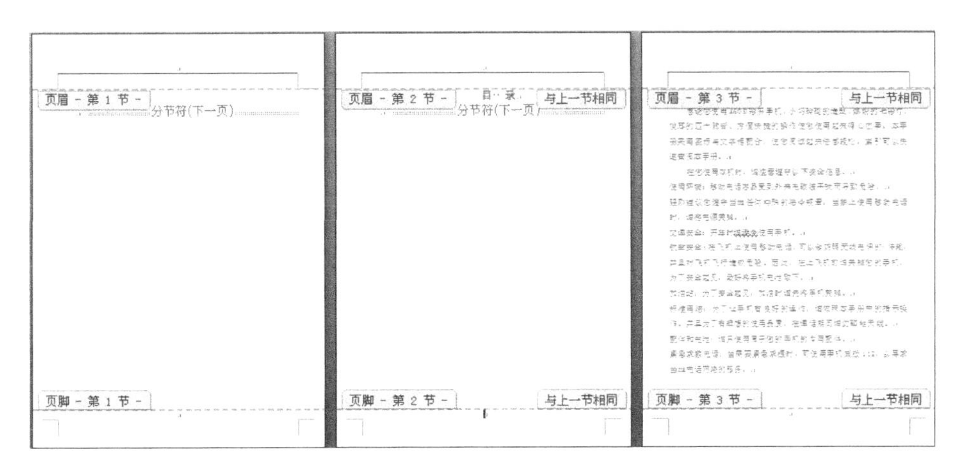

图 6-8　分节状态下的页眉页脚显示

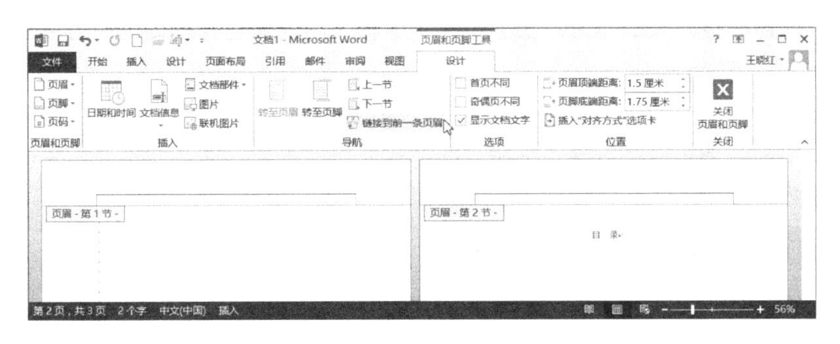

图 6-9　取消“与上一节相同”功能

（5）这时会发现正文页的页眉与目录页的页眉相同，将光标定位到第 3 页页眉处，使用步骤（4）中的方法取消本页中的“与上一节相同”功能。然后在本页页眉处输入文字“说明书正文”，即可完成正文页的页眉设置。

对页眉中的文字或图片可以跟正文一样进行格式设置。

（6）页脚的设置和页眉相似，用户自己完成。设置好页眉和页脚后的效果如图 6-10 所示。

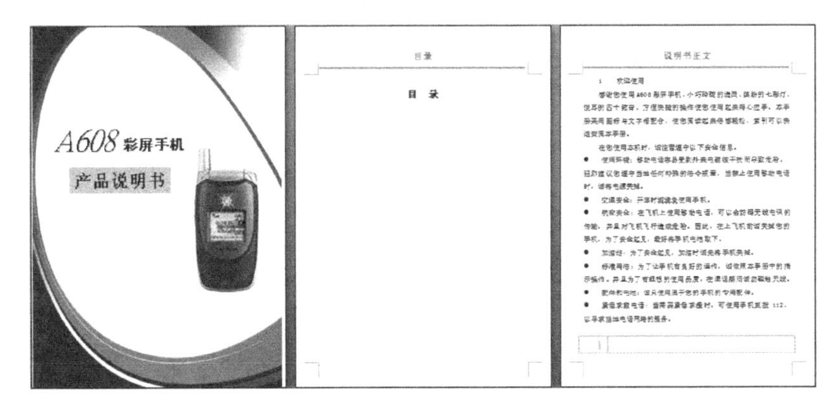

图 6-10　页眉页脚设置好后的效果

提示　插入页眉和页脚后，功能区中将自动添加【页眉和页脚工具/设计】选项卡。用户只有在页眉和页脚编辑状态下才可对页眉和页脚进行编辑，可以通过双击已经插入的页眉或页脚进入页眉页脚编辑状态。单击【页眉和页脚工具/设计】选项卡下的【关闭页眉和页脚】按钮，如图6-11所示，即可关闭页眉和页脚，返回文档的页面视图。

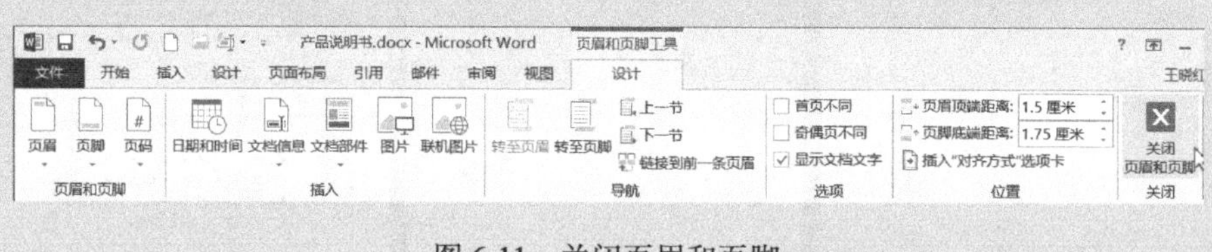

图6-11　关闭页眉和页脚

6.3.4　应用样式

页眉和页脚设置完成后，下面为文档添加目录。长文档中的目录非常重要，它起到明确文档结构和阅读时超链接跳转的作用。要想在文档中制作出能够进行链接跳转的目录，必须使用Word中的“样式”功能。

样式是事先制作完成的一组“格式”集合，每个样式都有不同的名称，只要将这些样式应用到指定的文字中，便可以将该样式中所有的格式都加载进来。样式通常分为字符样式、段落样式和链接样式3种。

相关知识

字符样式是用某一样式名称来标识的一系列字符格式的组合，包括字体、字号、字符间距及特殊效果等。

段落样式是指用某一样式名称保存的一套字符格式和段落格式，也就是说，段落样式中包含了一组字符和段落格式的设定，除了可以含有所指定的字符格式之外，还包含了段落缩进、段间距、行距、对齐方式等段落格式。

链接样式比较特殊，由段落样式和字符样式混合而成，如果被应用此样式的文本小于一个段落，只改变被选中文字的字符样式，而此文本所在的段落其样式不变。

微课：内置样式

Word本身自带了许多样式，称为内置样式。除了可以直接使用已定义好的内置样式外，还可以根据具体需要新建样式、删除样式及对内置样式进行修改后再使用等。本任务对Word自带的标题样式进行修改后再来应用。下面是具体的操作步骤。

（1）首先修改“标题1”样式。切换到【开始】选项卡，把光标放置在【样式】选项组中的【标题1】选项处并单击鼠标右键，执行下拉菜单中的【修改】命令，弹出【修改样式】对话框。

（2）在【格式】栏中设置“标题1”的样式为“宋体，五号，加粗，居中对齐”，如图6-12所示。

（3）单击【确定】按钮，即可将“标题1”样式设置为所需样式。

（4）选定“1　欢迎使用”文本内容，选择【开始】→【样式】→【标题1】选项，即可将选定内容设置为“标题1”样式，如图6-13所示。

（5）采用同样的方法对其他级标题进行设置。

（6）采用同样的方法将“标题2”样式设置为“宋体，小五号，加粗”样式，然后将“标题 2”样式应用于文档中的二级标题。

图 6-12　设置“标题 1”的样式

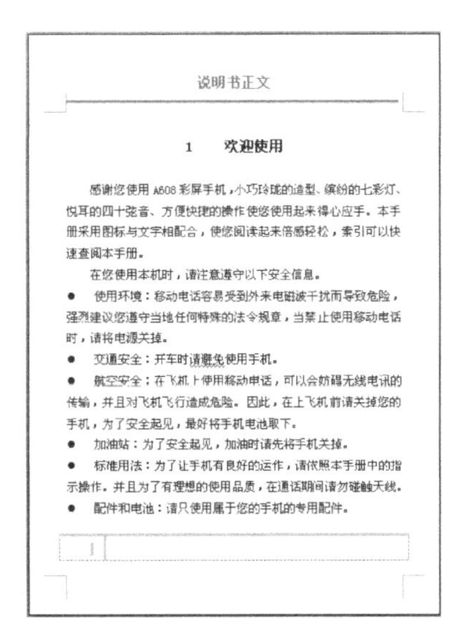

说明书正文

1　欢迎使用

感谢您使用 A608 彩屏手机，小巧玲珑的造型、缤纷的七彩灯、悦耳的四十弦音、方便快捷的操作使您使用起来得心应手。本手册采用图标与文字相配合，使您阅读起来倍感轻松，索引可以快速查阅本手册。

在您使用本机时，请注意遵守以下安全信息。

- 使用环境：移动电话容易受到外来电磁波干扰而导致危险，强烈建议您遵守当地任何特殊的法令规章，当禁止使用移动电话时，请将电源关掉。
- 交通安全：开车时请避免使用手机。
- 航空安全：在飞机上使用移动电话，可以会妨碍无线电讯的传输，并且对飞机飞行造成危险。因此，在上飞机前请关掉您的手机，为了安全起见，最好将手机电池取下。
- 加油站：为了安全起见，加油时请先将手机关掉。
- 标准用法：为了让手机有良好的运作，请依照本手册中的指示操作。并且为了有理想的使用品质，在通话期间请勿碰触天线。
- 配件和电池：请只使用属于您的手机的专用配件。

图 6-13　将标题设置为“标题 1”样式后的效果

相关知识

微课：自定义样式

微课：修改样式

1. 新建样式

虽然系统为用户提供了丰富的样式，但并不一定满足工作的具体需要。因此，用户可以根据操作的需要，新建符合要求的样式，具体操作方法如下。

（1）切换到【开始】选项卡，单击【样式】选项组右下角的启动按钮，弹出【样式】窗格，单击左下角的【新建样式】按钮，如图 6-14 所示。

（2）弹出【根据格式设置创建新样式】对话框，在【属性】栏下的【名称】文本框中输入样式名称，在【样式类型】下拉列表中选择样式的类型，如图 6-15 所示。

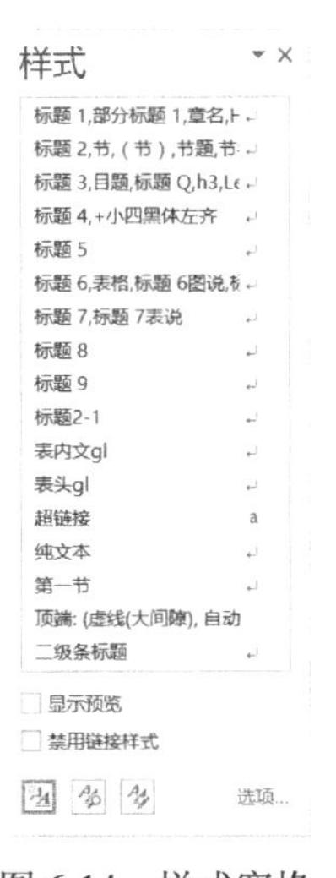

图 6-14　样式窗格

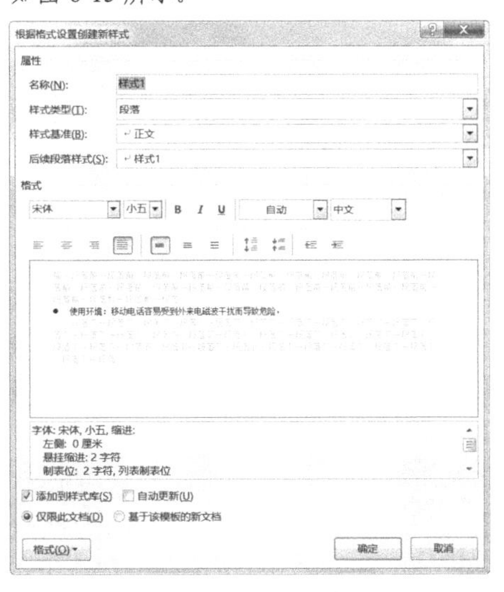

图 6-15　样式属性设置

（3）在【格式】栏中为新建样式设置字体、字号、字型和颜色等格式，如果还需要更完善的设置，则单击对话框左下角的【格式】按钮，在弹出的菜单中选择需要设置的格式，如图 6-16 所示。

（4）设置完成后，单击【确定】按钮，【样式】窗口中即可显示出新建样式。

微课：删除样式

微课：为样式设置快捷键

2. 删除样式

对于不再需要使用的样式，可以将其删除掉，具体操作方法如下。

（1）切换到【开始】选项卡，单击【样式】选项组右下角的启动按钮，弹出【样式】窗格。

（2）将鼠标指向需要删除的样式，该样式右侧即可出现下拉按钮，单击该按钮，在弹出的下拉菜单中选择【删除】命令即可，如图 6-17 所示。

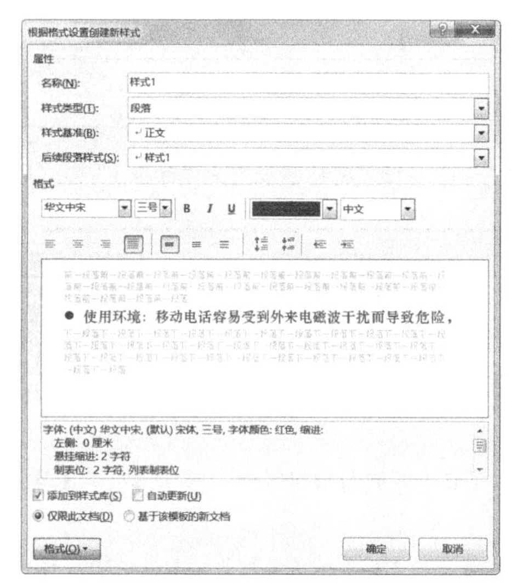

图 6-16　样式格式设置

图 6-17　删除样式

注意：不能删除系统样式。

6.3.5　自动生成目录

为各级标题设置好样式后，就可以在文档中插入目录了。具体操作如下。

（1）将光标定位到目录页的目录标题下面，单击【引用】→【目录】→【目录】按钮，在弹出的下拉列表中选择【自定义目录】选项，弹出【目录】对话框，如图 6-18 所示。

（2）在图 6-18 所示的【目录】选项卡下，可以对是否显示页码，页码是否右对齐，以及制表符前导符等进行设置，设置完成后，单击【确定】按钮，即可在当前光标处插入自动生成的目录，如图 6-19 所示。

微课：自动生成目录

微课：修改目录样式

微课：更新目录

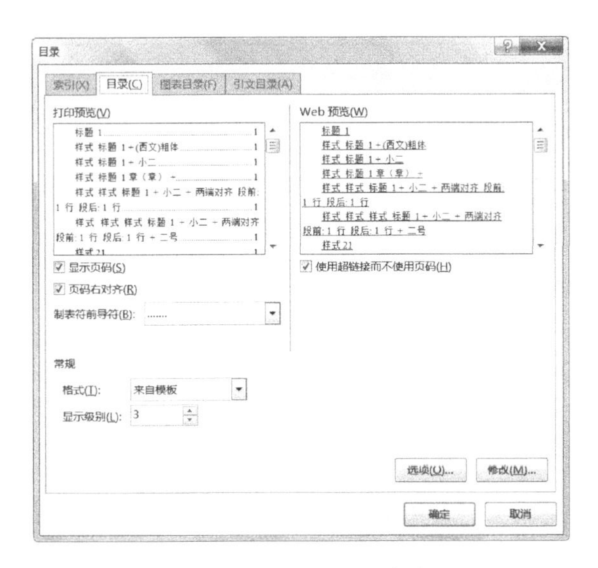

图 6-18　设置目录格式

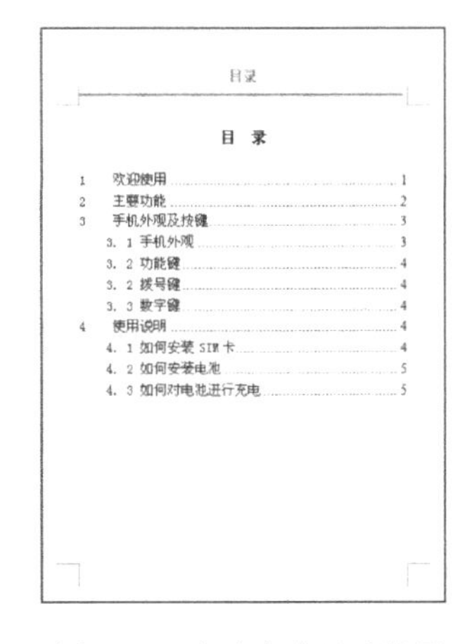

目录

目　录

图 6-19　自动生成目录效果

相关知识

1. 导航窗格

在 Word 早期版本中，想要浏览和编辑多页数的长文档比较麻烦，为了寻找和查看特定内容，不是拼命滚动鼠标滚轮就是频繁拖动滚动条，费时费力。Word 2010 及以上版本增加了“导航窗格”，不但可以为长文档轻松“导航”，还有非常精确方便的搜索功能。

打开导航窗格的方法：在【视图】→【显示】选项组中，勾选“导航窗格”，则会在页面左侧出现“导航”窗格，如图 6-20 所示。这时，单击标题项即可快速链接到对应内容。

文档导航方式分为：标题导航、页面导航、结果导航。图 6-20 所示为标题导航。

页面导航：单击图 6-20 上方的【页面】选项，则显示如图 6-21 所示的“页面导航”。这时，会在“导航”窗格上以缩略图形式列出文档分页，只要单击分页缩略图，就可以定位到相关页面查阅。

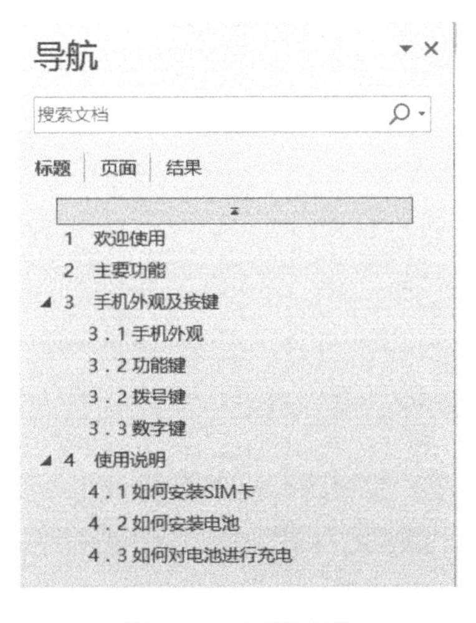

图 6-20　标题导航

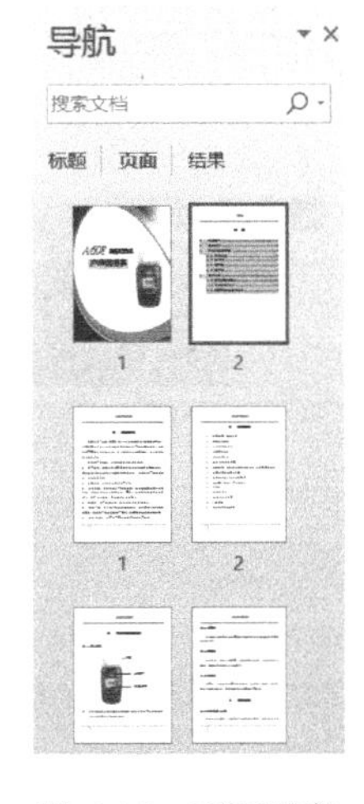

图 6-21　页面导航

2. 更新域

什么是域：域是 Word 中的一种特殊命令，由{}、域名、域开关构成。域代码类似于公式，域开关是 Word 中的一种特殊格式指令，在域中可触发特定的操作。域是 Word 的精髓，应用广泛，像 Word 中的“插入对象、页码、目录、索引、求和、排序、拼音指南、双行合一、带圈字符”等，都使用了域的功能。

以更新目录为例介绍域的使用：目录本身就是一种域的应用。如果文档中的标题发生变化，目录也应随之变化，可以通过“更新域”来更新目录。方法如下：在目录区域内单击鼠标右键，在弹出的快捷菜单中选择“更新域”，如图 6-22 所示，弹出【更新目录】对话框，有两个选项，若只更新目录中的页码则选择第一项，若想更新整个目录则选第二项，如图 6-23 所示。

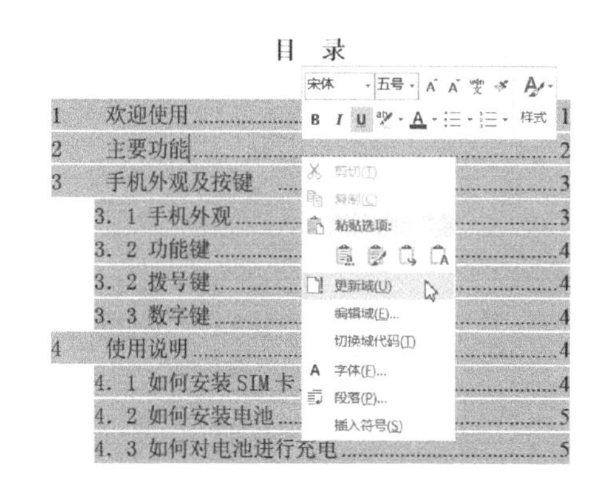

图 6-22 更新域

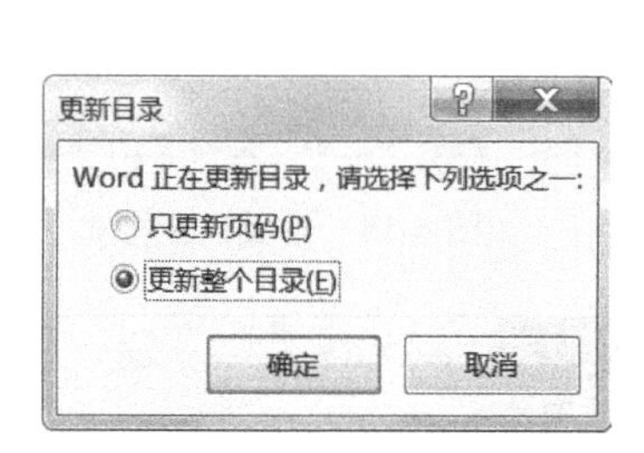

图 6-23 更新目录选项

至此，一个图文并茂、结构清晰的产品说明书就制作完成了，好好欣赏一下吧！

拓展实训

实训 1：制作超市物流发展分析报告

“超市物流发展分析报告”效果图如图 6-24 所示。制作要求如下。

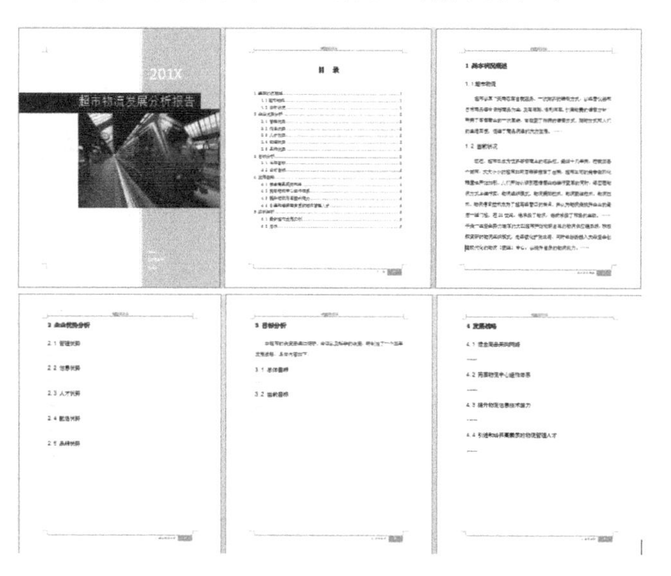

图 6-24 “超市物流发展分析报告”效果图

（1）为“超市物流发展分析报告”插入如图 6-24 所示的内置封面。

（2）使用分节符划分文档，封面页和目录页无页眉和页脚，正文页有奇偶页不同的页眉。

（3）为各级标题应用样式。

（4）自动生成目录。

提示　（1）将首页设置为如图 6-24 所示的内置封面。操作步骤：切换到【插入】选项卡，单击【页面】选项组中的【封面】按钮，在弹出的下拉列表中选择“运动型”，然后在相应的位置输入文字内容，这时的效果如图 6-25 所示。

图 6-25　封面设置

（2）设置奇偶页不同的页眉。

① 因为封面页和目录页不需要页眉和页脚，所以首先在目录页和正文页之间插入“下一页分隔符”，将整篇文档划分成两个节。

② 单击【插入】→【页眉和页脚】→【页眉】按钮，在弹出的下拉列表中选择【编辑页眉】选项，即可进入页眉、页脚编辑状态。

③ 这时会自动添加【页眉和页脚工具/设计】选项卡，在该选项卡下勾选【选项】选项组中的【奇偶页不同】复选框。

④ 将光标切换到正文第 1 页页眉处，这时，右下角显示“与上一节相同”字样，如图 6-26 所示。单击【导航】选项组中的【链接到前一条页眉】按钮，将该按钮设置为非选中状态，这时右下角将不再显示“与上一节相同”字样，如图 6-27 所示。

奇数页页眉 - 第 2 节 -　　与上一节相同

图 6-26　链接到前一条页眉时的状态

奇数页页眉 - 第 2 节 -

图 6-27　取消链接到前一条页眉时的状态

⑤ 在正文第 1 页页眉处输入页眉文字“奇数页页眉”。

⑥ 将光标切换到正文第 2 页页眉处，重复步骤④，然后在第 2 页页眉处输入页眉文字“偶数页页眉”。

实训 2：制作工程项目投标书

制作“工程项目投标书”，详见本实训效果文件“投标书.docx”，要求如下。

（1）了解项目投标书的写法及包含的内容。

（2）为投标书的各级标题设置样式。

（3）自动生成目录。

（4）设置页眉页脚。

（5）使用分节符实现如图 6-28 所示的纸张竖向、横向混排效果。

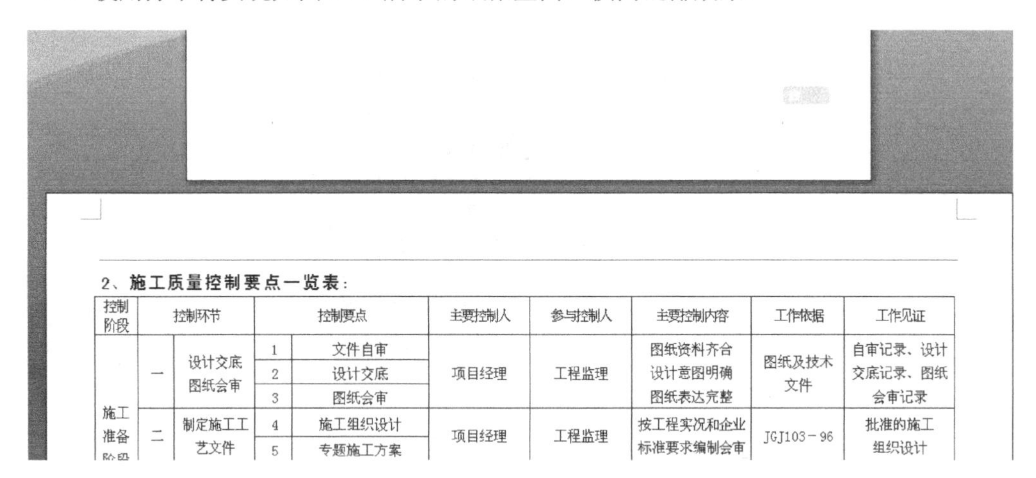

2、施工质量控制要点一览表：

控制阶段	控制环节		控制要点		主要控制人	参与控制人	主要控制内容	工作依据	工作见证
施工准备	一	设计交底图纸会审	1	文件自审	项目经理	工程监理	图纸资料齐合设计意图明确图纸表达完整	图纸及技术文件	自审记录、设计交底记录、图纸会审记录
			2	设计交底					
			3	图纸会审					
	二	制定施工工艺文件	4	施工组织设计	项目经理	工程监理	按工程实况和企业标准要求编制会审	JGJ103－96	批准的施工组织设计
			5	专题施工方案					

图 6-28　纸张竖向、横向混排效果

（6）在长文档中使用“书签”功能快速定位到某位置。

（7）使用“导航窗格”查看文档结构、快速查找文档各部分内容。

提示　（1）如何使用书签。Word 中的书签好比是在一本书中某个位置所夹的书签。利用书签，可以快速定位到我们阅读或修改的位置，特别是在长文档中。例如，在编辑或阅读一篇较长的 Word 文档时，想在某一处或几处留下标记，以便以后查找、修改，便可在该处插入一个书签（书签仅会显示在屏幕上，但不会打印出来，像 Word 的水印背景一样）。

比如想快速定位到“工程项目投标书”长文档中图 6-28 所示的“施工质量控制要点一览表”位置，需要进行以下操作：

① 将光标定位到“一览表”页开始位置。

② 切换到【插入】选项卡，单击【链接】选项组下的【书签】选项，在弹出的【书签】对话框中输入书签名，如图 6-29 所示，单击【添加】按钮，即可在此处设置一个书签。

③ 设置好书签后，若想快速定位到某一个书签，只要在【书签】对话框中选择想定位的书签名称即可，如图 6-30 所示；单击【定位】按钮，即可定位到所选书签位置。

另外，每次打开 Word 文档，系统都会自动在右侧滚动条处出现如图 6-31 所示标签，单击可回到上次离开时的位置继续编辑文档。

注意：在【书签】对话框中选择“名称”或“位置”单选按钮可设置列表中书签的排列顺序。如果选择“位置”单选按钮，书签将按照在文档中出现的先后顺序来排列。如果需要查看隐藏的书签，可以勾选“隐藏书签”复选框。

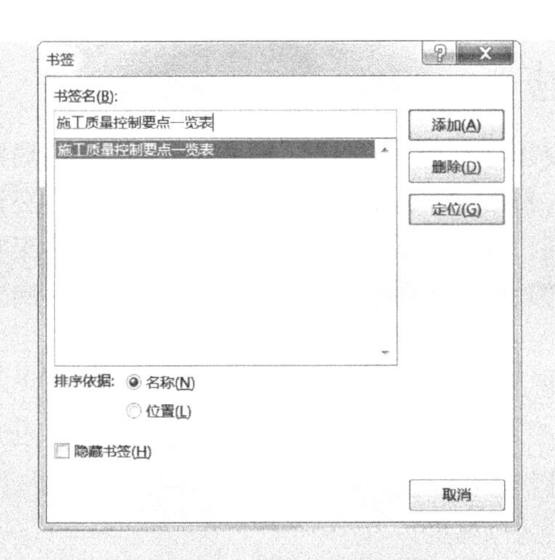

图 6-29 【书签】对话框　　　　图 6-30　快速定位到书签位置

（2）Word 中对象的链接有 3 种形式：超链接、书签、交叉引用，如图 6-32 所示。其中，超链接在任务 4 中已介绍；交叉引用将在任务 7 中介绍，请读者对照学习。

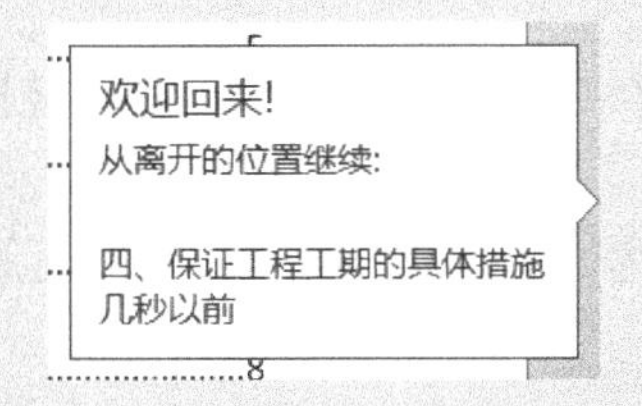

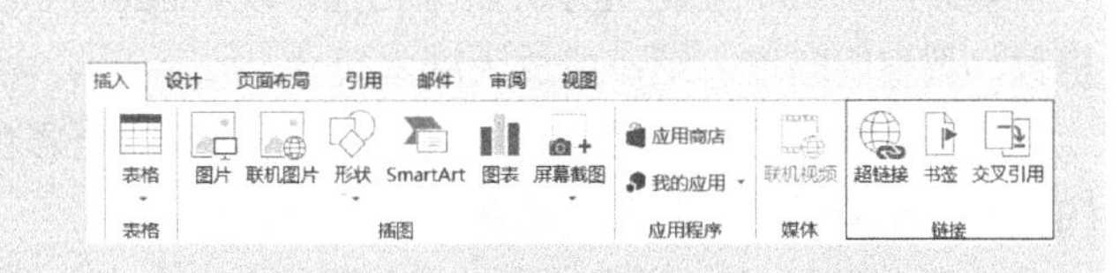

图 6-31 “从离开的位置继续”标签　　　　图 6-32　链接

（3）导航窗格。在“工程项目投标书”文件中已定义好了各级标题，若想查看该文档的结构，可使用“导航窗格”实现。具体操作：切换到【视图】选项卡，勾选【显示】选项组下的【导航窗格】选项，则会在页面左侧出现如图 6-33 所示导航窗格。可见，该文档结构一目了然，单击相应标题，则会直接定位到文档中的相应位置。

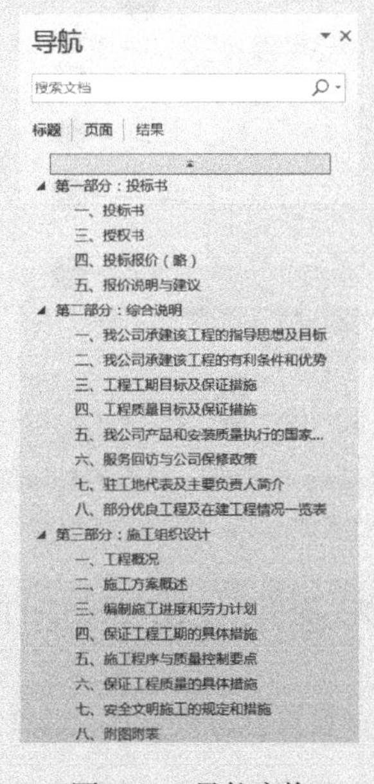

图 6-33　导航窗格

实训 3：多功能一体机的使用与维护

企业在日常办公中经常需要进行“打印、复印、传真、扫描”等事务，而这些事务通常是连续进行的，比如打印了文件，接着就要复印，然后还要传真等。而如果公司的这些办公设备不是集中放在一个地方，那就需要我们跑前跑后，跑上跑下，会大大降低办公效率。如果有那么一种设备，能够将打印、复印、传真、扫描等功能集成在一起，那样既省空间又省时间。多功能一体机便是这样一种办公设备。

1. 多功能一体机的分类

（1）根据产品原型分为基于打印机的一体机、基于传真机的一体机、基于复印机的一体机。

（2）按照打印技术（方式）分为喷墨型一体机、激光型一体机、碳带热转印型一体机。

（3）按照扫描技术分为馈纸式一体机、平台式一体机。

2. 多功能一体机的功能及结构（以 HP-LaserJet Professional M1210 为例）

（1）主要功能。

打印：打印 A4 尺寸的页面时，速度可达 18ppm，默认以 FastRes600 分辨率打印，可获得高质量的文本和图形打印效果。

复印：以 300 像素/英寸分辨率扫描，以 FastRes600 分辨率打印；通过控制面板可轻松更改份数、调整明暗度、缩小或放大副本尺寸。

扫描：平板扫描提供 1200 像素/英寸分辨率的全彩色扫描，可使用 HP LaserJet Scan 软件或 HP Director 软件从计算机上扫描。

传真：配有 V.34 传真的全功能传真性能，包括电话簿和延迟传真功能；发生电源故障后，最多可从内存中恢复 4 天的传真。

支持 Windows 7、WindowsXP、Windows Vista、Mac OS X 10.4-10.6 操作系统。

（2）多功能一体机的外形结构如图 6-34 所示。

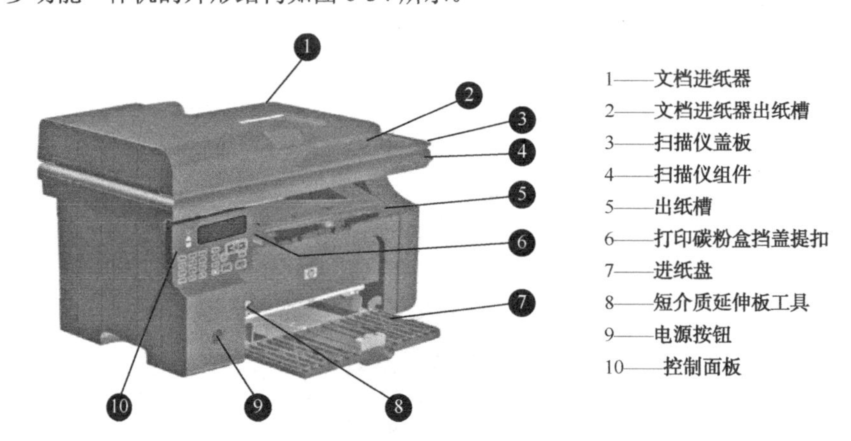

图 6-34　多功能一体机的外形结构

3. 多功能一体机的使用

（1）多功能一体机的操作（控制）面板（以 HP-LaserJet Professional M1210 为例）如图 6-35 所示。

（2）多功能一体机的初始设置：设置日期和时间，设置音频或脉冲拨号模式，设置本机标志 ID。

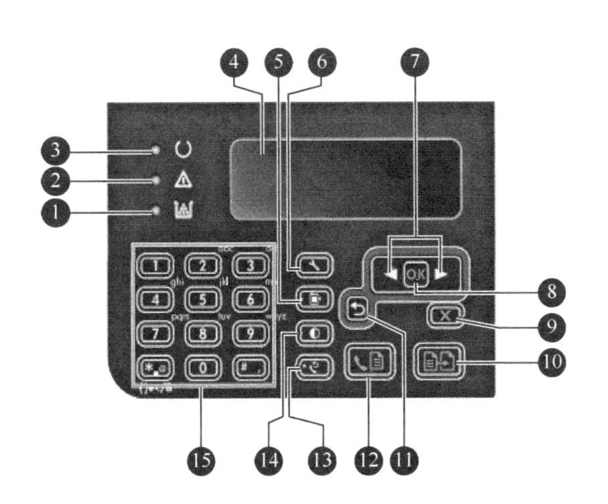

1——碳粉量状态指示灯
2——注意指示灯：指明是否出现问题
3——就绪指示灯
4——LCD显示屏，显示菜单、消息等
5——复印设备按钮
8——OK按钮：确认某个设置或操作以继续
9——取消按钮：取消当前作业或清除上次的设置
10——开始复印按钮
11——返回上一级菜单
12——发送传真按钮
13——重拨按钮：重新呼叫上一个传真作业的号码
14——加深/调淡复印按钮
15——数字小键盘：使用小键盘输入传真号或输入数据

图 6-35　多功能一体机的控制面板

（3）多功能一体机的基本操作。

① 放入原件和纸张：在自动送纸器中放入原件，将原件放到玻璃板上，在进纸盒中放入标准纸，在进纸盒中放入照片纸。

② 使用复印功能：设置复印纸张尺寸/类型，进行高质量的复印。

③ 使用扫描功能：扫描到应用程序，停止扫描。

④ 从计算机上打印：从软件程序中打印，更改打印设置，停止打印作业。

⑤ 使用传真功能：发送传真，接收传真。

4. 多功能一体机的维护与保养

（1）清洁一体机：清洁玻璃板、清洁外壳、清洁电晕丝。

（2）使用墨盒：更换墨盒、清洁墨盒。

（3）保护感光鼓。在一体机需要更换墨粉或者检查故障需要拿出碳粉盒时，一定要避免感光鼓放在阳光下和灯光下直接照射。

（4）按步骤拆装。用户应掌握一定的拆卸方法，按照操作说明书，有步骤、有顺序地进行拆卸。

（5）其他保养注意事项：严禁带电插拔一体机信号电缆和电源线，不要频繁开关机，保护好光学部件，选择正规用纸，保证电源环境的稳定，不要经常随意修改参数。

扩展案例 4　传真机的使用与维护

扫一扫学
传真机使用

综合实践

利用所学知识制作一个本班级规章制度汇编文件。要求：设计个性化封面，使用分节符划分文档，设置奇偶页不同的页眉和美观实用的页脚，对标题应用样式并自动生成目录。

任务7 批量制作商务信函

在各种商务活动中，经常会遇到制作批量信封和信函的问题。如果使用 Word 普通文档一封封手动制作然后打印，工作效率将十分低下。特别是遇到大量目标任务的情况，可能需要耗费大量的宝贵时间在重复性机械劳动上，如客户问候信、宴会邀请函、会议组织者为某会议制作并邮寄与会人员身份卡等。这些信函的内容大部分相同，一般只是在收信人的姓名、称呼及一些特殊的地方有所不同。对这类问题如果使用 Word 的信封向导和邮件合并功能则只需几十秒即可完成，把一些重复性的工作交给计算机，从而大大提高工作效率。

通过信封向导和邮件合并功能制作的“信封”和“信函”效果图，如图 7-1 和图 7-2 所示。

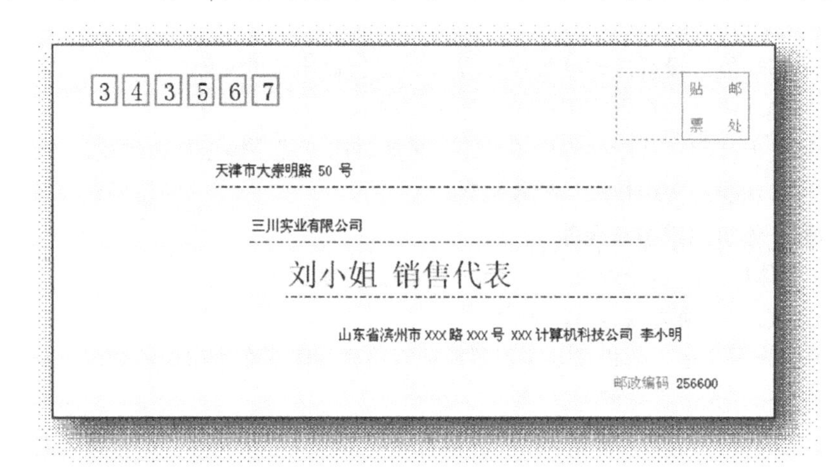

图 7-1 “信封”效果图

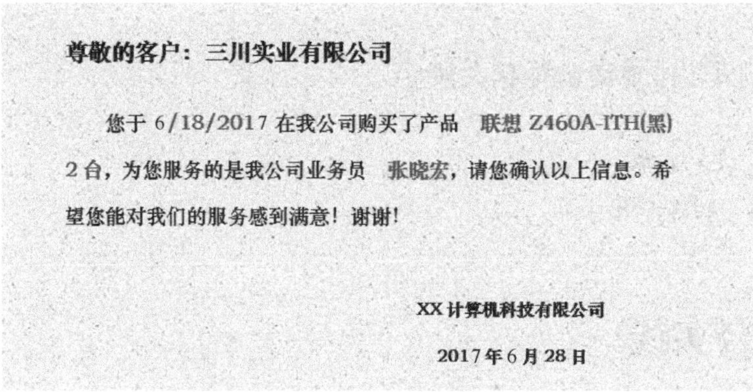

尊敬的客户：三川实业有限公司

您于 6/18/2017 在我公司购买了产品 联想 Z460A-ITH(黑) 2 台，为您服务的是我公司业务员 张晓宏，请您确认以上信息。希望您能对我们的服务感到满意！谢谢！

XX 计算机科技有限公司

2017 年 6 月 28 日

图 7-2 “信函”效果图

7.1 任务情境

随着公司业务的不断发展，产品的销售量也稳步提升。为了加强与客户的联系，彰显公司为客户服务的态度，业务部决定定期向购买本公司产品的客户邮寄“业务信息反馈单”。今天上午小王到业务部送材料，发现业务部小张正在埋头填写发给客户的信件信息。小王问明情况后，使用 Word 提供的信封向导和邮件合并功能几分钟就完成了以上工作。小王是怎样在这么短的时间内完成批量信函制作的呢？下面就来学习一下吧。

知识目标

- 使用信封向导制作批量信封的方法；
- 使用邮件合并功能制作批量信函的方法。

能力目标

- 能够利用信封向导制作中文信封；
- 能够通过邮件合并功能制作批量信函。

7.2 任务分析

商务信函是企业用于联系业务、商洽交易事项的信函。在商务信函的写作过程中并不需要华丽优美的词句，而只需用简单朴实的语言，准确地表达发函方的想法，让对方可以清楚地了解发函方的意图就可以了。商务信函主要有以下 3 个方面的特点。

- 内容单一。商务信函以商品交易为目的，以交易磋商为内容，不涉及与商品交易无关的事情。一文一事，即一份商函只涉及某一项交易。
- 结构简单。商务信函篇幅较短，结构简单，体现实用性，便于对方阅读和把握。
- 语言简练，表达准确。商务信函以说明为主，直截了当，言简意明。因涉及经济利益，所以任何数字、用词等均要求准确无误。

商务信函一般是批量制作的，而面对大量的数据和烦琐的重复性劳动，保证信函信息的准确无误是非常重要的，使用 Word 提供的信封向导和邮件合并功能批量制作信封和信函是最好的选择。

经过分析，批量制作信封和信函需要进行以下工作。

（1）创建 Excel 或文本形式的数据源文件，为制作信封过程中提取相应信息做准备。根据需要本任务中数据源文件应包含“公司名称、联系人、称谓、地址、邮政编码”等信息。

（2）利用信封制作向导批量制作信封。

（3）创建 Excel 或文本形式的数据源文件，为下一步邮件合并中插入合并域做准备。根据需要本任务中数据源文件应包含“客户名称、购买产品、购买数量、购买时间、负责业务员”等信息。

（4）使用邮件合并功能批量生成信函。

（5）保存与打印信函。

7.3 任务实现：批量制作商务信函

微课：批量制作信封

7.3.1 批量制作信封

大部分商务信函通常需要以实物的形式进行邮寄，而对于普通用户来说各种信封的规格和烦琐的机械性输入相当耗时耗力。Word 2013 提供了多种国内、国外信封的内置模板，通过这些模板可以快速准确地创建批量信封，从而大大减轻用户的工作量。

在制作信封之前，用户应首先创建一个 Excel 类型或者文本类型的客户信息表文件，这是因为在批量生成信封的过程中需要从 Excel 文件或文本文件中提取地址、联系人、邮编等数据信息，而 Word 只支持 Excel 或文本形式的数据源。创建 Excel 客户信息表如图 7-3 所示。

	A	B	C	D	E
1	公司名称	联系人	称谓	地 址	邮政编码
2	三川实业有限公司	刘小姐	销售代表	天津市大崇明路 50 号	343567
3	东南实业	王先生	物主	天津市承德西路 80 号	234575
4	坦森行贸易	只炫皓	销售经理	石家庄市黄台北路 780 号	985060
5	国顶有限公司	方先生	销售代表	深圳市天府东街 30 号	890879
6	通恒机械	李小姐	采购员	南京市东园西甲 30 号	798089
7	森通	王先生	销售代表	天津市常保阁东 80 号	787045
8	国皓	钱小姐	市场经理	大连市广发北路 10 号	565479
9	迈多贸易	陈先生	物主	西安市临翠大街 80 号	907987
10	祥通	刘先生	物主	重庆市花园东街 90 号	567690
11	广通	王先生	结算经理	重庆市平谷嘉石大街38号	808059
12	光明杂志	谢丽秋	销售代表	深圳市黄石路 50 号	760908
13	威航货运有限公司	刘先生	销售代理	大连市经七纬二路 13 号	120412
14	三捷实业	王先生	市场经理	大连市英雄山路 84 号	130083
15	浩天旅行社	方先生	物主	天津市白广路 314 号	234254
16	同恒	刘先生	销售员	天津市七一路 37 号	453466
17	万海	林小姐	销售代表	厦门市劳动路 23 号	353467
18	世邦	黎先生	采购员	海口市光明东路 395 号	454748
19	迈策船舶	王俊元	物主	常州市沉香街 329 号	565474
20	中通	林小姐	销售代理	天津市光复北路 895 号	809784

图 7-3 Excel 客户信息表

使用信封制作向导批量制作信封的具体操作步骤如下。

（1）单击【邮件】→【创建】→【中文信封】按钮（中文信封），如图 7-4 所示。

（2）弹出【信封制作向导】对话框，如图 7-5 所示。单击【下一步】按钮进入【选择信封样式】步骤，如图 7-6 所示。

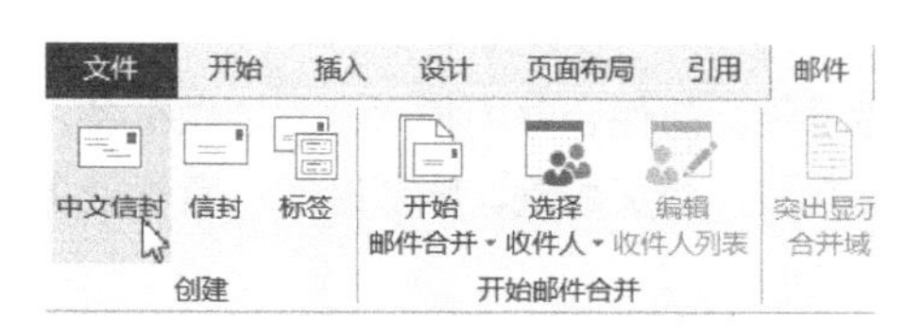

图 7-4 【邮件】选项卡

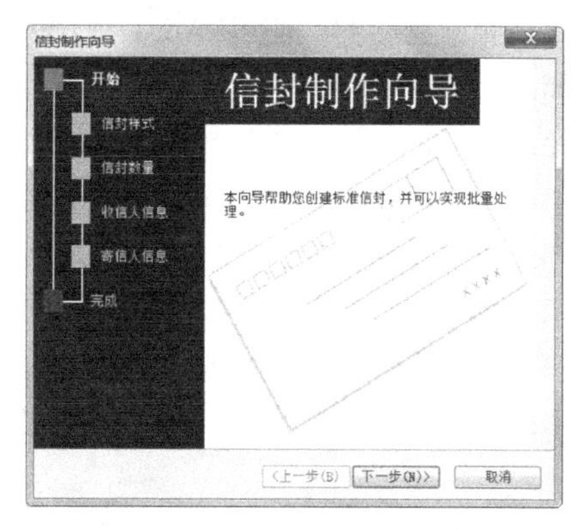

图 7-5 信封制作向导

（3）【信封样式】下拉列表中提供了内置国内信封 B6、DL、ZL、C5、C4 五种样式，及国际信封 C6、DL、C5、C4 四种样式，其尺寸如图 7-7 所示。本任务信封样式选择“国内信封-DL

（220×110）”。国内信封样式一般包含 4 个复选框，分别可以设置是否打印邮政编码框、邮票框、文字书写线和右下角的“邮政编码”字样，在此勾选全部 4 个复选框，具体设置如图 7-6 所示。设置完成后，单击【下一步】按钮进入如图 7-8 所示的【选择生成信封的方式和数量】步骤。

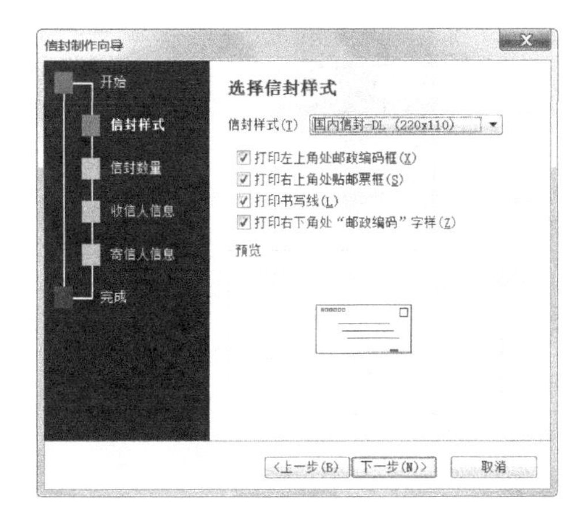

图 7-6　选择信封样式

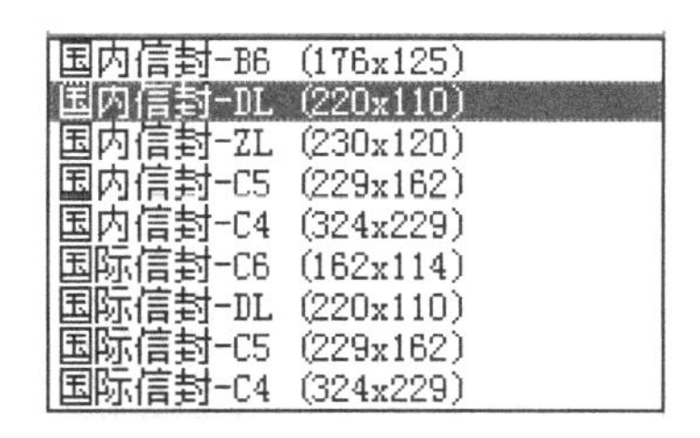

图 7-7　内置信封样式

（4）单击选中【基于地址簿文件，生成批量信封】单选按钮，设置信封数量为多封。单击【下一步】按钮进入如图 7-9 所示的【从文件中获取并匹配收信人信息】步骤。

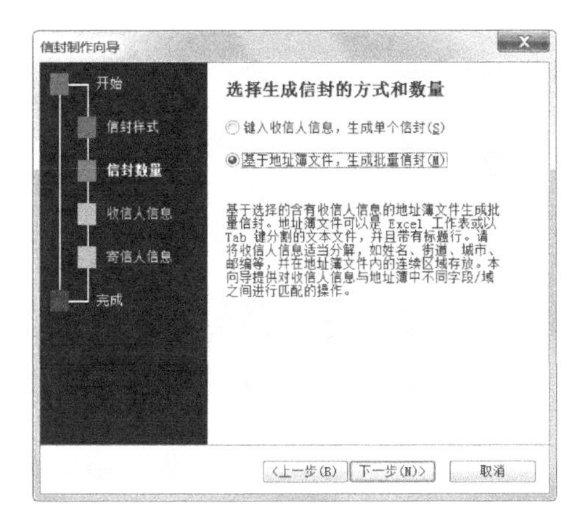

图 7-8　选择生成信封的方式和数量

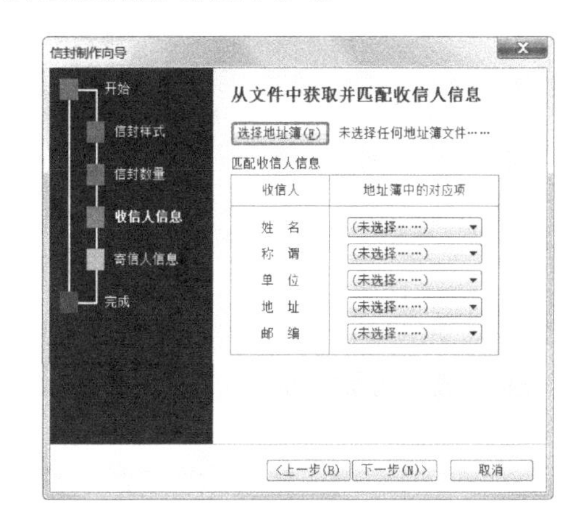

图 7-9　从文件中获取并匹配收信人信息

如果是制作单个信封，则选择【键入收信人信息，生成单个信封】单选项，然后按照向导提示进行操作即可。

（5）单击【选择地址簿】按钮，弹出如图 7-10 所示的【打开】对话框，将下方右侧文件类型下拉列表框设置为“Excel”，选中已创建文件“客户信息表”。单击【打开】按钮打开客户信息表返回信封制作向导对话框。

（6）将【收信人】选项组中的各项与客户信息表中的列一一对应设置，如图 7-11 所示。

（7）单击【下一步】按钮进入【输入寄信人信息】步骤，输入如图 7-12 所示的寄件人信息。

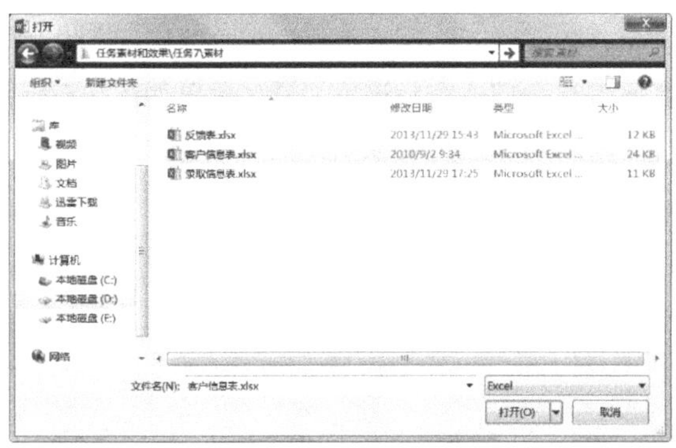

图 7-10　选择数据源

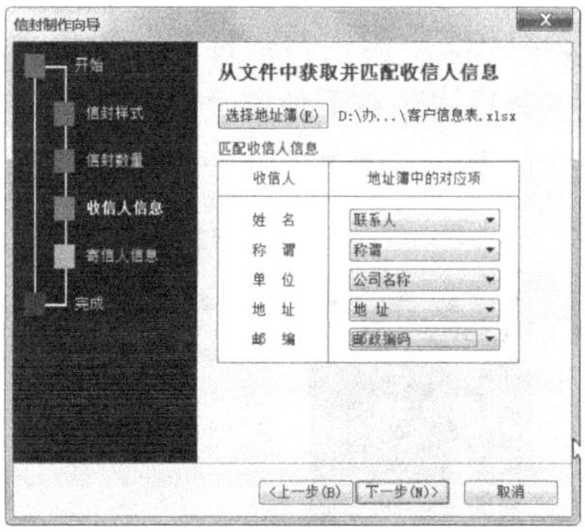

图 7-11　编辑收件人信息

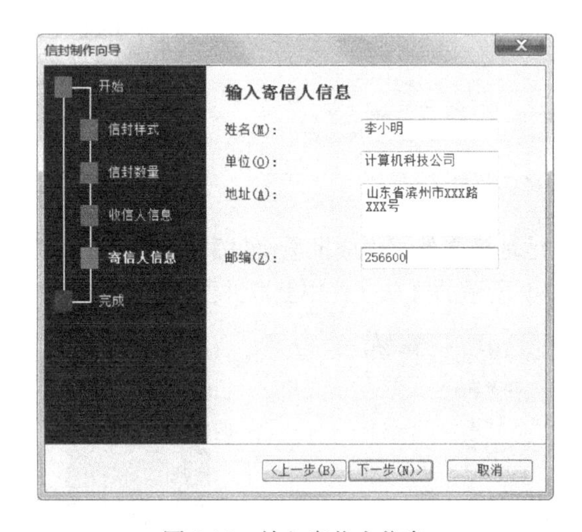

图 7-12　输入寄信人信息

（8）单击【下一步】按钮进入【完成】步骤，单击【完成】按钮在新文档内创建批量信封。“信封”最终效果如图 7-13 所示。

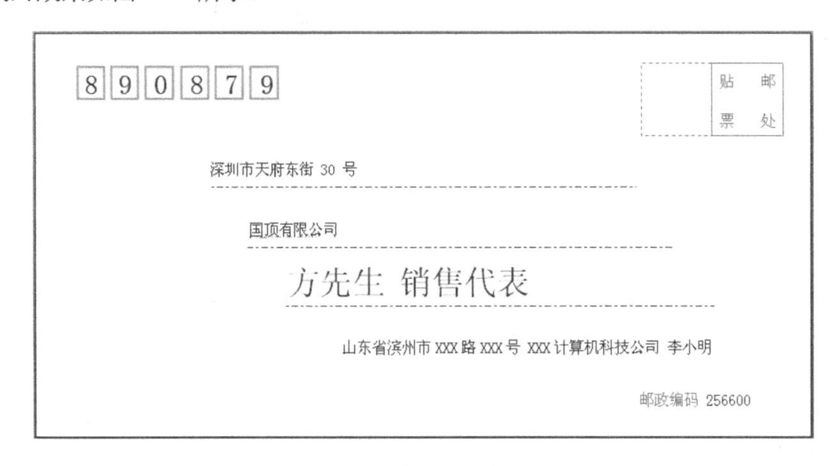

图 7-13　“信封”最终效果

（9）由于自动生成分页符的原因，每隔一个信封就会有一个空白信封。此时只要在【打印】选项中选择打印奇数页即可，如图 7-14 所示。这样打印机会依次打印第 1、3、5、7 等奇数页而忽略偶数页。

图 7-14　设置打印奇数页

7.3.2　使用邮件合并功能批量生成信函

信封制作完成后，下面将使用邮件合并功能进行信函的批量制作。对于大量的商务信函，如果一封封手动填写信函，既费时又费力，又容易出错。对这类问题使用邮件合并功能则可将简单、机械的劳动交给计算机，既可以大大提高工作效率，又可以保证准确度。使用邮件合并功能批量生成信函的操作步骤如下。

微课：批量生成信函

（1）新建 Word 文档并输入如图 7-15 所示信函基本内容。

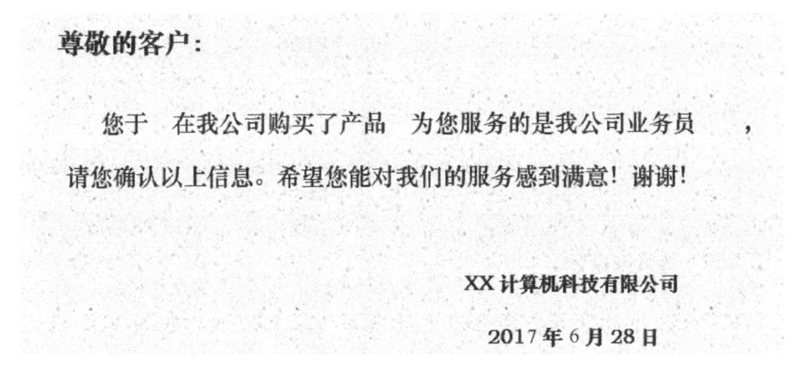

尊敬的客户：

您于　在我公司购买了产品　为您服务的是我公司业务员　，请您确认以上信息。希望您能对我们的服务感到满意！谢谢！

XX 计算机科技有限公司

2017 年 6 月 28 日

图 7-15　输入信函基本内容

（2）单击【邮件】→【开始邮件合并】→【开始邮件合并】按钮，在弹出的下拉列表中选择【邮件合并分步向导】选项，打开邮件合并侧边栏，如图 7-16 所示。

（3）单击选中【信函】单选项，设置所编辑的文档类型为信函。执行【下一步：开始文档】命令，进入【选择开始文档】步骤，如图 7-17 所示。

（4）单击选中【使用当前文档】单选项，在现有文档上添加收件人信息。执行【下一步：选取收件人】命令进入【选择收件人】步骤，选中“使用现有列表”单选项，如图 7-18 所示。

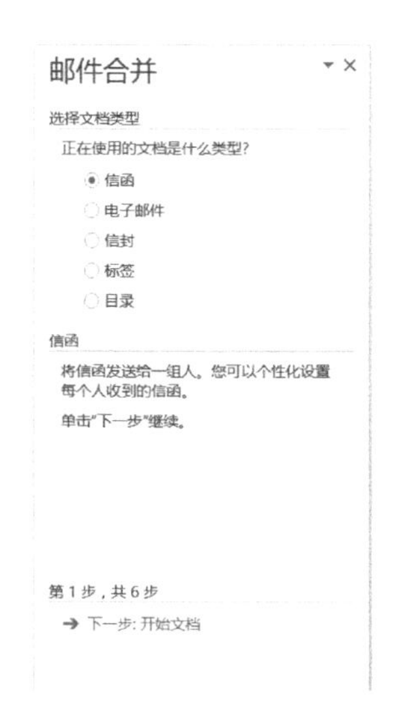

图 7-16　选择文档类型

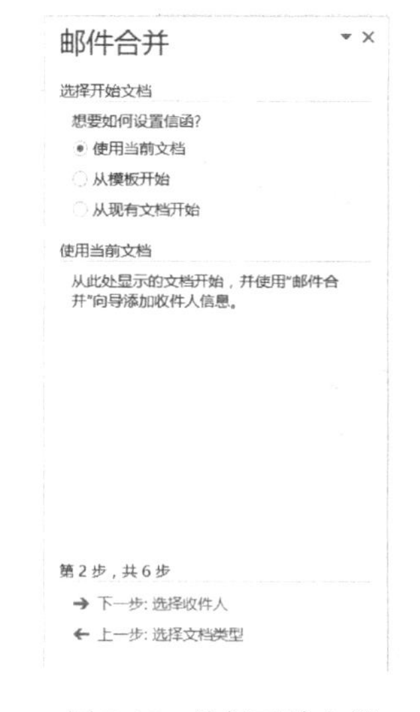

图 7-17　选择开始文档

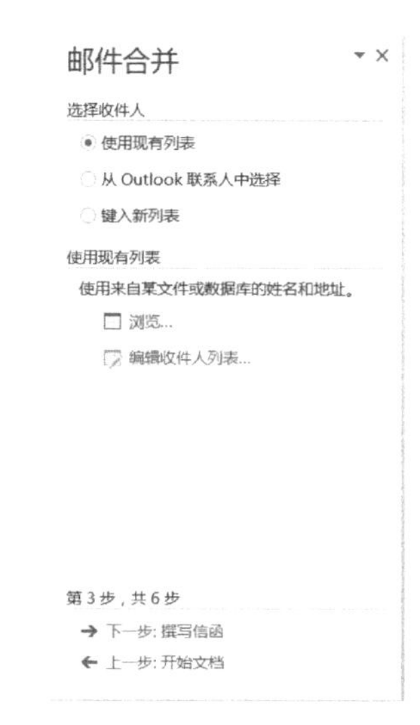

图 7-18　选择收件人

（5）单击【浏览】命令，弹出【选取数据源】对话框，如图 7-19 所示。

（6）在图 7-19 中，双击所需的“反馈表.xlsx”文件将其数据链接至当前文档。由于“反馈表.xlsx”中有 3 个工作表，故会跳出如图 7-20 所示的对话框来询问用户需要应用的工作表。由于本任务中的数据保存在“Sheet1$”表格中，故单击将其选中后再单击【确定】按钮即可返回邮件合并侧边栏。

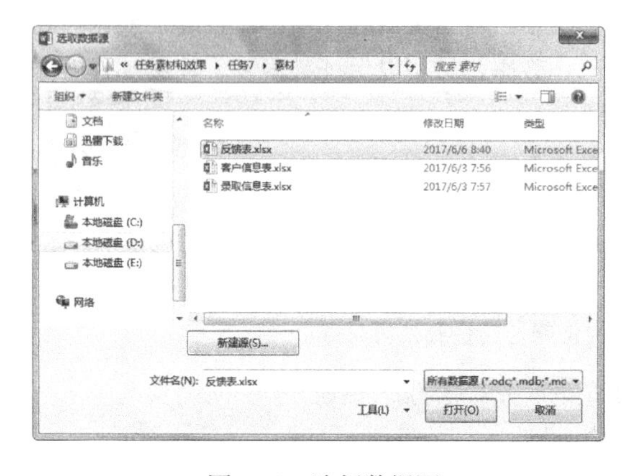

图 7-19　选择数据源

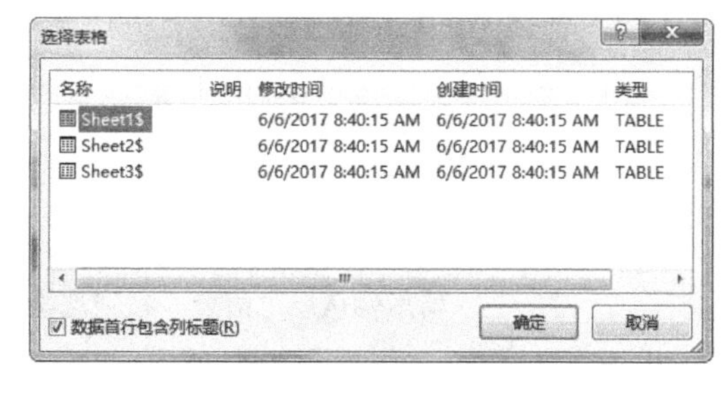

图 7-20　选择工作表

（7）执行【下一步：撰写信函】命令进入【撰写信函】步骤，如图 7-21 所示。

（8）将光标移至文字“您于”后面，单击【其他项目】选项，弹出【插入合并域】对话框，如图 7-22 所示。

（9）单击选中【域】列表中的【购买时间】选项，单击【插入】按钮便可在光标处插入购买时间域，如图 7-23 所示。

（10）重复步骤（8）、（9）操作，分别在文档中插入如图 7-24 所示的合并域。

（11）单击【下一步：预览信函】命令预览信函域的转换效果，如图 7-25 所示。

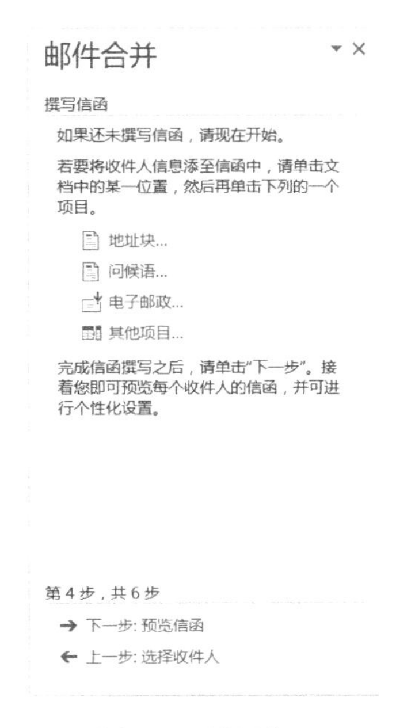

图 7-21 撰写信函

插入合并域

插入:

地址域(A) 数据库域(D)

域(F):

客户名称
购买产品
购买数量
购买时间
负责业务员

匹配域(M)... 插入(I) 取消

图 7-22 插入合并域

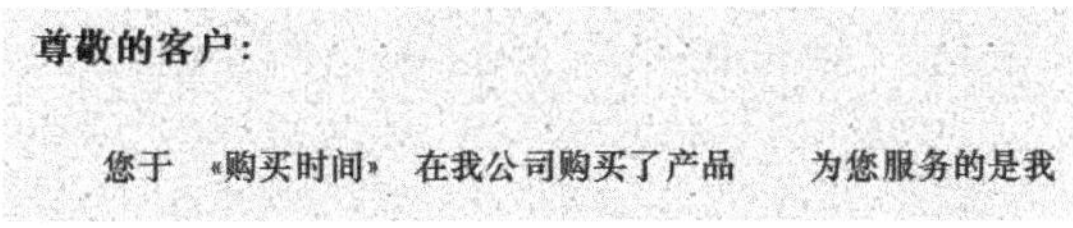

尊敬的客户：

您于 «购买时间» 在我公司购买了产品 为您服务的是我

图 7-23 在光标位置插入【购买时间】域

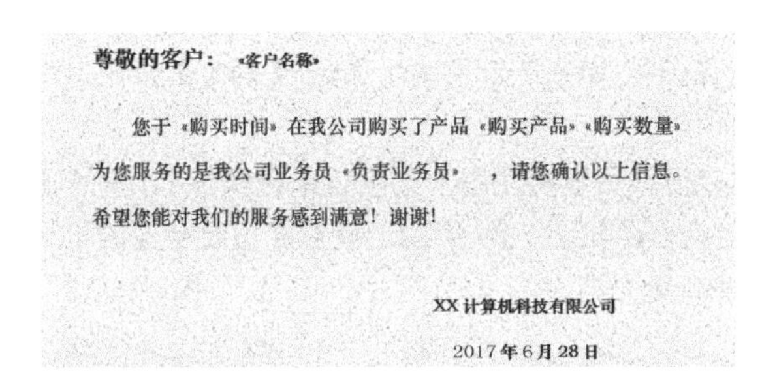
尊敬的客户： «客户名称»

您于 «购买时间» 在我公司购买了产品 «购买产品» «购买数量» 为您服务的是我公司业务员 «负责业务员» ，请您确认以上信息。希望您能对我们的服务感到满意！谢谢！

XX 计算机科技有限公司

2017 年 6 月 28 日

图 7-24 插入所需域

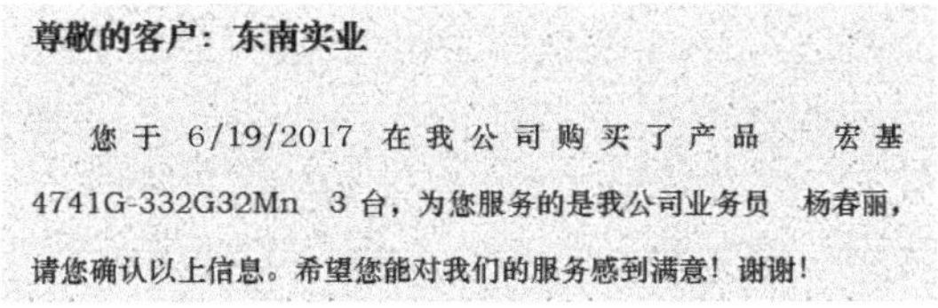

尊敬的客户：东南实业

您于 6/19/2017 在我公司购买了产品 宏基 4741G-332G32Mn 3 台，为您服务的是我公司业务员 杨春丽，请您确认以上信息。希望您能对我们的服务感到满意！谢谢！

图 7-25 预览信函效果

（12）如果需要查看某收件人，则可以单击如图 7-26 所示中上一项按钮 « 或下一项按钮 » 来选择查看收件人编号。单击【编辑收件人列表】按钮可以对收件人列表进行编辑，包括排序、筛选及查找重复收件人等。

（13）确认文档没有错误后执行【下一步：完成合并】命令进入【完成合并】步骤，如图 7-27 所示。

图 7-26　预览信函　　图 7-27　完成合并

（14）如果不需要保存而直接打印，则可以选择【打印】选项，弹出【合并到打印机】对话框，设置需要打印记录的范围，如图 7-28 所示。单击【确定】按钮，弹出【打印】对话框设置打印机的打印选项即可。

（15）如果需要保存以便日后继续使用，则可以单击图 7-27 中的【编辑单个信函】选项来打开【合并到新文档】对话框，如图 7-29 所示。设置好需要合并的记录后，单击【确定】按钮便可将所选记录合并到一个新文档中。

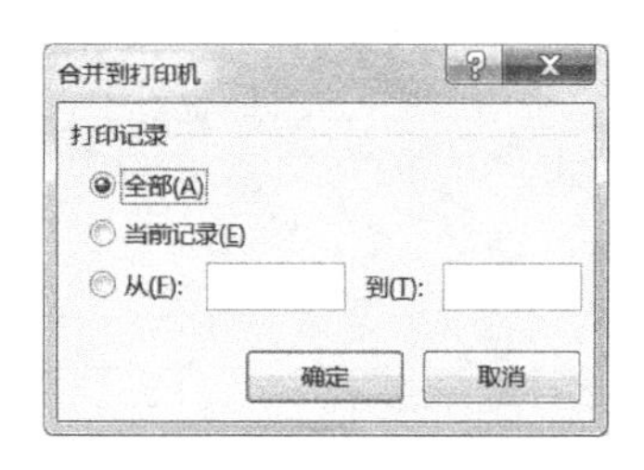

图 7-28　选择需要打印的记录

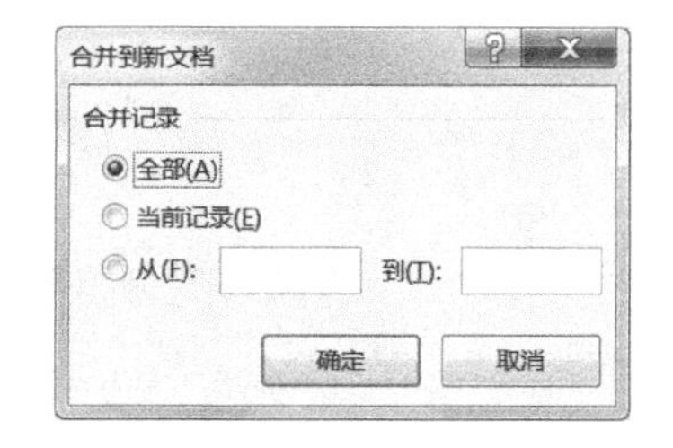

图 7-29　选择需要合并到新文档的记录

（16）合并完成后会自动建立一个包含所有记录的新文档，其中每个记录占一页。摘录其中某页效果，如图 7-30 所示。

如果想要突出显示插入域，可以为其设置想要的格式，如图 7-31 所示为设置插入域字体颜色和加粗后的效果。

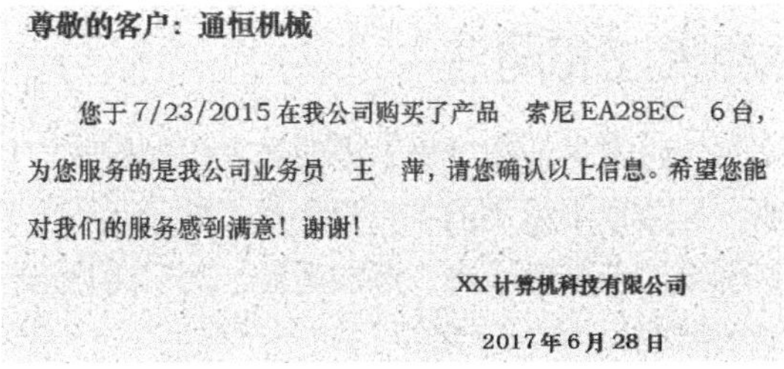

图 7-30　合并后的效果图

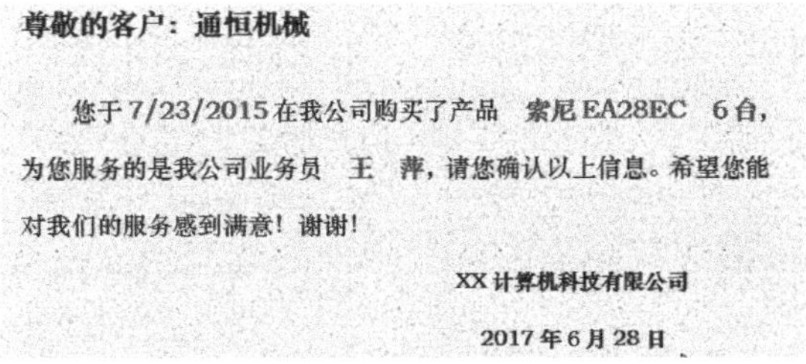

尊敬的客户：通恒机械
您于 7/23/2015 在我公司购买了产品　索尼 EA28EC　6 台，为您服务的是我公司业务员　王　萍，请您确认以上信息。希望您能对我们的服务感到满意！谢谢！
XX 计算机科技有限公司
2017 年 6 月 28 日

图 7-31　格式美化后的效果图

（17）这时使用【文件】选项卡的【打印】功能即可将生成的批量信函直接由打印机打印输出。

（18）在新文档中单击【文件】选项卡，在下拉菜单中执行【保存】命令，在弹出的【另存为】对话框中输入文件名后即可保存该文档以便日后再用。

至此，一封封格式统一、数据准确的信封和信函便制作完成了，马上把它们邮寄出去吧！

拓展实训

微课：实训 1

实训 1：制作新生录取通知书

根据如图 7-32 所示“录取信息表.xlsx”中的数据，利用邮件合并功能制作滨州职业学院“新生录取通知书”，效果图如图 7-33 所示。

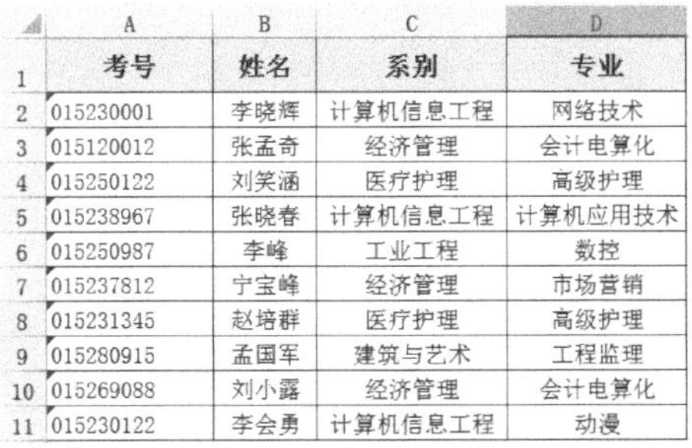

	A	B	C	D
1	考号	姓名	系别	专业
2	015230001	李晓辉	计算机信息工程	网络技术
3	015120012	张孟奇	经济管理	会计电算化
4	015250122	刘笑涵	医疗护理	高级护理
5	015238967	张晓春	计算机信息工程	计算机应用技术
6	015250987	李峰	工业工程	数控
7	015237812	宁宝峰	经济管理	市场营销
8	015231345	赵培群	医疗护理	高级护理
9	015280915	孟国军	建筑与艺术	工程监理
10	015269088	刘小露	经济管理	会计电算化
11	015230122	李会勇	计算机信息工程	动漫

图 7-32　录取信息表

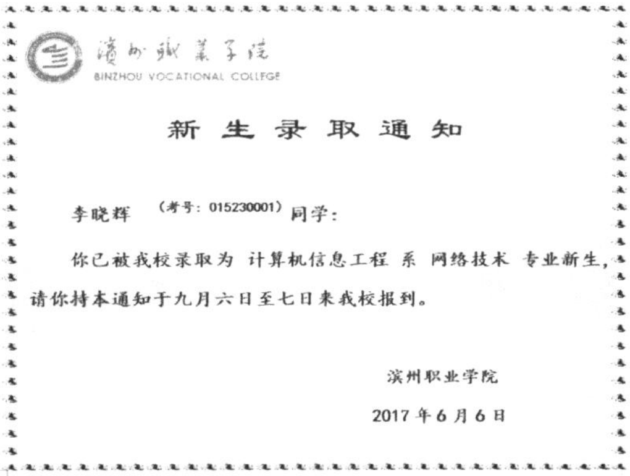

图 7-33　“新生录取通知书”效果图

实训 2：为文章添加脚注和尾注

微课：实训 2

为文章《感谢生活的磨砺》中的作者添加脚注，以对作者的相关信息进行补充说明。为文章中引用的“千里之行，始于足下”和“不积跬步，无以至千里；不积小流，无以成江海”添加尾注，对引用内容进行注释，并列出引文出处。文章效果图如图 7-34 所示。

感谢生活的磨砺

——云为裳[1]

在人生的旅途中，最糟糕的境遇往往不是贫困，不是厄运，而是精神和心境处于一种无知无觉的疲惫状态：感动过你的一切不能再感动你，吸引过你的一切不能再吸引你，甚至激怒过你的一切不能再激怒你。这时，人需要寻找另一片风景。

“要想改变我们的人生，第一步就是要改变我们的心态。只要心态是正确的，我们的世界就会的光明的。”

其实人与人之间本身并无太大的区别，真正的区别在于心态，“要么你去驾驭生命，要么生命驾驭你。你的心态决定谁是坐骑，谁是骑师。”在面对心理低谷之时，有的人向现实妥协，放弃了自己的理想和追求；有的人没有低头认输，他们不停审视自己的人生，分析自己的错误，勇于面对，从而走出困境，继续追求自己的梦想。

我们不能控制自己的遭遇，但我们可以控制自己的心态；我们改变不了别人，我们却可以改变自己；我们改变不了已经发生的事情，但是我们可以调节自己的心态。

有心无难事，有诚路定通，正确的心态能让你的人生更坦然舒心。当然，心态是依靠你自己调整的，只要你愿意，你就可以给自己的一个正确的心态。

心态是人真正的主人。改变心态，就是改变人生。有什么样的心态，就会有什么样的人生。要想改变我们的人生，其第一步就是要改变我们的心态。只要心态是正确的，我们的世界也会是光明的。

“人活着就是为了解决困难。这才是生命的意义，也是生命的内容。逃避不是办法，知难而上往往是解决问题的最好手段。”

人生之路不会是一帆风顺的，我们会遇上顺境，也会遇上逆境。其实，在所有成功路上折磨你的，背后都隐藏着激励你奋发向上的动机。换句话说，想要成功的人，都必须懂得知道如何将别人对自己的折磨，转化成一种让自己克服挫折的磨练，这样的磨练让未成功的人成长、茁壮。所以，当你遭遇厄运的时候，坚强与懦弱是成败的分水岭。一个生命能否战胜厄运，创造奇迹，取决于你是否赋于它一种信念的力量。一个在信念力量驱动下的生命即可创造人间的奇迹。

在困难面前，如果你能在众人都放弃时再多坚持一秒，那么，最后的胜利一定是属于你的。坚定的信念是获取成功的动力。很多的时候，成功都是在最后一刻才蹒跚到来。因此，做任何事情，我们都不应该半途而废，哪怕前行的道路再苦再难，也要坚持下去，这样才不会在自己的人生里留下太多的遗憾。

精彩的人生是在挫折中造就的，挫折是一个人的炼金石，许多挫折往往是好的开始。你只要按照自己的禀赋发展自我，不断地超越心灵的绊马索，你就不会发现自己生命中的太阳熠熠闪耀着光彩！

“人生目标确定容易实现难，但如果不去行动，那么连实现的可能也不会有。”

千里之行，始于足下①；不积跬步，无以至千里；不积小流，无以成江海②。凡事要想做大，都得从小处做起，从眼前最基本的事物做起②。如果一个人心里有远大的理想，却不愿意一步一步去努力，那他永远也不会有美梦成真的那一天。

有个故事告诉我们行动的重要性，有一个穷和尚和一个富和尚都住在一个偏远的地方，有一天，穷和尚对富和尚说：“我想到南海去，您看怎么样？”富和尚说你凭什么去呢？穷和尚说：“一个水瓶，一个饭钵就足够了。”富和尚说：

① “千里之行，始于足下”：走一千里路，是从迈第一步开始的。比喻事情的成功，是从小到大逐渐积累起来的。出处：《老子》第六十四章：“合抱之木，生于毫末；九层之台，起于累土；千里之行，始于足下”。

② 《荀子》中<劝学>语句，意思是说：行程千里，都是从一步一步开始；无边江河，都是一个个小溪小河汇聚而成；引申意思是如果做事不从一点一滴中做起，那就不可能有所成就。

[1] 作者：云为裳，原名：柳云香，女，河北石家庄人

图 7-34　文章效果图

技　巧

（1）为文章作者“云为裳”插入脚注。

① 将光标定位到作者“云为裳”之后，单击【引用】→【脚注】→【插入脚注】按钮，如图 7-35 所示。

脚注和尾注.docx [兼容模式] - Microsoft Word

文件　开始　插入　设计　页面布局　引用　邮件　审阅　视图　王晓红

目录　插入脚注　插入引文　管理源　样式：APA　书目　插入题注　标记索引项　标记引文

目录　脚注　引文与书目　题注　索引　引文目录

感谢生活的磨砺

——云为裳

在人生的旅途中，最糟糕的境遇往往不是贫困，不是厄运，而是精神和心境处于一种无知无觉的疲惫状态：感动过你的一切不能再感动你，吸引过你的一切不能再吸引你，甚至激怒过你的一切不能再激怒你。这时，人需要寻找另一片风

第 1 页，共 2 页　1590 个字　英语(美国)　插入　91%

图 7-35　插入脚注

② 这时，Word 将自动切换到该页面的底端，输入作者介绍文字“作者：云为裳，原名：柳云香，女，河北石家庄人”，如图 7-36 所示。

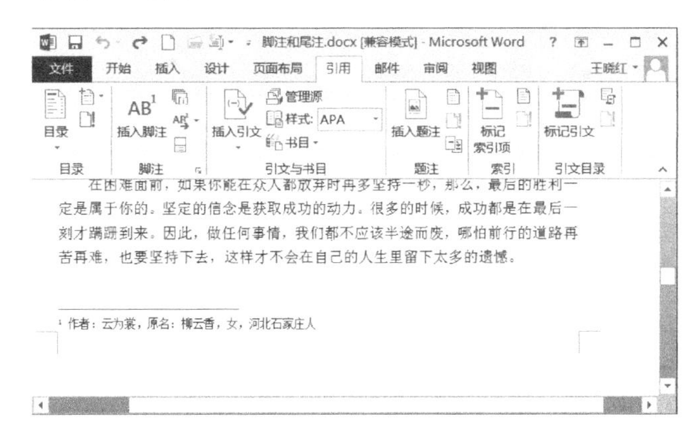

图 7-36　输入脚注文字

③ 输入完成后，将鼠标指向插入脚注的文本位置，将自动出现脚注文本提示，如图 7-37 所示。

图 7-37　显示脚注文字

（2）为文章中的引用文字插入尾注。

① 将光标定位在文字“千里之行，始于足下”之后，单击【引用】→【脚注】→【插入尾注】按钮，如图 7-38 所示。

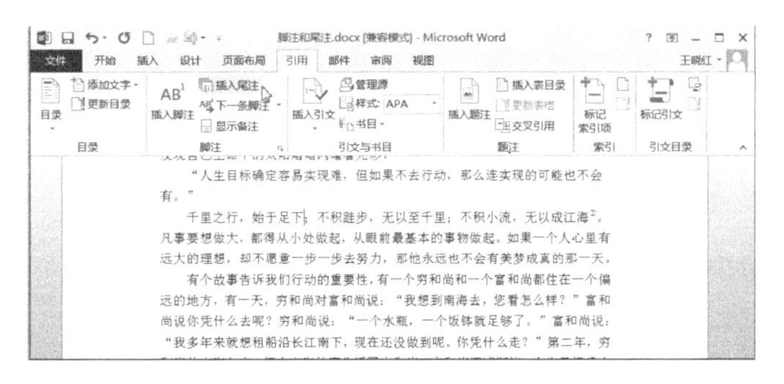

图 7-38　插入尾注

② 这时，Word 将自动切换到该文档的末尾位置，输入文本提示：“千里之行，始于足下”：走一千里路，是从迈第一步开始的。比喻事情的成功，是从小到大逐渐积累起来的。出处：《老子》第六十四章：“合抱之木，生于毫末；九层之台，起于累土；千里之行，始于足下。”如图 7-39 所示。

③ 输入完成后，将鼠标指向插入尾注的文本位置，将自动出现尾注文本提示，如图 7-40 所示。

（3）管理脚注和尾注。插入脚注或尾注后，若要对系统采用的默认编号格式进行修改，可以通过下面的操作进行（以设置尾注的编号格式为例）。

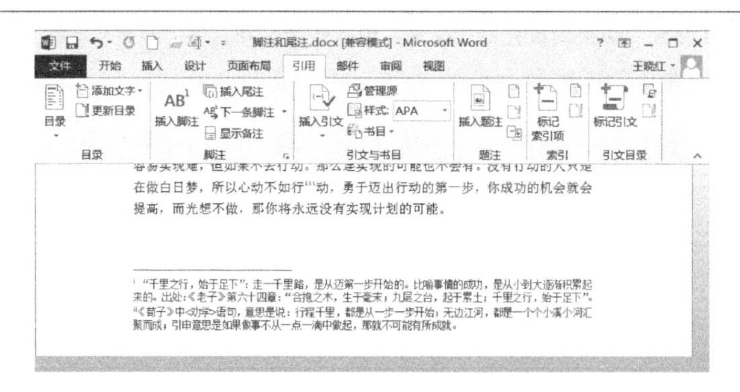

图 7-39 插入尾注文字

① 切换到【引用】选项卡，单击【脚注】选项组中的启动按钮，弹出【脚注和尾注】对话框，如图 7-41 所示。

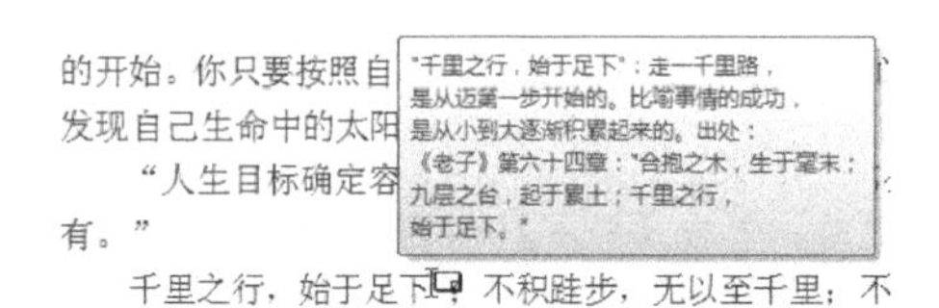

图 7-40 显示尾注文字

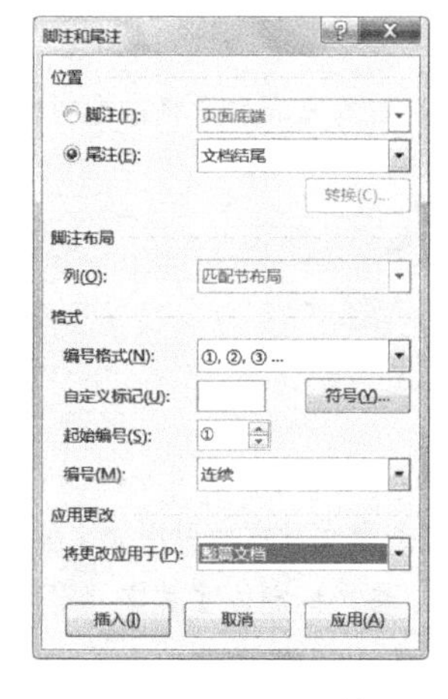

图 7-41 设置尾注格式

② 在【位置】栏中选择【尾注】单选项，然后在【格式】栏中的【编号格式】下拉列表中选择需要的编号格式，设置完成后单击【插入】按钮即可，如图 7-41 所示。

③ 此时，尾注的编号格式更改为所选样式，效果如图 7-42 所示。

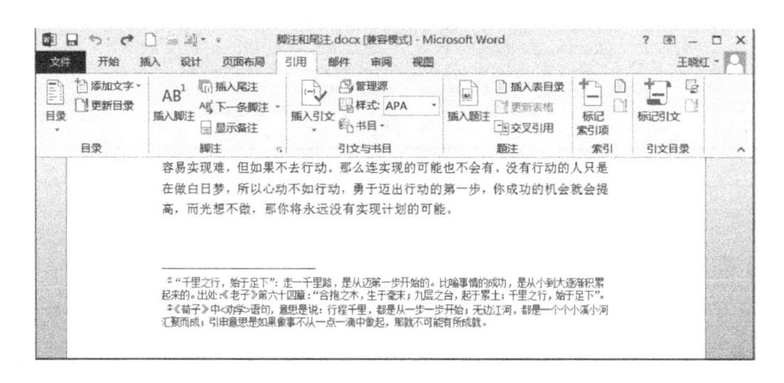

图 7-42 设置后效果

（4）交叉引用。交叉引用就是在文档的一个位置引用文档另一个位置的内容，常应用于需要互相应用内容的情况下，可以使用户尽快找到想要找的内容，同时能够保证文档的结构条理清晰。

比如上面已经在文章《感谢生活的磨砺》中添加了两个尾注，假如“凡事要想做大……事物做起”这句话也是引用于尾注 2 文献，则可使用交叉引用功能实现。具体操作为：在【插入】选项卡【链接】选项组中单击【交叉引用】选项，弹出图 7-43 所示对话框，在【引用类型】中选择“尾注”，在【引用哪一个尾注】列表中选择 ②《荀子》中<劝学>语句，，单击【插入】按钮，即可在该位置插入一个尾注的交叉引用。可见在从眼前最基本的事物做起②按住“Ctrl”键单击文档中的交叉引用，将跳转到文档中引用指定的位置。

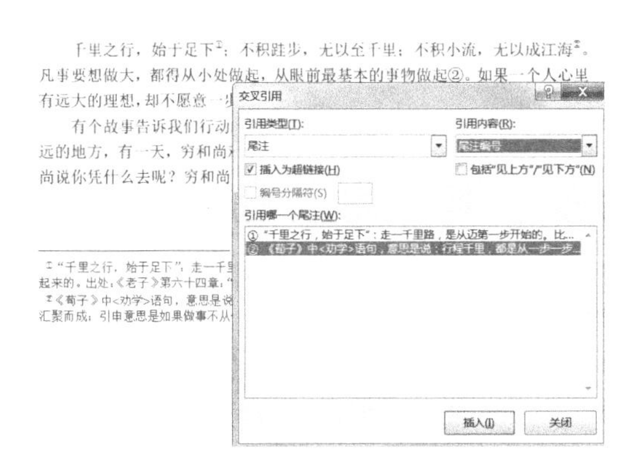

图 7-43　交叉引用

综合实践

期末考试已经结束，请根据本班学生成绩表和学生基本信息表利用信封向导和邮件合并功能制作学校信封和学生成绩通知单。要求：内容简洁、结构清晰、数据准确，排版科学合理、美观大方。

任务 8 员工档案管理

员工档案是公司内部的重要资料，对员工档案进行规范化管理不仅能减轻公司人力资源部的工作负担，而且便于公司其他工作人员的使用和调阅。对员工档案的基本信息的管理采用 Excel 2013 电子表格处理，可以利用 Excel 自动填充、快速填充、数据类型、数据有效性验证、公式函数等自身的特点，比用 Word 表格操作起来简单快速、灵活方便，而且录入数据正确率高。如图 8-1 所示是某公司的员工档案信息的数据采集表。

公司员工档案管理

工号	姓名	身份证号码	出生日期	性别	籍贯	部门	职务	职称	参加工作日期	第一学历	办公电话	联系电话	基本工资
4009001	张　英	372301197407065602	1974/7/6	女	山东	销售部	经理	工程师	1995/7/1	本科	4028556	13705438899	¥6,500.00
4009002	王振才	372330196305072312	1963/5/7	男	山东	行政部	职员	工程师	1984/5/1	本科	4028555	13978851122	¥6,000.00
4009003	马建民	110222196807075514	1968/7/7	男	北京	行政部	职员	工程师	1994/7/2	本科	4028555	13319551133	¥5,500.00
4009004	朱思华	430300197410912021	1974/12/30	女	湖南	人事部	职员	工程师	1996/5/1	专科	4028595	13754318899	¥5,500.00
4009005	王建美	430301197102094607	1971/2/9	女	湖南	办公室	职员	高工	1994/2/4	本科	4028525	13973118283	¥5,500.00
4009006	艾晓敏	110202197912121840	1979/12/12	女	北京	销售部	职员	技师	2000/7/6	专科	4028270	13574856435	¥5,000.00
4009007	陈关敏	372304197408138205	1974/8/13	女	山东	销售部	副经理	工程师	1996/6/1	本科	4028596	13854340998	¥5,800.00
4009008	刘方明	430303098109120130	2881/9/12	男	湖南	销售部	职员	技师	2002/9/7	专科	4028250	13187111633	¥3,500.00
4009009	王　霞	373408197909090128	1979/9/9	女	山东	财务部	职员	技师	2000/5/3	专科	4028660	13887116270	¥4,000.00
4009010	刘凤昌	******197112168810	1971/12/16	男	重庆	研发部	副经理	高工	1992/7/10	专科	4028591	13548955678	¥5,800.00
4009011	王　磊	******198301103611	1983/1/10	男	湖北	客服部	职员	技术员	2004/1/5	专科	4028260	13677331214	¥3,500.00
4009012	刘大力	******197608138215	1976/8/13	男	江苏	客服部	职员	工程师	1997/8/8	专科	4028885	13975858636	¥5,500.00
4009013	刘国明	******197301133010	1973/1/13	男	四川	研发部	职员	高工	1995/8/9	专科	4028592	13867891213	¥4,000.00
4009014	孙海亭	******196909083090	1969/9/8	男	湖南	财务部	副经理	工程师	1993/8/10	本科	4028593	18954330908	¥5,800.00
4009015	陈德华	******197502141212	1975/2/14	男	山东	销售部	职员	工程师	1997/7/1	本科	4028597	13408077788	¥5,500.00
4009016	刘国强	******198002141212	1980/2/14	男	上海	销售部	副经理	工程师	2001/7/9	研究生	4028262	13787551862	¥5,800.00
4009017	牟希雅	******197012091800	1970/12/9	女	湖南	销售部	职员	工程师	1994/8/11	专科	4028594	13408090999	¥4,000.00
4009018	彭庆华	******197002091210	1970/2/9	男	山东	销售部	职员	高工	1992/7/1	本科	4028598	13508066768	¥5,500.00

员工档案信息表　员工联系电话表　员工学历情况表

图 8-1　员工档案信息数据采集表效果图

8.1 任务情境

为了对公司员工的档案信息进行规范化管理，人力资源部经理安排小王对公司员工的最新档案信息进行采集录入并进行整理，以便公司总经理和其他部门经理调阅。假设你是小王，你该如何设计表格和快速录入数据呢？

知识目标

- Excel 2013 的启动与退出及工作界面；
- 单元格能够接受的各种数据类型；
- 数据验证的作用；
- 填充柄及自动填充功能；
- MID 函数的功能及使用方法；
- DATE 函数的功能及使用方法；
- MOD 函数的功能及使用方法；
- 文本分列方法；
- 快速填充功能；
- IF 函数的功能及使用方法；
- 工作表与工作簿的保护；
- 条件格式的应用；
- 打印设置及预览。

能力目标

- 能够设置工作簿中默认包含的工作表数；
- 能够设置自动保存；
- 各种数据类型数据的输入与设置；
- 会应用数据验证功能；
- 会进行行列的插入与删除；
- 能够对行列隐藏与取消隐藏；
- 能够从身份证号码中提取出生日期和性别；
- 能够应用分列对文本进行拆分；
- 会应用快速填充功能；
- 掌握工作表的插入、复制、删除、重命名、隐藏、保护等基本操作；
- 能够对单元格格式设置：标题合并居中、行高列宽、对齐、单元格边框等；
- 会进行打印设置包含打印区域、打印标题等以及打印预览；
- 能够综合应用所学知识根据公司员工基本信息快速建立员工档案表，并方便查阅；
- 能够熟练根据实际需要设计符合要求的工作表，并采用技巧进行高效数据采集。

8.2 任务分析

公司员工的档案信息一般包括员工工号、姓名、身份证号码、性别、出生年月、所属部门、职务、职称、参加工作时间、学历、籍贯、办公电话、联系电话、基本工资等信息，员工档案表不仅只是能够储存员工的基本信息，更重要的是要方便查阅，可以利用 Excel 2103 的自动填充、快速填充、数据有效性验证等技巧提高数据录入速度，同时可以设置数据录入的报错提示信息，还可以使用函数从身份证号码中取得出生年月和性别信息，从而省掉一些数据的录入工作，提高工作效率。所以本任务使用 Excel 2013 电子表格处理要比用 Word 表格处理好得多。

经过分析，要完成员工档案表格的设计及数据采集录入工作需要进行以下工作。

（1）启动 Excel 2013，新建一空白工作簿；

（2）设计并输入表头信息；

（3）员工工号用自动填充功能完成；

（4）输入姓名、身份证号码、籍贯、参加工作时间、电话、基本工资信息；

（5）从身份证号码中提取出生日期和性别；

（6）所属部门、职务、职称用数据验证设置从指定的下拉列表中选择输入；

（7）工作簿与工作表的保护与共享设置；

（8）格式化工作表；

（9）工作表的打印设置及打印。

8.3 任务实现：制作员工档案信息表

8.3.1 新建工作簿

工作簿就是一个 Excel 文件，用于存储并处理工作数据。新建工作簿可以新建一个空白工作簿，也可以根据工作任务的需要选择一个合适的模板，创建一个基于模板的工作簿。

通常情况下，每次启动 Excel 2013 后，在 Excel 开始界面，如图 8-2 所示，可以选择其左侧栏里显示的“最近使用的文档”，或选择“打开其他工作簿”选项打开已存在的文件；也可以在右侧栏中根据需要选择适合的模板创建新文件。与 Excel 较前版本比较，Excel 2013 为用户提供了多种类型的模板样式，如预算、日历、清单和发票等模板，选择联网就可以下载。

图 8-2　Excel 开始界面

如果没有合适的模板则单击【空白工作簿】选项创建一个新工作簿，即新建了一个 Excel 文件，文件名默认为“工作簿 1”，文件扩展名为“xlsx”，工作界面如图 8-3 所示。

Excel 2013 工作界面更加清新整洁、赏心悦目，主要由标题栏、功能区、编辑区和状态栏等部分组成，与 Word 2013 相似，在此不再赘述。下面介绍一下与 Word 2013 界面不同的区域。

1. 工作表编辑区

工作表编辑区由多个单元格组成。单元格是工作表的基本构成元素，每个单元格都有自己的名称，它们的名称由行标识和列标识组成，其中行标识由 1、2、3……数字表示，列标识由 A、B、C……字母表示。第 A 列与第 1 行相交的单元格的名称是 A1 单元格，如图 8-3 所示。

单元格区域是工作表中两个或者多个连续或不连续的单元格。例如，从起始单元格 A3 到终止单元格 F8 的连续区域表示为 A3:F8。

2. 名称框和编辑栏

名称框主要用于显示当前选中的单元格地址或者范围、对象。

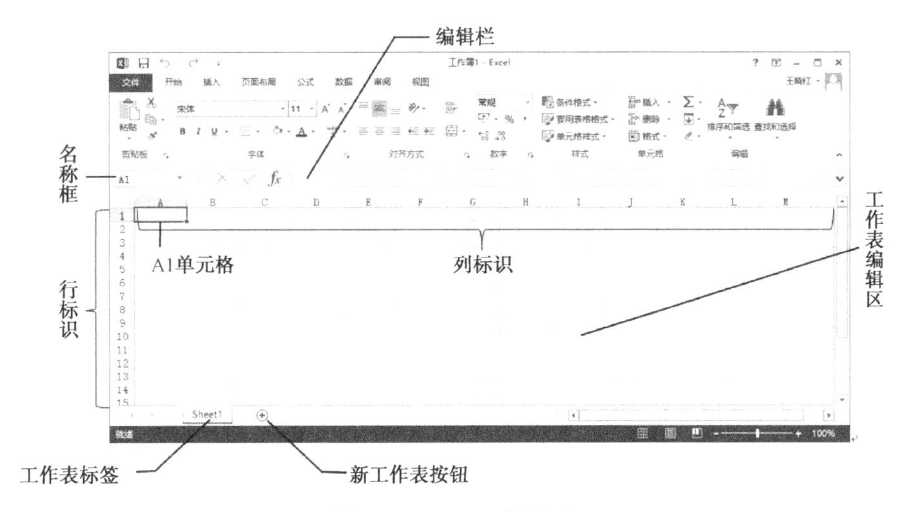

图 8-3　Excel 工作界面

编辑栏主要用于显示选中单元格的数据或者公式，还可以在编辑栏中输入和修改选中单元格的数据和公式。当单元格处于编辑状态时，在编辑栏左侧就会出现【取消】按钮×、【输入】按钮✓及【插入函数】按钮fx。

单击【取消】按钮×，即删除在编辑栏中输入的内容；单击【输入】按钮✓，即确定了在编辑栏中输入的内容；单击【插入函数】按钮fx就会打开【插入函数】对话框，如图 8-4 所示，可以在单元格中插入各种函数。

3. 工作表标签

一个工作簿是由多个工作表组成的，Excel 2013 新建的工作簿默认包含一个工作表，其工作表标签是“Sheet1”。可以根据需要添加工作表，只要单击工作表“Sheet1”右侧的新工作表“⊕”按钮即可添加；也可以通过选项设置新建工作簿时包含的工作表的个数：单击【文件】选项卡下的【选项】选项，弹出【Excel 选项】对话框，在【常规】选项卡中进行设置，如图 8-5 所示。

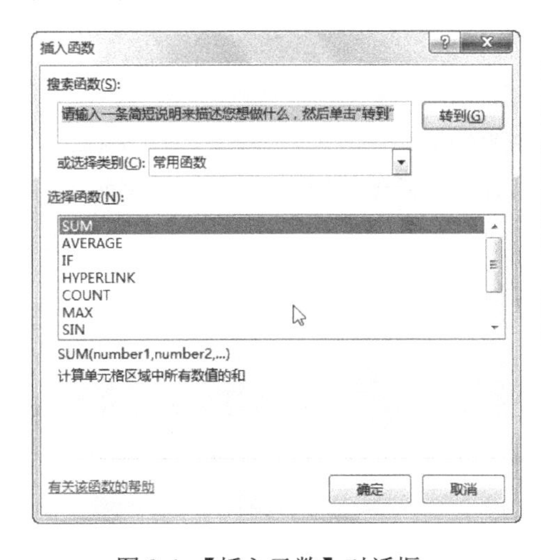

图 8-4 【插入函数】对话框

图 8-5　Excel 选项界面

当工作簿中有多个工作表时，单击某个工作表标签，它就由灰度变为绿色显示，成为当前

（活动）工作表。

8.3.2 保存“公司员工档案”工作簿

启动 Excel 后新建一个空白工作簿 1，在编辑文件内容以前先将文件保存，现将其保存在“E 驱动器”的“工作文件”文件夹内，文件名为“公司员工档案.xlsx”。保存的操作方法与 Word 文档基本类似，在此不再赘述，但要强调自动保存的设置，以在死机或断电的情况下最大限度地减少损失。

设置自动保存时间间隔，操作步骤如下。

单击【文件】按钮，从弹出的界面中选择【选项】选项，弹出【Excel 选项】对话框，在【Excel 选项】对话框的选择【保存】选项卡，如图 8-6 所示。勾选【保存自动恢复时间间隔】并设置时间。

图 8-6 自动保存设置

- Excel 2013 的工作簿默认的扩展名为“.xlsx”。Excel 2013 兼容 2003 版的文件格式.xls。
- 一般创建文件后要先对文件进行保存，防止突然断电或电脑死机故障等原因造成数据丢失。
- 即使设置了自动保存，在编辑和数据分析与处理过程中还是要记得随时手动单击保存按钮，尽量减少损失。

8.3.3 公司员工档案信息工作表设计与数据采集

1. 设计表格各列标题

（1）选中 A1 单元格。将光标指向第 A 列第 1 行相交的单元格，单击鼠标左键就选中了 A1 单元格，被选中的 A1 单元格周围会被加粗的线框包围，同时，“A1”也显示在名称框中，如图 8-3 所示。

（2）直接输入列标题“工号”。可以看到输入的内容同时显示在 A1 单元格内和编辑栏中，可在编辑栏中输入或编辑当前单元格的数据。

（3）依次在 B1～M1 中输入如图 8-7 所示的工作表各列标题文本，即表格表头。

技　巧

- 输入单元格数据时，按“Tab”键光标会右移一个单元格，用于横向输入；按“回车键”光标下移一个单元格，用于纵向输入。（系统默认设置。）
- 选中连续的单元格区域时，如 A3:F8，先单击起始单元格 A3，然后按下鼠标左键向右下角拖动至终止单元格 F8。也可以先单击 A3 单元格，然后按下“Shift”键不放开，再单击终止单元格 F8。
- 选中不连续的单元格区域时，按住“Ctrl”键不放开，然后单击需要选择的单元格或分别选中要选的单元格区域。
- 如果要同时在多个单元格中输入相同的数据，可先选定相应的单元格，然后在编辑栏输入数据，按“Ctrl+ Enter”组合键，即可向这些单元格同时输入相同的数据。

相关知识

Excel 2013 能够接受的数据类型有文本（或称字符、文字）、数字（值）、日期和时间、公式与函数等。文本类型数据可以是字母、汉字、数字、空格和其他字符，也可以是它们的组合。在默认状态下，所有文本型数据在单元格中均左对齐。输入时注意以下几点。

（1）在当前单元格中，一般文字如字母、汉字等直接输入即可。

（2）如果要把数字作为文本输入（如身份证号码、电话号码、=3+5、2/3 等），应先输入一个半角字符的单引号“'”再输入相应的字符。

2. 输入员工工号

对于所有员工的工号，是连续增加 1 的一组数据，如“4009001,4009002,……”对于这样连续增 1 变化的数据，应用 Excel 特有的填充柄自动填充功能，可以快速完成。注意 Excel 默认的“常规”格式对较大的数字（12 位或更多）使用科学计数（指数）表示法，例如输入“140090000001”时（12 位），单元格显示的则是“1.4009E+11”，为了避免显示为科学计数法的形式，当位数等于或超过 12 位时，应在录入数据前先设置为“数字”类型。当位数少于 12 位时可以直接采用默认的常规格式，不必设置“数字”类型。

（1）将单元格数据类型设置为“数字”（值）类型的操作步骤如下。

① 鼠标指针指向 A 列标识，当指针变为 ↓ 时，单击左键选中 A 列，切换到【开始】选项卡，单击【数字】选项组中的【数字格式】下拉列表，如图 8-7 所示。

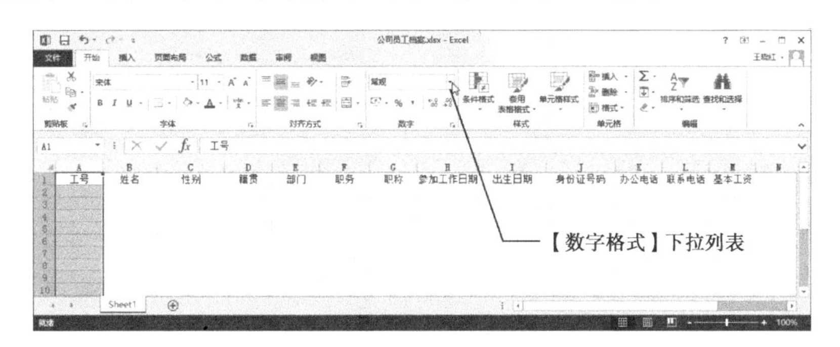

图 8-7 【数字】选项组中的【数字格式】下拉列表

② 在弹出的下拉列表中选择【数字】选项，如图 8-8 所示。这样再在 A 列任意一个单元格

输入的数据格式都是数字类型。

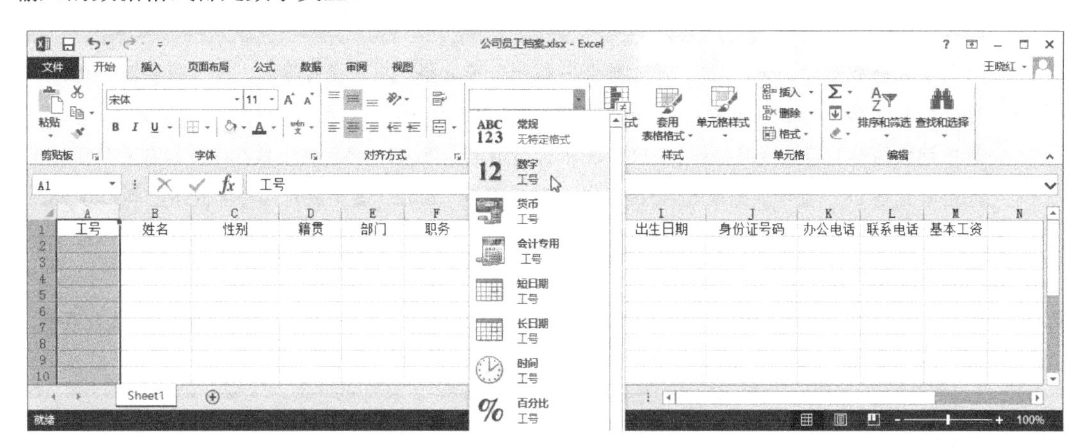

图 8-8 【数字格式】下拉列表中的【数字】选项

（2）应用填充柄自动填充所有员工工号操作步骤如下。

① 选中 A2 单元格，在 A2 单元格中输入“4009001”。

微课：填充柄填充

② 将鼠标指针指到A2单元格右下角的填充柄上，当鼠标指针由空心“✚”字变成实心“＋”时，即鼠标指针指到了如图 8-9 所示填充柄上，按住“Ctrl”键同时按下鼠标左键向下拖动填充柄，则其他员工的工号“4009002,4009003,4009004,……”按照依次递增“1”的等差数列会自动填充。

应用填充柄完成类似工号的自动填充还有另外两种操作方法，读者可以按自己习惯选择其一。

微课：同数据批量填充

方法一

① 输入起始的相邻两个单元格的数据，即在 A2 中输入“4009001”，A3 中输入“4009002”。

② 然后选中这两个单元格，再将鼠标指针指到如图 8-10 所示共同的填充柄上，按住鼠标左键向下拖动，系统会根据前两个相邻单元格的数据确定数据变化规律，然后按此规律填充后面的数据。

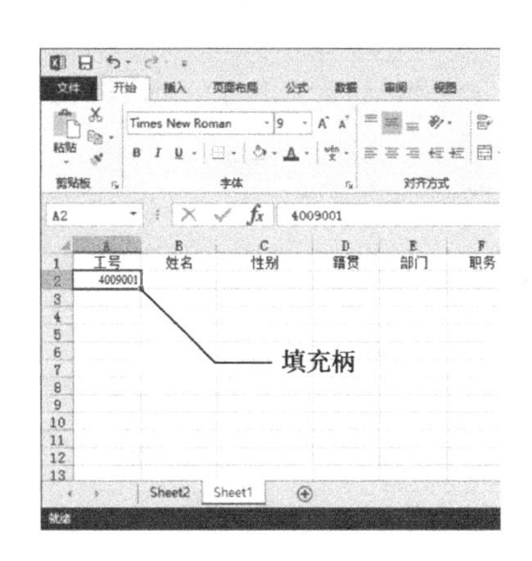

图 8-9 填充柄

图 8-10 两个相邻单元格共同的填充柄

方法二

① 选中 A2 单元格，在 A2 单元格中输入“4009001”。

② 选中要填充数据的单元格区域 A2:A20。先单击起始单元格 A2，然后按住鼠标左键向下拖动至终止单元格 A20。或者先单击 A2 单元格，然后按住“Shift”键，再单击终止单元格 A20。

③ 切换到【开始】选项卡，单击【编辑】选项组中的【填充】按钮，在弹出的下拉列表中选择【序列】选项，如图 8-11 所示。

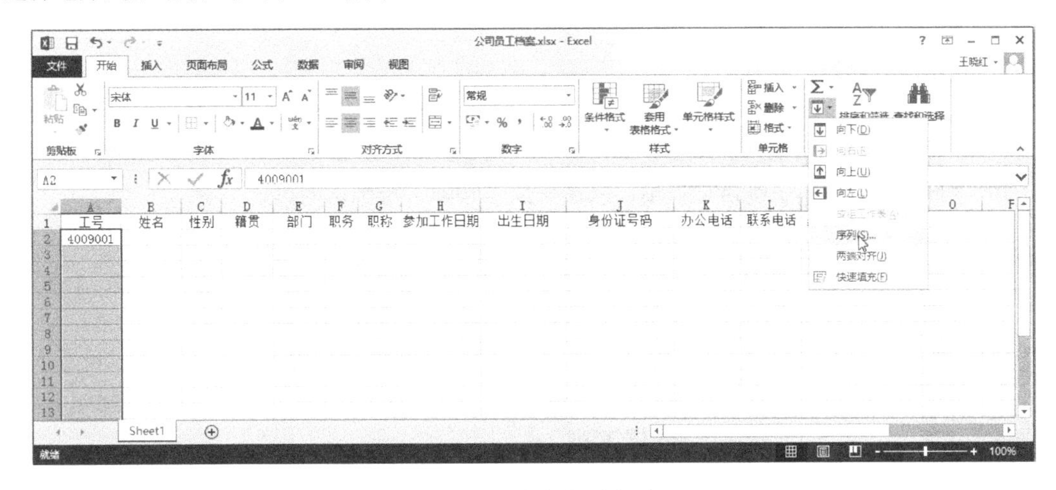

图 8-11　填充序列选项

④ 弹出【序列】对话框，如图 8-12 所示。在【序列产生在】栏中选择【列】单选项，在【类型】栏中选择【等差序列】单选项，在【步长值】文本框中设置值为“1”，单击【确定】按钮，即可自动填充完成。这种方法还能填充任意等差、等比数列，比前面两种方法功能强大。

图 8-12　【序列】对话框

相关知识

Excel 自动填充功能，可以自动填充一些有规律的数据，如填充相同数据，填充数据的等比数列、等差数列和日期时间序列等，还可以输入自定义序列。

- 初值为纯数字型数据或文字型数据时，选中初值单元格，拖动填充柄在相应单元格中填充相同数据（复制填充）。若拖动填充柄的同时按住 Ctrl 键，可使数字型数据自动增 1。
- 初值为文字型数据和数字型数据混合体，填充时文字不变，数字递增。如初值为 A1，则填充值为 A2、A3、A4 等。

> ➢ 初值为 Excel 预设序列中的数据，则拖动填充柄按系统预设序列填充。如填充“星期一、星期二、……、星期日”，“一月、二月、……、十二月”等。
> ➢ 初值为日期时间型数据及具有增减可能的文字型数据，则自动增 1。如初值为“1998/9/1”，则填充为“1998/9/1、1998/9/2、1998/9/3、1998/9/4、……”，初值为“9 月 1 日”，则填充为“9 月 2 日、9 月 3 日、9 月 4 日、……”。若拖动填充柄的同时按住 Ctrl 键，则在相应单元格中填充相同数据。

3. 输入员工姓名、籍贯

由于员工籍贯有可能相同，可以应用 Excel 记忆式键入功能自动输入重复列中已输入的数据，例如，在 D2 单元格输入“山东”后，在 D5 单元格又需要输入“山东”时，当输入第一个字“山”时，“山东”二字就自动显示，只需要按“Enter”键确认即可。

Excel 记忆式键入功能只能自动完成包含文字或文字与数字组合的项，只包含数字、日期或时间的项不能自动完成。

4. 应用数据验证设置，从指定的下拉列表中选择输入部门、职务、职称

微课：应用数据验证填充

由于员工部门、职务、职称等数据的值是有限的几个，所以可以设置下拉列表并从中选择输入，这样可以大大提高录入数据的速度。操作步骤如下。

（1）选中“部门”E 列。

（2）切换到【数据】选项卡，单击【数据工具】选项组中的【数据验证】按钮，如图 8-13 所示。

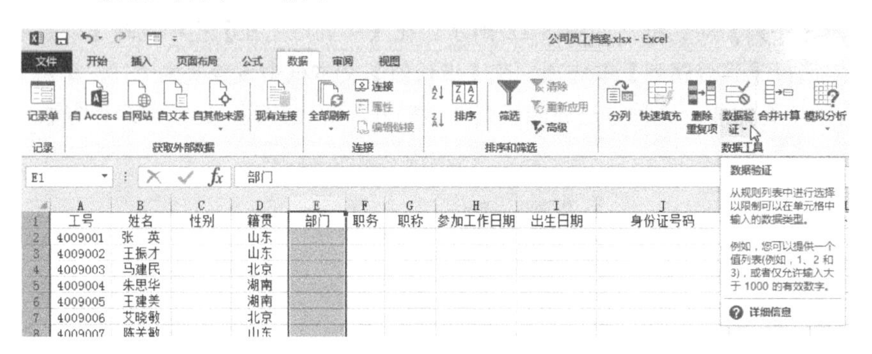

图 8-13 【数据验证】按钮

（3）在弹出的【数据验证】对话框中选择【设置】选项卡。在【允许】下拉列表中选择【序列】选项；在【来源】文本框中输入各个部门名称：“行政部，办公室，销售部，人事部，财务部，研发部，客服部”，如图 8-14 所示，单击【确定】按钮。

注意：部门名称之间要用英文半角逗号分隔，如果用中文逗号分隔则各序列不能正确识别。

（4）在【数据验证】对话框中，选择【输入信息】选项卡，在【标题】文本框中输入“部门”，在【输入信息】文本框中输入“从指定的下拉列表中选择输入部门”，如图 8-15 所示。设置后效果如图 8-16 所示。

（5）选择【出错警告】选项卡，进行出错设置，如图 8-17 所示。选中【输入无效数据时显示出错警告】单选项，在【标题】文本框中输入“部门”，在【错误信息】文本框中输入“输入数据出错！无此部门”。

（6）从指定的下拉列表中选择输入每个员工的部门，这样快速简便又不易出错，即使输错也会出现错误警告信息。

图 8-14 【数据验证】对话框的【设置】选项卡

图 8-15 【输入信息】选项卡

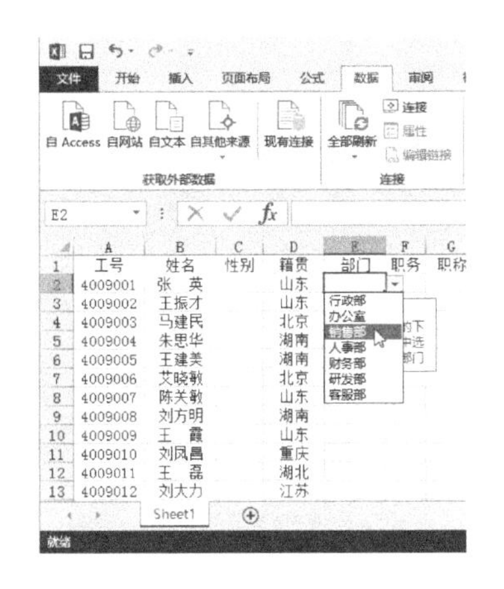

图 8-16 【数据验证】设置效果

图 8-17 【出错警告】选项卡

类似地，对职务进行有效性设置，从“经理，副经理，职员”选择输入数据；对职称进行有效设置，从“高工，工程师，技师，技术员”中选择输入数据。

5. 输入员工参加工作日期

（1）选择“年-月-日”或“年/月/日”格式输入日期型数据。

（2）修改单元格数据格式，改变日期的显示形式为“1998 年 6 月 1 日”格式。

① 鼠标指针指向 H 列标识，鼠标指针变为 ↓ 时，单击左键选中 H 列。

② 切换到【开始】选项卡，单击【数字】选项组中的【数字格式】，在其下拉列表中选择【长日期】选项，如图 8-18 所示。则日期显示为“××××年××月××日”的形式。

修改数据格式也可在下拉列表中选择“其他数字格式”，弹出如图 8-19 所示的【设置单元格格式】对话框，切换到【数字】选项卡，在【分类】列表框中选择【日期】选项，再在右侧的【类型】列表框中选择所需格式。

或者选中 H 列，右击弹出快捷菜单，在快捷菜单中选择【设置单元格格式】命令，如图 8-20 所示，也会弹出图 8-19 所示的【设置单元格格式】对话框。

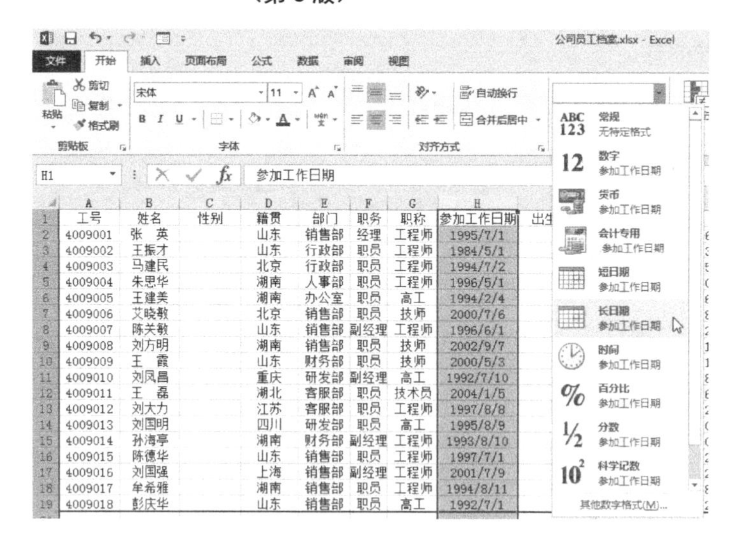

图 8-18 【长日期】选项

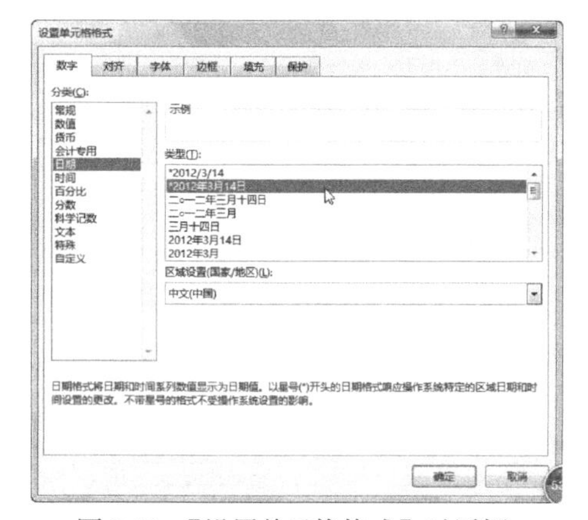

图 8-19 【设置单元格格式】对话框

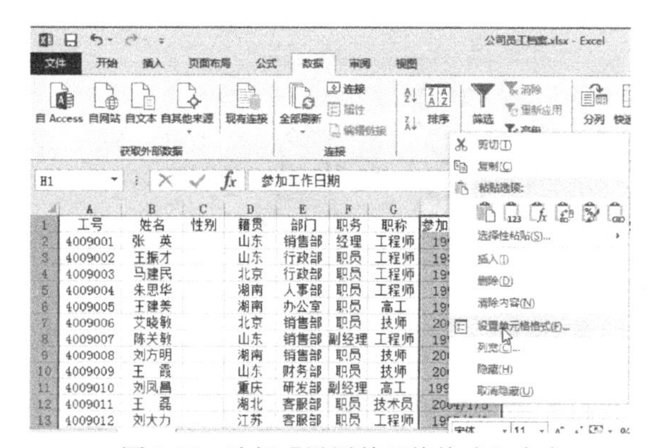

图 8-20 选择【设置单元格格式】命令

相关知识

日期和时间型数据及输入

Excel 将日期和时间视为数字处理。工作表中的时间或日期的显示方式取决于所在单元格中的数字格式。在输入了 Excel 可以识别的日期或时间型数据后，单元格格式显示为某种内置的日期或时间格式。在默认状态下，日期和时间型数据在单元格中右对齐。如果 Excel 不能识别输入的日期或时间格式，输入的内容将被视作文本，并在单元格中左对齐。输入时注意以下几点。

- 一般情况下，日期分隔符使用“/”或“-”，例如，2009/2/17、2009-2-17、17/Feb/2009 或 17-Feb-2009 都表示 2009 年 2 月 17 日。
- 如果只输入月和日，Excel 就取计算机内部时钟的年份作为默认值。例如，在当前单元格中输入 2-17 或 2/17，按回车键后显示 2 月 17 日。当再选中刚才的单元格时，在编辑栏中显示 2016-2-17（假设当前是 2016 年）。Excel 对日期的判断很灵活，例如，输入 16-Feb、16/Feb、Feb-16 或 Feb/16 时，都认为是 2 月 16 日。

> ➢ 时间分隔符一般使用冒号“:”，例如，输入 8:0:1 或 8:00:01 都表示 8 点零 1 秒。可以只输入时和分，也可以只输入小时数和冒号，还可以输入小时数大于 24 的时间数据。如果要基于 12 小时制输入时间，则在时间（不包括只有小时数和冒号的时间数据）后输入一个空格，然后输入 AM 或 PM（也可以是 A 或 P），用来表示上午或下午，否则，Excel 将基于 24 小时制计算时间。
> ➢ 如果在单元格中既输入日期又输入时间，则中间必须用空格隔开。

提示 如果在单元格中输入“1/2”时，Excel 自动识别为日期型数据“1 月 2 日”，不识别为分数“1/2”。如果想输入分数“1/2”时，则需要先输入分数的整数部分“0”及空格，即输入“0 1/2”，系统就可以识别为“1/2”，即 0.5 了。

技 巧

插入当前系统日期可用快捷键“Ctrl+;”，插入当前系统时间用快捷键“Ctrl+:”。

6. 输入员工身份证号码、办公电话和联系电话

身份证号码、电话号码虽然是由数字 0～9 组成，但是仅有编号意义，数值运算没有意义，所以像类似这样的数据，一般都要以文本型数据处理。输入文本型数据应先输入一个半角字符的单引号“ ’ ”，但是如果需要连续输入多个文本型数据时，每个都多输入一个符号很麻烦，为了简化录入，可以在输入前设置单元格格式为文本类型，然后就可以直接录入了。

（1）设置身份证号码列的数据类型为文本类型。由于身份证号码位数较多，如果不在录入前设置为文本型，系统默认数据类型为“常规”，因此输入号码后会自动显示为科学计数法的形式（系统对“常规”数字格式对较大的数字（12 位或更多）使用科学计数表示法），如：输入“372330199008022753”则显示为“3.7233E+17”，即使再改为文本类型，系统也会自动将后三位清零即显示为“372330199008022000”，这样身份证号码就在无意中输错了。

对身份证号码列设置为文本类型还有一个重要原因，是为了从身份证号码中提取出生年月和性别信息便于实现。操作步骤如下：选中 J 列，单击【数字】选项组中的【数字格式】，在其下拉列表中选择【文本】选项。

（2）设置单元格数据验证，限定输入身份证号码的位数是 18 位。由于身份证号码位数较多，为了防止输错位数，在输入员工身份证号码之前先用【数据验证】工具限定文本长度为 18 位。操作步骤如下。

① 选中“身份证号码”J 列。

② 切换到【数据】选项卡，单击【数据工具】选项组中的【数据验证】按钮，如图 8-13 所示，弹出【数据验证】对话框。

③ 在弹出的【数据验证】对话框中，选择【设置】选项卡，在【允许】下拉列表中选择【文本长度】选择项，在【数据】下拉列表中选择【等于】选择项，在【长度】文本框中设置 18，如图 8-21 所示，单击【确定】按钮。

（3）依次输入员工身份证号码。当输错位数时，如输入“372323456”，系统会弹出报错窗口，如图 8-22 所示。

（4）调整列宽。输入完身份证号码后，由于位数较多，超出列宽，需要调整列宽。将鼠标指针指向 J、K 两列列标识的分界线上，鼠标指针变为 ↔ 时按下左键向右拖动鼠标，调整到合

适的宽度。

图 8-21　设置文本长度

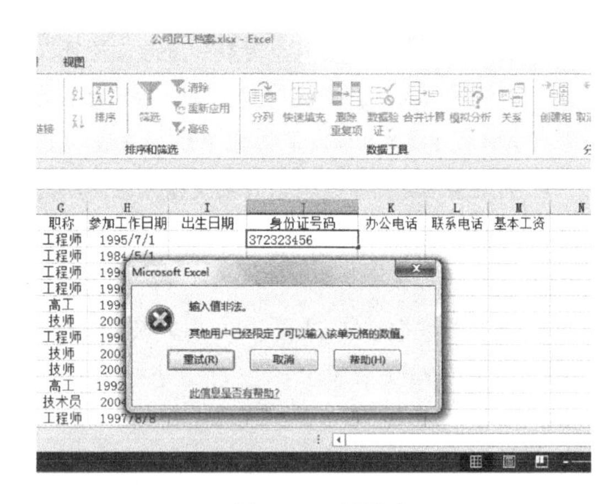

图 8-22　报错窗口

用同样的方法依次输入办公电话和联系电话两列数值。

提示　（1）在默认的单元格数据类型“常规”状态下，输入类似身份证号码、电话号码、学生证号码之类的位数较多的数据后，如果以科学计数法的形式显示，如“372300197809083345”显示为“3.723E+17”，就要把这类数据设置为文本类型，这样即使宽度超出了列宽，显示形式也不会发生变化。

（2）身份证号码列要先设置文本类型，然后输入号码数据，不能输入号码数据后再设置文本类型。

（3）列宽还可以用对话框进行更加精确的调整，方法如下：选中J列，切换到【开始】选项卡，选择【单元格】选项组中【格式】下拉列表中的【列宽】选项，如图8-23所示。弹出【列宽】对话框，如图8-24所示，在【列宽】文本框中输入合适的数值，如“18”。还可以选中J列，右击弹出快捷菜单，选择【列宽】命令，弹出【列宽】对话框。

另外行高的调整方法和列宽的调整方法类似。

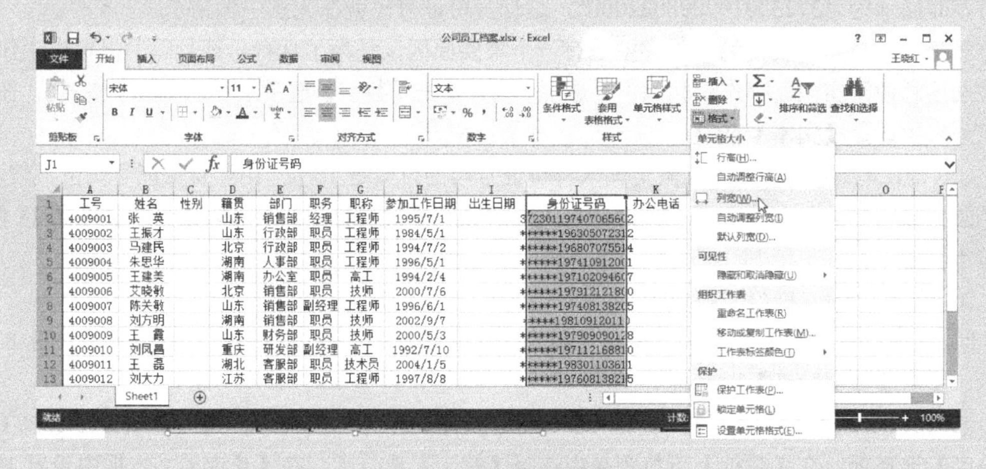

图 8-23　【列宽】选项

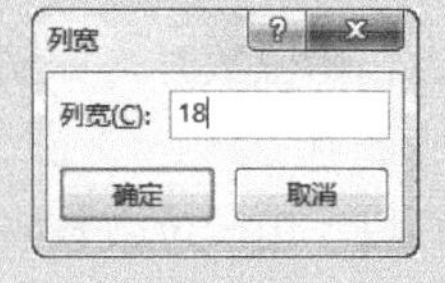

图 8-24　【列宽】对话框

7. 从身份证号码中提取员工出生日期信息

众所周知，我国身份证号码里有公民的出生日期和性别信息，小王便想到了从身份证号码中提取员工出生日期和性别信息。考虑到先前设计的这三列顺序不是很合理，所以先调整“身份证号码”列、“性别”列、“出生日期”这三列的顺序，使其相邻更方便操作。

把“身份证号码”列移动到“性别”列之前，操作方法如下。选中“身份证号码”J 列，右击，在弹出的快捷菜单中选择【剪切】命令，如图 8-25 所示。

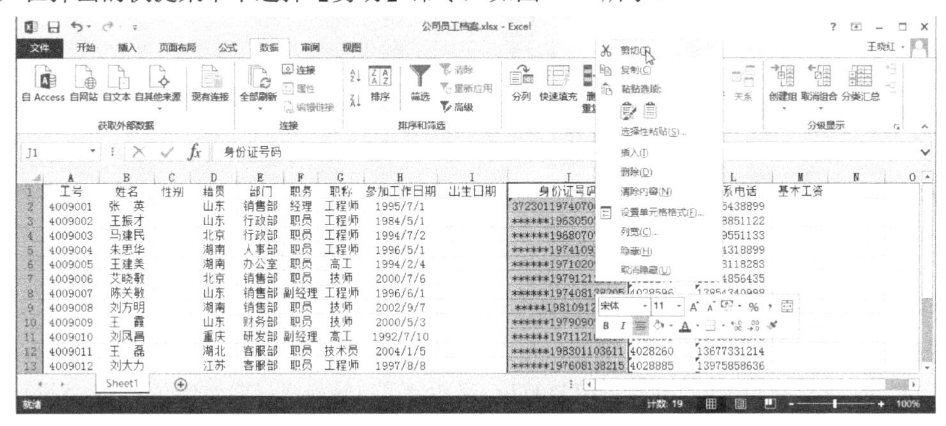

图 8-25　选择【剪切】命令

选中“性别”C 列，右击，在弹出的快捷菜单中选择【插入剪切的单元格】命令，如图 8-26 所示，则把“身份证号码”列移到了“性别”列之前。

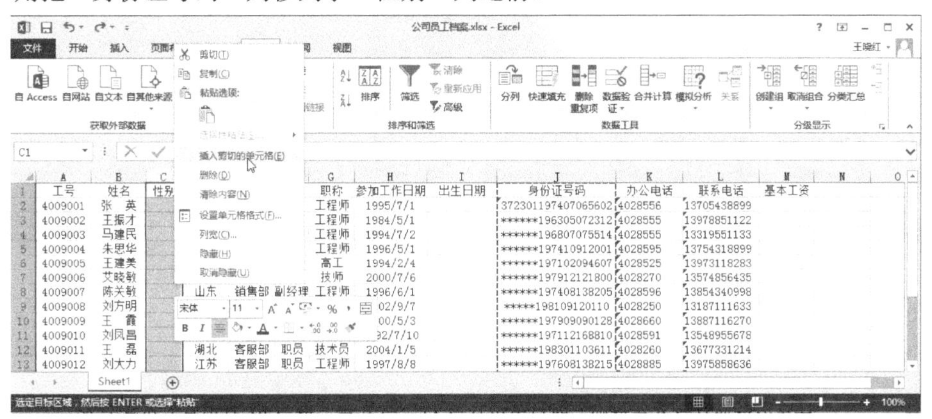

图 8-26　选择【插入剪切的单元格选项】命令

提示　注意，移动列不能执行【粘贴】命令，而是执行【插入剪切的单元格选项】命令，如果执行【粘贴】命令，则会把原来的列（这里是“性别”列）覆盖掉！

按照同样的操作方法，把“出生日期”列移动到“性别”列之前，效果如图 8-27 所示。

新式身份证号码是 18 位数，第 7～14 位是出生日期；倒数第 2 位是偶数代表女性，是奇数代表男性。从身份证号码中提取出生日期可以采用以下 3 种方法。

（一）

（二）

（三）

微课：从身份证号码中提取出生日期信息

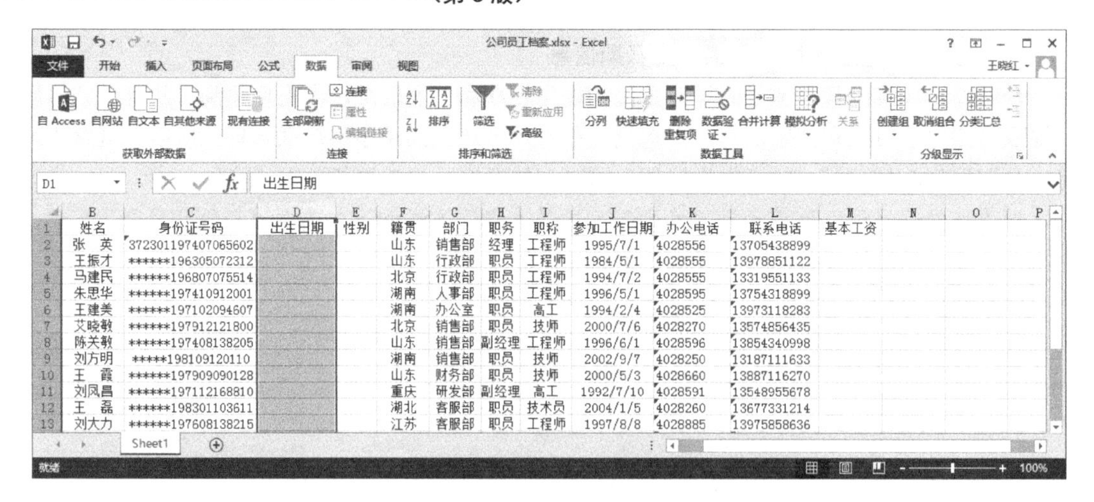

图 8-27　移动列后的效果图

方法一：用 MID 函数和 DATE 函数实现。

用 MID( )函数取出第 7、第 8、第 9、第 10 位是出生年份，取出第 11、第 12 位是出生月份，取出第 13、第 14 位是出生日，然后再用 DATE( )函数就可以转换成日期型数据了。具体操作如下。

（1）插入辅助列。为了便于理解和操作，小王先在“出生日期”列前面插入三列辅助列：“年”列、“月”列、“日”列。选中“出生日期”列并保持鼠标左键不放开向右拖动鼠标，同时再选中其后面的两列，右击，在弹出的快捷菜单中选择【插入】命令，如图 8-28 所示，则一次性插入了三列空白列，分别输入“年”、“月”、“日”。

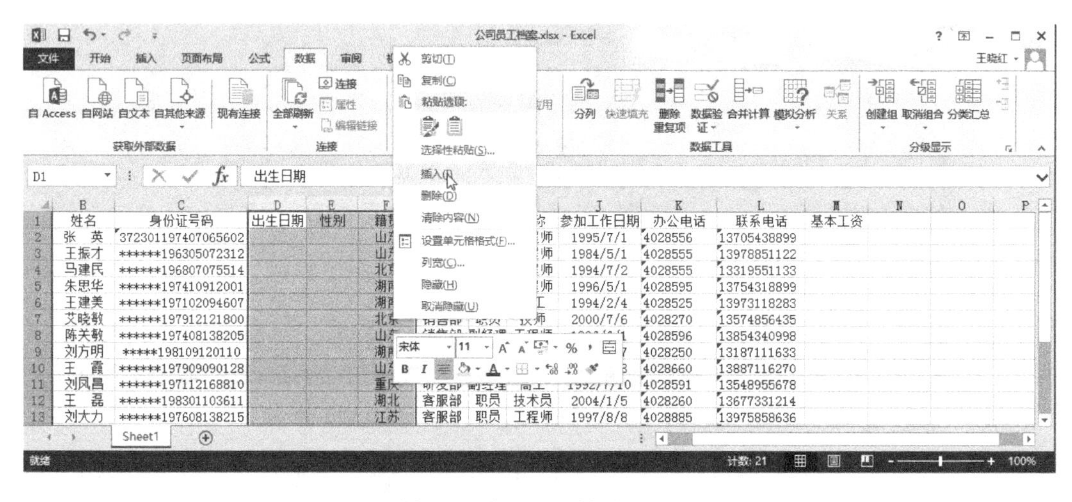

图 8-28　插入三列空白列

> **提示**
>
> 【插入】行默认是在所选行的上方插入空行。
>
> 【插入】列默认是在所选列的左边插入空列。
>
> 如果要在某行上方一次插入 *N* 行则选定需要插入的新行之下相邻的 *N* 行，再执行【插入】命令。
>
> 如果要在某列左边一次插入 *N* 列则选定需要插入的新列之右相邻的 *N* 列，再执行【插入】命令。
>
> 删除的行（或列）的操作类似插入行（或列）的操作。

（2）应用 MID 函数分别取出出生年份、出生月份、出生日。单击选中 D2 单元格，切换到【公式】选项卡，选择【函数库】选项组中的【插入函数】命令，或者单击编辑栏左侧的【插入函数】fx 按钮，如图 8-29 所示，则打开【插入函数】对话框，在【选择类别】下拉列表中选择【全部】，在【选择函数】列表中拖动滑块找到 MID 函数，如图 8-30 所示。

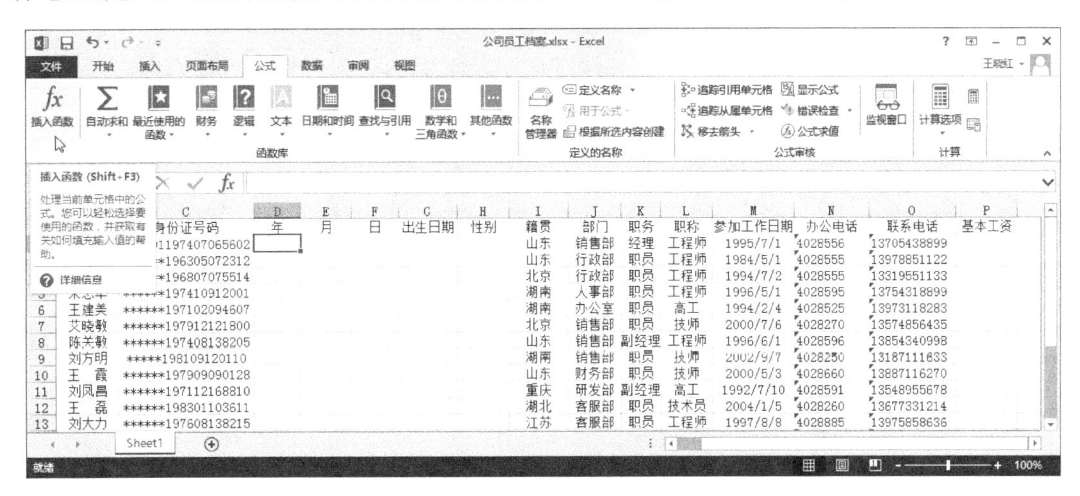

图 8-29 【插入函数】选项

单击【确定】按钮，弹出 MID 函数对话框。设置参数：Text：C2；Start_num：7；Num_chars：4，如图 8-31 所示。即把 C2 单元格的值“372301197407065602”从第 7 位开始取，取出 4 位，单击【确定】按钮，在 D2 单元格就得到了出生年份“1974”。

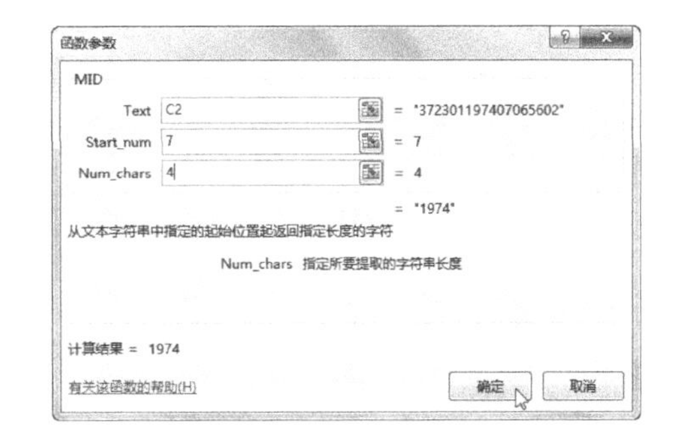

图 8-30 【插入函数】对话框　　　　图 8-31 MID 函数对话框

按照同样的操作方法，在 E2 单元格插入 MID 函数，设置 Text 参数值为 C2，Start_num 参数值为 11，Num_chars 参数值为 2，单击【确定】按钮，在 E2 单元格得到出生月份“07”。

在 F2 单元格插入 MID 函数，设置 Text 参数值为 C2，Start_num 参数值为 13，Num_chars 参数值为 2，单击【确定】按钮，在 F2 单元格得到出生日“06”，如图 8-32 所示。

分别双击填充柄获得其他人员的出生年、月、日这 3 列值。

（3）应用 DATE 函数获得出生日期。选中 G2 单元格，单击【插入函数】按钮，选择 DATE 函数，打开 DATE 函数对话框，如图 8-33 所示，设置参数 Year 为 D2，参数 Month 为 E2，参数 Day 为 F2，单击【确定】按钮，在 G2 单元格得到“1974/7/6”日期型数据。双击 G2 单元格的填充柄，得到所有员工的出生日期。

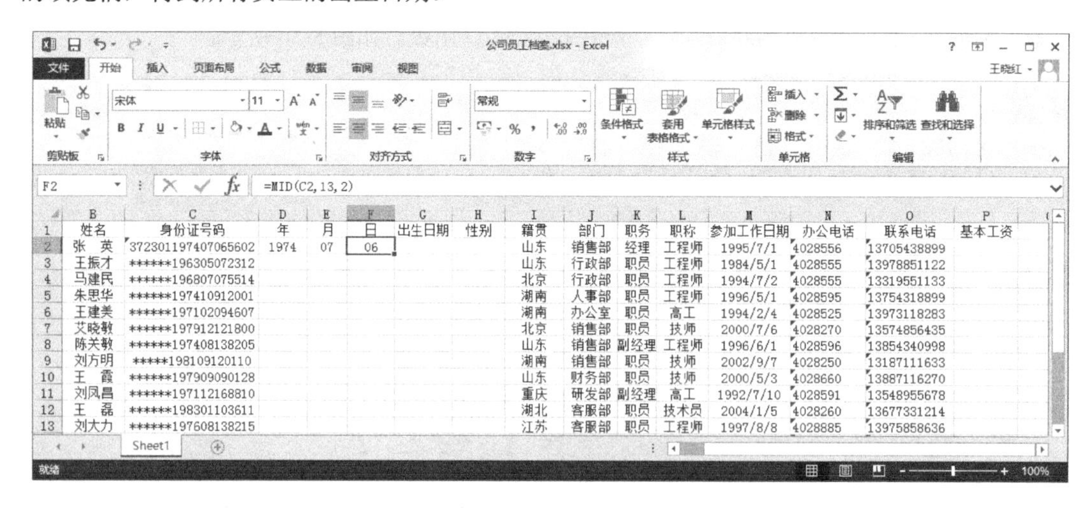

图 8-32　取得的年、月、日效果图

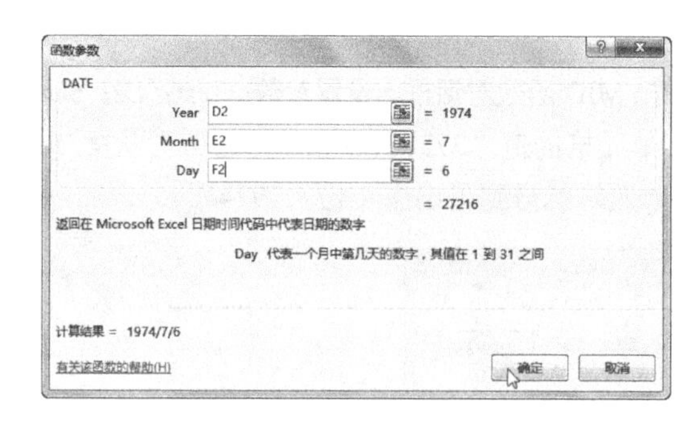

图 8-33　DATE 函数对话框

（4）隐藏辅助列。同时选中“年”列、“月”列、“日”列这 3 列，右击，在弹出的快捷菜单中选择【隐藏】命令，如图 8-34 所示，但是注意不能删除辅助列，因为出生日期列依赖于辅助列计算出来的，如果删除了则会显示出错信息“#VALUE!”。

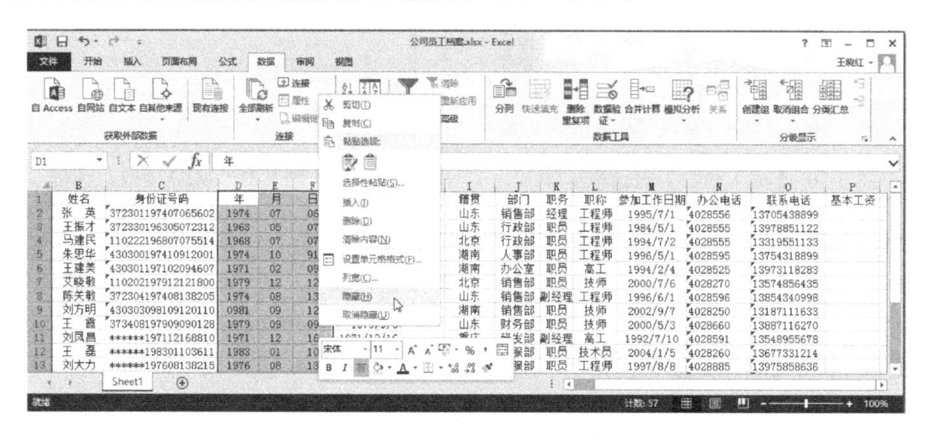

图 8-34　隐藏列

如果想显示已隐藏的列，只需要选中隐藏列的左右相邻的列，这里选中 C、G 列，右击，在弹出的快捷菜单中选择【取消隐藏】命令，就可以看到 D、E、F 三列又显示出来了。

技 巧

出生年月填充完成后发现有些单元格显示“########”，而不是出生年月信息，原因是单元格的数据宽度超出了列宽，只要调整列宽即可。

当然小王工作一段时间以后函数使用熟练了，可以不用插入辅助列，选中第一个员工“张英”的出生日期列的单元格 D2，在编辑栏输入以下嵌套函数：

=DATE(MID(C2,7,4),MID(C2,11,2),MID(C2,13,2))

按回车键确认输入，则在单元格 D2 就自动输入了“张英”的出生日期，然后双击 D2 单元格的填充柄瞬间可以得到所有员工的出生日期。

提示

（1）由身份证号码提取出生日期不能一次提取 8 位的年月日信息，即采用“=MID(C2,7,8)”，这样得到的值表面上看起来是出生日期，但它只是 8 位的文本，不是日期型数据，修改日期的显示形式时会失败，并且进一步引用也会出错。

（2）由于 G 列（出生日期）的值依赖于 C 列（身份证号码），如果是 C 列身份证号码删除了或者未输入，则在 G 列相应的单元格显示出错信息“#VALUE!”。但是如果重新输入一个身份证号码，则其出生日期就又可以自动填入。

（3）如果采用手动输入 Excel 公式和函数，公式和函数中的字符（特别是逗号易出错）必须是英文半角字符，否则系统不能识别，会显示出错信息“#NAME?”。还要注意左右括号的匹配性。

相关知识

MID( )函数

- 用途：返回文本字符串中从指定位置开始的特定数目的字符。
- 语法：MID(text,start_num, num_chars)
- 参数：text 是包含要提取字符的文本字符串。

  start_num 是文本中要提取的起始字符的位置，即从第几个字符开始提取。

  num_chars 指定希望从文本中返回字符的个数。
- 实例：如果 K3=“430125197407065642”，则函数 MID(K3,17,1)，则返回函数值是“4”。

DATE( )函数

- 用途：返回参数数据代表的日期。
- 语法：DATE(year,month,day)
- 参数：year 参数可以为一到四位数字。

  month 代表每年中月份的数字。如果所输入的月份大于 12，将从指定年份的一月份开始往上加算。例如，DATE(2008,14,2)返回代表 2009 年 2 月 2 日的序列号。

  day 代表在该月份中第几天的数字。如果 day 大于该月份的最大天数，则将从指定月份的第一天开始往上累加。例如，DATE(2008,1,35)返回代表 2008 年 2 月 4 日的序列号。

方法二：应用文本【分列】功能完成。

（1）在“身份证号码”列右侧插入三列空白列。

（2）单击 C 列选中“身份证号码”列，切换到【数据】选项卡，单击【数据工具】选项组中的【分列】按钮，如图 8-35 所示。

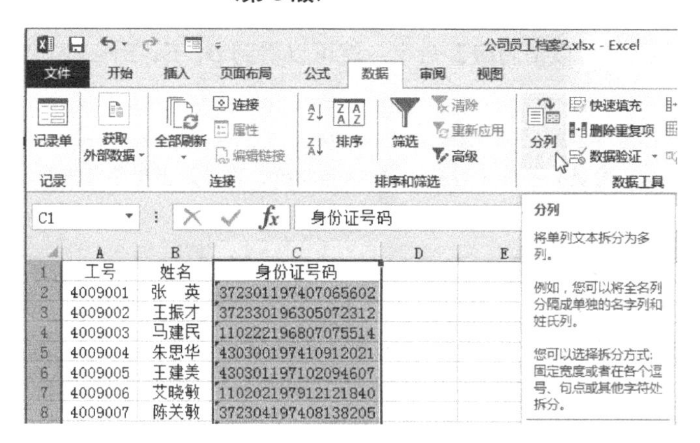

图 8-35 【分列】按钮

（3）弹出【文本分列向导-第 1 步】对话框，选择【固定宽度】选项，如图 8-36 所示，单击【下一步】按钮。

（4）弹出【文本分列向导-第 2 步】对话框，在【数据预览】列表框中单击需要分列的起始位置，在分列的数据起点和终点显示出两个带箭头的分割线来表示，如图 8-37 所示，也可以拖动分割线调整分隔位置。

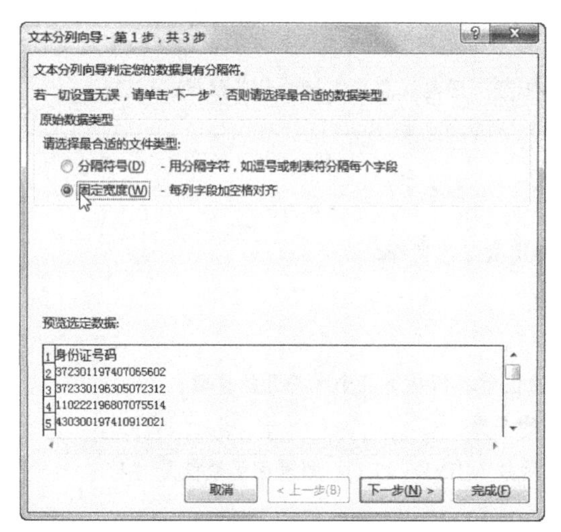

图 8-36 【文本分列向导-第 1 步】对话框

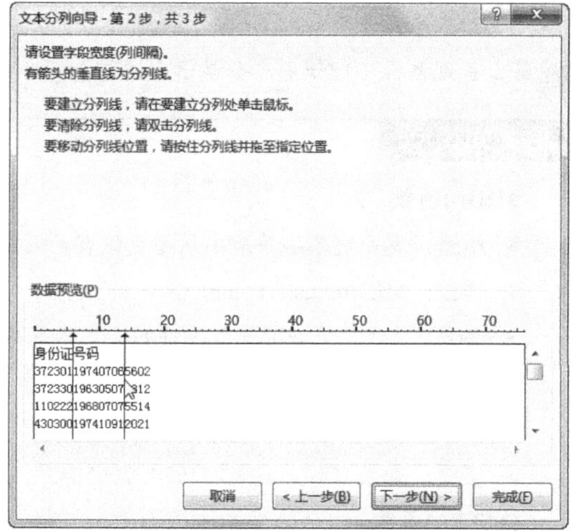

图 8-37 【文本分列向导-第 2 步】对话框

（5）弹出【文本分列向导-第 3 步】对话框，在【数据预览】列表框中选择已经分出的中间列即年月日列，在【列数据格式】中选择其数据类型为【日期】，光标定位在【目标区域】文本框中，单击 D1 单元格，如图 8-38 所示，单击【完成】按钮。

（6）得到分列的结果，看到分离出的 E 列就是出生日期，如图 8-39 所示，修改 E1 单元格的内容为“出生日期”，然后按住 Ctrl 键，选中不连续的 D 列和 F 列，右击，在弹出的快捷菜单中选择【删除】命令，如图 8-40 所示，删除没用的 D 列和 F 列。

提示　文本【分列】操作要确保被分列的右侧有足够的空列，以避免内容被覆盖。如果没有足够的空列，要先插入足够的空列。

在【文本分列向导-第 3 步】对话框中注意选择目标区域，默认为在原位置处存放分列结果，即分列后原数据被替换。

图 8-38 【文本分列向导-第 3 步】对话框

	A	B	C	D	E	F
1	工号	姓名	身份证号码	身份证	号码	
2	4009001	张　英	372301197407065602	372301	1974/7/6	1915/5/3
3	4009002	王振才	372330196305072312	372330	1963/5/7	1906/4/30
4	4009003	马建民	110222196807075514	110222	1968/7/7	1915/2/4
5	4009004	朱思华	430300197410912021	430300	19741091	1905/7/13
6	4009005	王建美	430301197102094607	430301	1971/2/9	1912/8/11
7	4009006	艾晓敏	110202197912121840	110202	1979/12/12	1905/1/13
8	4009007	陈关敏	372304197408138205	372304	1974/8/13	1922/6/18
9	4009008	刘方明	430303198109120130	430303	1981/9/12	1900/5/9
10	4009009	王　霞	373408197909090128	373408	1979/9/9	1900/5/7
11	4009010	刘凤昌	******197112168810	******	1971/12/16	1924/2/13
12	4009011	王　磊	******198301103611	******	1983/1/10	1909/11/19
13	4009012	刘大力	******197608138215	******	1976/8/13	1922/6/28
14	4009013	刘国明	******197301133010	******	1973/1/13	1908/3/28
15	4009014	孙海亭	******196909083090	******	1969/9/8	1908/6/16
16	4009015	陈德华	******197502141212	******	1975/2/14	1903/4/26
17	4009016	刘国强	******198002141212	******	1980/2/14	1903/4/26
18	4009017	牟希雅	******197012091800	******	1970/12/9	1904/12/4
19	4009018	彭庆华	******197002091210	******	1970/2/9	1903/4/24

图 8-39　分列结果

	A	B	C	D	E	F	K
1	工号	姓名	身份证号码	身份证	出生日期		
2	4009001	张　英	372301197407065602	372301	1974/7/6	1915/5/	
3	4009002	王振才	372330196305072312	372330	1963/5/7	1906/4/	
4	4009003	马建民	110222196807075514	110222	1968/7/7	1915/2/	行政部
5	4009004	朱思华	430300197410912021	430300	19741091	1905/7/1	人事部
6	4009005	王建美	430301197102094607	430301	1971/2/9	1912/8/1	办公室
7	4009006	艾晓敏	110202197912121840	110202	1979/12/12	1905/1/1	销售部
8	4009007	陈关敏	372304197408138205	372304	1974/8/13	1922/6/1	销售部
9	4009008	刘方明	430303198109120130	430303	1981/9/12	1900/5/	销售部
10	4009009	王　霞	373408197909090128	373408	1979/9/9	1900/5/	财务部
11	4009010	刘凤昌	******197112168810	******	1971/12/16	1924/2/1	研发部
12	4009011	王　磊	******198301103611	******	1983/1/10	1909/11/1	客服部
13	4009012	刘大力	******197608138215	******	1976/8/13	1922/6/	客服部
14	4009013	刘国明	******197301133010	******	1973/1/13	1908/3/	研发部
15	4009014	孙海亭	******196909083090	******	1969/9/8	1908/6/1	财务部
16	4009015	陈德华	******197502141212	******	1975/2/14	1903/4/	销售部
17	4009016	刘国强	******198002141212	******	1980/2/14	1903/4/	销售部
18	4009017	牟希雅	******197012091800	******	1970/12/9	1904/12/	销售部
19	4009018	彭庆华	******197002091210	******	1970/2/9	1903/4/	销售部

宋体　11
剪切(T)
复制(C)
粘贴选项:
选择性粘贴(S)...
插入(I)
删除(D)
清除内容(N)
筛选(E)
排序(O)

图 8-40　选择【删除】命令

方法三：应用 Excel 2013 新增的【快速填充】功能完成。

（1）在身份证列的右侧插入一空列，

（2）先输入前两个单元格的值作为示例，然后选中要填充的所有单元格，包含已经填充示例的单元格。

（3）切换到【数据】选项卡，单击【数据工具】选项组中的【快速填充】按钮，如图 8-41 所示。系统会检测并识别出前面示例的值与相邻的单元格中的数据的关系，因而可以快速填充所有的单元格的值。填充结果如图 8-42 所示。

相关知识

使用【快速填充】(Excel 2013 中的新功能）可以基于示例填充数据。【快速填充】通常在识别数据中的某种模式后开始运行，当数据具有某种一致性时效果最佳。当检测到需要进行的工作时，“快速填充”会根据数据中识别的模式，一次性输入剩余数据。

【快速填充】可能并不总是能够正确填写数据。【快速填充】可以处理需要拆分为多个列的任何数据，可以使用【分列】将文本拆分到不同的单元格中，或使用 MID 函数拆分文本。

【快速填充】功能必须是在数据区域的相邻列内才能使用，在横向填充中不起作用。

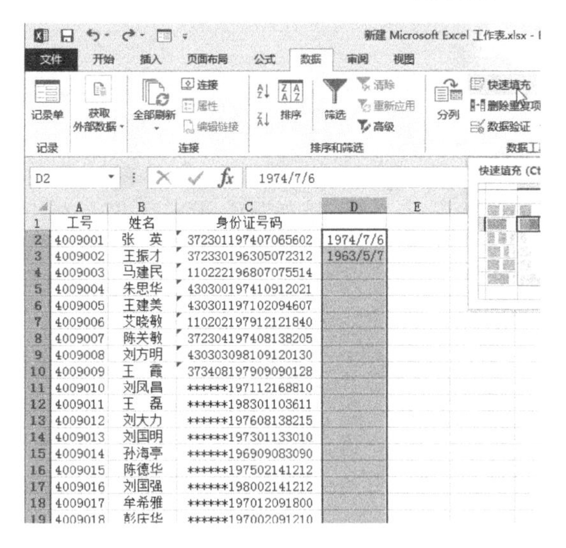

图 8-41 【快速填充】按钮

	A	B	C	D
1	工号	姓名	身份证号码	
2	4009001	张　英	372301197407065602	1974/7/6
3	4009002	王振才	372330196305072312	1963/5/7
4	4009003	马建民	110222196807075514	1968/7/7
5	4009004	朱思华	430300197410912021	1974/0/1
6	4009005	王建美	430301197102094607	1971/2/9
7	4009006	艾晓敏	110202197912121840	1979/2/2
8	4009007	陈关敏	372304197408138205	1974/8/3
9	4009008	刘方明	430303198109120130	1981/9/2
10	4009009	王　霞	373408197909090128	1979/9/9
11	4009010	刘凤昌	******197112168810	1971/2/6
12	4009011	王　磊	******198301103611	1983/1/0
13	4009012	刘大力	******197608138215	1976/8/3
14	4009013	刘国明	******197301133010	1973/1/3
15	4009014	孙海亭	******196909083090	1969/9/8
16	4009015	陈德华	******197502141212	1975/2/4
17	4009016	刘国强	******198002141212	1980/2/4
18	4009017	牟希雅	******197012091800	1970/2/9
19	4009018	彭庆华	******197002091210	1970/2/9

图 8-42 【快速填充】结果

8. 从身份证号码中提取员工性别信息

微课：从身份证号码中提取性别信息

我国 18 位的身份证号码中倒数第 2 位代表性别，偶数代表女性，奇数代表男性。因此可以从身份证号码中提取员工性别信息，方法如下。

先应用 MID 函数取出身份证号码的倒数第 2 位，然后再用 MOD( )函数确定是奇数还是偶数，最后用 IF( )条件函数判断如果是偶数就返回“女”，否则返回“男”。

小王刚参加工作不久，由于这个嵌套函数比较复杂，要小心谨慎防止出错，于是他采用了先插入辅助列“性别标志位”、“奇偶性”，然后分步操作的方式进行。操作步骤如下。

（1）在“性别”列前面插入两列辅助列。同时选中“性别”列及其右侧的“籍贯”两列，右击，在弹出的快捷菜单中选择【插入】选项，则插入了两列，分别输入“性别标志位”、“奇偶性”。

（2）采用 MID 函数取出身份证号码的倒数第 2 位，即第 17 位。小王只记得具有这个功能的函数是以“M”开头的，但没有记住完整的函数名，他又不想单击【插入函数】按钮，因此在【插入函数】对话框的众多函数列表中找，最终他采用了一种半手动的方式输入函数，设置函数参数的速度又快又方便。方法如下：

如图 8-43 所示，单击 H2 单元格，在 H2 单元格中输入“=M”，此时在下方立即弹出了所有以“M”开头的函数列表，很快就可以找到“MID”函数了。

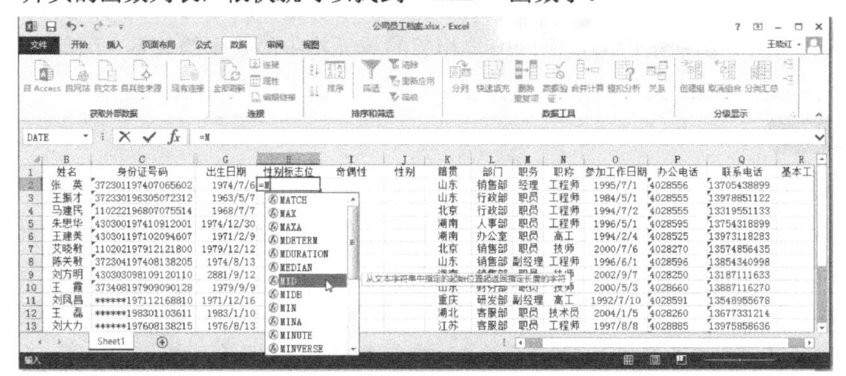

图 8-43　半手动输入函数

双击【MID】选项，MID 函数就出现在 H2 单元格了，而且下方有参数格式提示，如图 8-44 所示，可以按照提示信息手动输入各个参数。

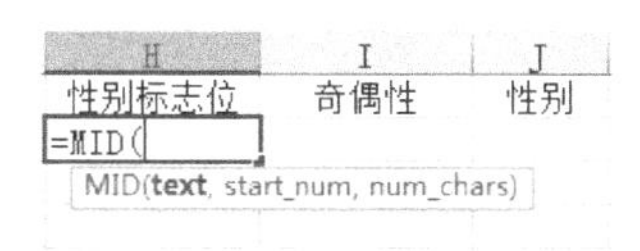

图 8-44　MID 函数输入参数提示

有些函数参数手工输入比较麻烦，还可以单击【插入函数】f_x按钮，如图 8-45 所示，弹出［函数参数］对话框，输入各个参数更加方便。此时在弹出的【MID 函数】对话框设置各个参数如下：

Text 参数：用鼠标单击 C2 单元格；

start_num 参数：17；

num_chars 参数：1。

然后单击【确定】按钮，并双击 H2 单元格填充柄，获得所有员工的性别标志位信息。

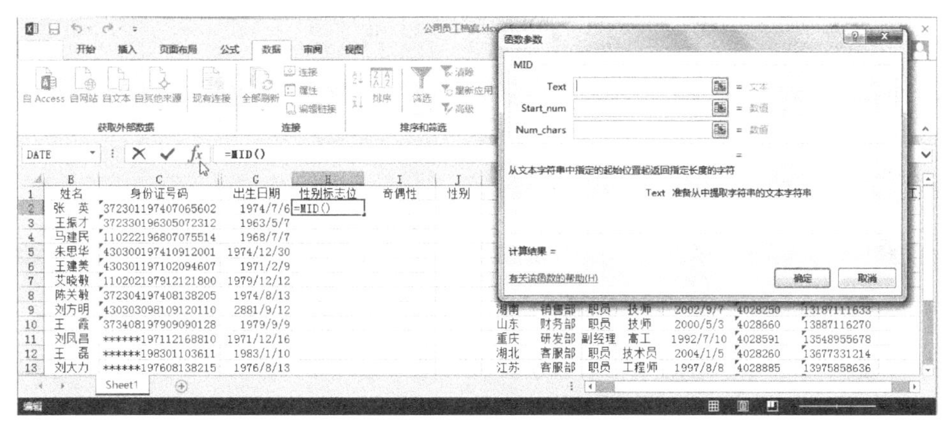

图 8-45　MID【函数参数】对话框

（3）应用 MOD 函数判定性别标志位的奇偶性。应用 MOD 函数除以 2 求其余数，返回值是其余数，如果余数为 0，则说明是偶数；余数为 1，则说明是奇数。选中 I2 单元格，插入 MOD 函数，弹出 MOD【函数参数】对话框，如图 8-46 所示，参数设置如下：

number 为被除数：单击 H2 单元格；

Divisor 为除数：2。

单击【确定】按钮，得到单元格 I2 值为 0，双击 I2 单元格的填充柄，所有员工性别标志位的奇偶性得到判定。

（4）应用 IF 函数依据性别标志位的奇偶性判断性别。在 J2 单元格插入 IF 函数，弹出 IF【函数参数】对话框，如图 8-47 所示，参数设置如下：

图 8-46　MOD【函数参数】对话框

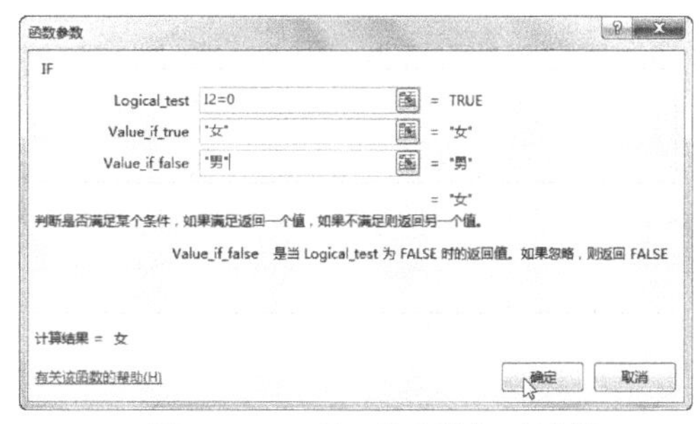

图 8-47　IF【函数参数】对话框

logical_test：I2=0，表示性别标志位为偶数；

value_if_true：女，表示当性别标志位为偶数这个条件成立时函数返回的值为“女”；

value_if_false：男，表示当性别标志位为偶数这个条件不成立时函数返回的值为“男”。

单击【确定】按钮，返回 J2 单元格的值为“女”。双击 J2 单元格的填充柄，所有员工的性别得到填充，效果如图 8-48 所示。

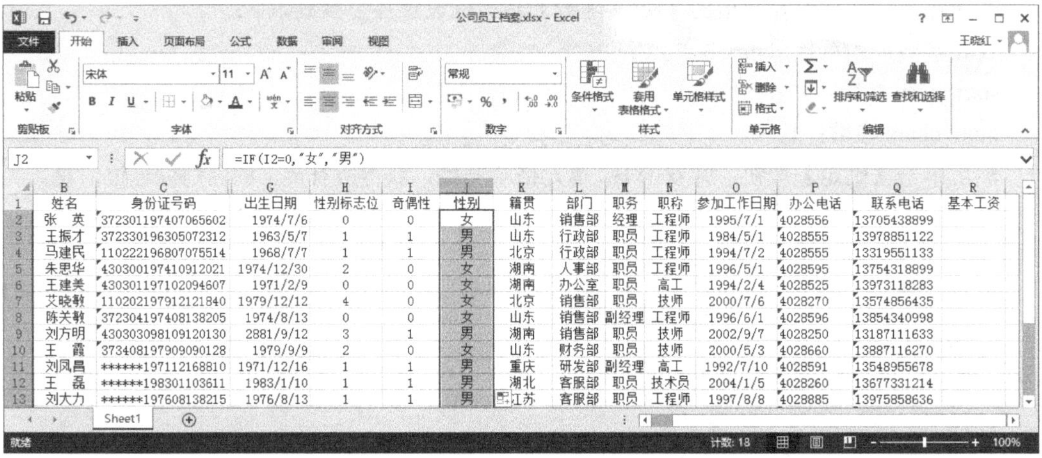

图 8-48　由身份证号提取性别的效果图

（5）隐藏辅助列。最后把没有必要显示的辅助列隐藏，同时选中 H、I 两列，右击，在快捷菜单中选择【隐藏】即可。到此由身份证号码提取性别信息就完成了！

小王在函数应用熟练之后为了更省事，不采用辅助列和分步操作了，直接选中性别列的第一个单元格在编辑栏中输入以下嵌套函数：

=IF(MOD(MID(C2,17,1),2)=0,"女","男")

然后按回车键确认输入或者单击编辑栏左侧的【输入】按钮✔，再双击其填充柄，所有员工的性别列就立刻填充完毕！

公式“=IF(MOD(MID(C2,17,1),2)=0,"女","男")”的具体含义如下。

① 其中，MID(C2,17,1)是从 C2 单元格的值（身份证号码）的第 17 位数开始取数，取 1 位，即取出身份证号码的倒数第 2 位。

② MOD(MID(C2,17,1),2)的含义是将取得的身份证号码的倒数第 2 位除以 2 求得的余数。如果身份证号码的倒数第 2 位是偶数，那么余数就是 0；否则身份证号码的倒数第 2 位是奇数，那么余数是 1。

③ IF(MOD(MID(C2,17,1),2)=0,"女","男")的含义是根据关系表达式 MOD(MID(C2,17,1))=0 的条件是否成立来确定“男”、“女”，条件成立，值为真即为“女；否则即为“男”。

提示　如果在编辑栏或者单元格手动输入函数参数时，对于字符型数据如 IF 函数中的“女，男”这两个参数要加英文半角双引号，否则显示出错信息“#NAME?”。但是在函数参数对话框中设置时，可以不用输入引号，系统会自动加上。

相关知识

MOD( )函数

- 用途：返回两数相除的余数。
- 语法：MOD(number，divisor)
- 参数：number 为被除数，divisor 为除数(divisor 不能为零)。
- 实例：如果 A1=5，则函数 MOD(A1，2)的返回值是“1”。

IF( )函数

- 用途：根据条件表达式的值真或假返回为不同的值。
- 语法：IF(logical_test, value_if_true, value_if_false)
- 参数：logical_test 是条件表达式。
  value_if_true 是如果条件表达式值为真返回的值。
  value_if_false 是如果条件表达式值为假返回的值。
- 实例：如果 C3=1，设函数 IF(C3=0,“女”，男”)，因为“C3=0”这个条件不成立，即为假，所以函数返回值就是“男”。

9. 输入员工基本工资

（1）依次在 R2～R20 单元格中输入基本工资数据。

（2）添加货币符号“￥”，设置 2 位小数。

选中 R 列，切换到【开始】选项卡，单击【数字】选项组中的【数字格式】下拉列表，在弹出的下拉列表中选择【货币】选项，可以看到 R 列的数据前面添加了人民币单位符号“￥”，同时小数位数保留了两位，可以用该【数字】选项组中的按钮来增加或减少小数位数，如图 8-49 所示。

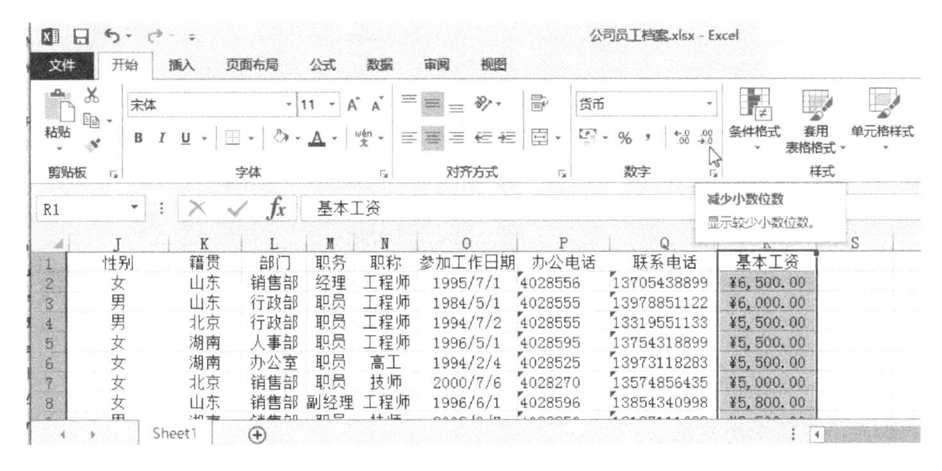

图 8-49 【数字】选项组小数位数增减按钮

如果添加货币单位是美元“$”，可以右击 R 列，在弹出的快捷菜单中选择【设置单元格格式】选项，弹出【设置单元格格式】对话框，在【数字】选项卡中选择【货币】选项，在右侧【货币符号】下拉列表中选择“$”，如图 8-50 所示。

至此员工的档案信息基本采集完成了，小王一检查发现漏掉了一项信息，不小心把员工的学历信息漏掉了，这可是非常重要的，但是小王并不着急，很容易就把它加上了，看看小王是怎么做的吧。

图 8-50　应用【设置单元格格式】对话框设置货币类型

10. 在“办公电话”列的左侧插入“第一学历”列

（1）在“办公电话”列左侧插入一空白列。选中 P 列，切换到【开始】选项卡，单击【单元格】选项组中的【插入】按钮。在弹出的下拉列表中选择【插入工作表列】选项，如图 8-51 所示。

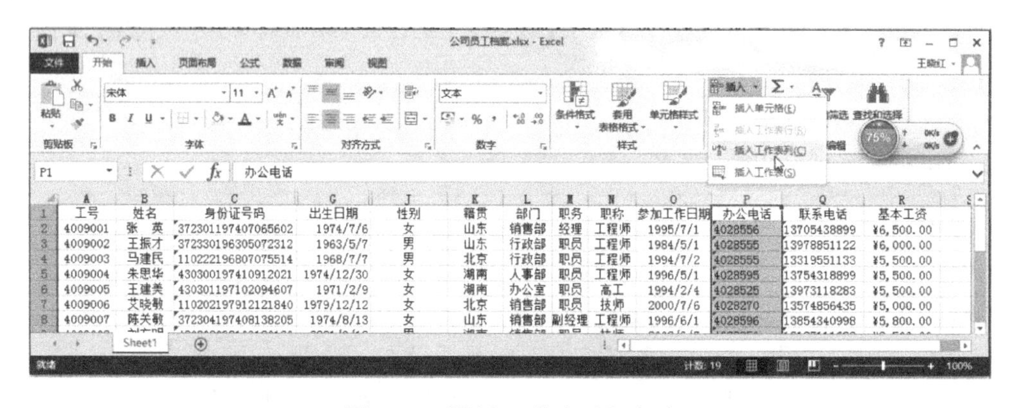

图 8-51　【插入工作表列】选项

也可以右击 P 列弹出快捷菜单，选择【插入】命令来插入列。

（2）输入员工的学历信息。

至此，小王终于完成了员工的档案基本信息的采集，仔细检查无误，抓紧再保存一下文件，退出 Excel，好好休息一会儿吧。

8.3.4　工作表基本操作与文件保护

因为员工档案包含的信息较全，列数较多，不太方便查看，小王就想试着把信息分类存放。打开先前建立的文件，在“E 驱动器”的“工作文件”文件夹内，文件名为“公司员工档案.xlsx”，。

1. 插入新工作表，制作员工联系电话表

（1）单击工作表 Sheet1 右侧的新工作表“⊕”按钮，插入新工作表 Sheet2。

（2）把 Sheet1 中“工号”、“姓名”、“部门”、“办公电话”和“联系电话”5 列信息复制到工作表 Sheet2 中，操作如下。

① 按下“Ctrl”键单击工作表 Sheet1 中的 A 列、B 列、L 列、Q 列和 R 列，同时选中不连续的多列，右击弹出快捷菜单，在快捷菜单中选择【复制】命令。

② 单击 Sheet2 标签，选中 A1 单元格，右击弹出快捷菜单，在快捷菜单中选择【粘贴】命令。

2. 重命名工作表

把 Sheet1 重命名为“员工档案信息表”。双击工作表 Sheet1 标签，工作表标签“Sheet1”反相显示，如图 8-52 所示，然后输入“员工档案信息表”。或者右击 Sheet1 标签，弹出快捷菜单，选择快捷菜单中的【重命名】命令。

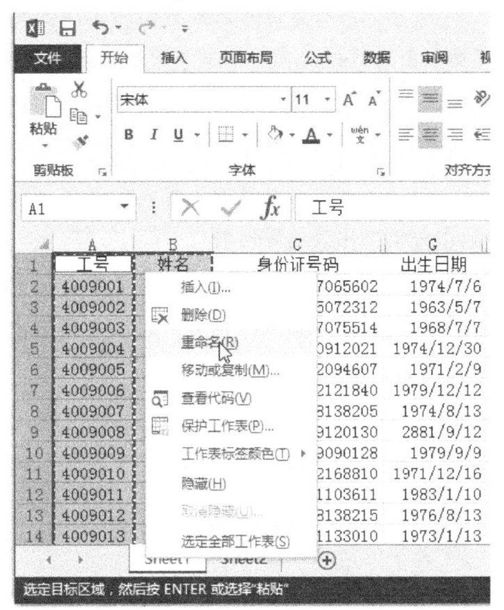

图 8-52　工作表重命名

采用同样的方法把 Sheet2 重命名为“员工联系电话表”。

采用同样的方法制作员工学历情况表，包含“工号”、“姓名”、“第一学历”3 列信息，并重命名为“员工学历情况表”。效果图如图 8-53 所示。

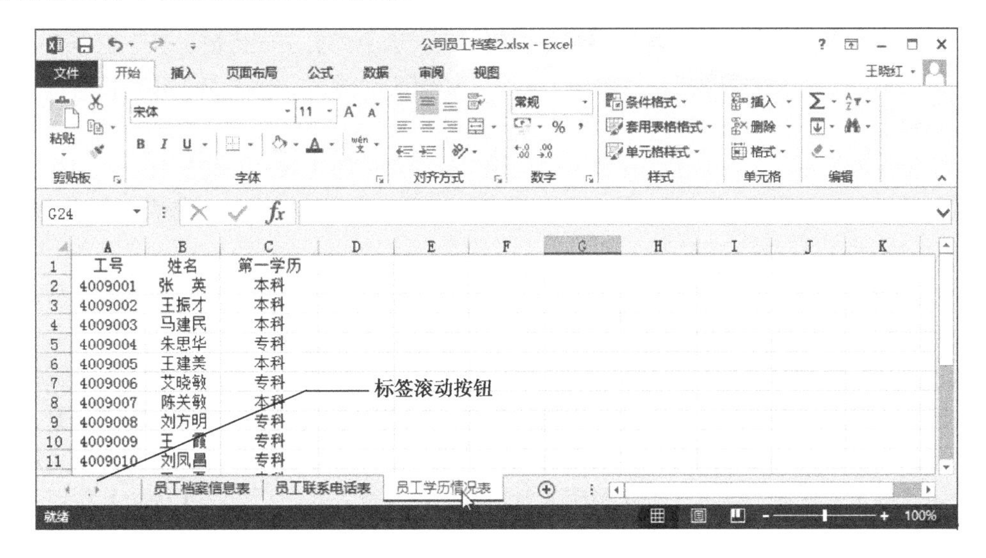

图 8-53　员工学历情况表效果图

提示 由于工作表标签栏区域有限，只能显示几个工作表名，如果一个工作簿中包含的工作表很多时，则看不到所需工作表标签，单击窗口左下角标签滚动按钮，如图 8-45 所示，以显示所需标签，然后再单击要选的标签。

相关知识

（1）插入新工作表还可以用其他方法。

方法一：单击插入位置右侧的工作表标签，切换到【开始】选项卡，单击【单元格】选项组中的【插入】下拉列表，选择【插入工作表】选项。

方法二：右击插入位置右侧的工作表标签，弹出快捷菜单，在快捷菜单中选择【插入】命令，弹出【插入】对话框，在对话框中选定【工作表】后单击【确定】按钮。

（2）删除工作表。右击要删除的工作表，选择快捷菜单的【删除】命令。

（3）移动或复制工作表。

方法一：拖动选定的工作表标签到目标位置可以移动工作表；如果要在当前工作簿中复制工作表，则在拖动工作表的同时按住“Ctrl”键。

方法二：选择快捷菜单中的【移动或复制工作表】命令。不勾选“建立副本”选项，表示移动工作表；勾选“建立副本”选项，表示复制工作表。

技　巧

如果要一次插入多张工作表，则同时选定与待插入工作表相同数目的工作表标签，然后再应用以上两种方法，即可一次插入多张工作表，提高工作效率。但是通过单击插入新工作表“⊕”按钮，不能一次插入多张，单击一次只能插入一张工作表。

3. 隐藏与保护工作表

（1）隐藏与取消隐藏“员工学历情况表”工作表。选中“员工学历情况表”工作表，右击弹出快捷菜单，选择快捷菜单中的【隐藏】命令，如图8-52所示，则“员工学历信息表”工作表就看不到了。

单击工作表标签，右击弹出快捷菜单，选择快捷菜单中的【取消隐藏】命令，则弹出【取消隐藏】对话框，如图8-54所示，选择需要显示的“员工学历情况表”工作表，单击【确定】按钮。

（2）保护工作表。由于员工档案信息是公司的重要数据，小王为了防止他人随意修改，于是设定密码对工作表进行保护。操作如下。

选中“员工档案信息表”工作表，右击弹出快捷菜单，选择快捷菜单中的【保护工作表】命令，弹出【保护工作表】对话框，如图8-55所示，在【取消工作表保护时使用密码】文本框中输入密码，并根据需要勾选保护之后还能允许的操作，没有勾选的命令就是保护禁止后的操作，单击【确定】按钮，弹出【确认密码】对话框，再次输入密码，单击【确定】按钮。此时没有勾选的命令就是灰色的，被禁用了，如图8-56所示。

如果想撤销保护工作表的保护，有两种方法。

一是按照警告提示进行操作：切换到【审阅】选项卡，单击【更改】选项组中的【撤销工作表保护】按钮，弹出【撤销工作表保护】对话框，如图8-57所示，输入先前保护工作表时设置的密码。

图 8-54 【取消隐藏】对话框

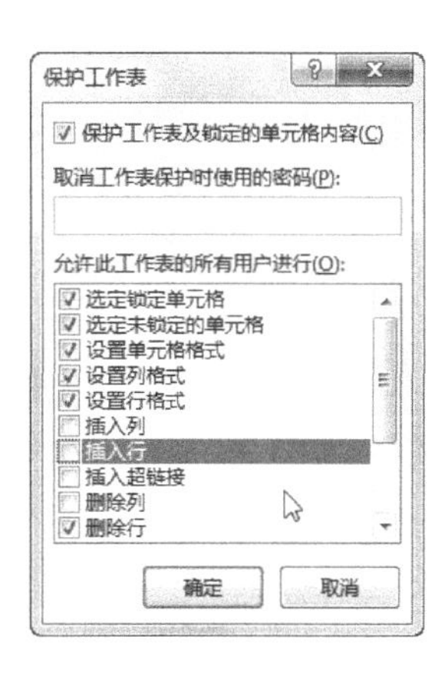

图 8-55 【保护工作表】对话框

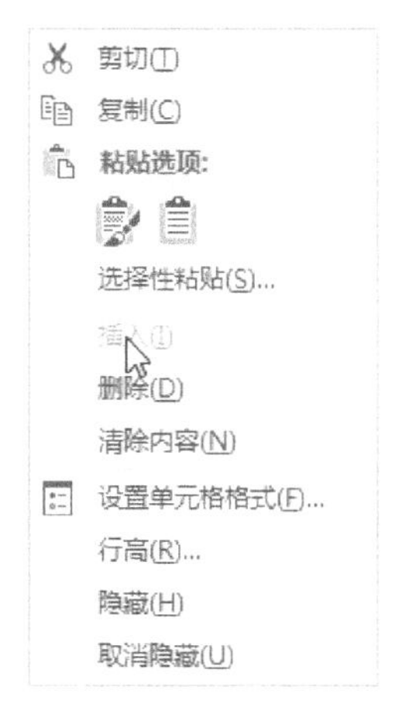

图 8-56 保护后禁用的命令

图 8-57 应用【审阅】选项卡撤销工作表保护

二是右击处于保护状态的工作表标签，在弹出的快捷菜单中选择【撤销工作表保护】选项，如图 8-58 所示，弹出【撤销工作表保护】对话框，输入密码即可。

4. 保护与共享工作簿

（1）保护工作簿。由于员工档案信息不仅重要而且涉及员工隐私，而工作表的保护只能防止他人随意修改设了密码的工作表数据。对于防止他人删除、移动与添加工作表等操作需要用保护工作簿结构来实现。对于禁止没有权限的人打开查看整个工作簿所有信息这样保护性更强的操作，则需要对工作簿文件设置密码操作。

① 保护工作簿结构的具体操作如下：切换到【审阅】选项卡，单击【更改】选项组中的【保护工作簿】按钮，弹出【保护结构和窗口】对话框，如图 8-59 所示，勾选【结构】选项，在【密码】文本框中输入密码，单击【确定】按钮，弹出【确认密码】对话框，再次输入密码，单击【确定】按钮。

之后小王想执行删除工作表等操作，快捷菜单命令大都是灰色的，如图 8-60 所示，是禁止做这些操作的。此时只能再切换到【审阅】选项卡，单击【更改】选项组中的【保护工作簿】按钮，弹出【撤销工作簿保护】对话框，如图 8-61 所示，在【密码】文本框中输入密码，单击【确定】按钮。

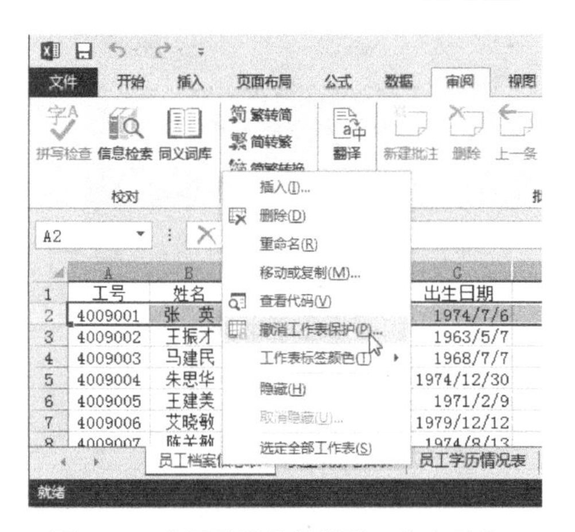

图 8-58 应用快捷菜单撤销工作表保护

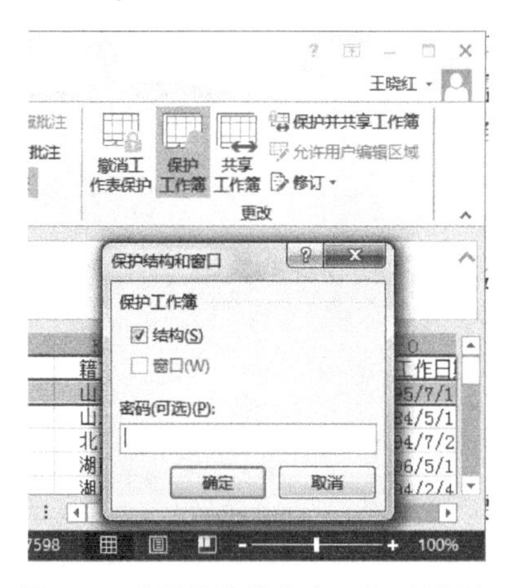

图 8-59 【保护结构和窗口】对话框

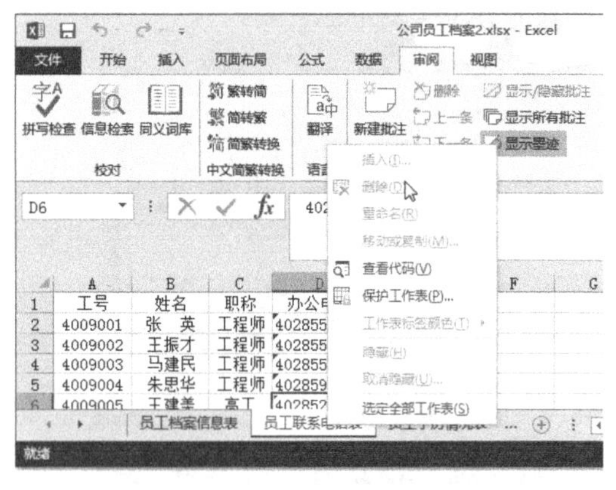

图 8-60 工作表操作快捷菜单

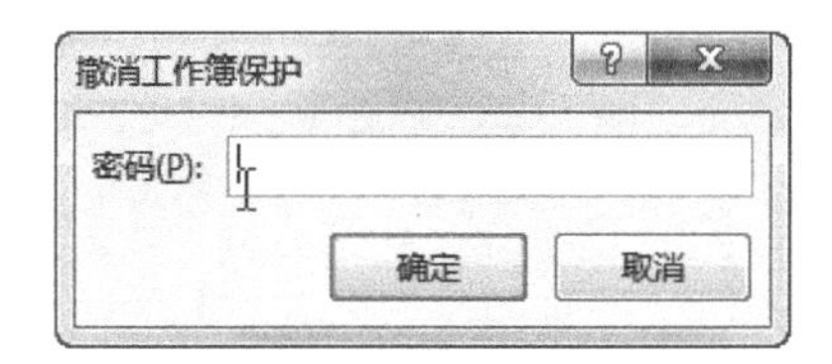

图 8-61 【撤销工作簿保护】对话框

② 设置工作簿的打开和修改密码操作如下。单击【文件】按钮，从弹出的界面中选择【另存为】选项，如图 8-62 所示。选择【计算机】选项，然后单击右侧的【浏览】按钮，弹出【另存为】对话框，如图 8-63 所示，从中选择合适的保存位置，然后单击【工具】按钮，从弹出的下拉列表中选择【常规选项】。

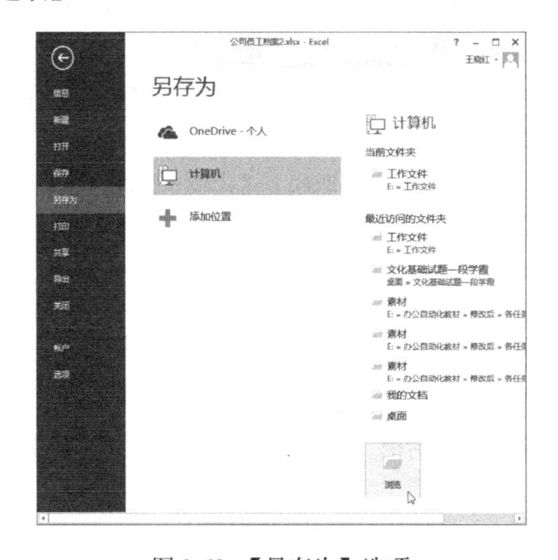

图 8-62 【另存为】选项

弹出【常规选项】对话框，如图 8-64 所示，在【文件共享】组合框中的【打开权限密码】和【修改权限密码】文本框中输入密码，然后勾选【建议只读】复选框，单击【确定】按钮。

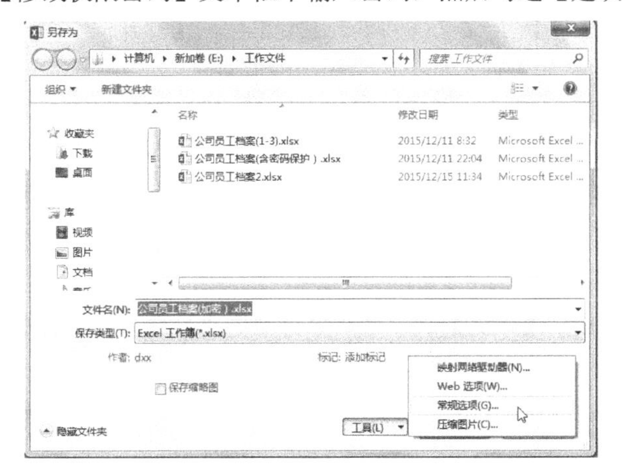

图 8-63 【另存为】对话框　　　　图 8-64 【常规选项】对话框

弹出【确认密码】对话框，如图 8-65 所示。在【重新输入密码】文本框中再次输入打开工作簿的权限密码，单击【确定】按钮。再次弹出【确认密码】对话框，如图 8-66 所示，此时在【重新输入修改权限密码】文本框中再次输入修改工作簿的权限密码，单击【确定】按钮。

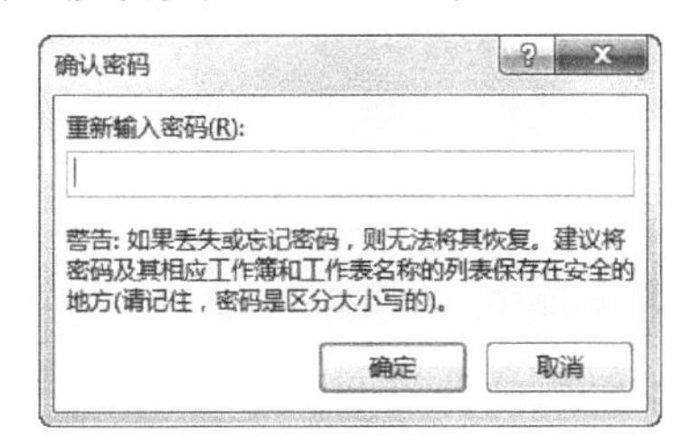

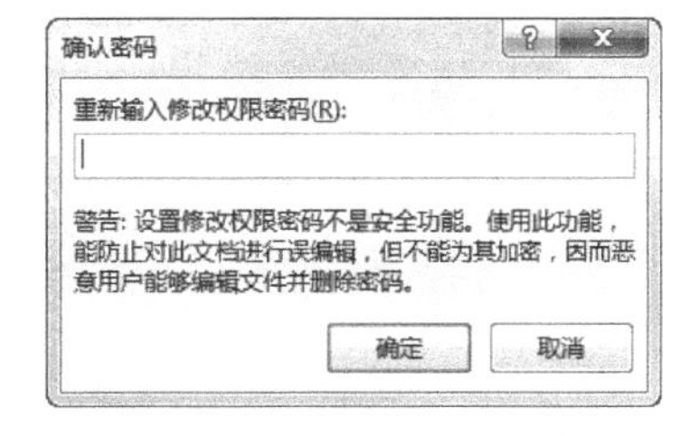

图 8-65 【确认打开密码】对话框　　　　图 8-66 【确认修改密码】对话框

返回【另存为】对话框，单击【保存】按钮，弹出【确认另存为】提示对话框，如图 8-67 所示，单击【是】按钮，替换原来的文件，然后关闭已加密的工作簿文件，这样工作簿文件就可加密码保护了。

快来试试是否加密成功了吧！现在打开已加密的工作簿，系统会弹出【密码】对话框，要求输入打开文件所需的密码，如图 8-68 所示。

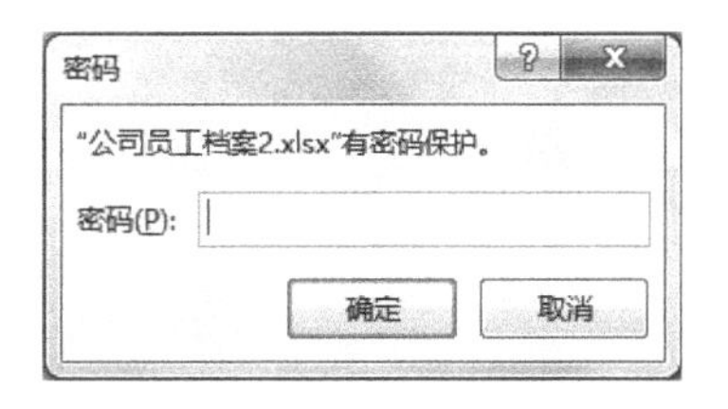

图 8-67 【确认另存为】对话框　　　　图 8-68 【密码】对话框

输入密码正确后，单击【确定】按钮，再次弹出【密码】对话框，如图 8-69 所示，如果输入密码获取修改权限（写权限）的密码，单击【确定】按钮，就可以打开工作簿文件修改编辑了，如果不知道修改权限密码，只能单击【只读】按钮，以只读方法打开了。

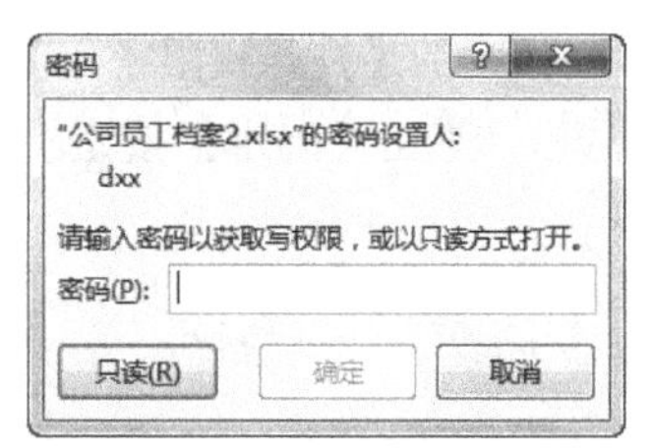

图 8-69 【写权限密码】对话框

如果想取消工作簿密码，与设置密码方法类似，输入密码打开工作簿后，执行【文件】→【另存为】→【浏览】→【工具】→【常规选项】，把【文件共享】组合框中的【打开权限密码】和【修改权限密码】文本框中的密码删除即可。

（2）共享工作簿。由于公司规模扩大，增加了不少员工，“员工档案信息”工作簿需要增加很多条记录（一行信息又称为一条记录），其中录入的信息量很大，小王想到可以设置共享工作簿实现多个用户对信息的同步录入，而且信息录入完后能自动合并。于是小王建议经理在每个部门选出一名信息采集员，来录入本部门的员工数据，这样小王的工作量可以大大减轻了。你也抓紧试试吧！

共享工作簿具体操作步骤如下。切换到【审阅】选项卡，单击【更改】选项组中的【共享工作簿】按钮，如图 8-70 所示。

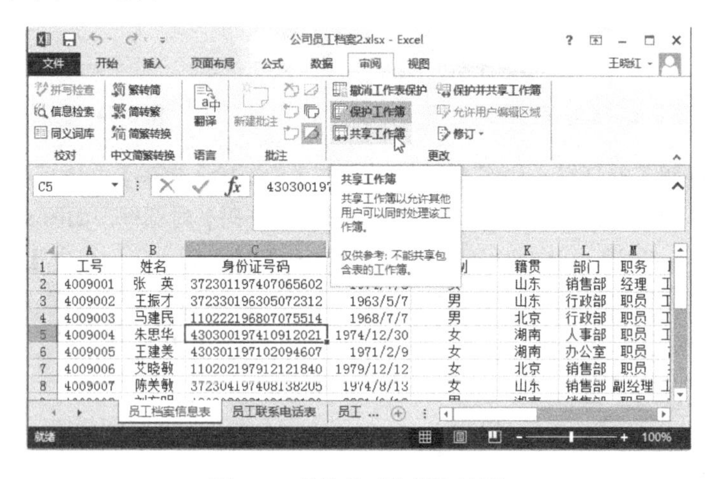

图 8-70 【共享工作簿】按钮

弹出【共享工作簿】对话框，切换到【编辑】选项卡，选中【允许多用户同时编辑，同时允许工作簿合并】复选框，如图 8-71 所示。单击【确定】按钮。弹出【Microsoft Excel】提示对话框，询问“是否继续？”，如图 8-72 所示。单击【确定】按钮，即可共享当前工作簿。共享后的工作簿在标题栏中会显示“[共享]”字样，如图 8-73 所示。

图 8-71 【共享工作簿】对话框

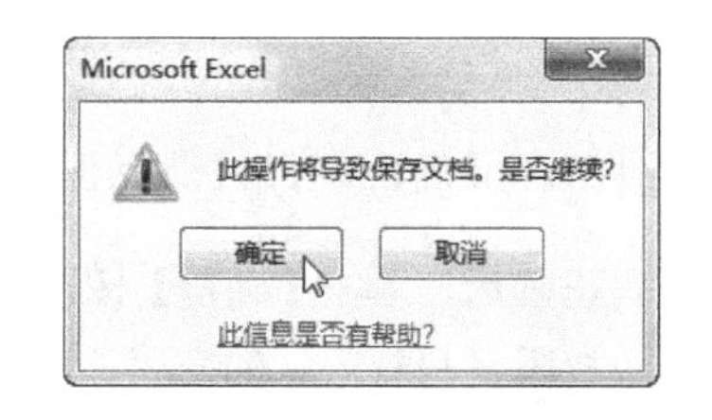

图 8-72 提示对话框

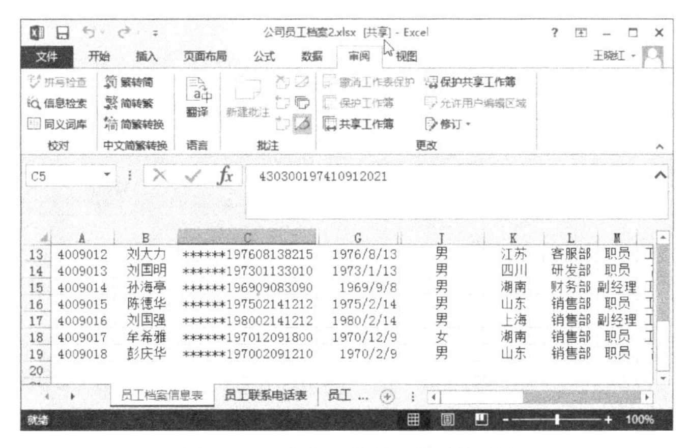

图 8-73 共享工作簿后的效果图

如果想取消共享工作簿，只需要在【共享工作簿】对话框中撤选【允许多用户同时编辑，同时允许工作簿合并】复选框即可，但此时系统会弹出提示信息，如图 8-74 所示。

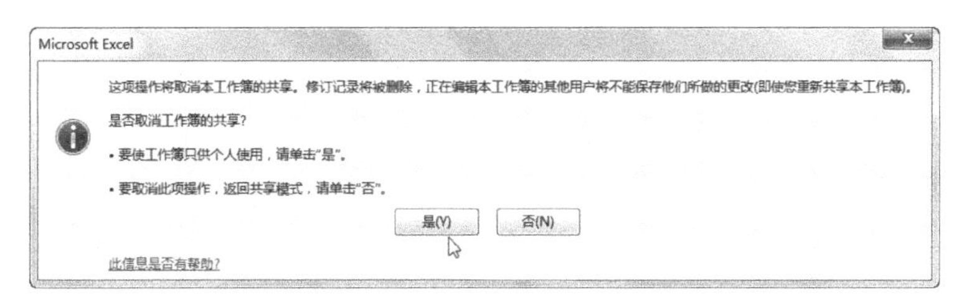

图 8-74 撤选共享工作簿后的提示信息

提示 共享工作簿以后不能再进行工作表的保护和工作簿结构的保护，只能设置修改权限密码。如果事先设置了工作表的保护，在共享工作簿以后想撤销工作表的保护，则必须先撤销共享工作簿，才可以操作。

8.3.5 格式化工作表

微课：设置数字格式

员工信息输入和整理完后，为了美观和便于有权限的人调阅，小王决定对工作表进行一些格式设置。

（1）插入表格标题“公司员工档案管理”，居中，黑体 24 磅，绿色填充。操作步骤如下。在第一行上方插入一行，作为表格标题行。选中第一行，右击弹出快捷菜单，选择【插入】命令，插入新行。

微课：单元格对齐方式

在 A1 单元格输入“公司员工档案管理”。选中 A1:S1 单元格区域，切换到【开始】选项卡，单击【对齐方式】选项组中的【合并后居中】按钮，如图 8-75 所示。

注意：如果事先已共享工作簿，必须先撤销，否则不能操作。

提示 执行【合并后居中】操作在选择操作对象时不能选中整行，如果选中整行，由于 Excel 列数达到上万列，标题居中后将看不到。

微课：边框和底纹

在【字体】选项组中的【字体】下拉列表中选择【黑体】选项，在【字号】下拉列表中选择【24】选项。

单击【字体】选项组中【填充颜色】按钮，在弹出的下拉列表中选择【绿色，着色6】色板，如图8-76所示。

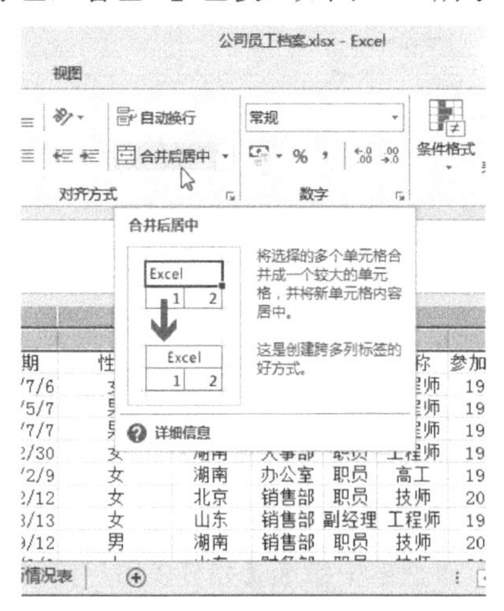

图8-75 【合并后居中】按钮

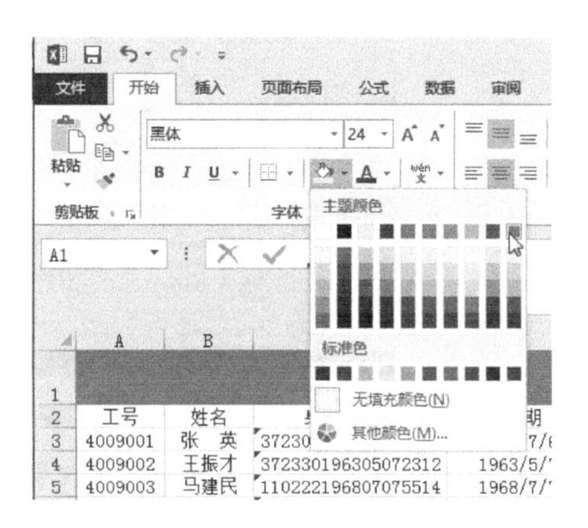

图8-76 【填充颜色】按钮

（2）设置表格数据垂直居中、水平居中显示。操作方法如下。选中A2:S20工作表区域，切换到【开始】选项卡，单击【对齐方式】选项组中的“垂直居中对齐”和“水平居中对齐”按钮，如图8-77所示。

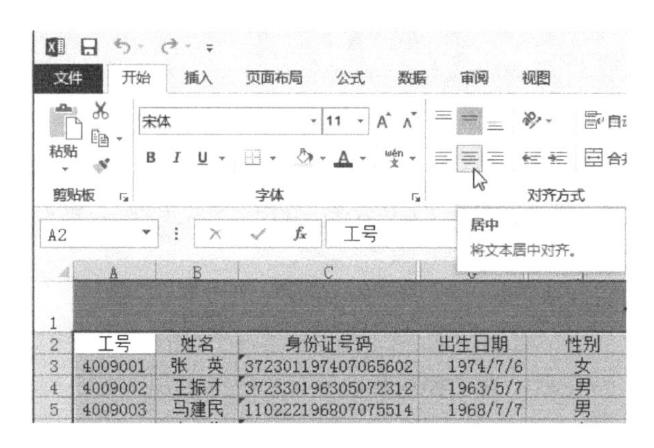

图8-77 “垂直居中对齐”和“水平居中对齐”按钮

（3）给表格添加边框线。选中A1:S20工作表区域，切换到【开始】选项卡，单击【字体】选项组中的【边框】下拉列表中选择【所有框线】选项，如图8-78所示。

微课：条件格式

（4）突出显示基本工资超过“5500”的单元格。操作步骤如下。选中单元格区域S3:S20，切换到【开始】选项卡，单击【样式】选项组中的【条件格式】按钮。在弹出的下拉列表中选择【突出显示单元格规则】→【大于（G）】选项，如图8-79所示，弹出【大于】对话框，如图8-80所示。

在弹出的【大于】对话框中，在【为大于以下值的单元格设置格式】文本框中输入“5500”，在【设置为】下拉列表中选择需要格式或者选择【自定义格式】选项，弹出【设置单元格格式】对话框的【字体】选项，如图8-81所示，设置颜色为红色、加粗倾斜等格式，单击【确定】按钮。

图 8-78 【边框】下拉列表

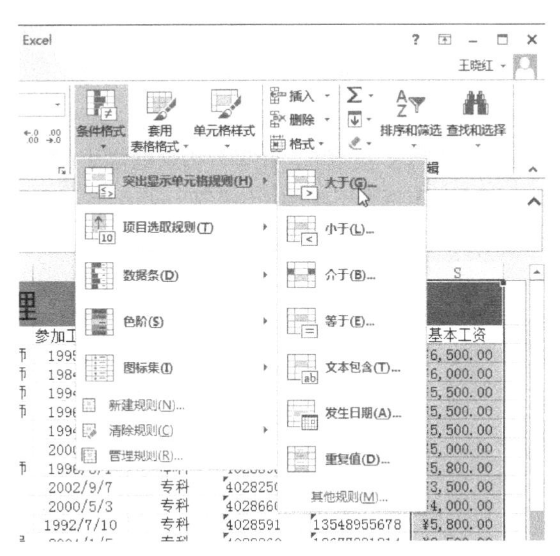

图 8-79 条件格式设置

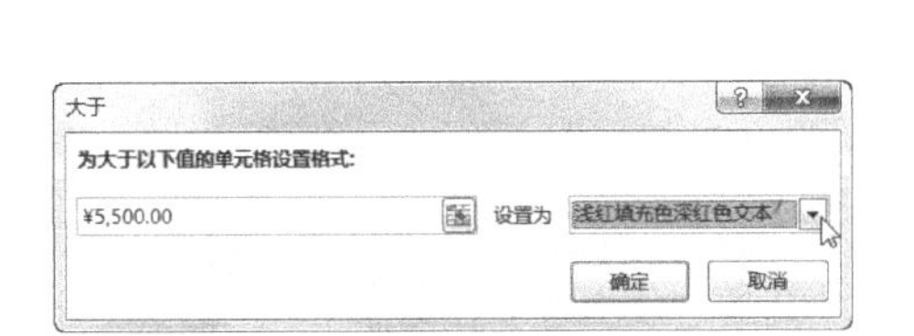

图 8-80 【大于】对话框

图 8-81 【设置单元格格式】对话框中【字体】选项卡

相关知识

Excel 2013 丰富的条件格式

条件格式的作用是突出显示所关注的单元格或单元格区域，强调异常值，使用数据条、颜色刻度和图标集来直观地显示数据。条件格式基于条件更改单元格区域的外观。如果条件为 True，则基于该条件设置单元格区域的格式；如果条件为 False，则不基于该条件设置单元格区域的格式。

可以使用条件格式直观地注释数据以供分析和演示使用。若要在数据中轻松地查找例外和发现重要趋势，可以实施和管理多个条件格式规则，这些规则以渐变色、数据柱线和图标集的形式将可视性极强的格式应用到符合这些规则的数据上。

（5）设置工作表“员工联系电话表”单元格格式。单击工作表标签“员工联系电话表”，切换到“员工联系电话表”。

新插入一行作为第一行，并输入标题“公司员工电话表”，标题合并居中，宋体 38 磅，行高 50 磅。

选中 A2:D20 单元格区域，数据水平居中、垂直居中。设置列宽 20 磅，除第一行外的行高为 60 磅。设置外框线双线，内部细实线的边框线。

具体操作步骤如下。先设置内部细实线。选中 A2:D20 单元格区域，切换到【开始】选项卡，单击【字体】选项组中的【边框】下拉列表，选择【线型】选项，在右侧弹出的列表中选择合适的细线线型，如图 8-82 所示，再在【边框】下拉列表中选择【线型】选项单击【所有框线】选项。

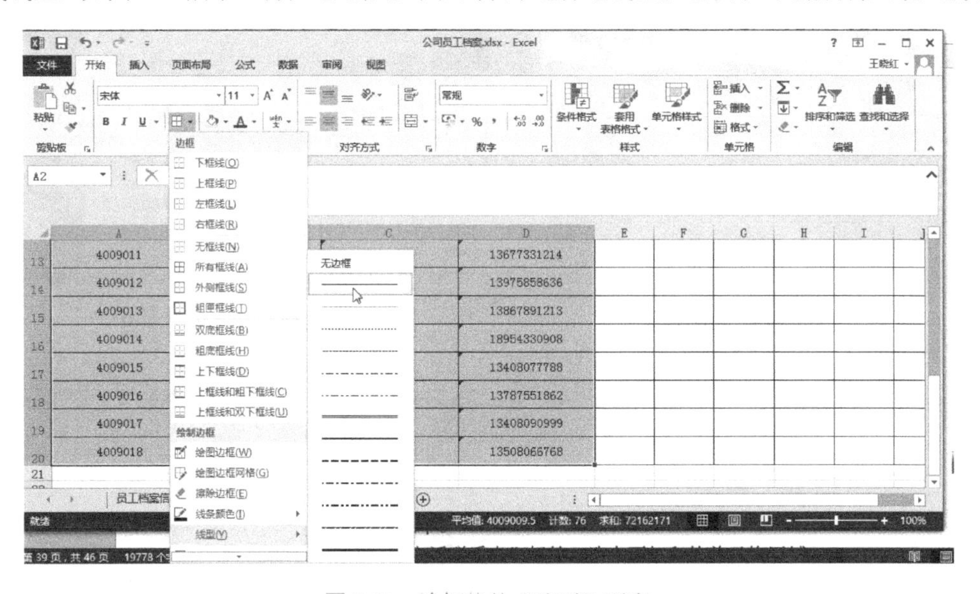

图 8-82　边框线的【线型】列表

再设置外框双线。按照以上操作在【线型】选项右侧弹出的列表中选择双线线型，再在【边框】下拉列表中单击【外侧框线】选项。

8.3.6　打印工作表

为了员工之间方便联系，小王要把员工的电话表打印出来，分发到各个部门。

微课：打印设置

（1）设置打印区域。由于一张工作表有很多行和列，所以要打印前必须设置要打印的工作表区域。操作方法如下。单击工作表“员工电话联系表”标签，选中要打印的单元格区域 A1:D20。切换到【页面布局】选项卡，单击【页面设置】选项组中的【打印区域】按钮，在弹出的下拉列表中选择【设置打印区域（S）】选项，如图 8-83 所示。

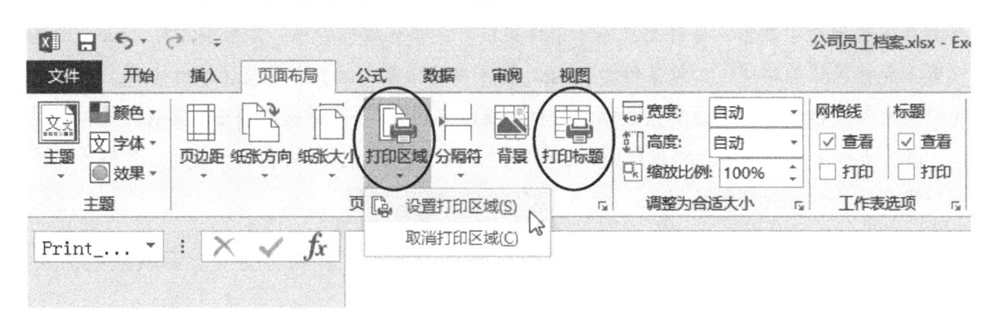

图 8-83　【设置打印区域】和【打印标题】选项

（2）设置打印标题。当需要打印多页时，为了能够在第 2 页之后的页面上仍然打印每列数据的列标题，就要设置打印标题。操作方法如下。切换到【页面布局】选项卡，单击【页面设置】选项组中【打印标题】选项，如图 8-83 所示。

弹出【页面设置】对话框的【工作表】选项卡，如图 8-84 所示，定位鼠标光标在“顶端标题行”文本框，然后单击工作表“员工电话联系表”的行标识 2，即选中第 2 行，单击【确定】按钮。

提示　设置打印标题时，【顶端标题行】要选择整行，不能选择列标题所在的单元格区域，如 A2: D2。

（3）设置纸张大小、页边距、纸张方向、表格居中。这几项设置方法和 Word 类似，切换到【页面布局】选项卡，分别单击【页面设置】选项组中【纸张大小】、【页边距】、【纸张方向】选项，设置纸张大小：A4 纸；页边距：普通；纸张方向：纵向。

选择【页边距】选项中的【自定义边距】选项，弹出【页面设置】对话框，在【页边距】选项卡中勾选【居中方式】复选框中的【水平】选项，如图 8-85 所示。

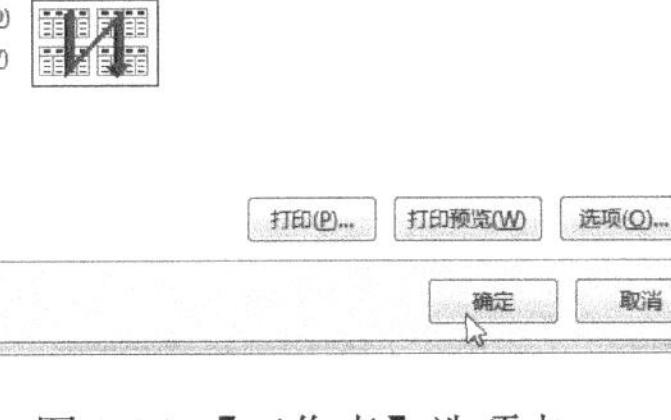

图 8-84　【工作表】选项卡

图 8-85　【页边距】选项卡

（4）打印预览查看打印效果。在打印前要预览打印的效果，如果发现打印效果不好，设置不合理，要及时修改，避免浪费纸张。

单击【文件】按钮，从弹出的界面中选择【打印】选项，如图 8-86 所示，在右侧区域显示打印预览效果，表格居于纸张中央（左右方向）。

单击下方的 1 共2页 的下一页按钮，可以显示第 2 页，如图 8-87 所示，可以看到所设置的打印标题的效果：每页都含有列标题 “工号　姓名　办公电话　联系电话”。

提示　打印预览可用快捷键“Ctrl+F2”。执行打印预览后如果再需要更改页面设置，可直接单击【打印】界面底部的【页面设置】按钮，然后在弹出的【页面设置】对话框中，在【页面】、【页边距】、【页眉/页脚】或【工作表】选项卡上设置。

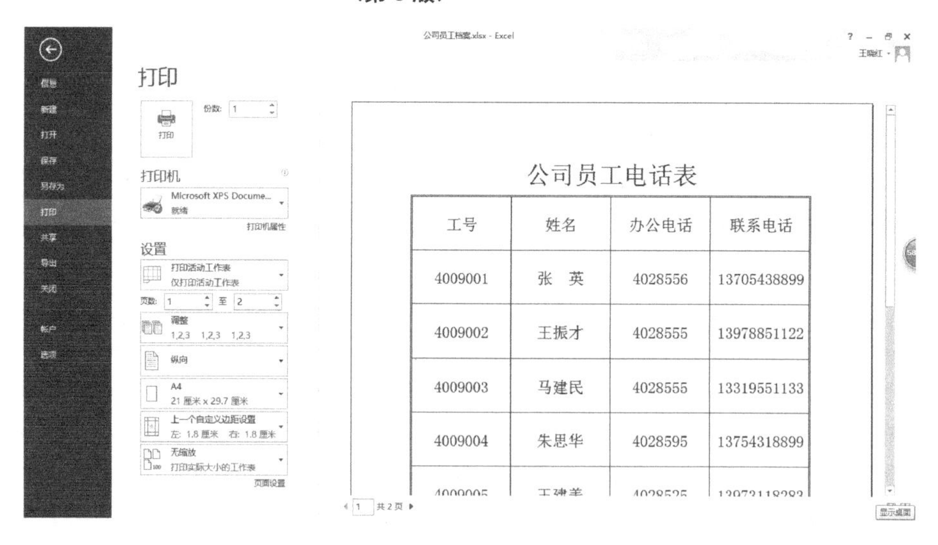

公司员工电话表

工号	姓名	办公电话	联系电话
4009001	张　英	4028556	13705438899
4009002	王振才	4028555	13978851122
4009003	马建民	4028555	13319551133
4009004	朱思华	4028595	13754318899

图 8-86　打印预览第 1 页效果

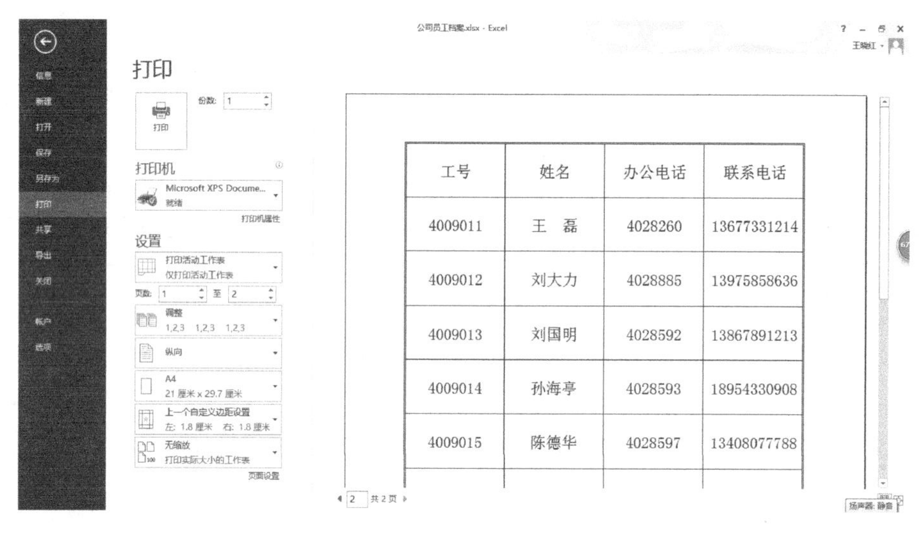

工号	姓名	办公电话	联系电话
4009011	王　磊	4028260	13677331214
4009012	刘大力	4028885	13975858636
4009013	刘国明	4028592	13867891213
4009014	孙海亭	4028593	18954330908
4009015	陈德华	4028597	13408077788

图 8-87　打印预览第 2 页效果

拓展实训

实训 1：设计公司车辆使用登记表

设计公司车辆使用登记表，并录入数据，设计效果如图 8-88 所示。

要求如下。

（1）表格标题字体字号：华文行楷，18，合并居中。

（2）列标题字体字号：华文细黑，12，填充底纹。

（3）输入文本数据车牌号、使用人；输入日期型数据使用时间，日期设置为短格式。

（4）先设置使用部门数据有效性，用来从下拉列表框指定的值中选择输入。

（5）输入驾驶员和批准人数据。

车牌号	使用时间	使用部门	使用人	事由	驾驶员	耗费	报销金额	批准人
车辆使用登记表								
鲁M R**3	2010/5/25 8:00	行政部	张 英	公事	张敏健	￥80	￥80	李明
鲁M S**2	2010/5/21 10:00	财务部	王振才	公事	张敏健	￥100	￥100	李明
鲁M C**6	2010/5/26 11:30	财务部	马建民	私事	张敏健	￥50	￥5	李明
鲁M 1**7	2010/5/30 13:00	销售部	朱思华	公事	孙国胜	￥30	￥30	张明辉
鲁M D**4	2010/6/2 8:40	销售部	王建美	公事	孙国胜	￥20	￥20	张明辉
鲁M 5**8	2010/6/3 9:00	客服部	艾晓敏	公事	张敏健	￥85	￥85	张明辉
鲁MW**9	2010/6/4 10:30	人事部	陈关敏	公事	李志民	￥70	￥70	张明辉
鲁M 2**5	2010/6/4 14:30	人事部	刘方明	私事	李志民	￥90	￥9	张波
鲁M S**8	2010/6/6 15:20	客服部	王 霞	公事	李志民	￥120	￥120	张波
鲁M 9**9	2010/6/9 16:00	研发部	刘凤昌	公事	孙国胜	￥150	￥150	张波

图 8-88　“车辆使用登记表”设计效果

（6）输入数值型数据耗费，设置人民币货币符号“￥”。

（7）根据事由列数据，如果事由是“公事”则全部报销耗费；否则只报销 10%，计算报销金额。

（8）设置 A3:I12 区域数据“华文楷体”，12，所有数据居中显示。

（9）设置如图 8-87 所示的表格边框线。

（1）车牌号可先应用填充柄填充，然后再修改后 4 位，可减少重复工作。

（2）日期和时间之间要加空格分隔。

（3）使用数据有效性来设置使用部门下拉列表框。

（4）驾驶员和批准人数据因为有重复性，所以使用记忆式输入可提高效率。

（5）计算报销金额使用 IF 函数“=IF（E3="公事",G3,0.1*G3）”，并应用填充柄填充。

（6）设置表格边框线可选择【设置单元格格式】对话框的【边框】选项卡进行设置。

实训 2：更新公司员工档案信息

按下列要求更新公司员工档案信息，效果如图 8-89 所示。

工号	姓名	性别	籍贯	部门	职务	职称	参加工作日期	出生日期	身份证号码	第一学历	基本工资
公司员工档案管理											
4009000	曲丽娜	女	山东	销售部	职员	技师	2003/8/1	1982/7/9	430125198207090020	本科	￥3,000.00
4009001	张 英	女	山东	行政部	经理	工程师	1995/7/1	1974/7/6	430125197407065602	本科	*￥6,500.00*
4009002	王振才	男	山东	销售部	职员	工程师	1984/5/1	1963/5/7	140211196305072312	本科	*￥6,000.00*
4009003	马建民	男	北京	人事部	职员	工程师	1994/7/2	1968/7/7	432522196807075514	本科	￥5,500.00
4009004	王 霞	女	山东	研发部	职员	技师	2000/5/3	1979/9/9	110102197909090128	专科	￥4,000.00
4009005	王建美	女	湖南	研发部	职员	高工	1994/2/4	1971/2/9	110102197102094607	本科	￥5,500.00
4009006	王 磊	男	湖北	行政部	职员	技术员	2004/1/5	1983/1/10	430102198301103611	专科	￥3,500.00
4009007	艾晓敏	女	北京	办公室	职员	技师	2000/7/6	1979/12/12	430101197912121800	专科	￥5,000.00
4009008	刘方明	男	湖南	销售部	职员	技师	2002/9/7	1981/9/12	430103198109120110	专科	￥3,500.00
4009009	刘大力	男	江苏	销售部	职员	工程师	1997/8/8	1976/8/13	410205197608138215	专科	￥5,500.00
4009010	刘国强	男	上海	研发部	副经理	工程师	2001/7/9	1980/2/14	430102198002141212	研究生	*￥5,800.00*

图 8-89　更新公司员工档案信息效果图

（1）打开“\公司员工档案.xlsx”文件，另存为“公司员工档案更新.xlsx”，再进行如下修改并保存。

（2）在工作表“员工档案信息表”中删除办公电话和联系电话两列。

（3）在工作表“员工档案信息表”中，在“张英”的上方插入一员工“张丽娜”的信息，她的信息分别是：“4009000　张丽娜　女　山东　销售部 职员 技师 2003 年 8 月 1 日 430125198207090020　本科　3000 ”。

（4）在工作表“员工档案信息表”中，用数据条显示员工参加工作日期的早晚情况。

（5）在最右侧插入一工作表，重命名为“员工档案信息备份表”并复制“员工档案信息表”到“员工档案信息备份表”。

（6）密码保护“员工档案信息备份表”以防擅自修改。

① 输入身份证号码后，出生日期和性别采用填充柄自动填充。

② 选择员工的参加工作日期，然后用条件格式实现数据条效果。

③ 单击行标识 A 和列标识 1 交叉处左上角的“全选按钮”可以选中整张工作表，然后复制。

④ 保护工作表的方法：切换到【审阅】选项卡，单击【保护工作表】选项，弹出【保护工作表】对话框，在【取消工作表保护时使用密码】文本框中输入密码，勾选所需复选框。

实训 3：修改并打印员工部门学历信息

要求如下。

（1）打开素材“\员工资料表.xlsx”，另存为“员工学历信息.xlsx”。

（2）对“员工学历信息.xlsx”进行修改，删除表格第一行，即标题行“员工资料表”。

（3）移动“学历”列到“性别”列之前（左侧）。

（4）把部门中的“办公室”和“行政部”改名统一称为“综管部”，然后把“部门”列移动到“学历”列之前（左侧）。

（5）插入一行作为第 1 行，输入表格标题“员工学历表”，并合并 A、B、C、D 四列居中，华文行楷，24。

（6）设置打印区域 A1:D50，并设置第 2 行为打印标题行。

（7）设置除第一行外的行高 20，列宽 20。

（8）设置单元格区域 A2:D50 的表格边框线外双线，内细线。

（9）设置页边距：普通，并设表格水平居中；纸张方向：纵向；纸张大小：A4。

（10）在页脚插入页码。

（11）查看打印预览效果，如图 8-90、图 8-91 所示。

（1）移动列的方法：先执行【剪切】，再执行【插入已剪切的单元格】，而不是执行【粘贴】。例如，移动“学历”列到“性别”列之前的操作步骤如下。

① 选择“学历”列，右击弹出快捷菜单，选择快捷菜单中的【剪切】命令。

② 选择“性别”列，右击弹出快捷菜单，选择快捷菜单中的【插入已剪切的单元格】命令。

（2）一次查找并修改多个单元格的信息，可以切换到【开始】选项卡，单击【查找和选择】下拉列表框中的【替换】选项来完成。

（3）插入页码的方法：切换到【插入】选项卡，单击【页眉和页脚】选项，打开【页眉和页脚】工具栏来完成。

员工学历表

工号	姓名	部门	学历
A5001	安静	销售部	专科
A5002	宋东	综管部	本科
A5003	李好	综管部	本科
A5004	王华	策划部	本科
A5005	周丽	销售部	专科
A5006	辛心	综管部	本科
A5007	魏欣	销售部	专科
A5008	郑娟	客服部	专科
A5009	黄京	综管部	专科
A5010	王亮亮	人事部	本科
A5011	张冬冬	人事部	本科
A5012	孙华	客服部	专科
A5013	吴照照	销售部	专科
A5014	李凡	综管部	本科
A5015	张欣	销售部	专科
A5016	李京	综管部	本科
A5017	佳国	综管部	本科
A5018	刘贝贝	策划部	本科
A5019	张金	销售部	专科
A5020	刘海豹	综管部	本科
A5021	宋辉	销售部	专科
A5022	徐丽丽	客服部	专科
A5023	杨涛	综管部	专科
A5024	周海明	人事部	本科
A5025	周梅	人事部	本科
A5026	王静	客服部	专科
A5027	刘海	销售部	专科
A5028	吴亮	综管部	本科
A5029	孟水	销售部	专科
A5030	邓欢	综管部	本科
A5031	翟乐	综管部	本科
A5032	葛晓乐	综管部	本科
A5033	张倩	财务部	本科

1

图 8-90　员工部门学历信息打印预览第 1 页

工号	姓名	部门	学历
A5034	童涛	人事部	大专
A5035	王安然	财务部	大专
A5036	曹国强	销售部	大专
A5037	马敏	销售部	大专
A5038	孙志勇	客服部	硕士
A5039	李莉	销售部	本科
A5040	赵国栋	客服部	本科
A5041	周晓东	研发部	本科
A5042	王涛	销售部	本科
A5043	谢国强	综管部	本科
A5044	于丽丽	财务部	大专
A5045	何蕾	客服部	大专
A5046	孙明明	客服部	硕士
A5047	王小林	客服部	本科
A5048	吴娟	销售部	大专

2

图 8-91　员工部门学历信息打印预览第 2 页

综合实践

设计学生基本信息表格，包含学号、姓名、身份证号码、性别、出生日期、籍贯、联系电话等信息，应用函数设计实现数据提取，简化数据录入工作量，并应用数据有效性设置，降低错误录入率，适当设置格式，重要数据突出显示，便于调阅，并为打印做好相应的设置准备。

任务9 员工工资管理

工资管理是企业管理的一项重要内容，采用规范的工资管理办法可以调动员工工作积极性，维持企业的长久发展。由于员工工资的结算来自多项数据，如基本工资、奖金、考勤扣款、社会保险扣款等，而且员工工资的计算统计是每月都要进行的工作，所以应用 Office Excel 2013 建立工资管理表格，既便于数据之间的相互调用，又能应用 Excel 强有力的公式和函数功能实现快速计算，这样大大降低了工资统计与计算人员的工作负担，提高工作效率。下面是完成的公司员工工资管理表格设计及统计计算后的效果图。

公司员工工资统计计算完成效果如图 9-1 所示。

三月份工资明细结算表

工号	姓名	部门	基本工资	调后工资	薪级工资	五险一金缴存合计	考勤扣款	销售提成	应发工资	个人所得税	实发工资
4009001	张　英	销售部	6500	6800	1000	1740	57	2650	8654	476	8178
4009002	王振才	行政部	6000	6000	600	1473	0	0	5127	58	5069
4009003	马建民	行政部	5500	5600	600	1384	47	0	4769	38	4731
4009004	朱思华	人事部	5500	5500	600	1362	0	0	4738	37	4701
4009005	王建美	办公室	5500	5300	600	1318	177	0	4406	27	4378
4009006	艾晓敏	销售部	5000	5000	600	1251	0	3890	8239	393	7846
4009007	陈关敏	销售部	5800	5800	600	1429	83	625	5513	96	5417
4009008	刘方明	销售部	3500	3500	600	918	0	17140	20322	3575	16746
4009009	王　霞	财务部	4000	4100	600	1051	187	0	3462	0	3462
4009010	刘凤昌	研发部	5800	5800	800	1473	0	0	5127	58	5069
4009011	王　磊	客服部	3500	4000	800	1074	210	0	3516	0	3516
4009012	刘大力	客服部	5500	5500	600	1362	0	0	4738	37	4701
4009013	刘国明	研发部	4000	4000	800	1074	48	0	3678	5	3673
4009014	孙海亭	财务部	5800	5800	600	1429	0	0	4971	44	4927
4009015	陈德华	销售部	5500	5600	600	1384	0	33660	38476	8114	30362

图 9-1　公司员工工资统计计算效果

9.1 任务情境

为了充分调动员工的工作积极性，公司领导决定调整公司的工资发放办法，而且随着信息技术的发展，公司的各项管理办法和技术也都要与时俱进，实现科学化和现代化，那么公司员工的工资管理也不例外。由于小王前面的工作完成得很出色，领导认为这项任务非他莫属了。假如你是小王，不要辜负领导对你的期望啊！

知识目标

- 粘贴链接的使用；
- 批注的新建、编辑及删除；
- Excel 公式的编辑方法；
- 常用函数求和、求平均值、求最大值、最小值的使用方法；

- 排名函数 RANK( )的使用方法；
- 区分单元格的相对引用和绝对引用及各自应用场合；
- 查找和引用函数，HLOOKUP( )和 VLOOKUP( )的用法与区别；
- 条件计数函数 COUNTIF( )的用法。

能力目标

- 能够熟练使用常用函数求和、求平均值、求最大值、最小值，计数等；
- 能够熟练编辑 Excel 公式解决实际计算问题；
- 能够熟练应用 IF 函数解决实际问题；
- 会应用排名函数 RANK( )排名次；
- 会应用 HLOOKUP( )和 VLOOKUP( )函数，快速查找引用其他工作表中的数据；
- 会根据工资表制作工资条；
- 会为工作表奇数行和偶数行设置不同的填充颜色；
- 能够综合应用所学知识规划和设计企业工资管理表格及进行统计与计算。

9.2 任务分析

根据公司关于工资管理新文件精神，分析员工工资大致有几部分组成：基本工资、工资调整部分、考核扣款、业务提成、社会保险各项扣款和所得税等。为了便于操作和查看，进行归类设计表格，分别计算相关数据。

经过分析，完成员工的工资计算与统计需要进行以下工作。

（1）设计员工工资调整表格，计算调整工资；

（2）设计考勤表，计算考勤扣款；

（3）由员工的销售业绩表计算销售提成；

（4）设计员工的社会保险缴存表，计算员工的住房公积金、医疗保险、养老保险等扣款；

（5）计算员工依法缴纳的个人所得税；

（6）由员工的基本信息导入工资表中所需的“工号、姓名、部门、基本工资”等信息；

（7）统计与计算员工的月应发工资、所有扣款、实发工资。

9.3 任务实现：工资管理表格设计与统计计算

9.3.1 建立员工工资管理工作簿

为了便于操作和查看，把与工资统计有关的数据归类存储，首先在一个工作簿“企业员工工资管理.xlsx”中建立“员工工资统计表”、“工资调整表”、“社会保险缴存表”、“考勤统计表”和“销售提成表”5 个工作表。

9.3.2 员工工资调整表设计

为了提高员工工作积极性，公司根据员工的工作表现、职位的变动对员工的工资进行及时的调整，因此要想统计员工的工资，必须先对员工的工资调整情况进行统计。下面建立工资调整表，完成效果如图 9-2 所示。

1. 导入部分数据

微课：数据类型

由于员工工资表中的基本信息如“工号、姓名、部门、基本工资”是和员工档案信息相同的，所以可以直接从档案信息中导入部分数据。操作步骤如下。

（1）复制任务 8 完成的“公司员工档案.xlsx”并打开文件，按住“Ctrl”键选中“工号、姓名、部门、基本工资”4 列信息，右击弹出快捷菜单，在快捷菜单中选择【复制】命令。

（2）在新建的“企业员工工资管理”工作簿“工资调整表”工作表中，单击 A1 单元格，切换到【开始】选项卡，单击【剪贴板】选项组中的【粘贴】按钮，在弹出的下拉列表中选择【粘贴链接】选项，如图 9-3 所示，则导入了“工号、姓名、部门、基本工资”4 列数据。

企业员工工资调整表

调整日期：2015/3/1　　审批人：

工号	姓名	部门	基本工资	调整数额	调整原因	调后工资
4009001	张　英	销售部	6500	300	职位升迁	6800
4009002	王振才	行政部	6000			6000
4009003	马建民	行政部	5500	100	考核优秀	5600
4009004	朱思华	人事部	5500			5500
4009005	王建美	办公室	5500	-200	项目失误	5300
4009006	艾晓敏	销售部	5000			5000
4009007	陈关敏	销售部	5800			5800
4009008	刘方明	销售部	3500			3500
4009009	王　霞	财务部	4000	100	考核优秀	4100
4009010	刘凤昌	研发部	5800			5800
4009011	王　磊	客服部	3500	500	产品选中	4000
4009012	刘大力	客服部	5500			5500
4009013	刘国明	研发部	4000			4000
4009014	孙海亭	财务部	5800			5800
4009015	陈德华	销售部	5500	100	考核优秀	5600
4009016	刘国强	销售部	5800			5800
4009017	牟希雅	销售部	4000	-100	客户投诉	3900
4009018	彭庆华	销售部	5500	500	产品选中	6000

图 9-2　工资调整表

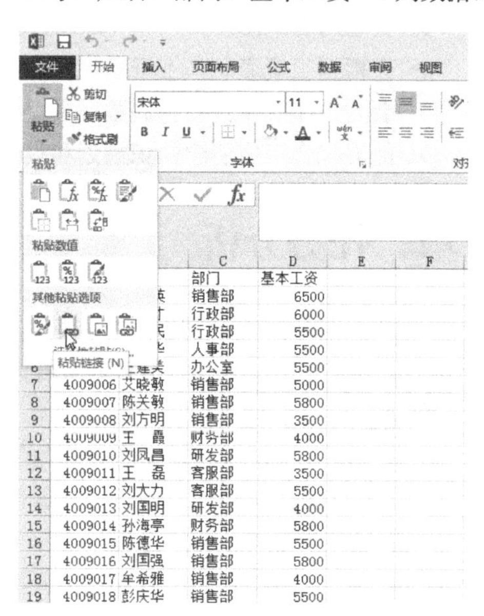

图 9-3　【粘贴链接】选项

提示　使用【粘贴链接】而不使用【粘贴】的好处是当源数据即“公司员工档案.xlsx”中的数据更新时，粘贴链接过来的目的数据即“工资调整表”中的数据也会自动更新。

2. 完成表格设计

在表格顶部插入 3 行，分别输入表格标题、调整日期和审批人，依次设置标题效果，并输入相应数据，设置表格边框和底纹，制作如图 9-4 所示的表格。

3. 计算调整后工资

单击 G4 单元格，切换到【公式】选项卡，单击【函数库】选项组中的【自动求和】按钮，在弹出的下拉列表的选择【Σ求和】选项，如图 9-5 所示。则自动在 G4 单元格中插入函数“=SUM(D4:F4)”，如图 9-6 所示。

求和函数参数的范围默认为所选单元格左侧的数值区域 D4:F4，但是实际只需要求单元格 D4:E4 的和，所以必须修改默认的范围，用鼠标选择单元格区域 D4:E4 或者在编辑栏里修改 F4 为 E4。然后单击编辑栏的✔按钮或者按回车键确认输入。

双击 G4 的填充柄，复制公式至单元格 H21，完成向下自动填充。完成后的效果如图 9-2 所示。

企业员工工资调整表						
调整日期：2015/3/1					审批人：	
工号	姓名	部门	基本工资	调整数额	调整原因	调后工资
4009001	张　英	销售部	6500	300	职位升迁	
4009002	王振才	行政部	6000			
4009003	马建民	行政部	5500	100	考核优秀	
4009004	朱思华	人事部	5500			
4009005	王建美	办公室	5500	-200	项目失误	
4009006	艾晓敏	销售部	5000			
4009007	陈关敏	销售部	5800			
4009008	刘方明	销售部	3500			
4009009	王　霞	财务部	4000	100	考核优秀	
4009010	刘凤昌	研发部	5800			
4009011	王　磊	客服部	3500	500	产品选中	
4009012	刘大力	客服部	5500			
4009013	刘国明	研发部	4000			
4009014	孙海亭	财务部	5800			
4009015	陈德华	销售部	5500	100	考核优秀	
4009016	刘国强	销售部	5800			
4009017	牟希雅	销售部	4000	-100	客户投诉	
4009018	彭庆华	销售部	5500	500	产品选中	

图 9-4　“员工工资调整表”表格设计

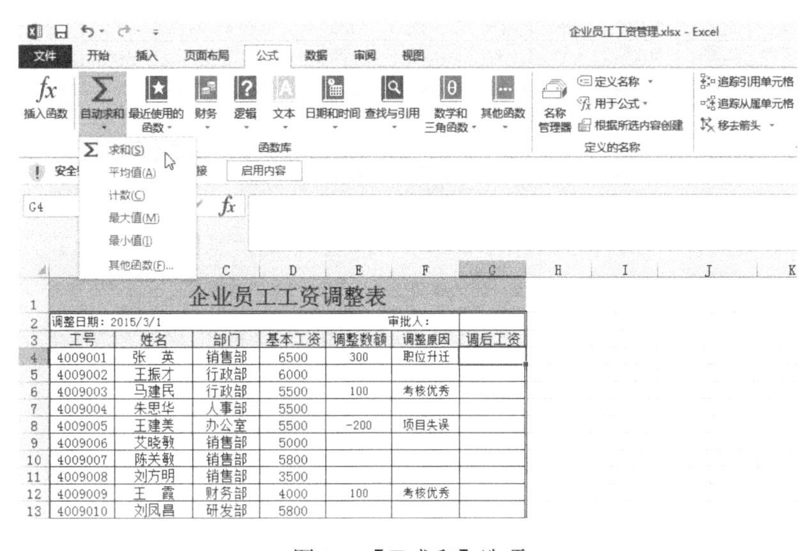

图 9-5　【Σ求和】选项

企业员工工资调整表						
调整日期：2015/3/1					审批人：	
工号	姓名	部门	基本工资	调整数额	调整原因	调后工资
4009001	张　英	销售部	6500	300		=SUM(D4:F4)
4009002	王振才	行政部	6000			
4009003	马建民	行政部	5500	100	考核优秀	
4009004	朱思华	人事部	5500			
4009005	王建美	办公室	5500	-200	项目失误	

图 9-6　修改函数默认范围

9.3.3 员工社会保险缴存表设计

微课：公式

根据国家政策，企业必须为职工每月缴存个人住房公积金、医疗保险、养老保险等，职工个人也要为自己分别缴存一定的比例（缴存比例各地执行略有不同），所以需要建立表格进行计算与管理。建立社会保险缴存表效果如图9-7所示。操作步骤如下。

各项社会保险缴存明细表

工号	姓名	部门	基本工资	薪级工资	住房公积金	医疗保险	大病保险	养老保险	失业保险	缴存合计额
4009001	张　英	销售部	6800	1000	936	159	5	624	15.6	1739.6
4009002	王振才	行政部	6000	600	792	135	5	528	13.2	1473.2
4009003	马建民	行政部	5600	600	744	127	5	496	12.4	1384.4
4009004	朱思华	人事部	5500	600	732	125	5	488	12.2	1362.2
4009005	王建美	办公室	5300	600	708	121	5	472	11.8	1317.8
4009006	艾晓敏	销售部	5000	600	672	115	5	448	11.2	1251.2
4009007	陈关敏	销售部	5800	600	768	131	5	512	12.8	1428.8
4009008	刘方明	销售部	3500	600	492	85	5	328	8.2	918.2
4009009	王　霞	财务部	4100	600	564	97	5	376	9.4	1051.4
4009010	刘凤昌	研发部	5800	800	792	135	5	528	13.2	1473.2
4009011	王　磊	客服部	4000	800	576	99	5	384	9.6	1073.6
4009012	刘大力	客服部	5500	600	732	125	5	488	12.2	1362.2
4009013	刘国明	研发部	4000	800	576	99	5	384	9.6	1073.6
4009014	孙海亭	财务部	5800	600	768	131	5	512	12.8	1428.8
4009015	陈德华	销售部	5600	600	744	127	5	496	12.4	1384.4
4009016	刘国强	销售部	5800	800	792	135	5	528	13.2	1473.2

图9-7　社会保险缴存表计算效果

（1）打开素材文件“社会保险缴存表.xlsx”，复制表中的信息到“企业员工工资管理.xlsx”中的“社会保险缴存表”工作表中，如图9-8所示。

	A	B	C	D	E	F	G	H	I	J	K
1	工号	姓名	部门	基本工资	薪级工资	住房公积金	医疗保险	大病保险	养老保险	失业保险	缴存合计额
2	4009001	张　英	销售部		1000						
3	4009002	王振才	行政部		600						
4	4009003	马建民	行政部		600						
5	4009004	朱思华	人事部		600						
6	4009005	王建美	办公室		600						
7	4009006	艾晓敏	销售部		600						
8	4009007	陈关敏	销售部		600						
9	4009008	刘方明	销售部		600						
10	4009009	王　霞	财务部		600						
11	4009010	刘凤昌	研发部		800						
12	4009011	王　磊	客服部		800						
13	4009012	刘大力	客服部		600						
14	4009013	刘国明	研发部		800						
15	4009014	孙海亭	财务部		600						
16	4009015	陈德华	销售部		600						
17	4009016	刘国强	销售部		800						
18	4009017	牟希雅	销售部		600						
19	4009018	彭庆华	销售部		600						
20											
21											
22											

员工工资统计表 | 工资调整表 | 社会保险缴存表 | 考勤统计表 | 销售提成表

图9-8　社会保险缴存工作表

（2）把工作表“工资调整表”中的“调后工资”列的值执行【复制】并【粘贴链接】到基本工资列。

（3）计算个人应该缴存的住房公积金、医疗保险、养老保险和失业保险等。本公司按照“基本工资和“薪级工资”两部分之和作为缴存基数，缴存比例如表9-1所示。

表 9-1　五险一金单位和个人缴存比例参考表

项　目	单　位	个　人
住房公积金	12%	12%
医疗保险	10%	2%+3
养老保险	20%	8%
失业保险	1%	0.2%
工伤保险	0.5%	个人不缴纳
生育保险	0.8%	个人不缴纳

① 单击 F2 单元格，在 F2 单元格输入公式：“=(D2+E2)*12%”，如图 9-9 所示，按回车键或单击编辑栏的✔按钮，确认输入。

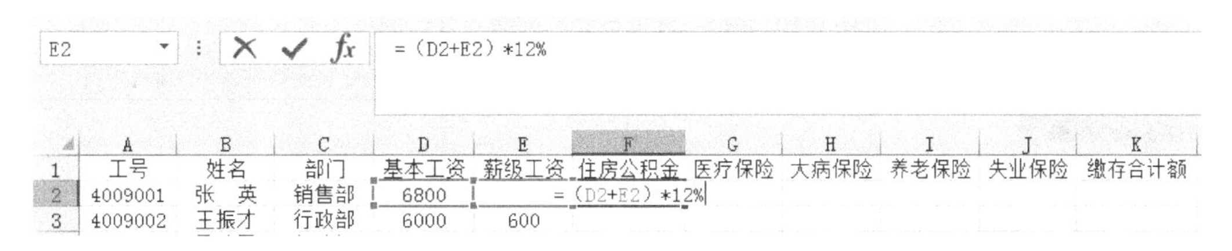

图 9-9　输入计算公积金公式

② 双击单元格 F2 的填充柄，向下自动填充至单元格 F19，自动计算其他员工的住房公积金数据。

③ 类似地，计算医疗保险，在单元格 G2 中输入公式：“=(D2+E2)*2%+3”，回车或单击编辑栏的✔按钮，确认输入，并双击填充柄计算其他员工医疗保险。

在单元格 I2 中输入公式：“=(D2+E2)*8%”，回车或单击编辑栏的✔按钮，确认输入，并双击填充柄计算其他员工养老保险。

在单元格 J2 中输入公式：“=(D2+E2)*0.2%”，回车或单击编辑栏的✔按钮，确认输入，并双击填充柄计算其他员工失业保险。

④ 在单元格 H2 中输入大病保险缴存金额“5”，双击填充柄向下填充至单元格 H19。

各项计算结果如图 9-10 所示。

提示　Excel 的公式以“=”开头，输入公式时必须先输入“=”，公式与数学表达式基本相同，由参与运算的数据和运算符组成。公式中的运算符要用英文半角符号。

当公式引用的单元格的数据修改后，公式的计算结果会自动更新。

(4) 计算应缴存合计额。单击单元格 K2，切换到【公式】选项卡，单击【函数库】选项组中的【自动求和】按钮，在弹出的下拉列表中选择【Σ求和】选项，插入 SUM 函数，参数范围由自动默认的“D2:J2”改为“F2:J2”，如图 9-10 所示，单击✔按钮或者按回车键确认输入。

双击填充柄，向下自动填充至单元格 K19，计算其他员工的所应缴存合计额。

(5) 插入表格标题，格式化表格，效果如图 9-7 所示。

F2 =SUM(F2:J2)

工号	姓名	部门	基本工资	薪级工资	住房公积金	医疗保险	大病保险	养老保险	失业保险	缴存合计额
4009001	张　英	销售部	6800	1000	936	159	5	624	15.6	=SUM(F2:J2)
4009002	王振才	行政部	6000	600	792	135	5	528	13.2	SUM(number1, [number2], ...)
4009003	马建民	行政部	5600	600	744	127	5	496	12.4	
4009004	朱思华	人事部	5500	600	732	125	5	488	12.2	
4009005	王建美	办公室	5300	600	708	121	5	472	11.8	
4009006	艾晓敏	销售部	5000	600	672	115	5	448	11.2	
4009007	陈关敏	销售部	5800	600	768	131	5	512	12.8	
4009008	刘方明	销售部	3500	600	492	85	5	328	8.2	
4009009	王　霞	财务部	4100	600	564	97	5	376	9.4	
4009010	刘凤昌	研发部	5800	800	792	135	5	528	13.2	
4009011	王　磊	客服部	4000	800	576	99	5	384	9.6	
4009012	刘大力	客服部	5500	600	732	125	5	488	12.2	
4009013	刘国明	研发部	4000	800	576	99	5	384	9.6	
4009014	孙海亭	财务部	5800	600	768	131	5	512	12.8	
4009015	陈德华	销售部	5600	600	744	127	5	496	12.4	
4009016	刘国强	销售部	5800	800	792	135	5	528	13.2	
4009017	牟希雅	销售部	3900	600	540	93	5	360	9	
4009018	彭庆华	销售部	6000	600	792	135	5	528	13.2	

图 9-10　由 SUM 函数计算应缴存合计额

相关知识

Excel 包含 4 类运算符：算术运算符、比较运算符、文本运算符和引用运算符。

（1）算术运算符。

+（加号）、-（减号或负号）、*（乘号）、/（除号）、%（百分号）、^（乘方），完成基本的数学运算，返回值为数值。

（2）比较运算符。

=（等号）、>（大于）、<（小于）、>=（大于等于）、<=（小于等于）、<>（不等于），用于实现两个值的比较，结果是逻辑值 True 或 False。例如，在单元格中输入“=3<8”，结果为 True。

（3）文本运算符。

&用来连接一个或多个文本数据以产生组合的文本。例如：在单元格中输入“="职业"&"学院"”（注意文本输入时须加英文引号）后回车，将产生“职业学院”的结果；输入“="滨州"&"职业"&"学院"”，将产生“滨州职业学院”的结果。

（4）引用运算符。

单元格引用运算符：“:”（冒号）。

联合运算符：“,”（逗号），将多个引用合并为一个引用。

交叉运算符：空格，产生同时属于两个引用的单元格区域的引用。

9.3.4　由员工考勤统计表计算考勤扣款

为了加强公司的严格管理，以及坚持对每个员工的公平公正的原则，公司执行了严格的考勤制度，并将考勤的结果反映到工资中。现在由考勤统计表计算相应扣款。

（1）打开素材“员工月考勤表.xlsx”，将“三月”工作表数据粘贴链接到“员工考勤统计表”工作表中。

（2）给“应扣工资”所在的单元格插入批注。插入批注的操作步骤如下。

① 单击 G1 单元格，切换到【审阅】选项卡，单击【批注】选项组中的【新建批注】按钮，如图 9-11 所示。

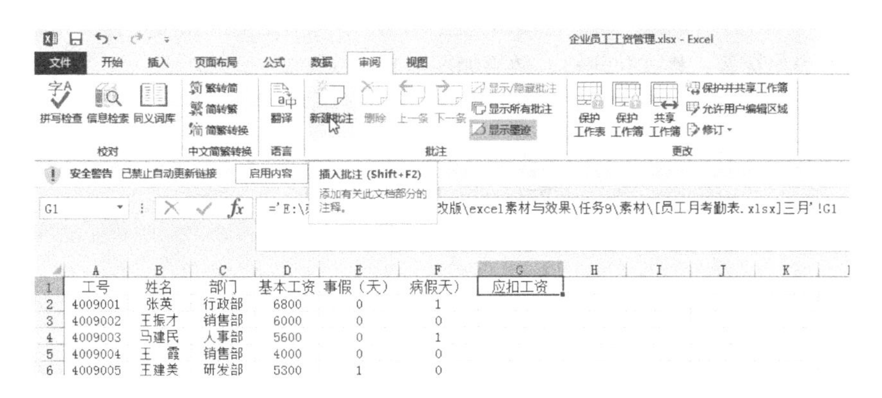

图 9-11 【新建批注】按钮

② 在弹出的文本框中输入“事假扣除当天工资，病假扣除当天工资的 25%。”输入完毕后单击工作表中的任意一个单元格，即可退出批注的编辑状态。

当光标指向或者单击 G1 单元格时，就会显示所插入的批注信息，如图 9-12 所示。单击【审阅】选项卡中的【编辑批注】就可以对批注进行修改。如果想一直显示批注，则只要单击【显示/隐藏批注】按钮即可，显示的批注也可以进行修改。如果想删除批注，只要单击【删除】按钮即可。

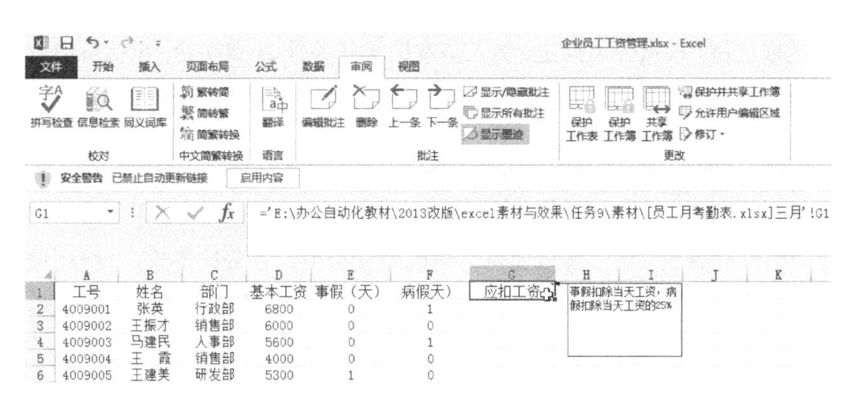

图 9-12 【编辑批注】及显示批注效果

（3）计算应扣工资。将单元格区域 G2:G19 的数据格式设置为小数位数是两位的货币类型。

单击 G2 单元格，在 G2 单元格或编辑栏中输入公式：“=(D2/30)*E2+(D2/30)* 25%*F2”。单击编辑栏的✔按钮确认输入，如图 9-13 所示。

MOD　=(D2/30)*E2+(D2/30)* 25%*F2

	A	B	C	D	E	F	G	H
1	工号	姓名	部门	基本工资	事假（天）	病假天）	应扣工资	
2	4009001	张英	行政部	6800	0	=(D2/30)*E2+(D2/30)* 25%*F2		
3	4009002	王振才	销售部	6000	0	0		
4	4009003	马建民	人事部	5600	0	1		
5	4009004	王　霞	销售部	4000	0	0		
6	4009005	王建美	研发部	5300	1	0		

图 9-13 计算应扣工资

双击单元格 G2 的填充柄，向下自动填充至 G19，所有员工的应扣工资计算完成。

（4）添加表格标题，格式化表格，效果如图 9-14 所示。

3月份考勤统计表						
工号	姓名	部门	基本工资	事假（天）	病假天）	应扣工资
4009001	张英	行政部	6800	0	1	￥56.67
4009002	王振才	销售部	6000	0	0	￥0.00
4009003	马建民	人事部	5600	0	1	￥46.67
4009004	王　霞	销售部	4000	0	0	￥0.00
4009005	王建美	研发部	5300	1	0	￥176.67
4009006	王　磊	销售部	3500	0	0	￥0.00
4009007	艾晓敏	行政部	5000	0	2	￥83.33
4009008	刘方明	销售部	3500	0	0	￥0.00
4009009	刘大力	办公室	5600	1	0	￥186.67
4009010	刘国强	人事部	5800	0	0	￥0.00
4009011	刘凤昌	研发部	6300	1	0	￥210.00

图 9-14　员工 3 月份考勤统计表

9.3.5　由员工销售提成表计算提成金额

微课：Hlookup 函数

为了激励销售人员的工作积极性，公司加大了对销售人员的激励措施，对不同范围的业绩提成比例也做了不同的规定，充分体现多劳多得的原则。下面计算销售人员的提成金额。

（1）打开素材“销售提成统计表.xlsx”，复制“提成统计表”到工作表“员工销售提成表”。

（2）填入提成比例。根据公司规定，员工基本销售任务是 20 000 元，也就是销售额在 20 000 元以下按照 5%提成，销售额在 20 000～49 999 元的按照 10%提成，销售额在 5 万～10 万的按照 20%提成，10 万以上按照 30%提成。

下面应用 Excel HLOOKUP 函数根据员工销售额的不同，自动填入员工相应的提成比例。具体操作步骤如下。

① 设置“销售提成表”的“提成比例”列的数据类型为百分比形式，没有小数位数。

② 单击 D3 单元格，切换到【公式】选项卡，单击【函数库】选项组中的【插入函数】按钮，弹出【插入函数】对话框。

③ 在【插入函数】对话框中选择【HLOOKUP】函数，如图 9-15 所示。

④ 弹出查找和引用函数 HLOOKUP 的【函数参数】对话框，在对话框中输入函数的各个参数，如图 9-16 所示。

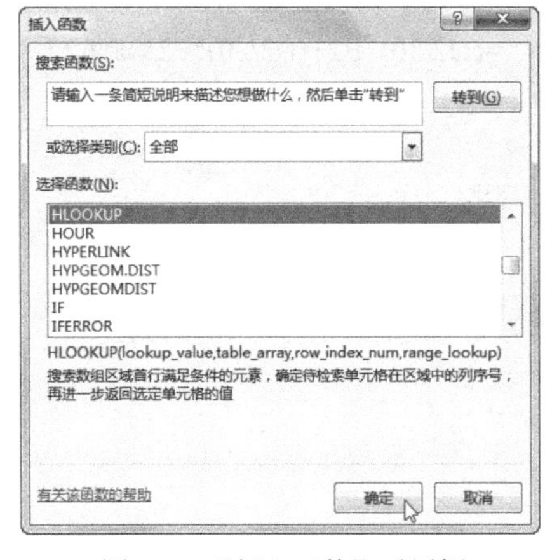

图 9-15　【插入函数】对话框

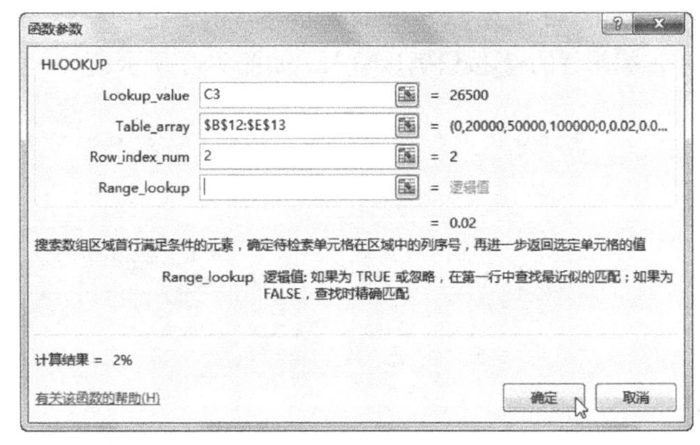

图 9-16　HLOOKUP 的【函数参数】对话框

➢ 参数 Lookup_value 的值“C3”，指在参数 Table_array 设定的查找区域的首行查找 C3 单元格的值，即“26 500”。

➢ 参数 Table_array 的值“$B$12:$E$13”，是指在图 9-18 中用来根据销售额确定提成比例的数据区域“B12:E13”。

提示 此时要用绝对引用“$B$12:$E$13”，即在列标识和行标识前加“$”。

因为应用这个函数计算其他员工的提成比例时，所用的参照的销售额和提成比例也在单元格区域地址 B12:E13 中，就是说在用填充柄填充 D4～D7 单元格数据时，参数 Table_array 的值（单元格区域地址）是固定不变的，所以要用单元格的绝对引用。

技　巧

绝对引用的单元格区域例如案例中的“$B$12:$E$13”不需要手工输入，可以按以下操作快速完成。

① 用鼠标选取区域“B12:E13”。

② 定位光标在“B12:E13”中，按功能键 “F4”可以快速完成。

➢ 参数 Row_index_num 的值“2”，指定当查找到与 C3 单元格的值“26 500”匹配时的数值所在的单元格在查找区域“$B$12:$E$13”中的行号。

- 匹配有近似匹配和精确匹配两种选择，由 Range_lookup 参数设定。当设为近似匹配时，如果找不到精确匹配值，则返回小于 Lookup_value 的最大数值。
- 此时设为近似匹配，也就是没找到“26 500”，但能找到小于“26 500”的最大值，也就是“￥20 000”，对应的提成比例是“10%”，而“10%”在所在查找区域“$B$12:$E$13”的第 2 行，如图 9-18 所示，即查找到销售额是“26 500”，返回函数值“10%”作为提成比例。

➢ 参数 Range_lookup 的值为 TRUE 或省略，则返回近似匹配值，在此省略即可，设置为近似匹配。

单击✔按钮或者按回车键确认输入。单元格 D3 函数返回结果为“10.009。”。

⑤ 双击 D3 单元格的填充柄，向下填充 D4～D7 单元格，提成比例自动填充完成。

（3）计算提成金额。单击 E3 单元格，输入公式：“=C3*D3”。按回车键确认输入，双击填充柄，向下自动填充至单元格 E9，计算结果如图 9-17 所示。

E3　=C3*D3

	A	B	C	D	E
1	销售部员工3月销售提成统计表				
2	工号	员工姓名	销售额	提成比例	提成金额
3	4009001	张　英	26500	10.00%	2650
4	4009006	艾晓敏	38900	10.00%	3890
5	4009007	陈关敏	12500	5.00%	625
6	4009008	刘方明	85700	20.00%	17140
7	4009015	陈德华	112200	30.00%	33660
8	4009016	刘国强	40000	10.00%	4000
9	4009017	牟希雅	50000	20.00%	10000
10					
11	销售额分段	19999以下	20000～49999	50000～99999	100000以上
12	参照销售额	￥0	￥20,000	￥50,000	￥100,000
13	提成比例	5%	10%	20%	30%
14					

图 9-17　销售提成计算结果

相关知识

微课：相对引用和绝对引用

微课：三维地址引用

Excel 单元格引用

Excel 单元格的引用有两种基本的方式：相对引用和绝对引用。默认方式为相对引用。

- 相对引用。相对引用是指单元格引用时公式的值会随公式所在的位置变化而改变，会依据更改后的单元格地址的值重新计算。
- 绝对引用。绝对引用是指公式中的单元格或单元格区域地址不随着公式位置的改变而发生改变，不论公式的单元格处在什么位置，公式中所引用的单元格位置都是其在工作表中的固定位置。形式是在行号和列号前加“$”。

功能键“F4”实现快速切换相对应用和绝对引用。

HLOOKUP 函数

- 功能：在表格或数值数组的首行查找指定的数值，找到时（精确匹配或者近似匹配）返回表格或数组当前列中指定行处的值；如果找不到，则返回错误值 #N/A。
- 语法：HLOOKUP(lookup_value , table_array , row_index_num , range_lookup)
- 参数：简单说，1—要查找的值，2—要查找的区域，3—要返回的数据在查找区域的第几行，4—查找时是否要求精确匹配。

lookup_value：要在数据表第一行中进行查找的数值，可以为数值、引用或文本字符串。

table_array：要在其中查找数据的表格或数值数组，使用对区域或区域名称的引用。

row_index_num：table_array 中待返回的匹配值的行序号。

range_lookup：逻辑值，指明函数 HLOOKUP 查找时是精确匹配，还是近似匹配。如果为 TRUE 或省略，则如果找不到精确值则返回近似匹配值，也就是说，如果找不到精确匹配值，则返回小于 lookup_value 的最大数值。但如果 lookup_value 为 FALSE，函数 HLOOKUP 将只查找精确匹配值，如果找不到，则返回错误值#N/A。

9.3.6 员工工资统计结算表设计

微课：Vlookup 函数

工资统计结算表用于月底统计出公司员工的应发工资、扣款和实发工资，是月底发放工资的依据。这牵涉到多项数据的计算，也要引用多张工作表中的数据。

（1）引用工作表“工资调整表”中的数据到“员工工资统计表”中。

① 选中“工资调整表”中的“工号、姓名、部门、基本工资、调后工资”，右击弹出快捷菜单，在快捷菜单中选择【复制】命令。

② 切换到“员工工资统计表”中，单击 A1 单元格。

③ 切换到【开始】选项卡，单击【剪贴板】选项组中的【粘贴】按钮，在弹出的下拉列表中选择【粘贴链接】选项。

（2）采用同样的方法复制“社会保险缴存表”中的“薪级工资、缴存合计额”粘贴到“员工工资统计表”中相应列中，把 G1 单元格的值“缴存合计额”改为“五险一金缴存合计”。

（3）采用同样的方法引用“考勤统计表”中的“应扣工资”到“员工工资统计表”中，把 H1 单元格的值“应扣工资”改为“考勤扣款”。

（4）引用“销售提成表”中的提成金额到“员工工资统计表”中。

选中单元格 I1，在 I1 单元格里输入文本“销售提成”。按照“工号”从“销售提成表”中找到对应的销售人员的“提成金额”。由于只有销售人员才有销售提成，所以只有当部门名称是“销售部”时才填入“员工销售提成表”提成金额，否则销售提成是 0，因此需要用“IF( )”条件函数完成。操作如下。

单击单元格 I2，输入 IF 条件函数：

=IF(C2="销售部",VLOOKUP(A2,销售提成表!$A$3:$E$9,5,0),0)

如图 9-18 所示，单击✔按钮或者按回车键确认输入。

I2　=IF(C2="销售部",VLOOKUP(A2,销售提成表!$A$3:$E$9,5,0),0)

	A	B	C	D	E	F	G	H	I	J	K	L
1	工号	姓名	部门	基本工资	调后工资	薪级工资	五险一金缴存合计	考勤扣款	销售提成	应发工资	个人所得税	实发工资
2	4009001	张　英	销售部	6500	6800	1000	1740	57	2650			
3	4009002	王振才	行政部	6000	6000	600	1473	0				
4	4009003	马建民	行政部	5500	5600	600	1384	47				
5	4009004	朱思华	人事部	5500	5500	600	1362	0				
6	4009005	王建美	办公室	5500	5300	600	1318	177				
7	4009006	艾晓敏	销售部	5000	5000	600	1251	0				

图 9-18　引用“销售提成表”中的提成金额

双击填充柄，向下自动填充至单元格 I19，填入其他销售部员工的销售提成。填充效果如图 9-19 所示。

I2　=IF(C2="销售部",VLOOKUP(A2,销售提成表!$A$3:$E$9,5,0),0)

	A	B	C	D	E	F	G	H	I	J	K	L
1	工号	姓名	部门	基本工资	调后工资	薪级工资	五险一金缴存合计	考勤扣款	销售提成	应发工资	个人所得税	实发工资
2	4009001	张　英	销售部	6500	6800	1000	1740	57	2650			
3	4009002	王振才	行政部	6000	6000	600	1473	0	0			
4	4009003	马建民	行政部	5500	5600	600	1384	47	0			
5	4009004	朱思华	人事部	5500	5500	600	1362	0	0			
6	4009005	王建美	办公室	5500	5300	600	1318	177	0			
7	4009006	艾晓敏	销售部	5000	5000	600	1251	0	3890			
8	4009007	陈关敏	销售部	5800	5800	600	1429	83	625			
9	4009008	刘方明	销售部	3500	3500	600	918	0	17140			
10	4009009	王　霞	财务部	4000	4100	600	1051	187	0			
11	4009010	刘凤昌	研发部	5800	5800	800	1473	0	0			
12	4009011	王　磊	客服部	3500	4000	800	1074	210	0			
13	4009012	刘大力	客服部	5500	5500	600	1362	0	0			
14	4009013	刘国明	研发部	4000	4000	800	1074	48	0			
15	4009014	孙海亭	财务部	5800	5800	600	1429	0	0			
16	4009015	陈德华	销售部	5500	5600	600	1384	0	33660			
17	4009016	刘国强	销售部	5800	5800	800	1473	193	4000			
18	4009017	牟希雅	销售部	4000	3900	600	1007	360	10000			
19	4009018	彭庆华	研发部	5500	6000	600	1473	150	0			

图 9-19　销售提成填充效果

VLOOKUP 函数功能和 HLOOKUP 函数功能相似，功能、语法、参数意义基本相同，区别如下。

HLOOKUP 函数按行查找，HLOOKUP 函数中的 H 代表“行”，横向，如上例中要找的值“提成比例”都在第 13 行（查找区域的第 2 行）。

VLOOKUP 函数按列查找，VLOOKUP 函数中的 V 代表“列”，纵向，如上例中要找的值“提成金额”都在 D 列（查找区域的第 5 列）。

第 4 个参数默认值含义相反，HLOOKUP 函数默认为近似查找，VLOOKUP 函数默认精确查找。

函数说明如下。

① C2=“销售部”，则返回查找和引用函数 VLOOKUP(A2,员工销售提成表!$A$3:$E$9,5,0)的值。

VLOOKUP(A2,销售提成表!$A$3:$E$9,5,0)的各个参数含义如下。

参数 1：A2，表示查找 A2 单元格的值。

参数2：销售提成表!$A$3:$E$9，表示在“销售提成表”的单元格区域A3:E9中查找。

参数3：5，表示函数要返回的数据在查找区域的第5列，即E列。

参数4：0，表示设定为精确匹配。

整个函数含义就是在“销售提成表”的单元格区域A3:E9中精确查找单元格A2的值即工号“4009001”，能够精确找到“4009001”，即返回“4009001”所在的行的第5列即E列的值即“2650”。销售提成表如图9-20所示。

销售部员工3月销售提成统计表

工号	员工姓名	销售额	提成比例	提成金额
4009001	张　英	26500	10.00%	2650
4009006	艾晓敏	38900	10.00%	3890
4009007	陈关敏	12500	5.00%	625
4009008	刘方明	85700	20.00%	17140
4009015	陈德华	112200	30.00%	33660
4009016	刘国强	40000	10.00%	4000
4009017	牟希雅	50000	20.00%	10000

销售额分段	19999以下	20000～49999	50000～99999	100000以上
参照销售额	￥0	￥20,000	￥50,000	￥100,000
提成比例	5%	10%	20%	30%

图9-20　销售提成表

② 由于C3的值是“行政部”，即IF条件函数中的条件“C3="销售部"”为假，所以函数值即I3的值为“0”。

（5）计算应发工资。员工的应发工资=调后工资+薪级工资-缴存合计-考勤扣款+销售提成，操作步骤如下。选中单元格J1，输入“应发工资”。选中单元格J2，输入公式：“=E2+F2-G2-H2+I2”。按回车键确认输入，如图9-21所示。双击填充柄自动填充至单元格J19。

J2　=E2+F2-G2-H2+I2

工号	姓名	部门	基本工资	调后工资	薪级工资	五险一金缴存合计	考勤扣款	销售提成	应发工资	个人所得税	实发工资
4009001	张　英	销售部	6500	6800	1000	1740	57	2650	8654		
4009002	王振才	行政部	6000	6000	600	1473	0	0			
4009003	马建民	行政部	5500	5600	600	1384	47	0			
4009004	朱思华	人事部	5500	5500	600	1362	0	0			
4009005	王建美	办公室	5500	5300	600	1318	177	0			

图9-21　计算应发工资

微课：If函数介绍

（6）计算个人所得税。企业在发放工资之前，要根据员工的工资情况扣除其应缴纳的“个人所得税”。目前我国个税起征点为3500元。

个人所得税的计算公式如下：

个税=应纳税额×税率-速算扣除数，税率和速算扣除数分别与不同的应纳税额对应。其中，应纳税额=工资-三险一金-起征点，即，个税=[(工资-三险一金-起征点)×税率]-速算扣除数。

三险一金指养老保险、医疗保险、失业保险、住房公积金。（属于五险一金的工伤保险和生育保险个人不缴纳。）

由于在计算“应发工资”时已经扣除了“缴存合计”，也就是已经扣除了“三险一金”，起征点是3500元，所以员工的应纳税额按如下计算就可以了：应纳税额=（应发工资-3500）。

根据本公司员工的实际工资水平，来确定计算本公司员工所得税适用级数的范围，可以简化计算公式，即如果公司员工的最高工资水平不超过 38 500（35 000+3500）元，那么表 9-2 中的 5、6、7 级数就用不到，在计算个人所得税的公式中就不必要体现了，公式就可以简化。同样如果最低应发工资超过 5000（1500+3500）元，那么级数 1 就用不到了，可以进一步简化公式。

表 9-2　工资、薪金所得适用个人所得税税率表

级数	全月应纳税所得额	全月应纳税所得额（不含税级距）	税率（%）	速算扣除数
1	不超过 1500 元	不超过 1455 元的	3	0
2	超过 1500 元至 4500 元的部分	超过 1455 元至 4155 元的部分	10	105
3	超过 4500 元至 9000 元的部分	超过 4155 元至 7755 元的部分	20	555
4	超过 9000 元至 35 000 元的部分	超过 7755 元至 27 255 元的部分	25	1005
5	超过 35 000 元至 55 000 元的部分	超过 27 255 元至 41 255 元的部分	30	2755
6	超过 55 000 元至 80 000 元的部分	超过 41 255 元至 57 505 元的部分	35	5505
7	超过 80 000 元的部分	超过 57505 元的部分	45	13 505

综上，计算本公司员工的个人所得税，操作步骤如下。

① 突出显示应发工资中的最大值和最小值，用来观察公司最高和最低工资限值，以便简化输入个人所得税的公式。

选中 J 列，切换到【开始】选项卡，单击【样式】选项组中的【条件格式】按钮，选择【项目选取规则】→【前 10 项】，如图 9-22 所示。

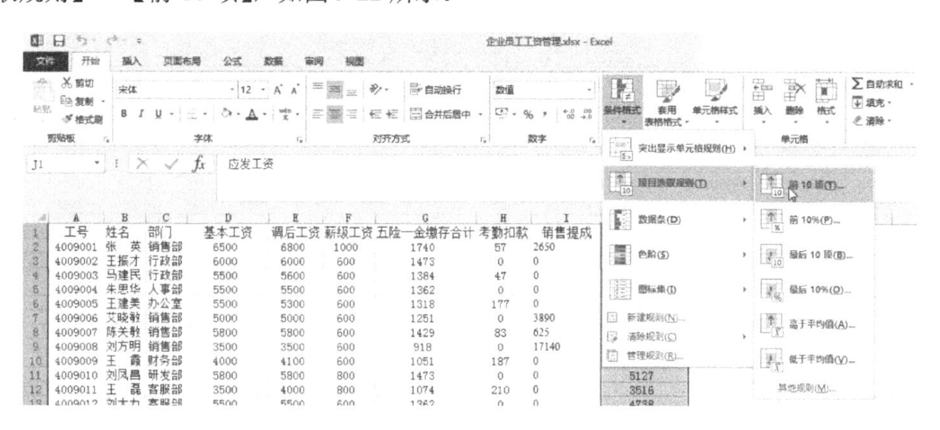

图 9-22　条件格式【前 10 项】选项

弹出【前 10 项】对话框，如图 9-23 所示，将左侧微调框中的数字设置为【1】，即指前 1 项，单击【确定】按钮，则突出显示最大值是“38476”。

类似地，在弹出的列表中选择【最后 10 项】，弹出【最后 10 项】对话框，将左侧微调框中的数字设置为【1】，单击【确定】按钮，则突出显示最小值是“3462”。

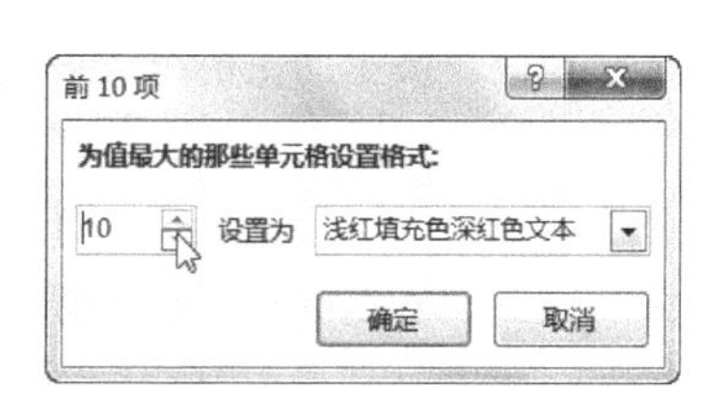

图 9-23　【前 10 项】对话框

由于 38 476−3500=34 976，即应纳税所得额是 34 976，所以选择最高级数是 4 就足够了。由于 3462 小于 3500，即工资最低的员工不需要纳税，计算级数应从第 1 级开始。

② 计算个人所得税。

选中 K2 单元格，输入简化后的公式：=IF(J2<=3500,0,IF((J2-3500)<=1500,(J2- 3500)*3%-0,

IF((J2-3500)<=4500,(J2-3500)*10%-105,IF((J2-3500)<=9000,(J2-3500)*20%-555,(J2-2000)*25%-1005))))。

双击填充柄向下填充至 K19，计算其他员工的所得税。计算结果如图 9-24 所示。

```
K2  =IF(J2<=3500,0,IF((J2-3500)<=1500,(J2- 3500)*3%-0,IF((J2-3500)<=4500,(J2-3500)*10%-105,IF((J2-3500)<=9000,(J2- 3500)*20%-555,(J2-2000)
*25%-1005))))
```

	B	C	D	E	F	G	H	I	J	K	L	M	N	O	P	Q
1	姓名	部门	基本工资	调后工资	薪级工资	五险一金缴存合计	考勤扣款	销售提成	应发工资	个人所得税	实发工资					
2	张　英	销售部	6500	6800	1000	1740	57	2650	8654	476						
3	王振才	行政部	6000	6000	600	1473	0	0	5127	58						
4	马建民	行政部	5500	5600	600	1384	47	0	4769	38						
5	朱思华	人事部	5500	5500	600	1362	0	0	4738	37						
6	王建美	办公室	5500	5300	600	1318	177	0	4406	27						
7	艾晓敏	销售部	5000	5000	600	1251	0	3890	8239	393						
8	陈关敏	销售部	5800	5800	600	1429	83	625	5513	96						
9	刘方明	销售部	3500	3500	600	918	0	17140	20322	3575						
10	王　霞	财务部	4000	4100	600	1051	187	0	3462	0						
11	刘凤昌	研发部	5800	5800	800	1473	0	0	5127	58						

图 9-24　个税计算结果

提示　如果不注意最高工资限值，计算公式还要加长，如果公司员工的最低工资大于 3500，那么上面公式中开头的“IF(J2<=3500,0,”也可省略。如果公司的工资水平高低差别不大，IF 条件嵌套的层数就更少了，由此可见，计算前先了解公司员工的工资水平范围对简化公式是很有帮助的。

（7）计算员工实发工资。员工的实发工资=应发工资-个人所得税。操作如下。

① 选中单元格 L1，输入“实发工资”。

② 选中单元格 L2，输入公式：=J2-K2，按回车键确认输入。

③ 双击填充柄自动计算其他员工的实发工资。

（8）添加表格标题、底纹，格式化工作表使其美观、数据清晰，如图 9-25 所示。

三月份工资明细结算表											
工号	姓名	部门	基本工资	调后工资	薪级工资	五险一金缴存合计	考勤扣款	销售提成	应发工资	个人所得税	实发工资
4009001	张　英	销售部	6500	6800	1000	1740	57	2650	8654	476	8178
4009002	王振才	行政部	6000	6000	600	1473	0	0	5127	58	5069
4009003	马建民	行政部	5500	5600	600	1384	47	0	4769	38	4731
4009004	朱思华	人事部	5500	5500	600	1362	0	0	4738	37	4701
4009005	王建美	办公室	5500	5300	600	1318	177	0	4406	27	4378
4009006	艾晓敏	销售部	5000	5000	600	1251	0	3890	8239	393	7846
4009007	陈关敏	销售部	5800	5800	600	1429	83	625	5513	96	5417
4009008	刘方明	销售部	3500	3500	600	918	0	17140	20322	3575	16746
4009009	王　霞	财务部	4000	4100	600	1051	187	0	3462	0	3462
4009010	刘凤昌	研发部	5800	5800	800	1473	0	0	5127	58	5069
4009011	王　磊	客服部	3500	4000	800	1074	210	0	3516	0	3516
4009012	刘大力	客服部	5500	5500	600	1362	0	0	4738	37	4701
4009013	刘国明	研发部	4000	4000	800	1074	48	0	3678	5	3673
4009014	孙海亭	财务部	5800	5800	600	1429	0	0	4971	44	4927
4009015	陈德华	销售部	5500	5600	600	1384	0	33660	38476	8114	30362

图 9-25　工资明细结算表效果

至此，员工的工资统计最终结果已出来了，并且与工资有关的调整工资、保险扣款、考勤扣款、销售提成都分别统计在单独的工作表中，便于操作和查询，而且工作表之间的数据调用由于用了粘贴链接和专门的查找和引用函数 HLOOKUP( )、VLOOKUP( )，使得数据是相互链接的，即源数据修改，目的数据也会自动更新。这样一来，每个月的工资统计是不是就容易得多了，效率提高了不少吧！

拓展实训

微课：实训 1

实训 1：统计员工培训成绩

对员工的在职培训可以提高员工的业务能力，增强企业在市场中的竞争力。为了了解员工的培训效果，可以进行培训测试，请打开素材“在职培训成绩表”，如图 9-26 所示，统计与计算员工的在职培训成绩。要求如下。

	A	B	C	D	E	F	G	H	I	J
1			在职培训成绩统计表							
2	员工编号	员工姓名	培训测试项目					平均分	总分	名次
3			文档处理	表格设计	多媒体演	商务英语	计算机应用			
4	4009001	张英	89	82	90	83	99			
5	4009002	王振才	75	95	72	87	62			
6	4009003	马建民	66	76	71	77	58			
7	4009004	王　霞	93	85	63	81	79			
8	4009005	王建美	89	77	84	76	65			
9	4009006	王　磊	96	55	75	85	61			
10	4009007	艾晓敏	85	86	66	82	62			
11	4009008	刘方明	75	82	85	92	82			
12	4009009	刘大力	82	97	52	73	77			
13	4009010	刘国强	93	85	72	88	86			
14	4009011	刘凤昌	89	77	84	76	86			
15	4009012	刘国明	96	55	75	85	67			
16	4009013	孙海亭	85	86	66	82	89			
17	4009014	牟希雅	75	82	85	92	76			
18	4009015	朱思华	82	97	52	73	94			
19	4009016	陈关敏	93	85	72	88	78			
20	4009017	陈德华	73	63	77	91	89			
21	4009018	彭庆华	88	75	73	73	84			
22							总分最高分：			
23							总分最低分：			
24							考试总人数：			

图 9-26　在职培训成绩表

（1）计算每个员工在职培训成绩的平均分、总分和名次。

（2）求总分最高分。

（3）求总分最低分。

（4）统计考试总人数。

提示　（1）求平均分、最高分、最低分。切换到【公式】选项卡，单击【函数库】选项组中的【自动求和】按钮，弹出如图 9-27 所示的下拉列表，选择所需选项。

（2）求排名函数 RANK()，如图 9-28 所示，按总分求“张英”的排名，可输入以下参数。

Number：I4。I4 单元格里放的是张英的总分。

Ref：$I$4:$I$21。绝对引用单元格区域，使得在复制公式时，此范围保持不变。

Order：默认表示按降序排名，即最大值排名第一；输入非零值表示按升序排，即最小值排名第一。如，运动员的赛跑成绩按时间算，时间最短者排名第一。

即在 J4 单元格中输入公式：=RANK(I4,$I$4:$I$21)，确认即可，双击填充柄可求得其他员工的排名。

注意：统计考试总人数 COUNT( )，不能按照姓名字段统计，COUNT( )只能应用于数值类型的数据，不能对文本类型数据进行统计。

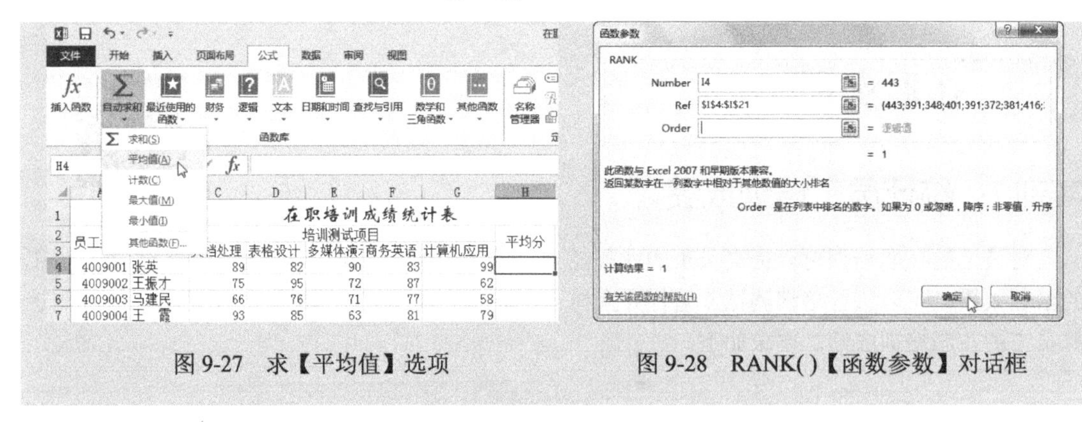

图 9-27　求【平均值】选项　　　　图 9-28　RANK( )【函数参数】对话框

微课：实训 2

实训 2：完善填充学生奖学金信息表

打开素材“学生奖学金信息表.xlsx”，学生信息如图 9-29 所示，学院信息如图 9-30 所示。

	A	B	C	D	E	F	G
1	学号	姓名	学院	年级	奖学金等级	论文	奖学金
2	201301130007	聂晓玉			二等	优秀	
3	201309220150	洪文娟			一等	优秀	
4	201405010109	徐月婷			二等	优秀	
5	201407010406	杜希萍			一等	良好	
6	201409030235	于斌			二等	良好	
7	201410030111	赵敏			二等	良好	
8	201411010131	安研研			一等	良好	
9	201413000136	赵芹			二等	良好	
10	201415010509	孙营营			二等	良好	
11	201302230102	刘杰			二等	优秀	
12	201303610126	李峰			二等	良好	
13	201304230101	杜俊儒			一等	优秀	
14	201305610124	刘红			二等	优秀	
15	201305610130	李小凤			二等	优秀	
16	201306410103	倪晓荣			二等	良好	
17	201306410104	徐林辉			二等	优秀	

学生基本信息　学院信息　Sheet3

图 9-29　学生基本信息表

	A	B
1	学院代号	学院名称
2	01	文学院
3	02	政治与国际关系学院
4	03	历史与社会发展学院
5	04	教育学院
6	05	外国语学院
7	06	音乐学院
8	07	美术学院
9	08	数学科学学院
10	09	物理与电子科学学院
11	10	化学化工与材料科学学院
12	11	信息科学与工程学院
13	12	传媒学院
14	13	生命科学学院
15	14	人口、资源与环境学院
16	15	体育学院

学生基本信息　学院信息　Sheet3

图 9-30　学院信息表

其中，学号的前 4 位代表年级，第 5、6 位表示学院代号，如“201501130007”，2015 表示 2015 年级，01 为文学院代号。奖学金发放标准如下：奖学金等级为“一等”，奖学金金额为 5000 元；奖学金等级为“二等”，奖学金金额为 4000 元奖学金；其他为 3000 元。要求完成以下操作。

（1）从学号中提取学生年级信息，填充年级列。

（2）从学号中提取学生所属学院代号，并从工作表“学院信息”自动找到对应的学院名称。

（3）按照奖学金发放标准计算学生的奖学金。

（4）统计获得 5000 元奖学金的人数。

（5）为奇数行和偶数行设置不同的填充颜色。

提示　（1）从学号中提取学生年级信息，采用【快速填充】功能，比采用 MID 函数更方便快捷。但要注意，快速填充必须是在数据区域的相邻列内才能使用，可以在学号右侧 B 列插入辅助列，取得年级代号后再复制到年级列，然后辅助列已经没用可以删除。

（2）插入辅助列提取学院代号，应用 VLOOKUP 函数在学院信息表中查找到对应的学院名称，注意，这个辅助列在函数中已被引用，所以只能隐藏不能删除。

（3）应用 IF 函数计算学生的奖学金。

（4）应用条件计数函数“=COUNTIF(G2:G31,5000)”统计获得 5000 元奖学金的人数。

（5）选中 A2：G31 单元格区域，应用【条件格式】→【新建规则】，在【新建格式规则】对话框中选择【使用公式确定要设置格式的单元格】，如图 9-31 所示，然后输入公式："=MOD(ROW( ),2)<>0 "，（含义是当前行号除以 2 的余数不等于 0，即表示奇数行），然后再单击【格式】按钮，设置填充颜色，则完成了奇数行填充颜色的设置。其中 ROW( )是返回当前单元格的行号。

图 9-31　【新建格式规则】对话框

实训 3：制作员工工资条

微课：实训 3

工资条是发放工资时使用的一项清单，通常在发放工资时也将工资条发放给员工。由"工资明细表.xlsx"中的工作表制作出员工的工资条。

提示

利用 VLOOKUP 函数制作工资条。

（1）新建工作表，重命名为"工资条"，并输入表格标题"工资条"，复制工资明细表列标题 A2:Q2 的数据。在工作表"工资条"中，单击 A2 单元格，切换到【开始】选项卡，单击【粘贴】下拉列表中的【粘贴值】，复制列标题信息，添加底纹。

（2）利用 VLOOKUP 函数返回员工的工资结算清单信息。操作如下。

在 A3 单元格输入第一位员工的工号"4009001"；

在 B3 单元格输入函数"=VLOOKUP(A3,工资明细!$A$3:$L$20,2)"，则在 B3 单元格返回"张英"；

在 C3 单元格输入函数："=VLOOKUP(A3,工资明细!$A$3:$L$20,3)"；

在 D3 单元格输入函数："=VLOOKUP(A3,工资明细!$A$3:$L$20,4)"；

在 E3 单元格输入函数："=VLOOKUP(A3,工资明细!$A$3:$L$20,5)"；

……依次类推。

最后在 L3 单元格输入函数："=VLOOKUP(A3,工资明细!$A$3:$L$20,12)"，则 C3～L3 单元格的值都正确返回，第一个员工的工资条就生成了，效果如图 9-32 所示。

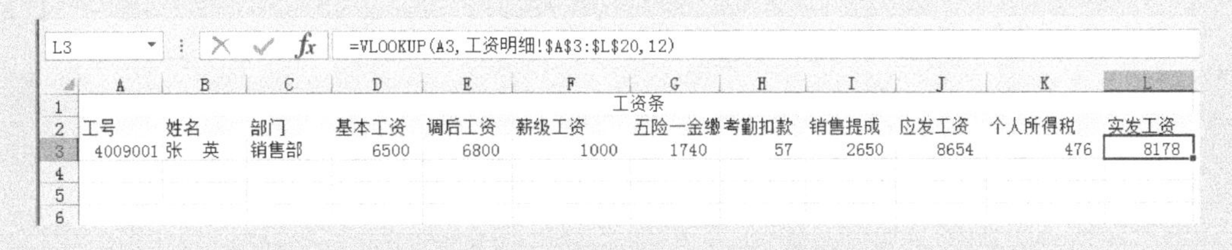

	A	B	C	D	E	F	G	H	I	J	K	L
1							工资条					
2	工号	姓名	部门	基本工资	调后工资	薪级工资	五险一金缴	考勤扣款	销售提成	应发工资	个人所得税	实发工资
3	4009001	张　英	销售部	6500	6800	1000	1740	57	2650	8654	476	8178
4												
5												
6												

图 9-32　用 VLOOKUP 函数制作第一个员工的工资条效果

技　巧

向右拖动 A3 填充柄复制公式，然后再选中 B3 单元格，在编辑栏里把函数中的参数 1 改为 A3，参数 3 改为“3”，即在 C3 单元格中的公式变为“=VLOOKUP(A3,工资明细!$A$3:$L$20,3)”，则在 C3 单元格返回“销售部”。

照这样修改函数参数的参数 1 都为 A3，修改参数 3 的值为欲返回值的列号，即若 D 列则改为“4”，在 E 列就改为“5”，……，直到 L 列修改为“12”，则 C3 ~ L3 单元格的值都正确返回。这样可以避免重复输入公式的烦琐工作。

（3）选中 A1：L4 单元格区域，鼠标向下拖动 A1：L4 单元格区域公共的填充柄，（注意不是 L4 单元格的填充柄）如图 9-33 所示，可以看到每位员工的工资条就产生了。

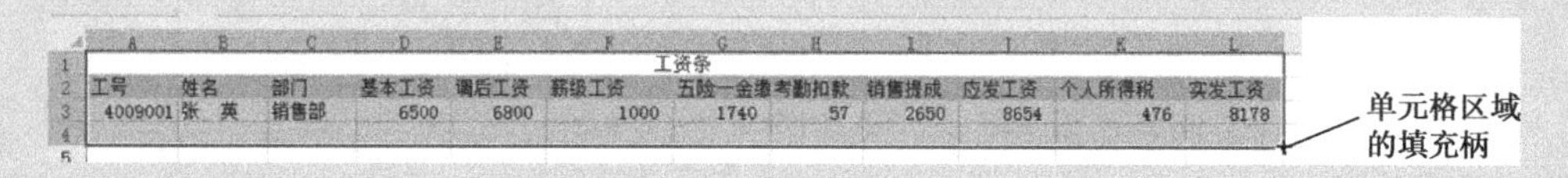

图 9-33　单元格区域的填充柄

（4）打印工资条。由于工资条项目数比较多，横向宽度比较大，所以要设置纸张方向为横向打印，并要预览打印效果。打印预览效果如图 9-34 所示，裁开即可随工资一同发给公司员工。

工资条

工号	姓名	部门	基本工资	调后工资	薪级工资	五险一金缴存合计	考勤扣款	销售提成	应发工资	个人所得税	实发工资
4009001	张　英	销售部	6500	6800	1000	1740	57	2650	8654	476	8178

工资条

工号	姓名	部门	基本工资	调后工资	薪级工资	五险一金缴存合计	考勤扣款	销售提成	应发工资	个人所得税	实发工资
4009002	王振才	行政部	6000	6000	600	1473	0	0	5127	58	5069

工资条

工号	姓名	部门	基本工资	调后工资	薪级工资	五险一金缴存合计	考勤扣款	销售提成	应发工资	个人所得税	实发工资
4009003	马建民	行政部	5500	5600	600	1384	47	0	4769	38	4731

工资条

工号	姓名	部门	基本工资	调后工资	薪级工资	五险一金缴存合计	考勤扣款	销售提成	应发工资	个人所得税	实发工资
4009004	朱思华	人事部	5500	5500	600	1362	0	0	4738	37	4701

工资条

工号	姓名	部门	基本工资	调后工资	薪级工资	五险一金缴存合计	考勤扣款	销售提成	应发工资	个人所得税	实发工资
4009005	王建英	办公室	5500	5300	600	1318	177	0	4406	27	4378

工资条

工号	姓名	部门	基本工资	调后工资	薪级工资	五险一金缴存合计	考勤扣款	销售提成	应发工资	个人所得税	实发工资
4009006	艾晓敏	销售部	5000	5000	600	1251	0	3890	8239	393	7846

工资条

工号	姓名	部门	基本工资	调后工资	薪级工资	五险一金缴存合计	考勤扣款	销售提成	应发工资	个人所得税	实发工资
4009007	陈关敏	销售部	5800	5800	600	1429	83	625	5513	96	5417

工资条

工号	姓名	部门	基本工资	调后工资	薪级工资	五险一金缴存合计	考勤扣款	销售提成	应发工资	个人所得税	实发工资
4009008	刘方明	销售部	3500	3500	600	918	0	17140	20322	3575	16746

工资条

工号	姓名	部门	基本工资	调后工资	薪级工资	五险一金缴存合计	考勤扣款	销售提成	应发工资	个人所得税	实发工资
4009009	王　霞	财务部	4000	4100	600	1051	187	0	3462	0	3462

图 9-34　工资条打印预览效果

综合实践

调研一家你身边的企业，了解其工资发放规定和办法。假设让你负责这家企业每个月的员工工资统计与计算，请你根据公司的实际情况规划和设计员工工资管理表格并统计计算，制作和打印员工的工资条。

任务 10 公司销售业绩统计与分析

产品销售是企业非常重要的环节，因为产品销售获取利润是企业生存的最基本条件，产品销售的状况也直接影响企业的经济效益，所以往往企业要想方设法地激励销售员提高销售业绩。这就需要对员工的销售业绩进行统计与分析，为奖励员工提供重要的依据，同时对产品的销售情况进行统计与分析，可以获取企业下一步决策的重要数据。应用 Excel 的数据处理与分析功能可以快速实现。下面是根据员工的销售记录制作的员工销售业绩排行榜、产品销售汇总表及年度销售精英图表，如图 10-1 和图 10-2 所示。

第一季度销售业绩排行榜

姓名	完成金额	目标金额	完成比例
高秀展 汇总	¥ 3,369,400	¥ 3,300,000	102.10%
刘恒恒 汇总	¥ 2,668,200	¥ 2,000,000	133.41%
荆京 汇总	¥ 2,582,210	¥ 2,500,000	103.29%
刘洋和 汇总	¥ 2,247,200	¥ 2,000,000	112.36%
宋辉 汇总	¥ 1,966,000	¥ 2,000,000	98.30%
徐莉莉 汇总	¥ 1,910,640	¥ 2,000,000	95.53%
佳雪 汇总	¥ 1,811,740	¥ 2,500,000	72.47%
杨涛 汇总	¥ 1,513,850	¥ 1,500,000	100.92%
张会 汇总	¥ 1,406,100	¥ 1,300,000	108.16%
张欢 汇总	¥ 1,077,010	¥ 1,500,000	71.80%

营销一部、二部产品销量汇总表

产品名称	日期 1月	2月	3月	4月	5月	6月	7月	8月	9月	10月	11月	12月	总计
电磁炉	4400	1800		8880			2000		3880	3870	1800	2000	28630
电饭锅	1500	9090	4460	5377	1977	1500	2400			4210	6560		37074
电风扇	2677		7020			1320	2400	1400		1527	6687	2977	26008
加湿器		3100	8164	2700	3000	4100	4320		4680	3600	2860	5590	42114
微波炉	1330		10537	4780	13790	2710	7160			2840	4100	3210	50457
吸尘器	1710	6550		10890	2177	11320	3300	5320	6720	2990	2177	1900	55054
洗碗机			1600		2710	2750		1100	1600		1337		11097
消毒柜	1750	1600	1900	1237	2450	1460	3040	1300	3500	1720	4440	1577	25974
总计	13367	22140	33681	33864	26104	25160	24620	9120	20380	20757	29961	17254	276408

图 10-1　销售业绩汇总

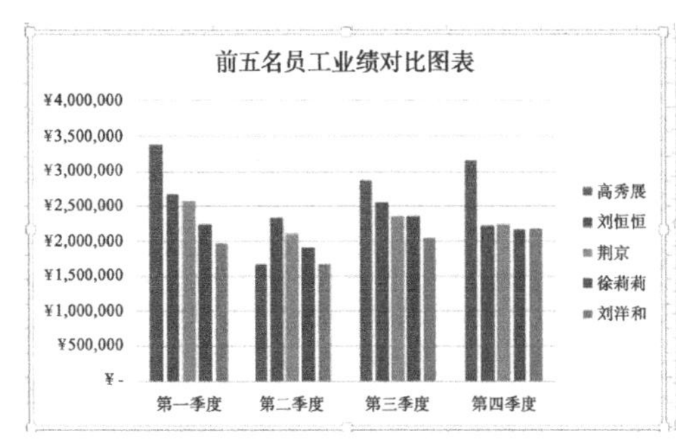

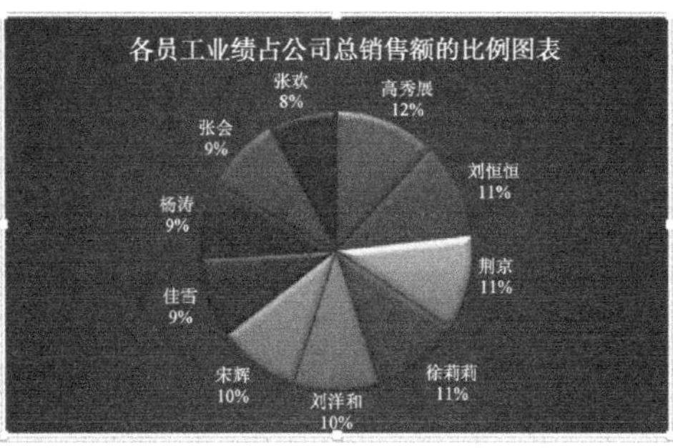

图 10-2　年度销售精英图表

10.1 任务情境

为了激励销售员工的工作积极性，公司推出评选季度和年度“销售精英”活动，为配合这项活动需要提供员工的销售业绩统计与分析结果。同时对产品的销售情况进行统计与分析，以便及时调整销售策略。那么小王是如何快速完成任务的呢？下面就让我们一块儿来看看吧。

知识目标

- ➢ 记录以及记录单的理解；
- ➢ 单个关键字排序与多个关键字排序；
- ➢ 自动筛选与高级筛选；
- ➢ 分类汇总；
- ➢ 图表的作用；
- ➢ 数据透视表；
- ➢ 数据透视表中的数据分组；
- ➢ 切片器与日程表的作用；
- ➢ 合并计算。

能力目标

- ➢ 把命令自定义到功能区或者快速访问工具栏；
- ➢ 应用记录单追加数据；
- ➢ 能够根据需要对数据清单进行排序；
- ➢ 能够根据需要对数据进行自动筛选与高级筛选以及清除；
- ➢ 会根据需要对数据进行分类汇总及删除分类汇总操作；
- ➢ 能够根据需要生成图表来直观地反映数据关系；
- ➢ 会在数据透视表中应用切片器与日程表查看和筛选数据；
- ➢ 会应用合并计算；
- ➢ 会应用数据透视表分析汇总数据。

10.2 任务分析

经过分析，提供经理室需要的销售业绩统计与分析结果需要进行以下工作。

（1）创建员工的销售记录单。

（2）获取产品订单排行榜，用来分析产品销售情况。

（3）汇总销售员的季度销售业绩并制作排行榜。

（4）汇总销售员的全年度销售业绩及排行榜并用图表显示，用来作为奖励员工的依据。

（5）应用数据透视表综合分析汇总年度销售业绩及产品销售情况。

（6）把各部门的销售业绩合并汇总。

10.3 任务实现：销售业绩的统计与分析

10.3.1 创建产品销售记录表

打开素材文件“销售业绩记录表．xlsx”，如图 10-3 所示，完成“产品销售记录表”的数据记录补充。

	A	B	C	D	E	F	G	H
1	订单编号	销售员姓名	产品编号	产品名称	数量	单价	交易金额	客户
2	100001	高秀展	DF1001		800			思宁电器
3	100002	佳雪	DF1008		560			联华家电
4	100003	荆京	DF1003		2550			乐嘉电器
5	100004	高秀展	DF1006		2800			银座商城
6	100005	徐莉莉	DF1006		1500			民乐家电
7	100006	张会	DF1004		1200			惠民商城
8	100007	高秀展	DF1007		2000			银座商城
9	100008	张欢	DF1008		450			时代超市
10	100009	刘洋和	DF1004		2800			永盛家电

图 10-3　产品销售记录表

相关知识

数据清单

具有二维表性的电子表格在 Excel 中被称为数据清单，数据清单类似于数据库表，可以像数据库一样使用，其中行表示记录，列表示字段。数据清单的第一行必须为文本类型，为相应列的名称。在此行的下面是连续的数据区域，不允许有空行或空列，每列包含相同类型的数据，如图 10-3 所示。数据清单中的列是数据库中的字段，数据清单中的列标志是数据库中的字段名称，数据清单中的每行对应数据库中的一条记录。

为了方便操作可以使用 Excel 记录单对数据进行追加、修改、删除等操作。

提示　Excel 2013 访问记录单的命令没有放在功能区，但是可以将其自定义到功能区或者快速访问工具栏。操作步骤如下。

（1）单击窗口左上角的【文件】按钮，从弹出的界面中选择【选项】选项，弹出【Excel 选项】对话框。

（2）在【Excel 选项】对话框中单击【自定义功能区】选项，如图 10-4 所示。在【从下列位置选择命令】下拉列表中选择【不在功能区中的命令】选项，在下面的列表中选择【记录单】选项。

图 10-4 【Excel 选项】对话框【自定义功能区】选项

（3）在右侧列表中选择【数据】选项，单击【新建组】按钮，然后再单击【重命名】按钮把新建的组

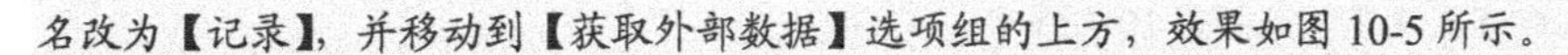
名改为【记录】，并移动到【获取外部数据】选项组的上方，效果如图 10-5 所示。

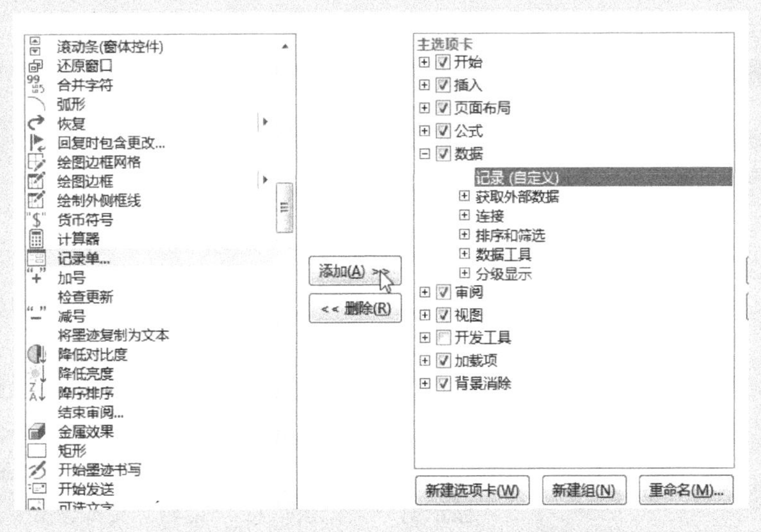

图 10-5　添加自定义的【记录】选项组

（4）单击【添加】按钮，可将【记录单】添加到右侧列表刚自定义的【记录】选项组中。

（5）单击【确定】按钮，可以看到【记录单】按钮添加到了【数据】选项卡的【记录】选项组中。

（6）还可以进一步把【记录单】命令添加到快速访问工具栏，应用起来更方便。在【Excel 选项】对话框中单击【快速访问工具栏】选项，如图 10-6 所示。

图 10-6　【Excel 选项】对话框【快速访问工具栏】选项

再在【从下列位置选择命令】下拉列表中选择【“数据”选项卡】，在下面的列表中选择【记录单】选项，单击【添加】按钮即可。设置效果如图 10-7 所示。

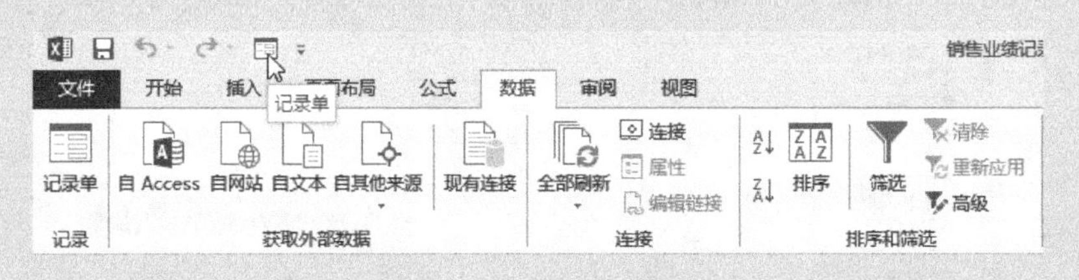

图 10-7 【记录单】命令自定义到功能区和快速访问工具栏的效果

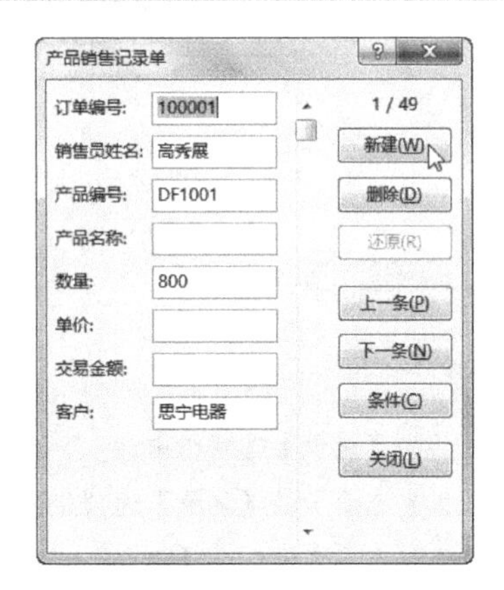

图 10-8 工作表数据的记录单显示

（1）应用记录单追加数据。操作步骤如下。

① 在数据区域中单击任意单元格。

② 单击【快速访问工具栏】的【记录单】按钮，如图 10-7 所示。

③ 弹出如图 10-8 所示【产品销售记录表】对话框，显示第一条记录信息，“1/49”文本含义是总共有 49 条记录，当前显示的是第一条记录。

④ 单击【新建】按钮，输入相应信息，订单编号：“100050”；销售员姓名：“徐莉莉”；产品编号：“DF1002”；数量：“1200”；客户：“民乐电器”。则看到自动在数据的尾部追加了一条记录信息。

⑤ 单击【上一条】或【下一条】按钮可以浏览或修改数据，或单击【删除】按钮删除数据。

（2）根据工作表“产品价目表”，如图 10-9 所示，应用 VLOOKUP 函数自动填入产品名称和单价。操作步骤如下。

① 单击 D2 单元格，如图 10-10 所示，插入函数：=VLOOKUP(C2,产品价目表!$A$2:$C$9,2)。确认输入后，在 D2 单元格中自动取到工作表“产品价目表”中与产品编号“DF1001”在同一行中的第 2 列中的值“电磁炉”。

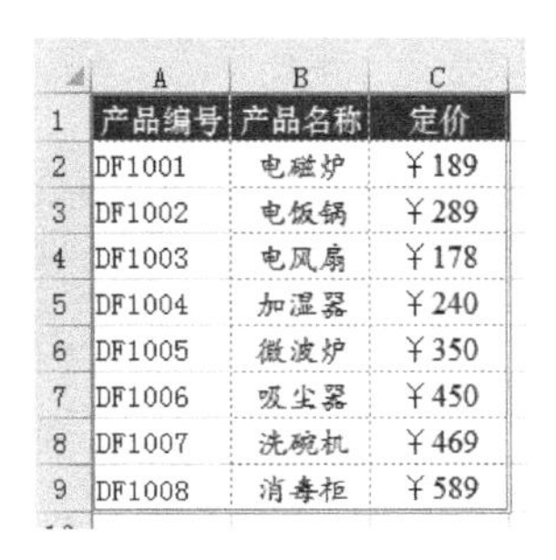

	A	B	C
1	产品编号	产品名称	定价
2	DF1001	电磁炉	￥189
3	DF1002	电饭锅	￥289
4	DF1003	电风扇	￥178
5	DF1004	加湿器	￥240
6	DF1005	微波炉	￥350
7	DF1006	吸尘器	￥450
8	DF1007	洗碗机	￥469
9	DF1008	消毒柜	￥589

图 10-9 工作表“产品价目表”

D2 =VLOOKUP(C2,产品价目表!$A$2:$C$9,2)

	A	B	C	D	E	F	G	H
1	订单编号	销售员姓名	产品编号	产品名称	数量	单价	交易金额	客户
2	100001	高秀展	DF1001	电磁炉	800			思宁电器
3	100002	佳雪	DF1008		560			联华家电
4	100003	荆京	DF1003		2550			乐嘉电器
5	100004	高秀展	DF1006		2800			银座商城
6	100005	徐莉莉	DF1006		1500			民乐家电
7	100006	张会	DF1004		1200			惠民商城
8	100007	高秀展	DF1007		2000			银座商城

图 10-10 应用 VLOOKUP 函数填入产品名称

② 双击 D2 单元格的填充柄，向下自动填充其他的产品名称。

③ 采用同样的方法，单击 F2 单元格，插入函数：“=VLOOKUP(C2,产品价目表!$A$2:$C$9,3)”。确认输入后，在 F2 单元格中自动取到工作表“产品价目表”中与产品编号“DF1001”在同一行中的第 3 列中的值“189”。

④ 双击 F2 单元格的填充柄，向下自动填充其他的产品单价。

（3）计算交易金额。单击 G2 单元格，输入公式=E2*F2。确认输入后，双击填充柄向下自动填充其他的产品交易金额。

为了便于识别金额的大小，设置交易金额列（字段）数据格式为会计专用类型，效果如图 10-11 所示。

	A	B	C	D	E	F	G	H
1	订单编号	销售员姓名	产品编号	产品名称	数量	单价	交易金额	客户
2	100001	高秀展	DF1001	电磁炉	800	189	¥ 151,200	思宁电器
3	100002	佳雪	DF1008	消毒柜	560	589	¥ 329,840	联华家电
4	100003	荆京	DF1003	电风扇	2550	178	¥ 453,900	乐嘉电器
5	100004	高秀展	DF1006	吸尘器	2800	450	¥ 1,260,000	银座商城
6	100005	徐莉莉	DF1006	吸尘器	1500	450	¥ 675,000	民乐家电
7	100006	张会	DF1004	加湿器	1200	240	¥ 288,000	惠民商城
8	100007	高秀展	DF1007	洗碗机	2000	469	¥ 938,000	银座商城

图 10-11　工作表“产品销售记录表”数据效果

10.3.2　分析产品销售订单（排序与筛选）

1. 对交易金额进行降序排序，获得本季度订单排行榜（单个关键字的排序）

（1）单击交易金额列中的任意单元格。

（2）切换到【数据】选项卡，单击【排序和筛选】选项组的【ZA↓】按钮，如图 10-12 所示，则记录会按照“交易金额”由大到小降序排序，排序结果如图 10-13 所示。

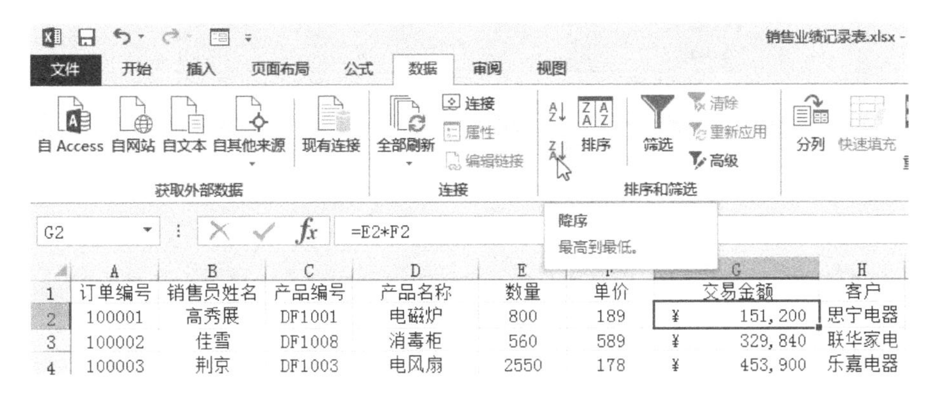

	A	B	C	D	E	F	G	H
1	订单编号	销售员姓名	产品编号	产品名称	数量	单价	交易金额	客户
2	100001	高秀展	DF1001	电磁炉	800	189	¥ 151,200	思宁电器
3	100002	佳雪	DF1008	消毒柜	560	589	¥ 329,840	联华家电
4	100003	荆京	DF1003	电风扇	2550	178	¥ 453,900	乐嘉电器

图 10-12　单击【ZA↓】按钮

	A	B	C	D	E	F	G	H
1	订单编号	销售员姓名	产品编号	产品名称	数量	单价	交易金额	客户
2	100032	刘恒恒	DF1006	吸尘器	2900	450	¥ 1,305,000	大众家电
3	100004	高秀展	DF1006	吸尘器	2800	450	¥ 1,260,000	银座商城
4	100007	高秀展	DF1007	洗碗机	2000	469	¥ 938,000	银座商城
5	100020	荆京	DF1006	吸尘器	2000	450	¥ 900,000	乐嘉电器
6	100012	荆京	DF1005	微波炉	2300	350	¥ 805,000	乐嘉电器
7	100046	宋辉	DF1006	吸尘器	1670	450	¥ 751,500	爱家电器
8	100014	刘恒恒	DF1005	微波炉	2000	350	¥ 700,000	大众家电
9	100048	徐莉莉	DF1005	微波炉	2000	350	¥ 700,000	民乐家电
10	100005	徐莉莉	DF1006	吸尘器	1500	450	¥ 675,000	民乐家电

图 10-13　按“交易金额”降序排序效果

（3）插入工作表并重命名“订单排行榜”。

（4）复制工作表“产品销售记录表”到工作表“订单排行榜”中。

（5）插入标题“第四季度销售订单排行榜”并格式化。

提示

（1）排序操作时只需要选中列中的任一单元格，不能选中整列，否则弹出如图 10-14 所示的【排序提醒】对话框。如果按照默认选项【扩展选定区域】单击【排序】按钮，结果还不会出错；如果选择了【以当前选定区域排序】选项，系统为防止出现张三的数据（如上例中的“交易金额”）给了李四的错误结果而不会执行任何排序操作。

（2）排序应该是整行与整行交换，即交换记录，而不是仅仅被排序的列（称为关键字）中的数据交换。

（3）如果按从小到大排序，即升序，则单击【A/Z↓】按钮。

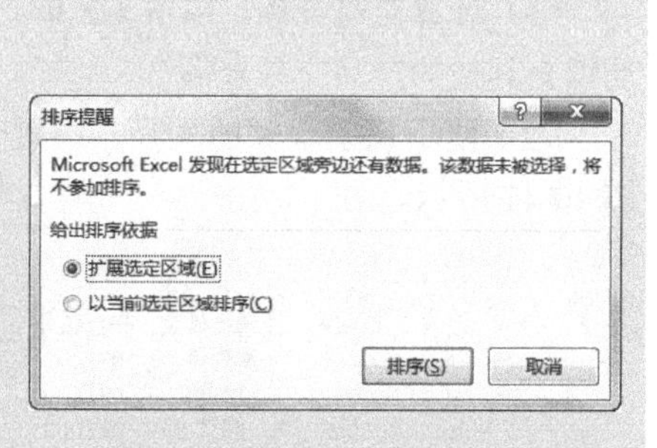

图 10-14 【排序提醒】对话框

2. 获得同种产品的订单排行榜（多个关键字的排序）

微课：多个关键字的排序

获得同种产品的订单排行榜也就是对同一种产品而言看看哪位销售员的订单数量大。这需要按照两个关键字（两列）排序，也就是先按照产品排序，产品相同的再按照订单数量排序，操作步骤如下。

（1）单击数据区域的任意单元格。

（2）切换到【数据】选项卡，单击【排序和筛选】选项组的【排序】按钮，如图 10-12 所示，弹出【排序】对话框，如图 10-15 所示。

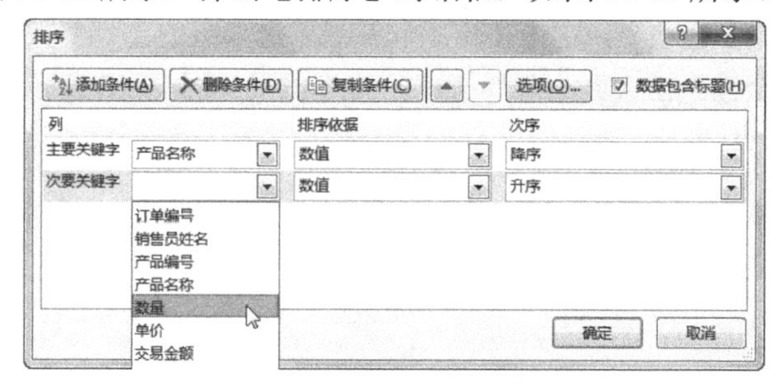

图 10-15 【排序】对话框

（3）在【排序】对话框中，单击【主要关键字】下拉列表，选择“产品名称”，在【次序】下拉列表选择【降序】选项。

（4）单击【添加条件】按钮，则弹出【次要关键字】下拉列表，选择“数量”，在【次序】下拉列表中选择【降序】选项，单击【确定】按钮，则获得了同种产品的订单排行榜。排序结果如图 10-16 所示。

	A	B	C	D	E	F	G	H
1	订单编号	销售员姓名	产品编号	产品名称	数量	单价	交易金额	客户
2	100037	刘洋和	DF1008	消毒柜	660	589	¥ 388,740	家乐家超市
3	100047	杨涛	DF1008	消毒柜	650	589	¥ 382,850	东方商城
4	100023	宋辉	DF1008	消毒柜	600	589	¥ 353,400	爱家电器
5	100002	佳雪	DF1008	消毒柜	560	589	¥ 329,840	联华家电
6	100033	高秀展	DF1008	消毒柜	470	589	¥ 276,830	银座商城
7	100008	张欢	DF1008	消毒柜	450	589	¥ 265,050	时代超市
8	100007	高秀展	DF1007	洗碗机	2000	469	¥ 938,000	银座商城
9	100019	张欢	DF1007	洗碗机	600	469	¥ 281,400	时代超市
10	100032	刘恒恒	DF1006	吸尘器	2900	450	¥ 1,305,000	大众家电
11	100004	高秀展	DF1006	吸尘器	2800	450	¥ 1,260,000	银座商城
12	100020	荆京	DF1006	吸尘器	2000	450	¥ 900,000	乐嘉电器
13	100046	宋辉	DF1006	吸尘器	1670	450	¥ 751,500	爱家电器
14	100005	徐莉莉	DF1006	吸尘器	1500	450	¥ 675,000	民乐家电
15	100018	杨涛	DF1006	吸尘器	810	450	¥ 364,500	东方商城
16	100028	刘洋和	DF1006	吸尘器	750	450	¥ 337,500	永盛家电
17	100039	张会	DF1006	吸尘器	600	450	¥ 270,000	惠民商城

图 10-16 同种产品的订单数量排行榜

（5）插入新工作表“同种产品的订单排行榜”，保存刚才的排序结果。

（6）在“同种产品的订单排行榜”工作表中插入标题“第四季度同种产品的订单排行榜”并格式化表格。

（1）按照单个关键字排序，用排序按钮或操作快速方便，按照多个关键字排序，必须用【排序】对话框实现。

（2）按多个关键字进行排序时，只有主要关键字值相同时，才会按照次要关键字排序。

（3）对文本类型数据排序可以单击【选项】按钮，设置按照字母排序还是按照笔画排序。

3. 获得“交易金额”前六名获奖订单名单（单一条件的自动筛选）

（1）单击数据区域中任意单元格。

（2）切换到【数据】选项卡，单击【排序和筛选】选项组中的【筛选】按钮，则工作表处于筛选状态，即每个字段旁出现一个下拉箭头，如图 10-17 所示。

（3）单击 G1 单元格右下角的下拉箭头，在弹出的下拉列表中选择【数字筛选】选项，然后再在【数字筛选】下拉列表中选择【前 10 项】选项，如图 10-18 所示。弹出【自动筛选前 10 个】对话框，如图 10-19 所示。

图 10-17　【筛选】状态

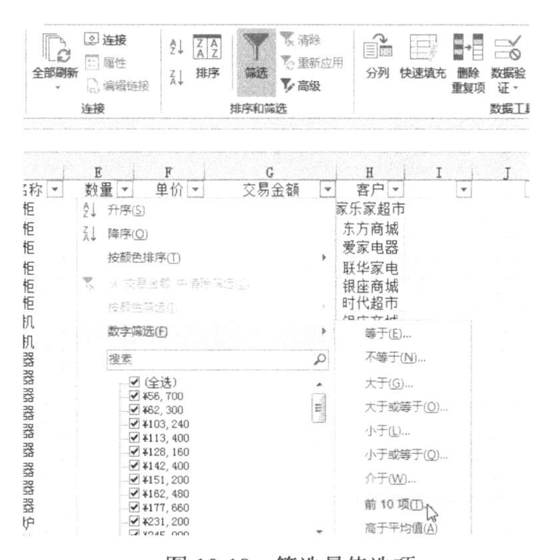

图 10-18　筛选最值选项

（4）在【自动筛选前 10 个】对话框中，在【显示】栏左侧的下拉列表中选择【最大】选项，将中间微调框中的数值设置为【6】，单击【确定】按钮则可以筛选出最大订单前六名的获奖名单。

（5）插入新工作表并重命名为“前六名获奖订单”，复制保存筛选结果，插入标题并格式化后效果如图 10-20 所示。

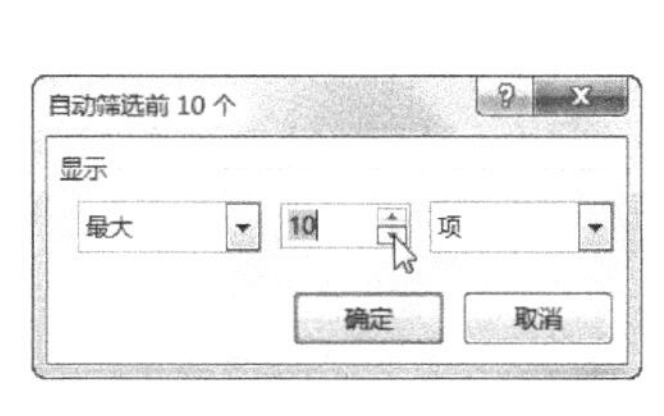

图 10-19　【自动筛选前 10 个】对话框

前六名获奖订单

订单编号	销售员姓名	产品编号	产品名称	数量	单价	交易金额	客户
100007	高秀展	DF1007	洗碗机	2000	469	¥ 938,000	银座商城
100032	刘恒恒	DF1006	吸尘器	2900	450	¥ 1,305,000	大众家电
100004	高秀展	DF1006	吸尘器	2800	450	¥ 1,260,000	银座商城
100020	荆京	DF1006	吸尘器	2000	450	¥ 900,000	乐嘉电器
100046	宋辉	DF1006	吸尘器	1670	450	¥ 751,500	爱家电器
100012	荆京	DF1005	微波炉	2300	350	¥ 805,000	乐嘉电器

图 10-20　前六名获奖订单名单

4．查看公司新上产品“加湿器”的订单情况（多个条件的自动筛选）

微课：多个条件的自动筛选

由于刚刚执行了筛选“前六名获奖订单名单”操作，需要先单击【排序和筛选】选项组的【清除】按钮，清除上一步的筛选结果用来恢复原始数据，但是工作表依然处于筛选状态，即每个字段旁还有下拉箭头▼。下面接着执行如下操作。

（1）单击 C1 单元格右下角的下拉箭头▼，在弹出的下拉列表中取消复选框中的【全选】选项，勾选【加湿器】选项，单击【确定】按钮，如图 10-21 所示。

或者在弹出的下拉列表中选择【文本筛选】→【等于】选项，弹出【自定义自动筛选方式】对话框，如图 10-22 所示。

图 10-21 勾选【加湿器】选项

图 10-22 【自定义自动筛选方式】对话框

在【自定义自动筛选方式】对话框中的左侧下拉列表中选择【等于】选项，再在其右侧的下拉列表中选择【加湿器】选项，单击【确定】按钮。

这样就筛选出了产品是“加湿器”的订单，如图 10-23 所示，然后在此筛选的基础上再进行对数量的筛选。

	A	B	C	D	E	F	G	H
1	订单编	销售员姓	产品编	产品名称	数量	单价	交易金额	客户
27	100009	刘洋和	DF1004	加湿器	2800	240	¥ 672,000	永盛家电
28	100011	佳雪	DF1004	加湿器	2800	240	¥ 672,000	联华家电
29	100024	杨涛	DF1004	加湿器	2100	240	¥ 504,000	东方商城
30	100013	刘恒恒	DF1004	加湿器	1800	240	¥ 432,000	大众家电
31	100006	张会	DF1004	加湿器	1200	240	¥ 288,000	惠民商城
32	100034	高秀展	DF1004	加湿器	677	240	¥ 162,480	银座商城
51								

图 10-23 产品“加湿器”订单的筛选结果

（2）筛选“加湿器”的订单产品数量超过 2000 的订单。操作步骤如下。

单击 E1 单元格右下角的下拉箭头▼，在弹出的下拉列表中选择【数字筛选】→【大于】选项，弹出【自定义自动筛选方式】对话框。

在【自定义自动筛选方式】对话框中的左侧下拉列表中选择【大于】选项，再在其右侧的下拉列表文本框中输入【2000】，筛选结果显示如图 10-24 所示。

	A	B	C	D	E	F	G	H
1	订单编	销售员姓	产品编	产品名称	数量	单价	交易金额	客户
27	100009	刘洋和	DF1004	加湿器	2800	240	¥ 672,000	永盛家电
28	100011	佳雪	DF1004	加湿器	2800	240	¥ 672,000	联华家电
29	100024	杨涛	DF1004	加湿器	2100	240	¥ 504,000	东方商城
51								

图 10-24 加湿器数量超过 2000 的订单筛选结果

取消筛选状态，单击【排序和筛选】选项组的【筛选】按钮。

5. 奖励交易金额大于等于 700 000 元或者销售数量大于等于 2000 件的订单（高级筛选）

微课：高级筛选

（1）设置条件区域如图 10-25 所示。

（2）单击数据区域内的任意单元格，单击【筛选】按钮后，再单击其右侧的【高级】按钮，弹出【高级筛选】对话框，如图 10-26 所示。在列表区域文本框中输入或用鼠标选择单元格区域 A1:H50，在条件区域输入或选择单元格区域 B54:C56 ，单击【确定】按钮，则筛选出了交易金额大于等于 700 000 元或者销售数量大于等于 2000 件的订单，结果保存在相应工作表中，如图 10-27 所示。

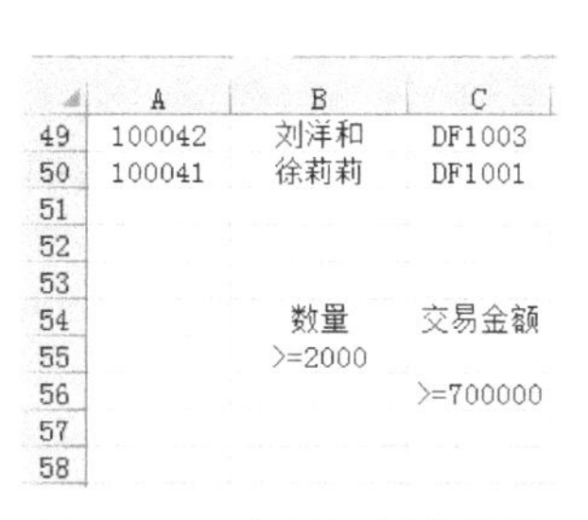

	A	B	C
49	100042	刘洋和	DF1003
50	100041	徐莉莉	DF1001
51			
52			
53			
54		数量	交易金额
55		>=2000	
56			>=700000
57			
58			

图 10-25 条件区域的设置

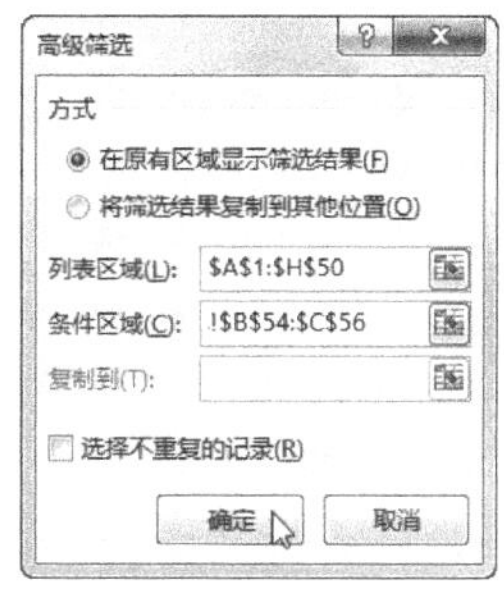

图 10-26 【高级筛选】对话框

订单编号	销售员姓名	产品编号	产品名称	数量	单价	交易金额	客户
100032	刘恒恒	DF1006	吸尘器	2900	450	¥ 1,305,000	大众家电
100004	高秀展	DF1006	吸尘器	2800	450	¥ 1,260,000	银座商城
100007	高秀展	DF1007	洗碗机	2000	469	¥ 938,000	银座商城
100020	荆京	DF1006	吸尘器	2000	450	¥ 900,000	乐嘉电器
100012	荆京	DF1005	微波炉	2300	350	¥ 805,000	乐嘉电器
100046	宋辉	DF1006	吸尘器	1670	450	¥ 751,500	爱家电器
100014	刘恒恒	DF1005	微波炉	2000	350	¥ 700,000	大众家电
100048	徐莉莉	DF1005	微波炉	2000	350	¥ 700,000	民乐家电
100009	刘洋和	DF1004	加湿器	2800	240	¥ 672,000	永盛家电
100011	佳雪	DF1004	加湿器	2800	240	¥ 672,000	联华家电
100029	高秀展	DF1002	电饭锅	2010	289	¥ 580,890	思宁电器
100024	杨涛	DF1004	加湿器	2100	240	¥ 504,000	东方商城
100003	荆京	DF1003	电风扇	2550	178	¥ 453,900	乐嘉电器
100016	宋辉	DF1003	电风扇	2000	178	¥ 356,000	爱家电器

图 10-27 高级筛选结果

提示 （1）应用高级筛选在设置条件区域时要注意：

条件之间是“与”的关系，（同时满足）两个条件需设置在同一行；

条件之间是“或”的关系，（只要满足其中一个即可）两个条件需设置在不同的行。

（2）当两个条件是“与”的关系时也可以用两步自动筛选完成。

10.3.3 统计汇总员工销售业绩（分类汇总）

微课：分类汇总

要汇总每位员工的销售业绩，必须先按照销售员进行分组，即每个销售员的订单是一组，对员工分组的方法就是按照关键字“销售员姓名”进行排序。打开素材“销售业绩分类汇总表.xlsx”，进行下列操作。

1. 按“销售员姓名”对销售额进行汇总

（1）对员工分组（按“销售员姓名”进行排序）。选中“销售员姓名”列（字段）的任意单元格，单击【排序】按钮（升序或降序都可以，因为目的只是分组，即分类），效果如图 10-28 所示。

（2）对销售额进行汇总。

① 单击数据区域内的任意单元格，切换到【数据】选项卡，单击【分级显示】选项组的【分类汇总】按钮，如图 10-29 所示。

	A	B	C	D	E	F	G	H
1	订单编号	销售员姓名	产品编号	产品名称	数量	单价	交易金额	客户
2	100004	高秀展	DF1006	吸尘器	2800	450	¥ 1,260,000	银座商城
3	100007	高秀展	DF1007	洗碗机	2000	469	¥ 938,000	银座商城
4	100029	高秀展	DF1002	电饭锅	2010	289	¥ 580,890	思宁电器
5	100033	高秀展	DF1008	消毒柜	470	589	¥ 276,830	银座商城
6	100034	高秀展	DF1004	加湿器	677	240	¥ 162,480	银座商城
7	100001	高秀展	DF1001	电磁炉	800	189	¥ 151,200	思宁电器
8	100011	佳雪	DF1004	加湿器	2800	240	¥ 672,000	联华家电
9	100035	佳雪	DF1005	微波炉	1200	350	¥ 420,000	联华家电
10	100002	佳雪	DF1008	消毒柜	560	589	¥ 329,840	联华家电
11	100036	佳雪	DF1006	吸尘器	550	450	¥ 247,500	联华家电
12	100010	佳雪	DF1003	电风扇	800	178	¥ 142,400	联华家电
13	100020	荆京	DF1006	吸尘器	2000	450	¥ 900,000	乐嘉电器
14	100012	荆京	DF1005	微波炉	2300	350	¥ 805,000	乐嘉电器
15	100003	荆京	DF1003	电风扇	2550	178	¥ 453,900	乐嘉电器
16	100031	荆京	DF1002	电饭锅	850	289	¥ 245,650	中百商城
17	100030	荆京	DF1001	电磁炉	940	189	¥ 177,660	中百商城
18	100032	刘恒恒	DF1006	吸尘器	2900	450	¥ 1,305,000	大众家电
19	100014	刘恒恒	DF1005	微波炉	2000	350	¥ 700,000	大众家电
20	100013	刘恒恒	DF1004	加湿器	1800	240	¥ 432,000	大众家电
21	100021	刘恒恒	DF1002	电饭锅	800	289	¥ 231,200	大众家电
22	100009	刘洋和	DF1004	加湿器	2800	240	¥ 672,000	永盛家电
23	100027	刘洋和	DF1005	微波炉	1200	350	¥ 420,000	永盛家电
24	100037	刘洋和	DF1008	消毒柜	660	589	¥ 388,740	家乐家超市

图 10-28　按照“销售员姓名”关键字排序效果

图 10-29　【分类汇总】按钮

② 弹出【分类汇总】对话框，如图 10-30 所示。在【分类汇总】对话框中选择【分类字段】下拉列表中的【销售员姓名】选项，在【汇总方式】下拉列表中选择【求和】选项，勾选【选定汇总项】复选框的【数量】、【交易金额】选项，单击【确定】按钮，效果如图 10-31 所示。

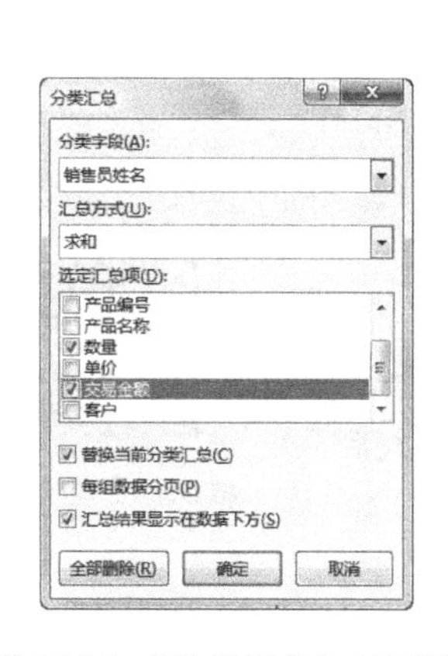

图 10-30　【分类汇总】对话框

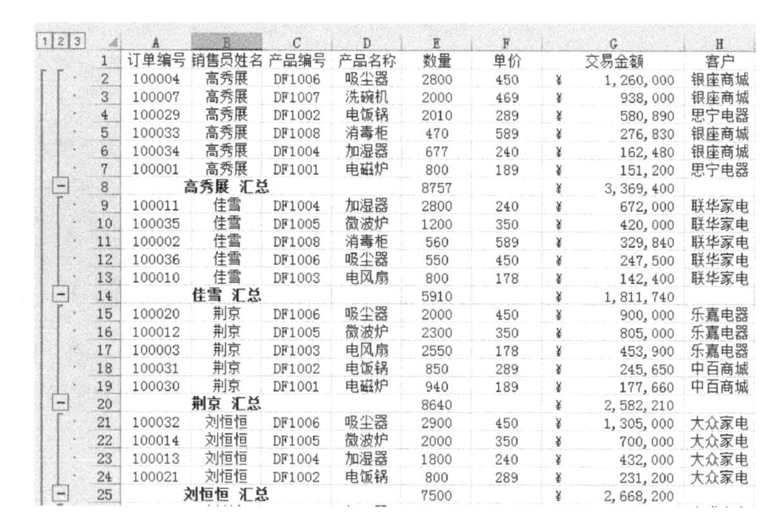

	A	B	C	D	E	F	G	H
1	订单编号	销售员姓名	产品编号	产品名称	数量	单价	交易金额	客户
2	100004	高秀展	DF1006	吸尘器	2800	450	¥ 1,260,000	银座商城
3	100007	高秀展	DF1007	洗碗机	2000	469	¥ 938,000	银座商城
4	100029	高秀展	DF1002	电饭锅	2010	289	¥ 580,890	思宁电器
5	100033	高秀展	DF1008	消毒柜	470	589	¥ 276,830	银座商城
6	100034	高秀展	DF1004	加湿器	677	240	¥ 162,480	银座商城
7	100001	高秀展	DF1001	电磁炉	800	189	¥ 151,200	思宁电器
8		高秀展 汇总			8757		¥ 3,369,400	
9	100011	佳雪	DF1004	加湿器	2800	240	¥ 672,000	联华家电
10	100035	佳雪	DF1005	微波炉	1200	350	¥ 420,000	联华家电
11	100002	佳雪	DF1008	消毒柜	560	589	¥ 329,840	联华家电
12	100036	佳雪	DF1006	吸尘器	550	450	¥ 247,500	联华家电
13	100010	佳雪	DF1003	电风扇	800	178	¥ 142,400	联华家电
14		佳雪 汇总			5910		¥ 1,811,740	
15	100020	荆京	DF1006	吸尘器	2000	450	¥ 900,000	乐嘉电器
16	100012	荆京	DF1005	微波炉	2300	350	¥ 805,000	乐嘉电器
17	100003	荆京	DF1003	电风扇	2550	178	¥ 453,900	乐嘉电器
18	100031	荆京	DF1002	电饭锅	850	289	¥ 245,650	中百商城
19	100030	荆京	DF1001	电磁炉	940	189	¥ 177,660	中百商城
20		荆京 汇总			8640		¥ 2,582,210	
21	100032	刘恒恒	DF1006	吸尘器	2900	450	¥ 1,305,000	大众家电
22	100014	刘恒恒	DF1005	微波炉	2000	350	¥ 700,000	大众家电
23	100013	刘恒恒	DF1004	加湿器	1800	240	¥ 432,000	大众家电
24	100021	刘恒恒	DF1002	电饭锅	800	289	¥ 231,200	大众家电
25		刘恒恒 汇总			7500		¥ 2,668,200	

图 10-31　分类汇总显示效果

③ 单击汇总显示结果的左上角的分级显示按钮“1 2 3”中的2，则只显示二级汇总数据，显示效果如图 10-32 所示。

B61　总计

	订单编号	销售员姓名	产品编号	产品名称	数量	单价	交易金额
8		高秀展 汇总			8757		¥ 3,369,400
14		佳雪 汇总			5910		¥ 1,811,740
20		荆京 汇总			8640		¥ 2,582,210
25		刘恒恒 汇总			7500		¥ 2,668,200
32		刘洋和 汇总			7700		¥ 2,247,200
38		宋辉 汇总			5870		¥ 1,966,000
44		徐莉莉 汇总			5680		¥ 1,910,640
49		杨涛 汇总			4310		¥ 1,513,850
55		张欢 汇总			3370		¥ 1,077,010
60		张会 汇总			4380		¥ 1,406,100
61		总计			62117		¥ 20,552,350

图 10-32　分类汇总二级显示效果

提示

（1）执行【分类汇总】操作时必须先按照分类的字段进行排序，即先分类后汇总。

（2）在【分类汇总】显示结果左侧的分级显示列表框中，分别单击数据按钮 1 2 3，可显示不同的三级显示效果，单击 − 按钮，将隐藏分类汇总的明细数据，单击 + 按钮将显示明细数据。

（3）分类汇总结果的明细和汇总结果存在关联关系，明细数据不能删除，如果删除明细数据则汇总结果也变为 0。

（3）保存分类汇总结果，制作员工销售业绩排行榜，获取销售精英获奖名单。

微课：保存分类汇总结果

因为还要从源数据中继续做其他的数据分析，就要保留当前的分类汇总结果。插入新工作表，重命名为“按销售员分类汇总结果”，并复制保存分类汇总的结果。

小王发现这样复制的同时把明细数据也复制了，因为明细只是隐藏了，实际仍然还存在。现在要对汇总的销售员的总销售额进行排序，选出销售精英的获奖名单，可是包含明细的分类汇总结果不能进行排序，如何实现仅仅保留分类汇总的结果而不要明细呢？

小王想到可以试试之前使用的函数 VLOOKUP() 来完成取出汇总结果。操作步骤如下。

① 插入新工作表并重命名为“第一季度销售业绩排行榜”，设计如图 10-33 所示的工作表，设置 B 和 C 列数据类型为会计专用，小数位数为 0。

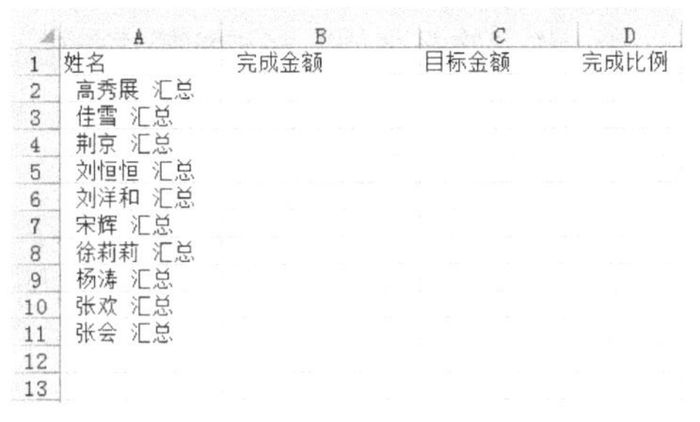

	A	B	C	D
1	姓名	完成金额	目标金额	完成比例
2	高秀展 汇总			
3	佳雪 汇总			
4	荆京 汇总			
5	刘恒恒 汇总			
6	刘洋和 汇总			
7	宋辉 汇总			
8	徐莉莉 汇总			
9	杨涛 汇总			
10	张欢 汇总			
11	张会 汇总			
12				
13				

图 10-33 “第一季度销售业绩排行榜”工作表

② 单击 C2 单元格，插入函数：“=VLOOKUP(A2,按销售员分类汇总结果!$B$8:$G$60,6)”，按回车键确认，结果如图 10-34 所示。

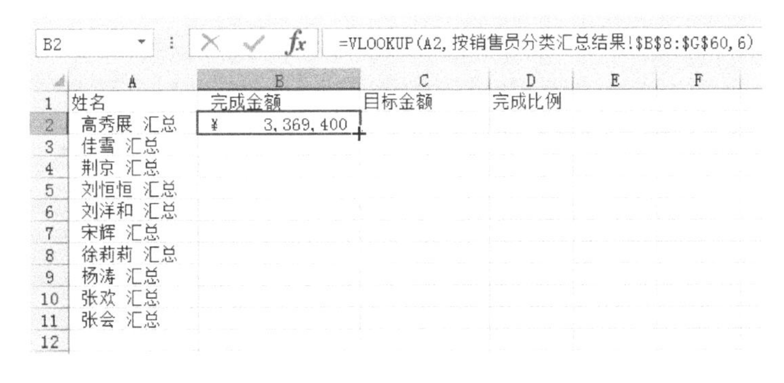

B2　=VLOOKUP(A2,按销售员分类汇总结果!$B$8:$G$60,6)

	A	B	C	D	E	F
1	姓名	完成金额	目标金额	完成比例		
2	高秀展 汇总	¥ 3,369,400				
3	佳雪 汇总					
4	荆京 汇总					
5	刘恒恒 汇总					
6	刘洋和 汇总					
7	宋辉 汇总					
8	徐莉莉 汇总					
9	杨涛 汇总					
10	张欢 汇总					
11	张会 汇总					
12						

图 10-34　取出分类汇总结果

③ 双击填充柄填充至B11单元格，则取出了汇总结果。

④ 按照“完成金额”降序排序。

⑤ 输入目标金额，计算完成比例=完成金额/目标金额，设置格式为百分比形式显示。

⑥ 插入标题“第一季度员工销售业绩排行榜”，并格式化表格，如图10-35所示。

第一季度销售业绩排行榜			
姓名	完成金额	目标金额	完成比例
高秀展 汇总	¥ 3,369,400	¥ 3,300,000	102.10%
刘恒恒 汇总	¥ 2,668,200	¥ 2,000,000	133.41%
荆京 汇总	¥ 2,582,210	¥ 2,500,000	103.29%
刘洋和 汇总	¥ 2,247,200	¥ 2,000,000	112.36%
宋辉 汇总	¥ 1,966,000	¥ 2,000,000	98.30%
徐莉莉 汇总	¥ 1,910,640	¥ 2,000,000	95.53%
佳雪 汇总	¥ 1,811,740	¥ 2,500,000	72.47%
杨涛 汇总	¥ 1,513,850	¥ 1,500,000	100.92%
张会 汇总	¥ 1,406,100	¥ 1,300,000	108.16%
张欢 汇总	¥ 1,077,010	¥ 1,500,000	71.80%

图10-35 第一季度销售业绩排行榜

提示 （1）销售员姓名后必须加“汇总”，因为要和分类汇总结果的名称精确匹配才能取出汇总数，否则又会把明细也取出。

注意：VLOOKUP函数查找的区域是$B$8:$G$60，如图10-32所示，函数的参数3应从B列按1数起，而不是从A列数起，所以要返回的值在G列，也就是第6列，即参数3为6。

（2）用引用函数把分类汇总的结果保存到另一个工作表时，注意如果这个分类汇总结果被删除了将会导致保存值的变化。

2. 按“产品名称”对销售额进行汇总

“产品销售记录表”数据处于分类汇总状态，想再做其他的数据分析需要原始数据，所以要先删除原来的分类汇总。

（1）删除分类汇总。在【分类汇总】对话框中单击【全部删除】按钮，如图10-36所示。

（2）选中“产品名称”列（字段）的任意单元格，单击【排序】按钮。

（3）汇总各种产品的总销售额。在【分类汇总】对话框中选择【分类字段】下拉列表中的【产品名称】选项，在【汇总方式】下拉列表中选择【求和】选项，勾选【选定汇总项】复选框的【数量】和【交易金额】选项，单击【确定】按钮，汇总结果如图10-37所示。

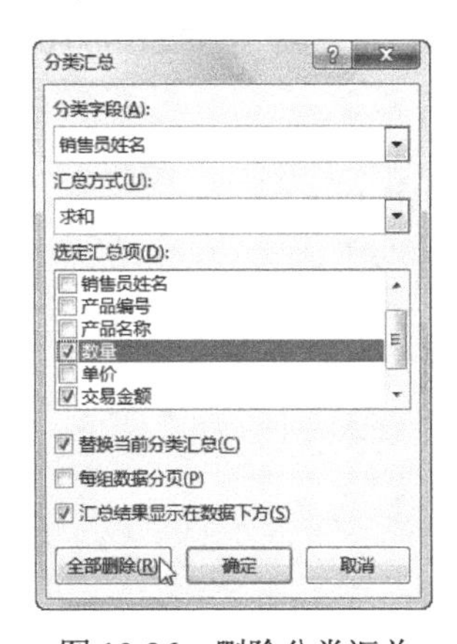

图10-36 删除分类汇总

	A	B	C	D	E	F	G
1	订单编号	销售员姓名	产品编号	产品名称	数量	单价	交易金额
8				消毒柜 汇总	3390		¥ 1,996,710
11				洗碗机 汇总	2600		¥ 1,219,400
21				吸尘器 汇总	13580		¥ 6,111,000
30				微波炉 汇总	11830		¥ 4,140,500
37				加湿器 汇总	11377		¥ 2,730,480
44				电风扇 汇总	7000		¥ 1,246,000
52				电饭锅 汇总	7760		¥ 2,242,640
58				电磁炉 汇总	4580		¥ 865,620
59				总计	62117		¥20,552,350
60							

图10-37 各种产品的总销售额汇总情况

10.3.4　产生年度销售业绩分析图表

微课：迷你图

为了更加直观地呈现员工每个季度及年度的销售情况，下面来制作年度销售业绩分析图表。

1. 插入迷你图

在单元格中插入迷你图，可以直观体现员工各季度销售额变化趋势。

（1）在“年度销售目标”左侧插入一列，在 F2 单元格输入“迷你图”。

（2）单击 F3 单元格，切换到【插入】选项卡，选择【迷你图】选项组的【折线图】选项，如图 10-38 所示，弹出如图 10-39 所示的【创建迷你图】对话框。

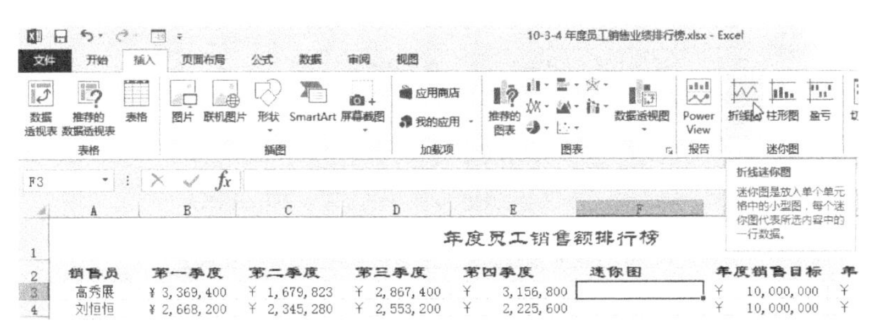

图 10-38　【折线迷你图】选项

（3）选择 B3:E3 单元格区域作为【数据范围】，单击【确定】按钮，在 F3 单元格则显示迷你折线图，如图 10-40 所示。

（4）选择【迷你图工具】→【设计】选项卡，选择【样式】选项组的【标记颜色】，可以标记【高点】为红色和【低点】为黑色，以突出显示。拖动 F3 单元格的填充柄至 F12，得到迷你图效果如图 10-41 所示。

图 10-39　【创建迷你图】对话框

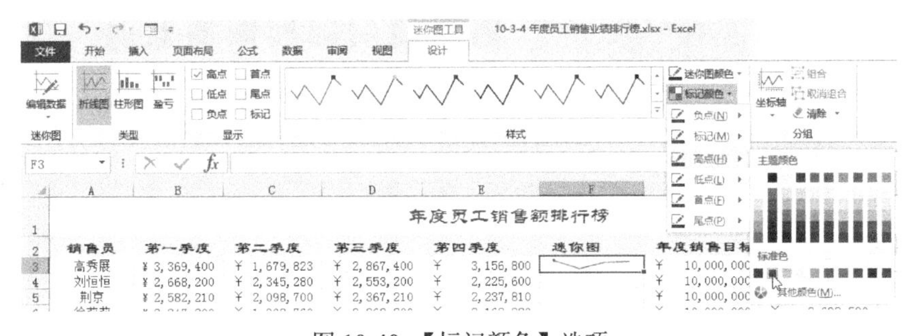

图 10-40　【标记颜色】选项

年度员工销售额排行榜

销售员	第一季度	第二季度	第三季度	第四季度	迷你图
高秀展	¥ 3,369,400	¥ 1,679,823	¥ 2,867,400	¥ 3,156,800	
刘恒恒	¥ 2,668,200	¥ 2,345,280	¥ 2,553,200	¥ 2,225,600	
荆京	¥ 2,582,210	¥ 2,098,700	¥ 2,367,210	¥ 2,237,810	
徐莉莉	¥ 2,247,200	¥ 1,908,760	¥ 2,368,300	¥ 2,168,330	
刘洋和	¥ 1,966,000	¥ 1,679,540	¥ 2,056,800	¥ 2,179,000	
宋辉	¥ 1,910,640	¥ 1,654,380	¥ 1,673,800	¥ 1,527,800	
佳雪	¥ 1,811,740	¥ 1,589,430	¥ 1,577,390	¥ 1,634,520	
杨涛	¥ 1,513,850	¥ 1,165,290	¥ 1,352,790	¥ 1,613,590	
张会	¥ 1,406,100	¥ 1,373,210	¥ 1,258,320	¥ 1,726,740	
张欢	¥ 1,077,010	¥ 935,870	¥ 1,052,900	¥ 957,260	

图 10-41　迷你图效果

2. 制作员工各季度销售业绩图表

打开“2009 年度员工销售业绩排行榜.xlsx”，操作步骤如下。

（1）选中单元格区域 A2:E12，切换到【插入】选项卡，单击【图表】选项组的【推荐的图表】，如图 10-42 所示。弹出【插入图表】对话框，如图 10-43 所示。

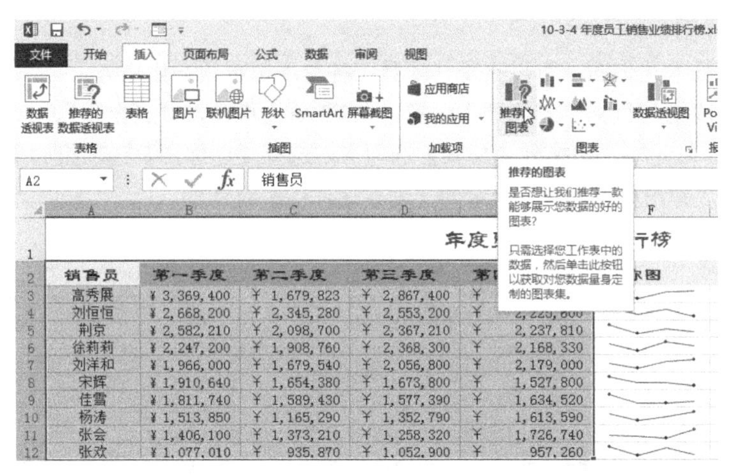

图 10-42 【推荐的图表】选项

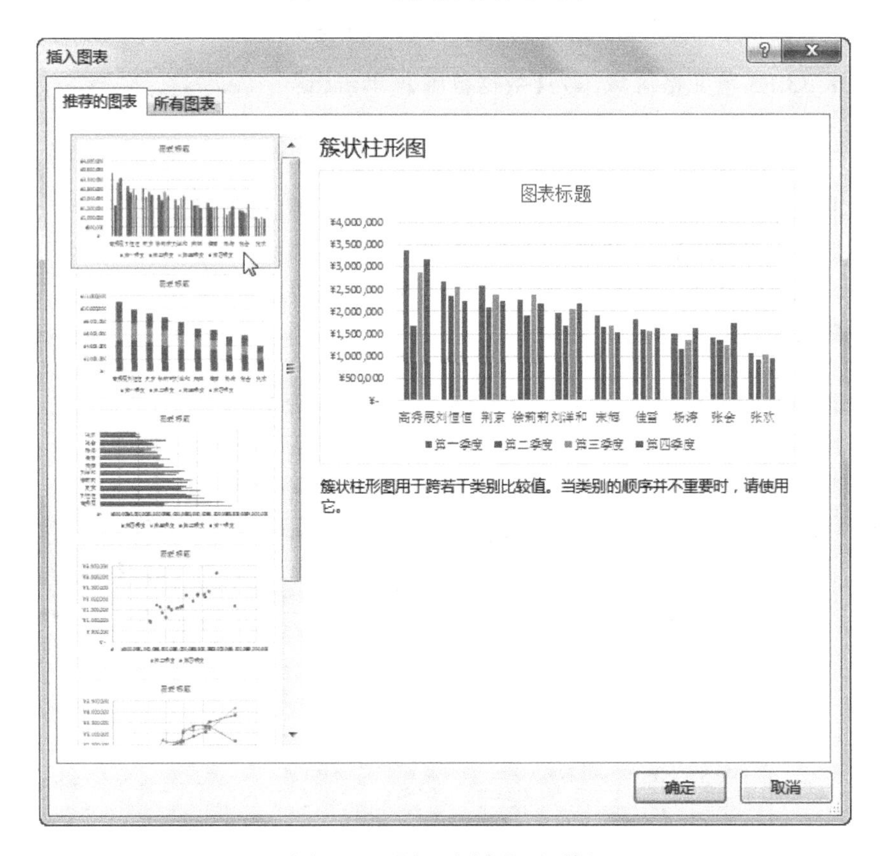

图 10-43 【插入图表】对话框

在【推荐的图表】选项卡中选择【簇状柱形图】，单击【确定】按钮，就可以看到创建了每个员工各季度销售业绩对比图表，如图 10-44 所示。

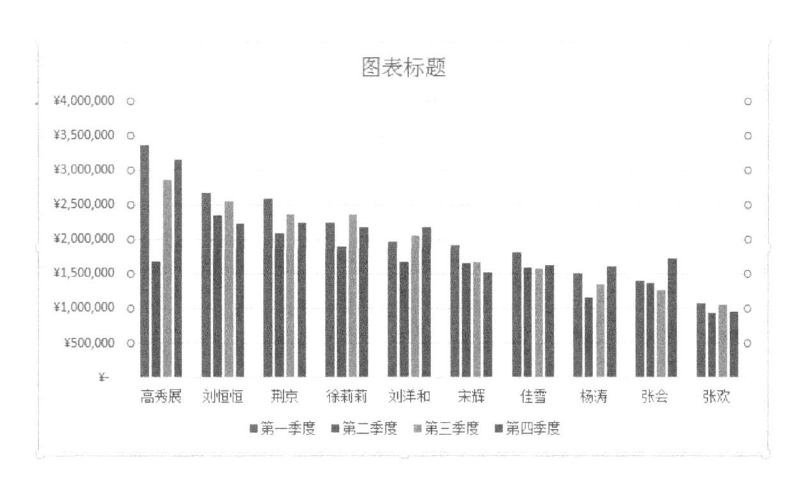

图 10-44　每个员工各季度销售业绩对比图表

也可以选中单元格区域“A2:E12”，切换到【插入】选项卡，单击【图表】选项组的【插入柱形图】按钮，如图 10-45 所示。在弹出的列表中单击【二维柱形图】中【簇状柱形图】按钮，如图 10-46 所示，图表即可得到。

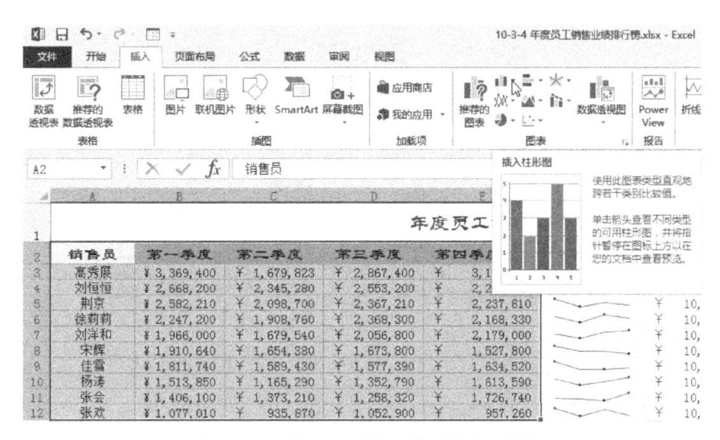

图 10-45　单击【插入柱形图】按钮

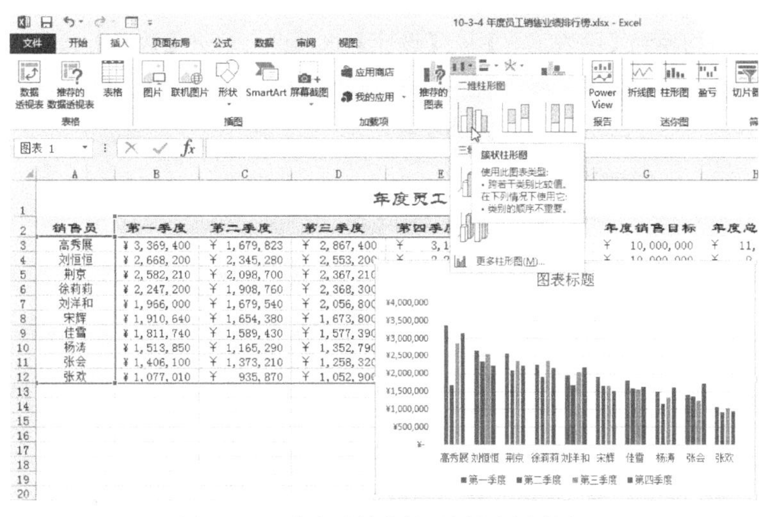

图 10-46　单击【簇状柱形图】图表按钮

（2）切换行/列，制作对比每个季度各员工之间的业绩图表。单击图表区，切换到【图表工具】→【设计】选项卡，单击【数据】选项组中的【切换行/列】按钮，如图 10-47 所示，则转换为每个季度各员工的业绩对比图表如图 10-48 所示。

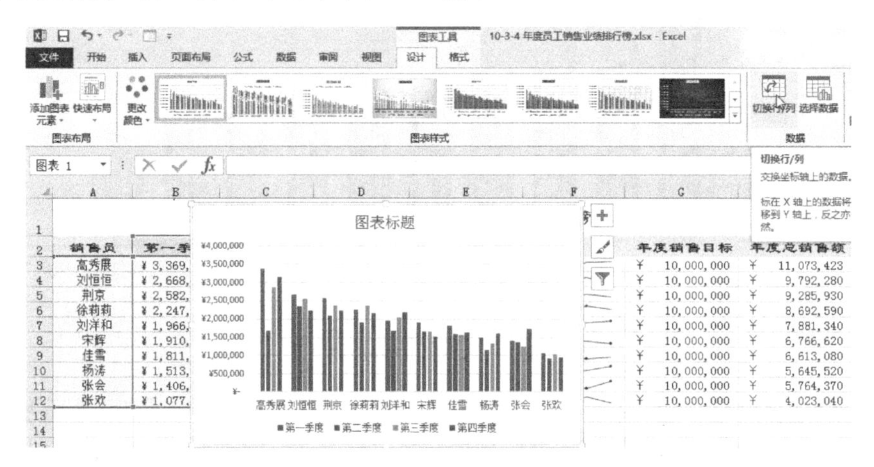

图 10-47　切换图表行/列

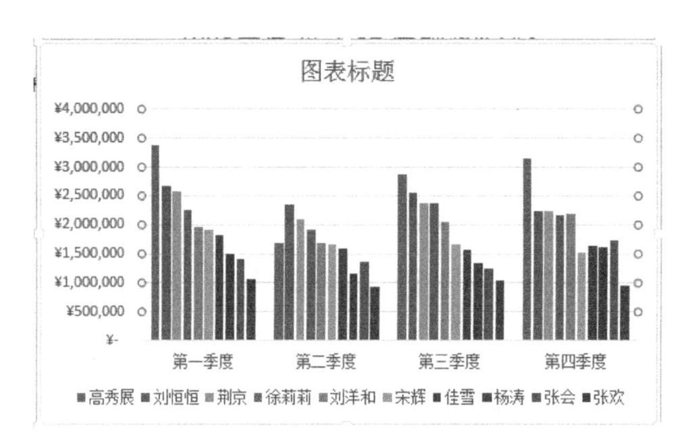

图 10-48　每个季度各员工的业绩对比图表

（3）修改数据源，对比前五名员工的业绩。

单击图表区，切换到【图表工具】→【设计】选项卡，单击【数据】选项组中的【选择数据】按钮，弹出【选择数据源】对话框，如图 10-49 所示。

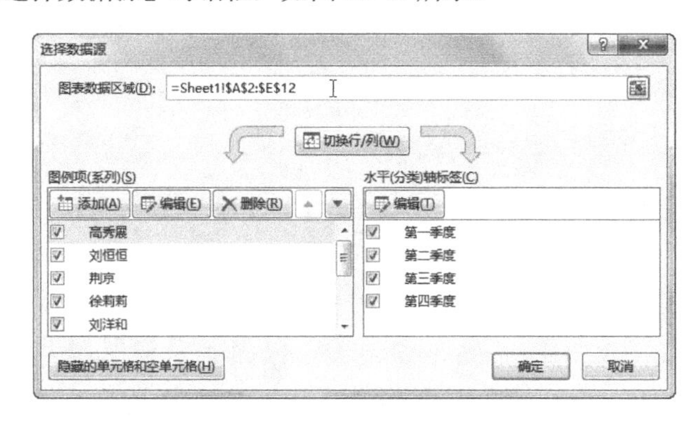

图 10-49 【选择数据源】对话框

把光标定位在【选择数据源】对话框中的【图表数据区域】文本框，重新选择数据区域为“A2:E7”，单击【确定】按钮，此时图表中就仅体现前五名员工的业绩对比情况了。

（4）添加图表元素（图表标题、坐标轴、数据标签、图例等元素）。Excel 2013 的插入的图表默认添加了【图表标题】文本框，只要在其中输入标题“季度前五名员工业绩对比图表”即可。

添加或修改其他图表元素的方法如下。

切换到【图表工具】→【设计】选项卡，选择【图表布局】选项组中的【添加图表元素】选项，如图 10-50 所示，弹出如 10-51 所示的图表元素列表选项。

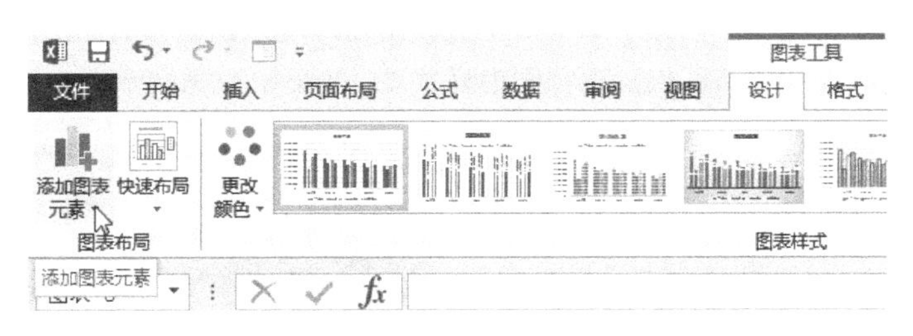

图 10-50　选择【添加图表元素】选项

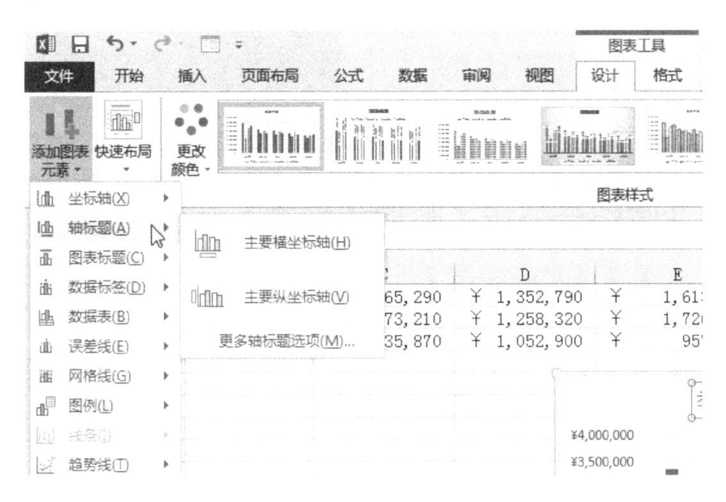

图 10-51　【添加图表元素】列表选项

或者单击图表右上角的图表元素 + 按钮，弹出如图 10-52 所示的【图表元素】复选框，选择所需的设置项，例如修改图例的位置为“右”。

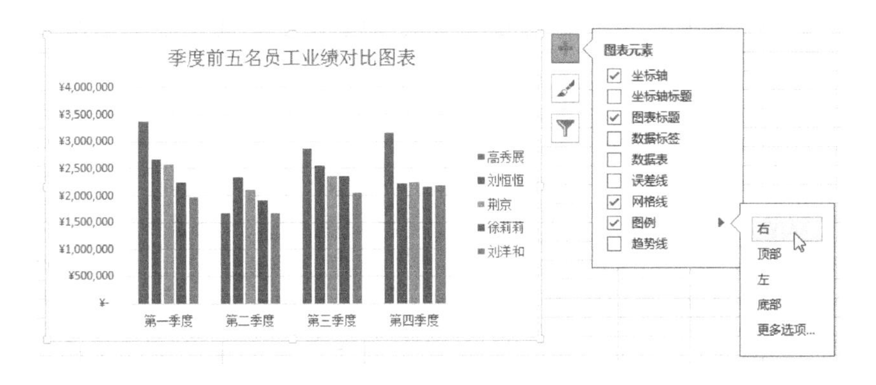

图 10-52　【图表元素】复选框

（5）移动图表到新的工作表。单击图表区，切换到【图表工具】→【设计】选项卡，在【位置】选项组中单击【移动图表】按钮，弹出【移动图表】对话框，如图 10-53 所示。

在【选择放置图表的位置】单选按钮中单击【新工作表】选项，并在【新工作表】文本框中输入工作表的名称“各季度前五名员工业绩对比图表”，单击【确定】按钮。

3. 制作各员工业绩占公司总销售额的比例图表

（1）选中单元格区域 A2:A12，再按住“Ctrl”键的同时选中单元格区域 G2:G12，切换到【插入】选项卡，单击【图表】选项组的【饼图或圆环图】按钮，在弹出的下拉列表中选择【二维饼图】→【饼图】按钮，就创建了每个员工业绩所占年度总销售额的比例图表。

（2）修改图表标题和取消图例，选择图表样式 7，效果如 10-54 所示。

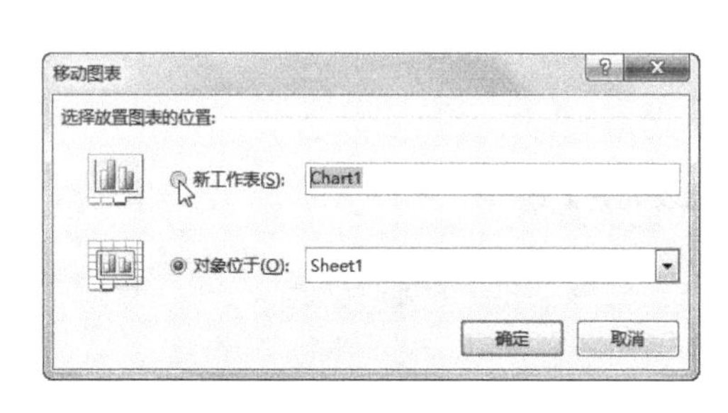

图 10-53 【移动图表】对话框

图 10-54 各员工业绩占年度总销售额比例的饼图图表

10.3.5 销售业绩综合分析（数据透视表）

微课：数据透视表基本介绍

数据透视表功能强大，可以对报表中的数据进行分类汇总、排序、筛选、浏览和展示，还可以和用户交互使用，灵活方便。打开素材文件“公司产品销售记录表.xlsx”，应用数据透视表进行数据的综合分析和汇总计算。

1. 插入推荐的数据透视表

单击数据区域中的任一单元格，切换到【插入】选项卡，单击【表格】选项组中的【推荐的数据透视表】按钮，弹出【推荐的数据透视表】对话框，如图 10-55 所示，可以快速创建适合的数据透视表。可以根据需要查看的内容选择适合的选项，如查看按照“产品名称”汇总的交易金额。如果左侧列表中没有适合的选项，则要手动插入。

2. 手动插入数据透视表

（1）插入空的数据透视表。单击数据区域中的任一单元格，切换到【插入】选项卡，单击【表格】选项组中的【数据透视表】按钮，弹出【创建数据透视表】对话框，如图 10-56 所示。

在【选择放置数据透视表的位置】栏中选择【新工作表】，单击【确定】按钮。系统自动创建数据透视表的构架，并打开【数据透视表字段】窗格如图 10-57 所示。

（2）添加数据透视表字段。在【数据透视表字段】窗格中的【选择要添加到报表的字段】复选框中先后勾选【销售员姓名】、【产品名称】、【交易金额】、【数量】，可以看到“销售员姓名”、“产品名称”这两个字段自动添加到了【行】，“数量”、“交易金额”这两个字段自动添加到了【值】，则左侧立即产生了数据汇总分析，如图 10-58 所示。可以看到按照销售员对交易金额及数量进行了分类汇总，同时包含销售产品的明细。

图 10-55 单击【推荐的数据透视表】按钮

图 10-56 【创建数据透视表】对话框

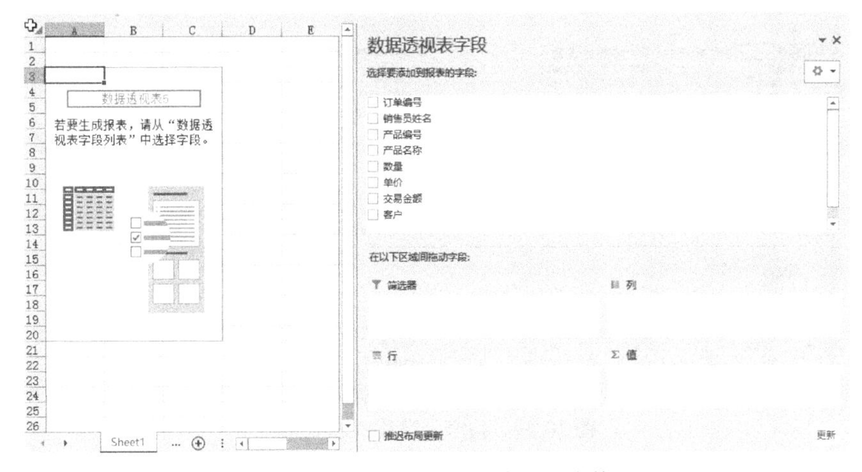

图 10-57 【数据透视表字段】窗格

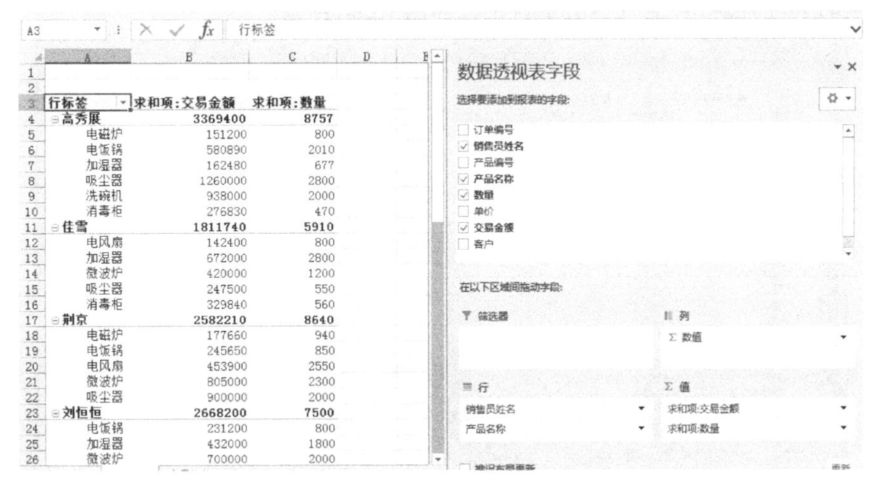

行标签	求和项:交易金额	求和项:数量
高秀展	3369400	8757
电磁炉	151200	800
电饭锅	580890	2010
加湿器	162480	677
吸尘器	1260000	2800
洗碗机	938000	2000
消毒柜	276830	470
佳雪	1811740	5910
电风扇	142400	800
加湿器	672000	2800
微波炉	420000	1200
吸尘器	247500	550
消毒柜	329840	560
荆京	2582210	8640
电磁炉	177660	940
电饭锅	245650	850
电风扇	453900	2550
微波炉	805000	2300
吸尘器	900000	2000
刘恒恒	2668200	7500
电饭锅	231200	800
加湿器	432000	1800
微波炉	700000	2000

图 10-58 添加数据透视表字段效果

相关知识

用于数据透视表中的数据所有列都必须有标题，标题用于数据透视表中的字段，每列都包含相同类型的数据，比如文本在一列，货币类型的数据在另一列，并且不应有空行或空列。

（1）默认情况下，【选择要添加到报表的字段】复选框中的字符型字段自动添加到【行】区域，数值型字段自动添加到【值】区域。可以根据实际需求把字段拖动到【行】、【列】、【值】、【筛选器】4个区域，也可以在各个区域中拖动。

（2）【选择要添加到报表的字段】复选框中勾选字段的顺序不同，（数值字段先后关系影响不大），表示数据透视表汇总的字段就不同，最终汇总结果就不同。

（3）当单击数据透视表以外的空白区域时，右侧的【数据透视表字段】窗口会自动隐藏，单击数据透视表内任一单元格时，右侧的【数据透视表字段】窗口会自动显示。

如果想按照产品名称进行分类汇总，则在【选择要添加到报表的字段】复选框中要先勾选【产品名称】字段，再勾选【销售员姓名】，可以看到添加到行标签字段的上下位置交换了，汇总效果如图 10-59 所示。

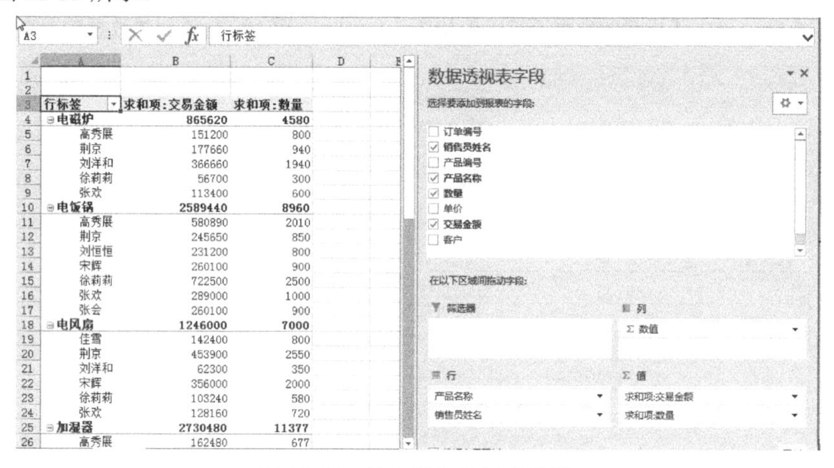

图 10-59　按产品名称汇总效果

调整字段的上下关系直接用鼠标上下拖动即可，也可以通过单击该字段或其右侧的下拉箭头，在弹出的下拉列表中选择【下移】选项，如图 10-60 所示。

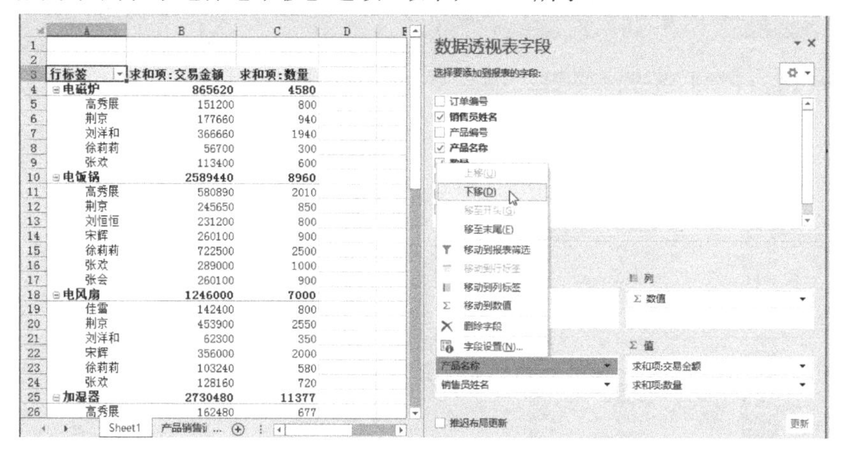

图 10-60　字段移动列表

（3）添加报表筛选（向筛选器区域添加字段）。在【选择要添加到报表的字段】复选框中右击【产品名称】选项，弹出的快捷菜单如图 10-61 所示，选择【添加到报表筛选】选项，或者拖动【产品名称】字段到【筛选器】区域，添加后的效果如图 10-62 所示。

微课：报表筛选

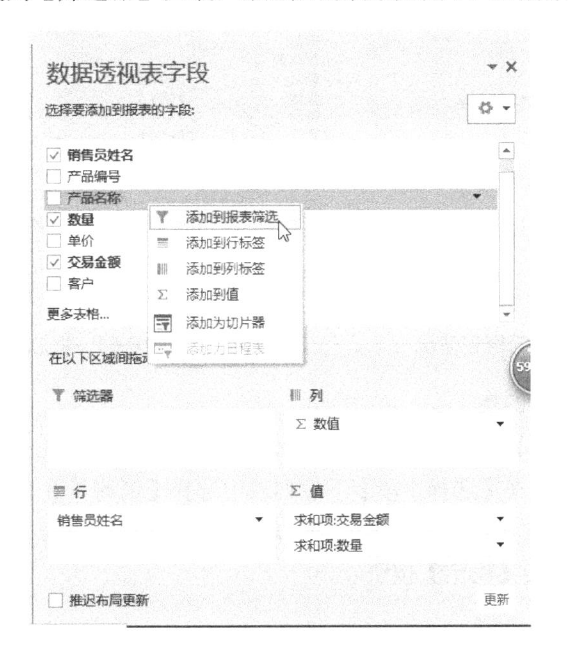

图 10-61　【添加到报表筛选】选项

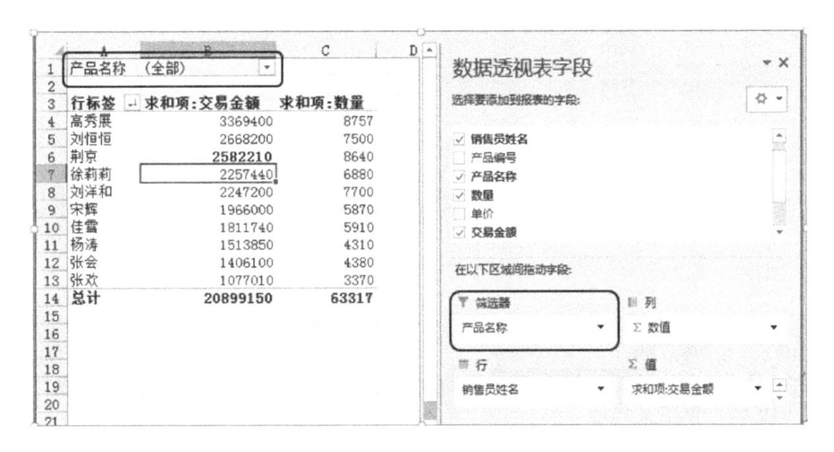

图 10-62　添加报表筛选效果

单击报表筛选器“产品名称”右侧的筛选按钮，在弹出的下拉列表中选择其中要查看的产品销售情况，例如“微波炉”，效果如图 10-63 所示，反映了各个销售员销售微波炉的汇总情况。

（4）对汇总结果排序。定位光标在求和项“交易金额”列的任一单元格，右击弹出快捷菜单，如图 10-64 所示，单击【排序】选项，选择【升序】或【降序】或【其他排序选项】即可对汇总结果进行排序。

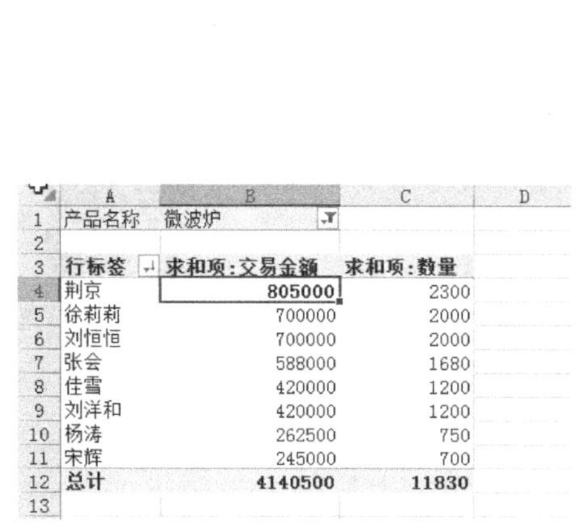

图 10-63　筛选微波炉的销售情况

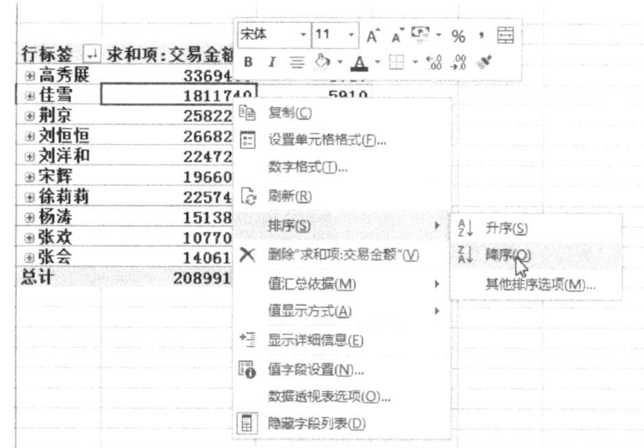

图 10-64　汇总结果排序

（5）对汇总结果进行筛选。

① 筛选汇总的销售员总交易金额大于 2 000 000 元的情况（值筛选）。单击行标签右侧的按钮，在弹出的列表中先在【选择字段】下拉列表中选择【销售员姓名】，再选择【值筛选】→【大于】选项，如图 10-65 所示。弹出【值筛选】对话框，如图 10-66 所示，设置交易金额大于 2 000 000 元的条件，单击【确定】按钮。

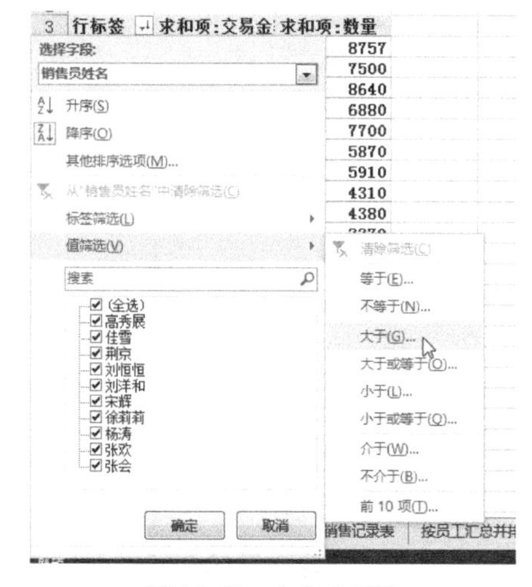

图 10-65　自定义筛选

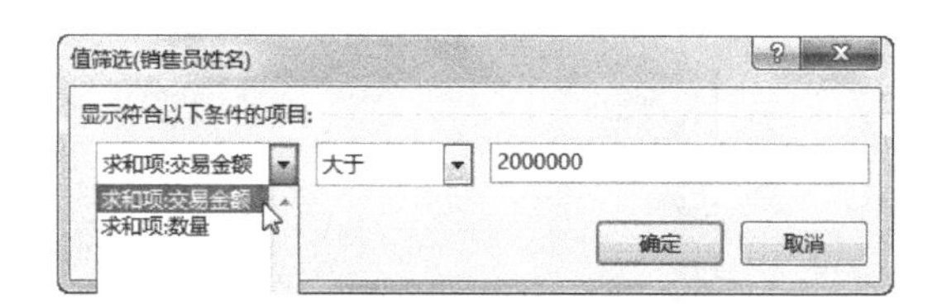

图 10-66　【值筛选】对话框

② 筛选产品名称开头是“加”的产品销售情况（标签筛选）。

清除先前的筛选。单击行标签右侧的按钮，在弹出的列表中选择【从“销售员姓名”中清除筛选】选项，如图 10-65 所示。

标签筛选。选中任一产品名称的单元格，单击行标签右侧的按钮，在弹出的列表中先在【选择字段】下拉列表中选择【产品名称】，再选择【标签筛选】→【开头是】选项，如图 10-67 所示。弹出【标签筛选】对话框，如图 10-68 所示，在右侧的文本框中输入“加”，单击【确定】按钮。筛选结果如图 10-69 所示。可以看到每个销售员销售“加湿器”的汇总情况。

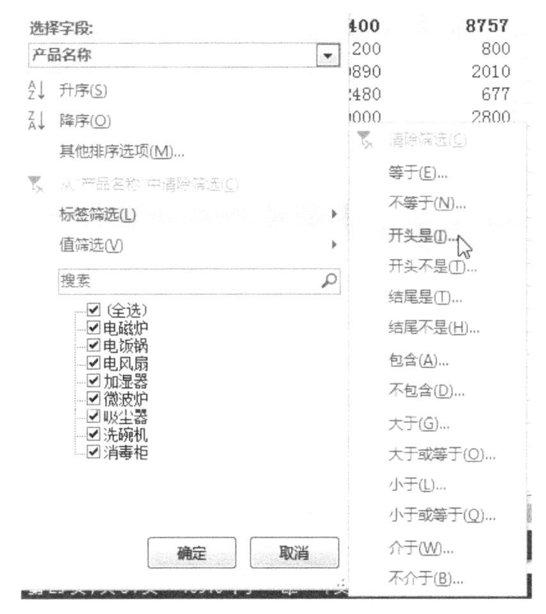

图 10-67　【标签筛选】选项

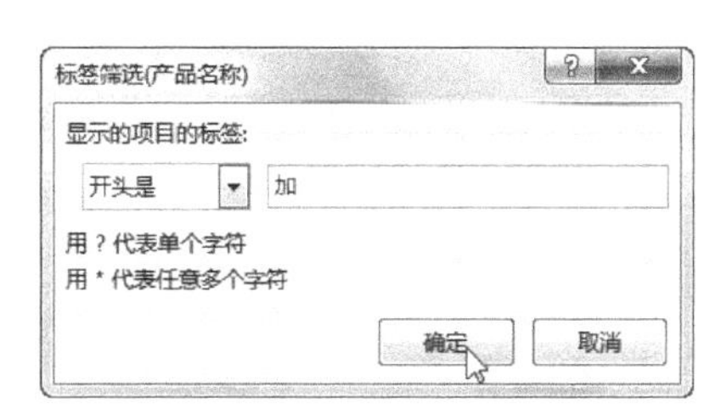

图 10-68　【标签筛选】对话框

（6）更改值的汇总方式（值汇总依据）。数据透视表中默认的汇总方式是求和，可以通过更改汇总方式以满足实际数据分析的需求。现在汇总交易金额的平均值，将光标定位在“求和项：交易金额”列的任一单元格，右击弹出快捷菜单，如图 10-70 所示，选择【值汇总依据】→【平均值】即可。

微课：更改汇总方式

行标签	求和项:交易金额	求和项:数量
高秀展	162480	677
加湿器	162480	677
佳雪	672000	2800
加湿器	672000	2800
刘恒恒	432000	1800
加湿器	432000	1800
刘洋和	672000	2800
加湿器	672000	2800
杨涛	504000	2100
加湿器	504000	2100
张会	288000	1200
加湿器	288000	1200
总计	2730480	11377

图 10-69　标签筛选结果

图 10-70　更改值汇总依据

（7）插入切片器。切片器是筛选数据透视表数据的高效简便方法。单击数据透视表中的任一单元格，显示【数据透视表工具】选项卡，选择【数据透视表工具】→【分析】选项卡，在【筛选】选项组中单击【插入切片器】按钮，如图 10-71 所示。

弹出【插入切片器】对话框，如图 10-72 所示，勾选【客户】选项，添加切片器的效果如图 10-73 所示。

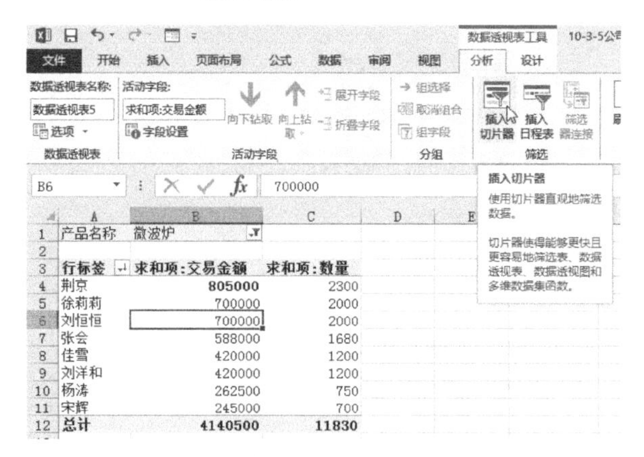

图 10-71 单击【插入切片器】按钮

图 10-72 【插入切片器】对话框

图 10-73 插入“客户”切片器效果

在切片器中选择“大众家电”，可以查看到销售员是“刘恒恒”，总交易额是“2 668 200”等信息，如图 10-74 所示。还可以在报表筛选中选择产品名称，例如“吸尘器”则可以查看大众家电的吸尘器的销量情况。

微课：数据透视表字段分组

如果要清除筛选的内容，可以单击切片器右上角的 按钮即可。

（8）对日期分组，插入日程表，按照日期查看产品汇总的交易金额和数量。

① 删除不需要的字段【销售员姓名】。在【数据透视表字段】窗口中，在【行】区域单击【销售员姓名】字段或者其右侧的下拉箭头，在弹出的下拉列表中选择【删除字段】选项，如图 10-75 所示。

图 10-74 筛选的“大众家电”的所有产品的销售情况

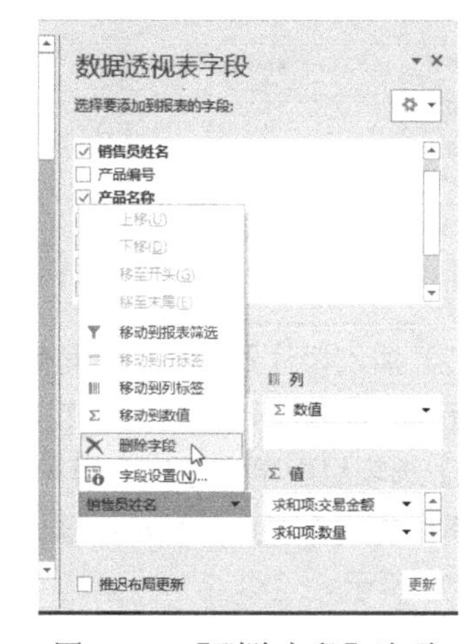

图 10-75 【删除字段】选项

② 拖动【产品名称】字段到【行】区域。

③ 拖动【日期】字段到【行】区域，在【产品名称】的下方，效果如图 10-76 所示。

④ 将日期按月进行分组。单击日期列的任一单元格，右击，在弹出的快捷菜单中选择【创建组】选项；或者选择【数据透视表工具】→【分析】选项卡，在【分组】选项组中单击【组字段】按钮，如图 10-76 所示。

弹出【组合】对话框，设置起始终止日期（默认值为日期列数据的最早和最晚日期），在【步长】列表中选择【月】选项，如图 10-77 所示，单击【确定】按钮，效果如图 10-78 所示。在【步长】列表中选择【季度】选项，效果如图 10-79 所示。

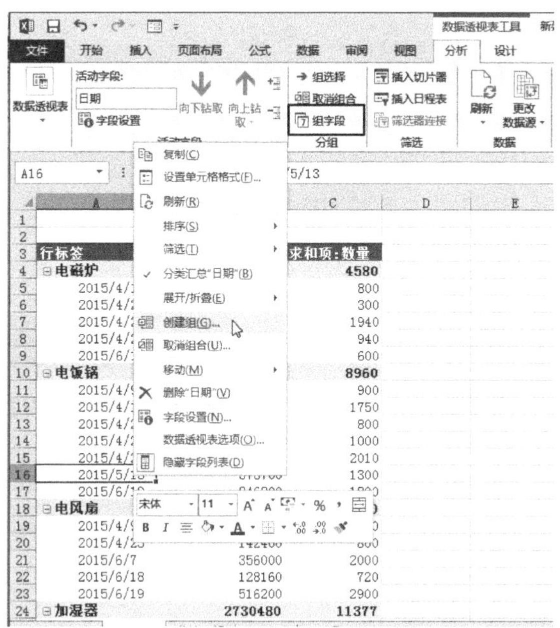

图 10-76　单击【创建组】选项或【组字段】按钮

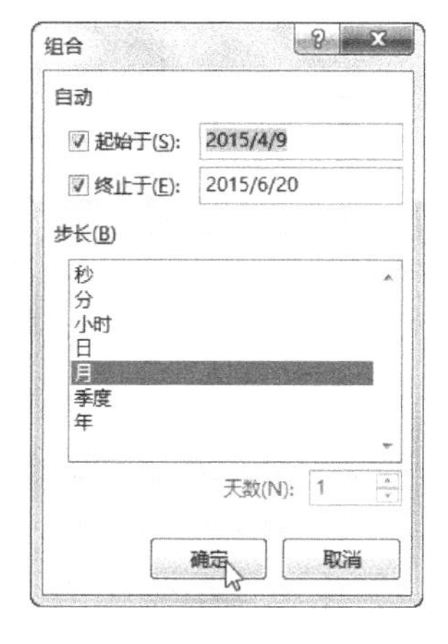

图 10-77　【组合】对话框

行标签	求和项:交易金额	求和项:数量
⊟电磁炉	1995840	10560
1月	207900	1100
2月	113400	600
4月	601020	3180
7月	189000	1000
9月	366660	1940
10月	272160	1440
11月	113400	600
12月	132300	700
⊟电饭锅	5485220	18980
1月	260100	900
2月	1447890	5010
3月	462400	1600
4月	809200	2800
5月	375700	1300
6月	231200	800
7月	346800	1200
10月	812090	2810
11月	739840	2560
⊟电风扇	2412612	13554
1月	356000	2000
3月	482380	2710
6月	128160	720

图 10-78　按月分组效果图

行标签	求和项:交易金额	求和项:数量
⊟电磁炉	1995840	10560
第一季	321300	1700
第二季	601020	3180
第三季	555660	2940
第四季	517860	2740
⊟电饭锅	5485220	18980
第一季	2170390	7510
第二季	1416100	4900
第三季	346800	1200
第四季	1551930	5370
⊟电风扇	2412612	13554
第一季	838380	4710
第二季	128160	720
第三季	338200	1900
第四季	1107872	6224
⊟加湿器	5163360	21514
第一季	1275360	5314
第二季	1176000	4900
第三季	1137600	4740
第四季	1574400	6560
⊟微波炉	9126950	26077
第一季	2459450	7027
第二季	3773000	10780

图 10-79　按季度分组效果图

⑤ 插入日程表，按照日期随意查看产品的销售情况。单击数据透视表中的任一单元格，显示【数据透视表工具】选项卡，单击【数据透视表工具】→【分析】选项卡的【筛选】选项组中的【插入日程表】按钮，如图 10-80 所示。

弹出【插入日程表】对话框，如图 10-81 所示，选择【日期】选项（如果数据表中有多个日期型字段，按筛选的需求选择），单击【确定】按钮。拖动刚插入的日程表的滑块，查看 7、8 月份的产品销售情况，效果如图 10-82 所示。

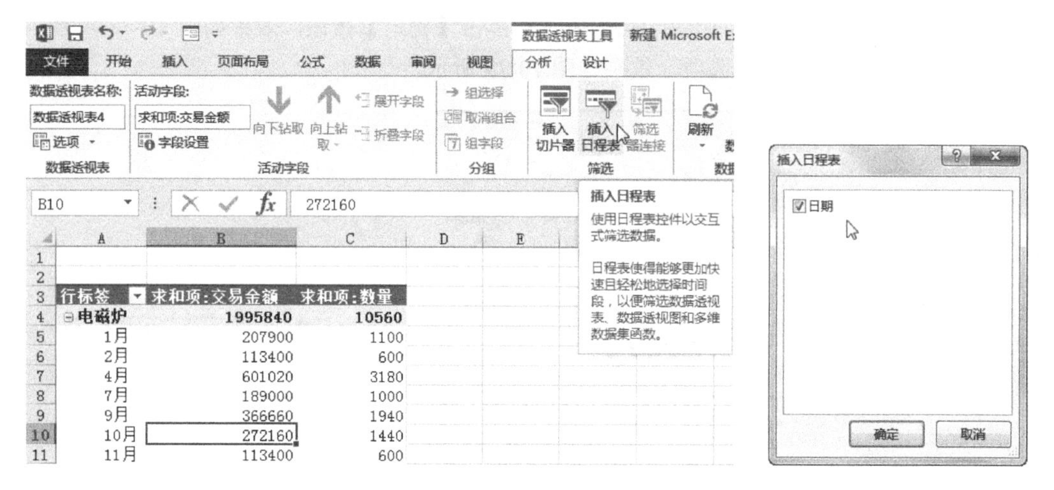

图 10-80 单击【插入日程表】按钮　　　　图 10-81 【插入日程表】对话框

行标签	求和项:交易金额	求和项:数量
⊟电磁炉	189000	1000
7月	189000	1000
⊟电饭锅	346800	1200
7月	346800	1200
⊟电风扇	338200	1900
7月	213600	1200
8月	124600	700
⊟加湿器	720000	3000
7月	720000	3000
⊟微波炉	1253000	3580
7月	1253000	3580
⊟吸尘器	1782000	3960
7月	585000	1300
8月	1197000	2660
⊟洗碗机	257950	550
8月	257950	550
⊟消毒柜	1278130	2170
7月	895280	1520
8月	382850	650
总计	6165080	17360

日期
2015 年7月 - 8月　月
2015
7月 8月 9月 10月 11月 12月

图 10-82 使用日程表筛选月数据

单击日程表右上角的取消筛选器按钮，取消当前的筛选。单击日程表右上角的下拉箭头，在弹出的列表中选择日期范围【季度】，如图 10-83 所示，可以筛选查看某一季度的产品销售情况，如图 10-84 所示。

单击日程表右上角的下拉箭头，在弹出的列表中选择日期范围【日】，拖动滑块覆盖 10 月 1 日～10 月 7 日，查看“十一黄金周”的销售情况，如图 10-85 所示。还可以联合切片器、日程表筛选需要的数据，例如可以查看“大众家电”在“十一黄金周”的产品销售情况。

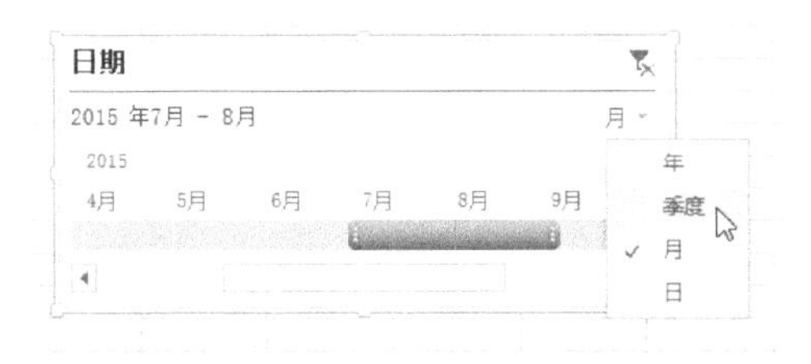

图 10-83　日期范围为【季度】选项

行标签	求和项:交易金额	求和项:数量
⊟电磁炉	**601020**	**3180**
4月	601020	3180
⊟电饭锅	**1416100**	**4900**
4月	809200	2800
5月	375700	1300
6月	231200	800
⊟电风扇	**128160**	**720**
6月	128160	720
⊟加湿器	**1176000**	**4900**
4月	288000	1200
5月	216000	900
6月	672000	2800
⊟微波炉	**3773000**	**10780**
4月	1008000	2880
5月	2520000	7200
6月	245000	700

图 10-84　日程表【季度】筛选

行标签	求和项:交易金额	求和项:数量
⊟电磁炉	**94500**	**500**
10月	94500	500
⊟电饭锅	**812090**	**2810**
10月	812090	2810
⊟微波炉	**329000**	**940**
10月	329000	940
⊟吸尘器	**697500**	**1550**
10月	697500	1550
⊟消毒柜	**424080**	**720**
10月	424080	720
总计	**2357170**	**6520**

日期
2015 年10月 1 日 - 7 日
日
2015 年10月
1 2 3 4 5 6 7 8 9 10 11 12

图 10-85　使用日程表筛选“十一黄金周”的销售情况

（9）汇总各种产品在每个月的销量表。在【数据透视表字段】窗口中移动【日期】字段到【列】区域，在【值】区域中删除【交易金额】字段，复制内容到新工作表中并重命名为“营销一部销售汇总表”，效果如图 10-86 所示。

营销一部产品销量汇总表

求和项:数量	列标签												
行标签	1月	2月	3月	4月	5月	6月	7月	8月	9月	10月	11月	12月	总计
电磁炉	1100	600		3180			1000		1940	1440	600	700	10560
电饭锅	900	5010	1600	2800	1300	800	1200			2810	2560		18980
电风扇	2000		2710			720	1200	700		677	3947	1600	13554
加湿器		2100	3214	1200	900	2800	3000		1740	2800	850	2910	21514
微波炉	750		6277	2880	7200	700	3580			1490	2000	1200	26077
吸尘器	810	3350		6850	1500	4370	1300	2660	3360	1550	1500	1200	28450
洗碗机			1000		1200	2000		550	850		660		6260
消毒柜	1000	600	600	560	1100	660	1520	650	2900	720	1130	900	12340
总计	**6560**	**11660**	**15401**	**17470**	**13200**	**12050**	**12800**	**4560**	**10790**	**11487**	**13247**	**8510**	**137735**

图 10-86　汇总各月的销量表

（10）设置数据透视表的布局。定位光标在数据透视表内的任一单元格，单击【数据透视表工具】→【设计】选项卡，在【布局】选项组中单击【报表布局】按钮，在弹出的下拉列表中选择【以表格形式显示】选项，如图 10-87 所示。

微课：数据透视表布局与样式

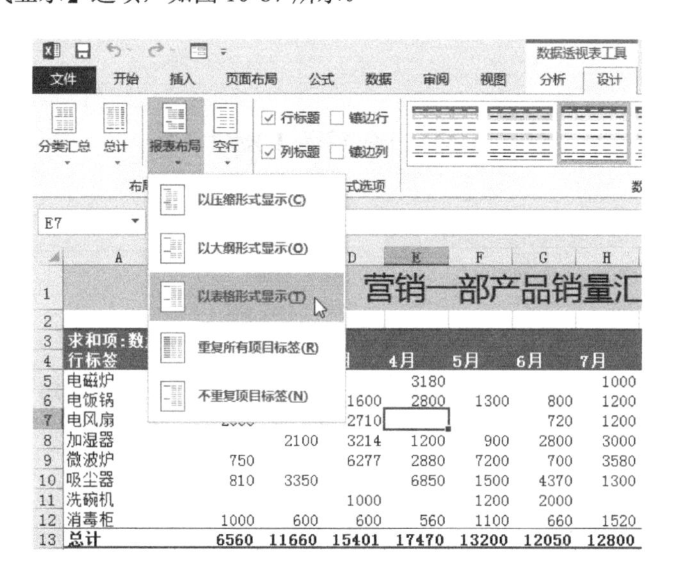

图 10-87 【报表布局】设置

（11）应用数据透视表样式。为了便于清晰地查看数据，可以采用“镶边行”和“镶边列”或者选择系统的数据透视表样式。操作方法如下：定位光标在数据透视表内的任一单元格，单击【数据透视表工具】→【设计】选项卡，在【数据透视表样式选项】选项组中选择【镶边行】和【镶边列】选项，或者在【数据透视表样式】选项组中选择合适的样式，如图 10-88 所示。

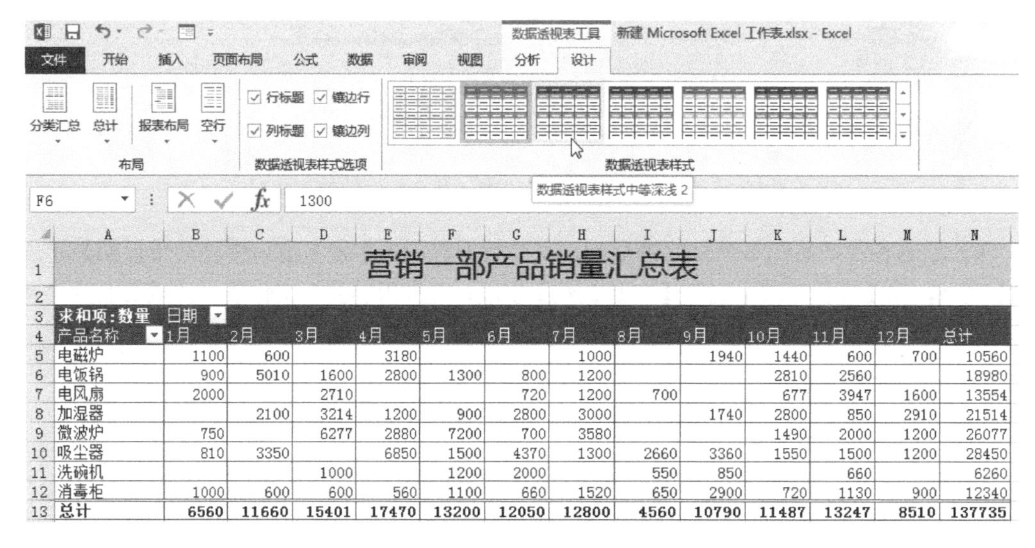

产品名称	1月	2月	3月	4月	5月	6月	7月	8月	9月	10月	11月	12月	总计
电磁炉	1100	600		3180			1000		1940	1440	600	700	10560
电饭锅	900	5010	1600	2800	1300	800	1200			2810	2560		18980
电风扇	2000		2710			720	1200	700		677	3947	1600	13554
加湿器		2100	3214	1200	900	2800	3000		1740	2800	850	2910	21514
微波炉	750		6277	2880	7200	700	3580			1490	2000	1200	26077
吸尘器	810	3350		6850	1500	4370	1300	2660	3360	1550	1500	1200	28450
洗碗机			1000		1200	2000		550	850		660		6260
消毒柜	1000	600	600	560	1100	660	1520	650	2900	720	1130	900	12340
总计	6560	11660	15401	17470	13200	12050	12800	4560	10790	11487	13247	8510	137735

图 10-88 【数据透视表样式】设置

10.3.6 产品销售汇总（合并计算）

微课：合并计算

由公司销售明细已经得出“销售一部产品销量汇总表”和“销售二部产品销量汇总表”，现在要把一部和二部的销售量合并起来，这时候公司的小王想起 Excel 的合并计算功能正好可以解决这个问题，马上试试吧！

打开素材文件“产品销量汇总表.xlsx”，切换到工作表“数据汇总表”，单击 B5 单元格，切换到【数据】选项卡，在【数据工具】选项组中选择【合并计算】选项，如图 10-89 所示。

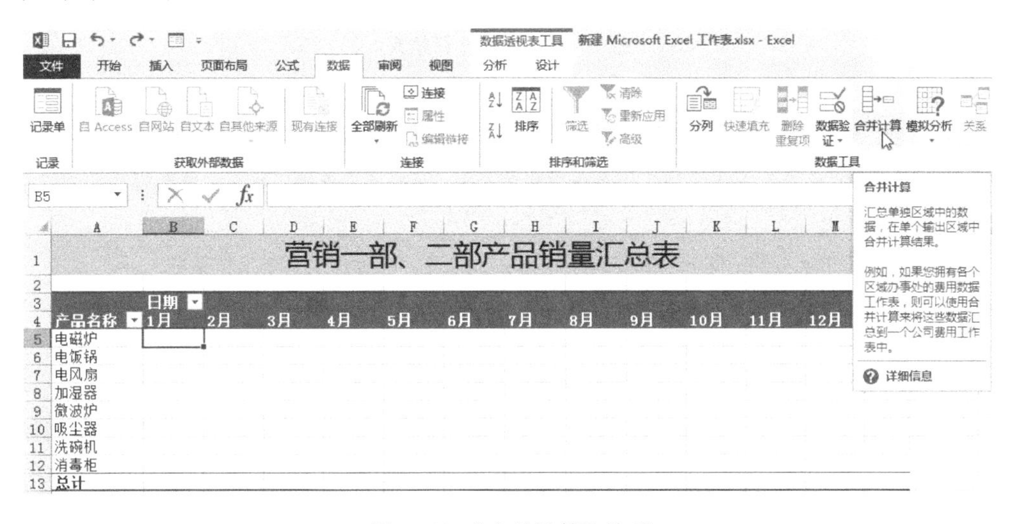

图 10-89 【合并计算】选项

弹出【合并计算】对话框，在【函数】下拉列表框中选择【求和】选项（默认就是求和），把光标定位在【引用位置】框中，选择工作表“销售一部产品销量汇总表”中的 B5:N13 单元格区域，然后回到【合并计算】对话框，单击【添加】按钮。如图 10-90 所示，引用位置的“营销一部产品销售汇总表!$B$5:$N$13”就添加到了【所有引用位置】列表框。

同样的再把光标定位在【引用位置】框中，选择工作表“销售二部产品销量汇总表”中的 B5:N13 单元格区域，然后回到【合并计算】对话框，单击【添加】按钮，则引用位置的“营销二部产品销售汇总表!$B$5:$N$13”也添加到了【所有引用位置】列表框，如图 10-91 所示，单击【确定】按钮。合并计算结果如图 10-92 所示。

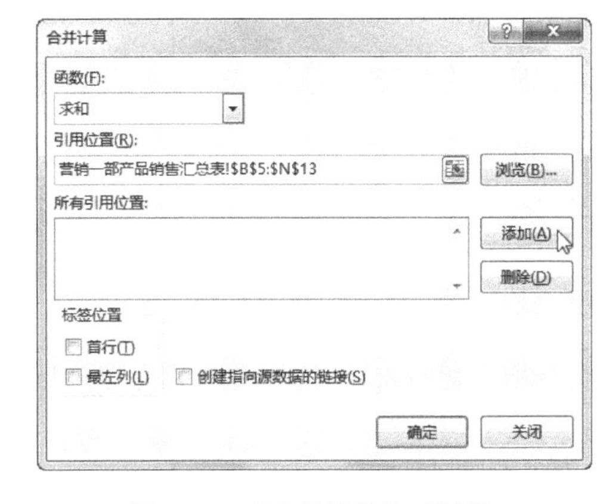

图 10-90 【合并计算】对话框

图 10-91 添加引用位置

营销一部、二部产品销量汇总表

产品名称	1月	2月	3月	4月	5月	6月	7月	8月	9月	10月	11月	12月	总计
电磁炉	4400	1800		8880			2000		3880	3870	1800	2000	28630
电饭锅	1500	9090	4460	5377	1977	1500	2400			4210	6560		37074
电风扇	2677		7020			1320	2400	1400		1527	6687	2977	26008
加湿器		3100	8164	2700	3000	4100	4320		4680	3600	2860	5590	42114
微波炉	1330		10537	4780	13790	2710	7160			2840	4100	3210	50457
吸尘器	1710	6550		10890	2177	11320	3300	5320	6720	2990	2177	1900	55054
洗碗机			1600		2710	2750		1100	1600		1337		11097
消毒柜	1750	1600	1900	1237	2450	1460	3040	1300	3500	1720	4440	1577	25974
总计	13367	22140	33681	33864	26104	25160	24620	9120	20380	20757	29961	17254	276408

图 10-92　合并计算结果

相关知识

（1）合并计算是汇总和报告单独工作表中数据的结果，可将各个单独工作表中的数据合并到一个工作表（或主工作表）。

（2）合并的工作表可位于同一个工作簿中作为主工作表，也可位于多个工作簿中。

（3）可以通过两种方式对数据进行合并计算。

- 按位置进行合并计算。当多个源区域中的数据是按照相同的顺序排列并使用相同的行和列标签时，例如，要合并的一系列开支工作表都根据同一模板创建。
- 按分类进行合并计算。当多个源区域中的数据以不同的方式排列，但却使用相同的行和列标签时，例如，要合并的一系列每月库存工作表都使用相同的布局，但每个工作表包含不同的项目或不同数量的项目。

至此，公司季度的订单排行榜、员工业绩汇总及排行榜，以及全年的销售数据汇总分析及图表等都已获得，赶紧上传经理室吧，经理会赞赏你做得不错的。

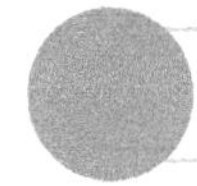

拓展实训

实训 1：分析公司各种产品的销售情况

要求：打开素材文件“产品销售明细表.xlsx”，统计各种产品的总销售额，把汇总结果保存在另一个工作表“汇总各产品销售情况”中，制作各种产品销售额的饼图图表，体现各产品销售额占公司总销售额的比例情况，就可以反映出哪种产品比较畅销，哪种产品有些滞销。

提示

（1）按“产品名称”排序，再分类汇总。

（2）用查找和引用函数 VLOOKUP( )，保存汇总结果。

（3）插入饼图，添加图表标题，应用图表样式，美化图表。

实训 2：为公司筛选符合招聘条件的人员

根据“应聘人员测试成绩表”及公司的招聘条件选取合适的人员，把结果分别保存在相应工作表中。

（1）应聘行政部的人员要求平均成绩不低于 85 分并且面试成绩在 80 分以上。

（2）应聘营业部的人员要求平均成绩不低于 85 分或者商务英语成绩 90 分以上均可。

（1）设置条件区域。

（2）弹出【高级筛选】对话框，设置数据区域和条件区域。

实训 3：制作数据透视表查看和汇总数据

根据“电子产品销售情况表”制作数据透视表，完成以下操作。

（1）按照产品名称分类汇总产品销售额和销售数量。

（2）插入切片器查看销售地点。

（3）对日期按月进行分组。

（4）插入日程表用于筛选 6 月份销售情况。

实训 4：汇总“营销一部”和“营销二部”数据

根据“销售数据表”中的“营销一部”和“营销二部”的销售区域数据，完成“汇总数据”工作表中的数据计算。

综合实践

本学期即将结束，请根据本班学生平时综合考核成绩表设计记录单数据表，并分析出每位学生的各项考核及综合考核在班级中的成绩及排名情况。要求数据分析直观、清晰、美观大方。

扩展案例 1　产品生产方案的优化设计

扫一扫学 Excel
规划求解工具

任务 11 制作企业宣传演示文稿（上）

作为一种灵活、高效的沟通方式，PowerPoint 被广泛应用于宣传、汇报、宣讲、培训、咨询、演说、休闲娱乐等领域。虽然大多数人都会制作演示文稿，但制作效果却大相径庭。相当部分制作者认为 PPT 制作简单，无非就是文字、图片、图表的罗列，再加以炫丽的动画效果就算达到演示效果了；也有部分制作者虽然知道演示文稿可以做得更好，却苦于不知从何处下手。其实，优秀的 PPT 作品更多的是反映作者对作品的策划、设计与创意，只有掌握了 PPT 的制作方法、流程和技巧，学会运用 PPT 提供的功能表达出事物的美感，突破传统的 PPT 思维，就能制作出令自己也刮目相看的演示文稿作品。“企业宣传演示文稿”效果图如图 11-1 所示。

图 11-1 “企业宣传演示文稿”效果图

11.1 任务情境

在越来越激烈的市场竞争中，宣传企业品牌、树立企业形象已成为企业不可或缺的部分。企业宣传形式多样，如企业宣传册、企业网站、电视媒体等。其中，通过企业宣传演示文稿进行企业宣传的形式，越来越受到企业的重视。因其具有信息量丰富、不受场合场地时间限制，而且声情并茂，可操作性强等特点，所以不失为一种既经济有效，又简单易行的宣传方式。目前，小王所在企业为了提高知名度、宣传企业产品、树立企业形象，计划制作一个企业宣传演示文稿。要求该演示文稿既能反映企业理念、企业文化，又要让客户了解企业产品、企业近几年所取得的成绩等内容。

知识目标

- 演示文稿策划及主要流程；
- 演示文稿设计与制作要点分析；
- 创建和保存演示文稿；
- 幻灯片中图文编辑处理；
- 图形绘制与处理；
- SmartArt 图形应用与编辑美化；
- 图表创建与编辑；
- 幻灯片放映及放映设置；
- 演示文稿的导出。

能力目标

- 能够根据演示文稿类型和特点进行策划与设计；
- 能够根据需要对图文、图表进行编辑处理；
- 能够根据需要进入放映及放映设置；
- 能够设计并制作出主题鲜明、色彩搭配合理、具有一定风格的演示文稿。

11.2 任务分析与实现：制作企业宣传演示文稿（上）

11.2.1 策划

一个精美的、能够得到观众肯定和欢迎的演示文稿，其成功之处并仅不在于它的制作，而主要在于它的策划与设计。这就要求制作者必须能够根据演示文稿的特点，对其定位、受众、演示环境、内容等进行分析，然后在版式、字体选用、色彩搭配、动画等方面进行设计，才能达到事半功倍的效果。

1. 突破传统思维

（1）演示文稿通常存在的问题及改进措施如表 11-1 所示。

表 11-1　存在问题及改进措施

通常存在的问题	改 进 措 施
策划： 制作前不进行策划与设计	如上所述，一个演示文稿能否成功，其策划和设计非常重要，因此，在制作之前首先应进行演示文稿的策划与设计
内容： 文字罗列，图片堆积	文字在选用上要精、简，不要过多，能用图片、图表表达的就不要用文字
导航： 不使用导航或导航设置不恰当	了解导航在 PPT 中的作用及常用导航类型，能够根据演示文稿的特点设置恰当的导航系统
画面不统一： 整个演示文稿的文字字体、颜色、画面质感、对齐方式等不统一，整体搭配不协调	了解文字及色彩的搭配技巧，增强画面质感，统一整个演示文稿的对齐方式
动画： 动画效果运用过多或过少，或运用不恰当	开阔眼界，多多欣赏精彩的演示文稿作品，提高审美能力；熟悉 PowerPoint 软件提供的每个动画效果，只有这样才能灵活运用各种动画效果，制作出鲜活的 PPT 作品
美化： 图形、图片、图表、艺术字设置平淡，不美观、不醒目	PowerPoint 2013 为用户提供了丰富的用于图形制作、图片处理、图表美化、艺术字设置与处理等的技术；利用它们就能制作和处理出精美的图片、图表、图形和艺术字

（2）技术保障。PowerPoint 2013 提供了较之前版本更加丰富有力的演示文稿制作功能，如

表11-2所示。

表11-2 PowerPoint 2013 部分功能介绍

归　类	更多更强的功能
图片处理	1. 删除背景功能（可删除图片背景，实现抠图功能）； 2. 艺术效果设置（可对图片进行以前只有 Photoshop 才具有的艺术效果设置，如虚化、玻璃、塑封、素描等艺术效果）； 3. 图片裁剪（可将图片裁剪为形状等）
形状处理	对多个形状可进行合并处理，如对形状进行联合、组合、拆分、剪除等
改进的音频和视频支持	PowerPoint 2013 支持更多的多媒体格式（如.mp4、.mov 与 H.264 视频，高级音频编码（AAC）音频）及更多高清晰度内容
屏幕操作	自带屏幕截图和屏幕录制功能
简易的演示者视图	演示者视图允许演示者在监视器上查看自己的笔记，而观众只能观看幻灯片。在以前的版本中，很难搞清楚谁在哪个监视器上查看哪些内容。改进的演示者视图解决了这一难题，使用起来更加简单
智能参考线	增加智能参考线功能：无须目测幻灯片上的对象以查看它们是否已对齐。当对象（如图片、形状等）距离较近且均匀时，智能参考线会自动显示，并告诉你对象的间隔均匀
主题变体	提供了一组主题变体（如不同的调色板和字体系列），此外，还提供了新的宽屏主题以及标准大小

2. 定位分析

不同类型的演示文稿特点不同，其设计和制作方法也不一样，因此，策划的首要任务是对演示文稿进行准确定位。演示文稿应用广泛，根据其内容、用途等的不同，可分为以下几种类型：宣传、汇报/报告、课件、招/投标、礼仪、休闲娱乐等。

（1）宣传类。以企业宣传为例，企业宣传 PPT 是企业对外宣传、树立企业形象的重要途径，它一方面涵盖了企业精神、文化、理念等内容，另一方面也是对企业实质性内容（如企业实力、经营特色、业绩、发展规划等）的一种展现。企业宣传 PPT 事关企业形象，代表了一家企业的实力、文化和品牌，所以对设计、创意、动画、文案等要求比较高，一般由专业企划和设计人员制作。企业宣传 PPT 一般具有以下特点。

➢ 专业、精美、细腻。企业宣传 PPT 的风格（如色彩、主题、文案等）要与企业画册、网页等其他宣传方式的风格保持一致，要求制作专业、精美、细腻。
➢ 形象、直观、可视化强。企业文化、理念、业绩、产品展示等内容比较抽象，需要通过图片、图表、动画等手段加以表示，使其更加形象、直观和具可视化。

总之，一个优秀的企业宣传 PPT 应该具有大气恢弘的主题风格、张弛有度的表现方式，以及生动有效的叙述形式。

（2）汇报/报告类。PPT 因其表现手段多样、信息量大等特点被广泛应用于各类汇报、总结、报告。这类 PPT 一般具有以下特点。

① 结构清晰、简洁。
② 字体固定，层次感强。
③ 色调多以科技蓝、中国红为主。
④ 内容与背景对比明显，图表立体感强；
⑤ 应用图片较多，动画不宜太多。

（3）课件类。课件类 PPT 一般用于教学或培训。因其主要用来讲授知识，所以容易出现文字罗列、制作单调、表现力差、同质化严重等问题。制作此类 PPT 应注意以下几个问题。

① 图文组织与排列合理。

② 能用图片、图表、视频表达的就不要用文字。

③ 图片、图表、图形、艺术字要美化处理。

④ 运用对比强烈的色彩，以增加画面生动感。

⑤ 设计上要具有人性化和趣味化。

（4）招/投标类。这类 PPT 一般具有以下特点。

① 结构清晰，重点突出。

② 因地制宜，量身定做。

③ 内容具体，有针对性。

④ 求实性。实事求是，不能夸大其词。

（5）礼仪类。以婚礼 PPT 为例。这类 PPT 一般具有以下特点。

① 真情动人。通过大量描述新人成长、生活、婚纱、旅游等的图片，将其生命中最真挚的一幕给大家分享，让亲朋好友一同感受新人的幸福。

② 幽默感人。时不时给观众一点惊喜，为热闹的婚礼现场加些幽默成分，会使婚礼气氛更加轻松愉悦。

（6）休闲娱乐类。这类 PPT 一般具有以下特点。

① 轻松、简洁。

② 便于分享。

3. PPT 受众分析

受众是指信息传播的接收者，如报刊书籍的读者、广播的听众、电影电视的观众、PPT 观众等。可以从两个方面进行受众分析：个性需求和共性需求。

（1）PPT 受众的个性需求分析。

① 分析受众的相关背景，如行业、职业、知识层次、职务/岗位、性别、年龄等。

② 分析目的：他们为什么看你的 PPT，想解决什么问题或有什么样的要求等。

③ 分析受众接收信息的风格：可分为听觉型、视觉型、触觉型。

➢ 听觉型：在意话语、声音的沟通，喜欢听、讲或戏剧表现等有表现力和活力的表达方式。

➢ 视觉型：关注图片、图表、动画等表达信息，注重色彩搭配是否协调。

➢ 触觉型：相对以上，更在意实际的互动。

（2）PPT 受众的共性需求分析。共性需求就是一般受众都具有的需求共性，如，饮料针对于消费者的共性需求是解渴，香皂针对于消费者的共性需求是去污和杀菌等。

只有进行了受众分析，了解了受众的特点和需求，才能有针对性地从色彩选择、字体选择、风格定位、画面质感设计、速度等方面进行 PPT 的设计与制作，最终才能制作出令人满意的 PPT 作品。

4. 内容设计

内容设计指如何确定演示文稿应包含的内容，有以下三个步骤：确定思路→列出提纲→选择内容。

（1）确定思路。过程：罗列内容→对列出的每个内容进行意义分析→进行第一步取舍→理清思路。

（2）列出提纲。过程：列出幻灯片播放的先后顺序→根据 PPT 的应用场合、受众对象、播放时间等确定PPT数量→确定重难点展示比例等。

（3）选择内容。对每个要演示的内容，选择用什么形式来描述或表示。比如要说明一个问题（论点），就要有论理和论据；论点就是要说明的问题，论理论据就是能够证明论点正确的事实和道理。如果把PPT中每个想要表达的内容看做是一个论点的话，那么它的论理和论据就应该由“文字、图表、图形、图片、链接、多媒体等”来充当；关键是如何选择合适的论理论据，才能使你的幻灯片更具说服力和感染力。

5. 素材的搜集整理

演示文稿中的素材一般包括：模板、文字、图片、图表、音频、视频等。

（1）模板。获取模板素材的方法一般有以下几种。

① 使用PPT自带的主题模板。

② 在专业PPT网站上下载模板。

③ 自已设计模板。

下面是国内知名PPT网站，供参考。

扑　　奔：　http://www.pooban.com/

第一PPT：　http://www.1ppt.com

Nordri：　http:// http://www.nordridesign.com/

锐　　普：　http://www.rapidbbs.cn/forum.php

无忧PPT：　http://www.51ppt.com.cn

（2）图片。获取图片素材的方法一般有以下几种。

① 收集现有的相关图片。

② 在百度图片上搜索想要的图片素材。

③ 在专业图片网站上下载。

下面是国内知名图片素材网站，供参考。

① 全球图片网：http://www.photosohu.com

② 全景图片网：http://www.quanjing.com

③ 景象图片网：http://www.viewstock.com

④ 典匠图片网 ：http://www.imagedj.com

⑤ 超景图片网：http://www.champion-images.com

⑥ 素材网：http://www.51tp.com

⑦ 素材中国：http://www.chinaphoto.com

⑧ 图片库素材网：http://www.photoshopcn.com

（3）图表。

① 使用PPT自带的SmartArt图形创建图表。

② 使用PPT的插入图表功能创建图表。

③ 在专业PPT素材网站下载图表。

在日常的工作和学习中，要善于对搜集到的素材进行分类、整理和存储，日积月累、积少成多，制作PPT也会更加得心应手。

6. 本任务演示文稿策划（见图 11-2）

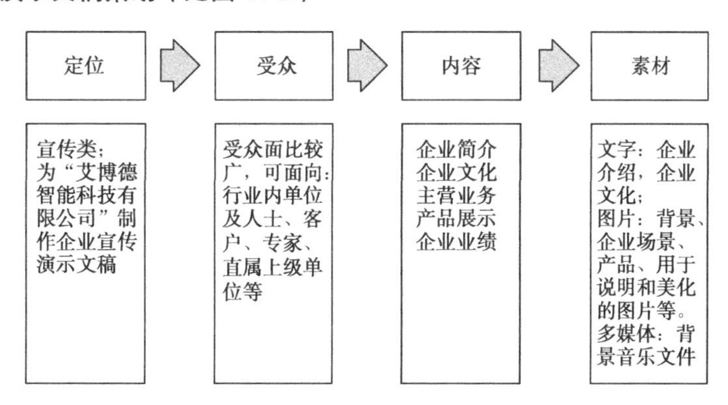

图 11-2　企业宣传演示文稿策划

11.2.2　逻辑

通过以上讲述，我们对 PPT 策划流程有了一定了解，而制作 PPT 的另外一个关键问题是 PPT 的逻辑设计。那么什么是 PPT 逻辑？有人说逻辑是 PPT 的灵魂，通俗地讲就是制作 PPT 的主线，也就是如何编排你的 PPT 才更有说服力，才能取得最好的效果。PPT 逻辑分为篇章逻辑、页面逻辑和文句逻辑（由于篇幅原因在此只介绍篇章逻辑）。篇章逻辑就是设计者对 PPT 整体框架的构思，以下简要介绍几种常用 PPT 逻辑设计。

（1）罗列型（模块型）：把演示文稿需要展示的内容分成一个个模块，模块之间可以是并列关系或者是递进关系，如图 11-3 所示。

（2）问题—解决型：围绕一个问题层层分析，提出解决方案，如图 11-4 所示。

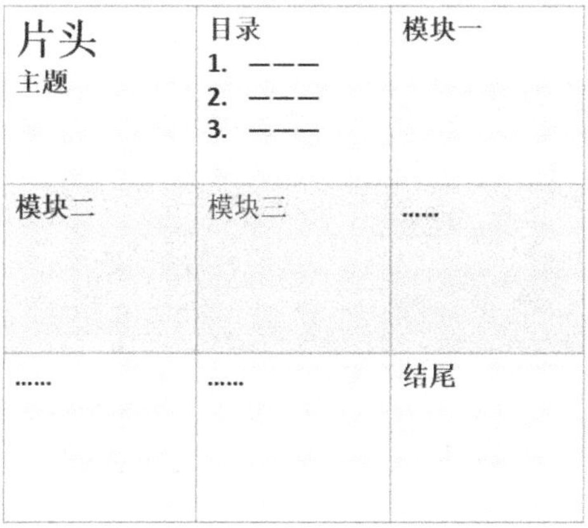

片头 主题	目录 1. ——— 2. ——— 3. ———	模块一
模块二	模块三	……
……	……	结尾

图 11-3　模块型图示

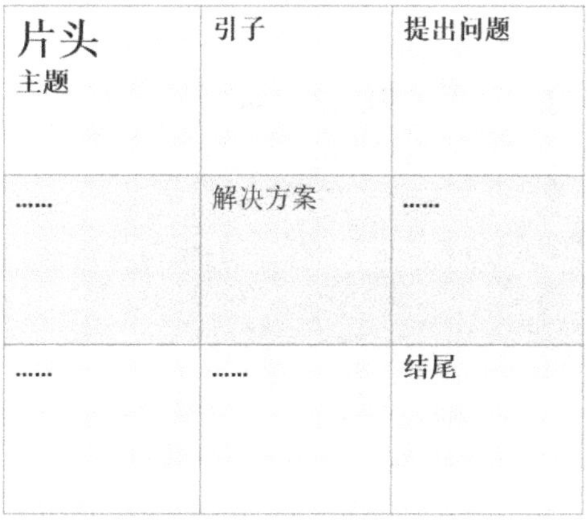

片头 主题	引子	提出问题
……	解决方案	……
……	……	结尾

图 11-4　问题—解决型图示

（3）故事型，如图 11-5 所示。

（4）时间轴型：以时间为线串联起各个部分，反映事件发生或应该发生的先后顺序，有助于讲清楚事情的来龙去脉和发展，如图 11-6 所示。

片头	背景 如：企业利润正下滑	兴趣 你们在寻求解决方案
欲望 希望利润增加	……	行动 我们来帮你
	……	结尾

图 11-5　故事型图示

片头	背景	过去
……	现在	……
将来	……	结尾

图 11-6　时间轴型图示

11.2.3　图文

经过了以上策划和设计，我们对将要制作的演示文稿是不是已有些胸有成竹、信心满满了。下面开始进入企业宣传演示文稿的呈现阶段。根据 PowerPoint 这部分知识的特点，也为了便于学习和讲解，本演示文稿分上、下两部分，上部分主要介绍演示文稿中“图文”、“图表”的编辑与美化，在任务 13 中将主要介绍“动画”、“多媒体”、“演示管理”等内容。

1．页面布局与设置

（1）幻灯片大小使用 16∶9 宽屏。PPT 早期版本默认使用形状较方的 4∶3 屏幕（4∶3 为横纵比），随着目前电视和视频都已采用宽屏和高清格式，PPT 也增加了幻灯片宽屏效果，对比图如图 11-7 所示。可见，16∶9 宽屏整体效果相对 4∶3 传统屏幕比例更加协调，呈现更加大气，更加符合现代人们的审美，同时也能显示更多的内容。

图 11-7　4∶3 屏幕与 16∶9 屏幕对比

设置幻灯片大小的方法：单击【设计】选项卡→【自定义】选项组→【幻灯片大小】选项，在如图 11-8 所示的列表中选择幻灯片大小，也可单击【自定义幻灯片大小】选项进行自定义大小设置，如图 11-9 所示。

（2）为幻灯片设置统一的背景颜色。将幻灯片背景设置为黑色，再配上宽屏蓝色调图片，如图 11-10 所示，演示文稿整体更显简约大气、画面统一。

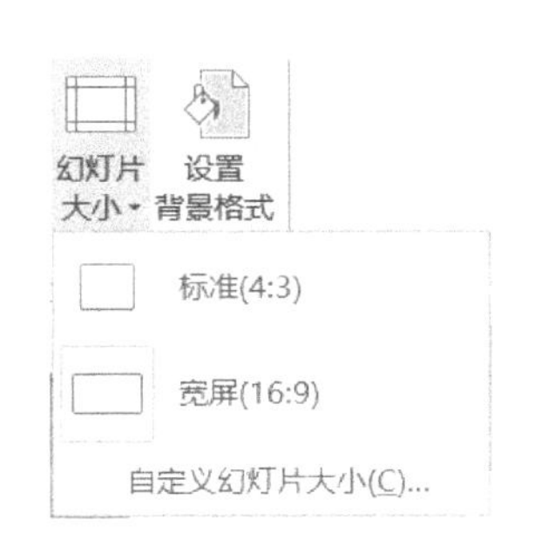

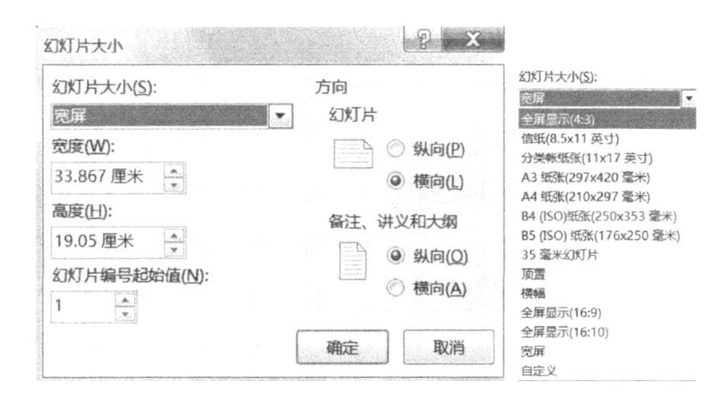

图 11-8　幻灯片大小设置　　　　图 11-9　自定义幻灯片大小

设置幻灯片背景格式的方法：在幻灯片空白处单击鼠标右键，在弹出的快捷菜单中选择“设置背景格式”命令，右侧出现【设置背景格式】窗格，如图 11-11 所示。在此可设置背景的填充效果，包括：纯色填充、渐变填充、图片或纹理填充、图案填充等，还可以设置背景颜色的透明度。若想当前文件中的所有幻灯片都设置此背景，单击窗格左下角的【全部应用】按钮即可。

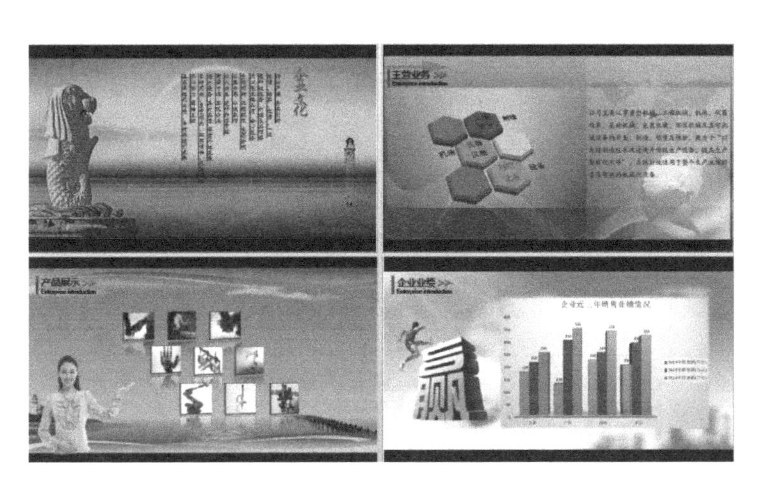

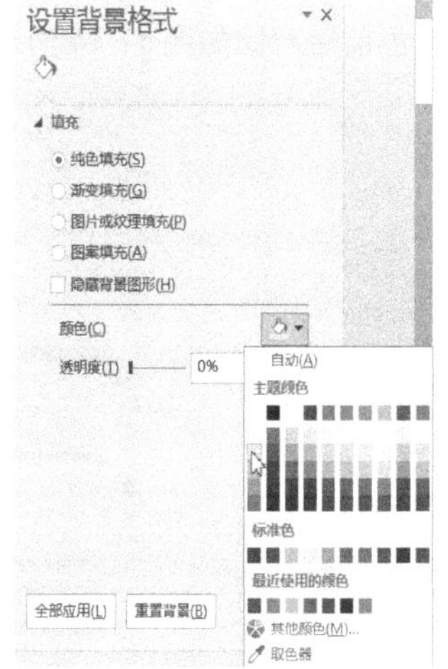

图 11-10　黑色背景衬托效果　　　　图 11-11 “设置背景格式”窗格

2. 图片编辑处理

图片编辑处理的要点如下：

- 为图片重新着色；
- 图片颜色饱和度、色调调整；
- 图片的艺术效果设置；
- 删除图片背景（抠图）；
- 图片裁剪处理（裁剪图片、将图片裁剪为形状）；
- 图片样式设置（图片边框、效果、版式等设置）。

图片在演示文稿中的应用必不可少，Office 新版中的图片处理功能较早期版本有较大增强。图片的编辑处理主要包括：图片样式设置（边框、效果、版式设置）、图片调整（图片更正、颜色效果设置、艺术效果设置等）、图片裁剪处理等。

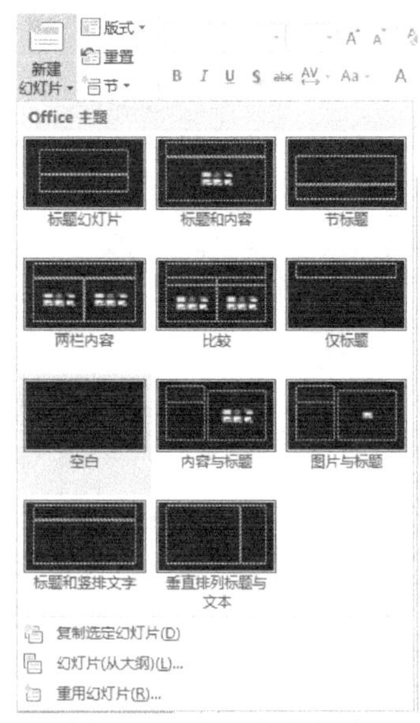

图 11-12　插入新幻灯片

（1）图片调整。以第二张幻灯片（企业简介）中图片的编辑处理为例。

① 新建幻灯片并插入图片。

单击【开始】→【幻灯片】→【新建幻灯片】选项，在弹出的列表中选择“空白”版式，如图 11-12 所示，即可在第一张幻灯片下新建一个空白版式的幻灯片。

第二张幻灯片的内容是“企业简介”，设计它的布局为上面图片、下面文字，所以要将本张幻灯片的背景设置为浅灰色。

在新建幻灯片中插入本任务素材文件夹中的“2.jpg”图片文件，调整图片大小。

② 图片重新着色。为了统一幻灯片中所有图片的颜色，下一步对插入图片重新着色，如图 11-13 所示。方法如下：选中图片，单击【图片工具/格式】→【调整】→【颜色】选项，选择列表中“重新着色”组下的“蓝色，着色 1 深色”选项。着色前后对比如图 11-14 所示。

图 11-13　为图片重新着色

图 11-14　着色前后对比

③ 按照以上方法，依次插入剩余幻灯片，在每张幻灯片中插入相应图片，并为插入图片统一着色。

相关知识

图片的颜色调整，除了可以重新着色外，还可以进行“颜色饱和度”和“色调”调整。在如图 11-13 中可以看到列表中已给出了部分颜色饱和度和色调的调整方案，如果不满意，还可以使用“其他变体”选项自定义颜色，或者选择“图片颜色选项”，并在弹出的“设置图片格式”窗格中进行更精确的设置，如图 11-15 所示。

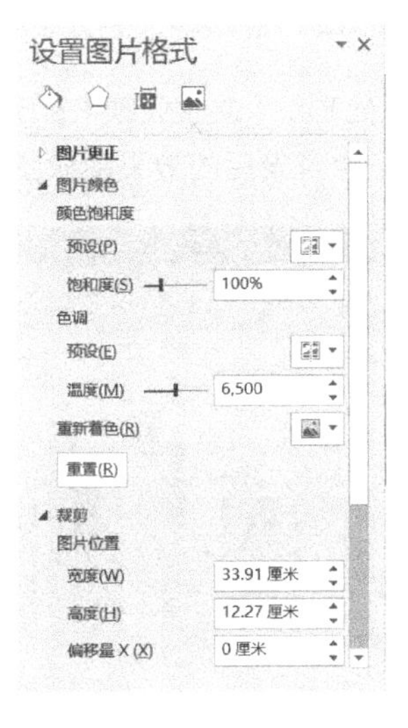

图 11-15　设置图片格式

④ 为图片设置艺术化效果。第六张幻灯片是“企业业绩”，主要以图表的形式展示本公司近三年来的销售业绩情况，可见本张幻灯片的主体是图表。为了从视觉上突显图表，有必要对背景图片进行虚化处理，方法如下：选中背景图片，单击【图片工具/格式】→【调整】→【艺术效果】选项，选择列表中“虚化”选项，如图 11-16 所示，即可将图片设置成虚化艺术效果。图 11-16 中各个艺术效果说明的对照表如图 11-17 所示。虚化前后效果对比如图 11-18 所示。

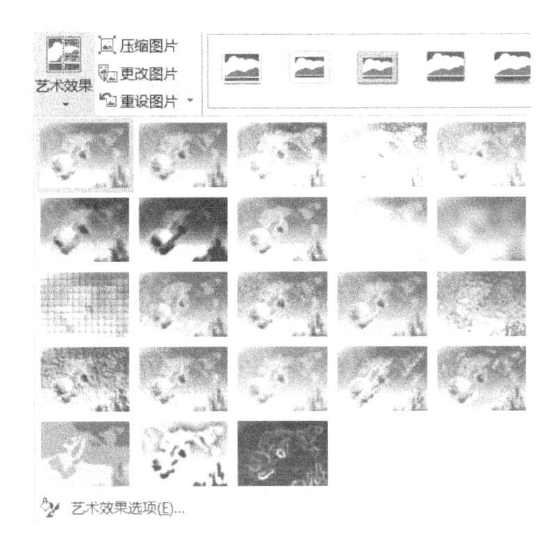

图 11-16　艺术效果设置

无	标志	铅笔灰度	铅笔素描	线条图
粉笔素描	画图笔划	画图刷	发光散射	虚化
浅色屏幕	水彩海绵	胶片颗粒	马赛克气泡	玻璃
混凝土	纹理化	十字图案蚀刻	蜡笔平滑	塑封
图样	影印化	发光边缘		

图 11-17　艺术效果对照表（对应左图艺术效果）

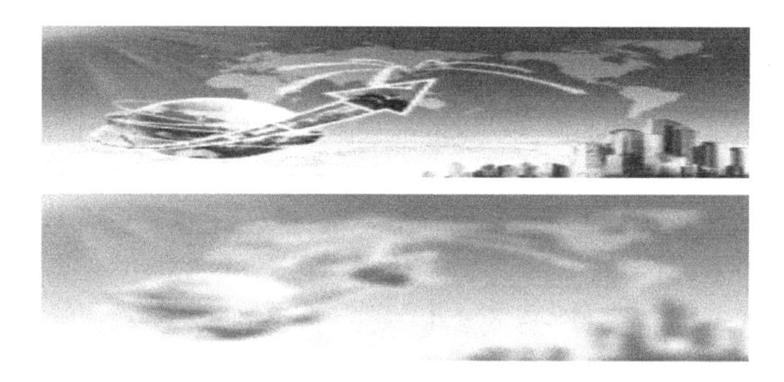

图 11-18　图片虚化前后效果对比

（2）删除图片背景与图片裁剪处理。“企业业绩”幻灯片（第六张幻灯片）制作效果如图 11-19 所示。左侧图片的原图和删除背景后的效果图如图 11-20 所示。

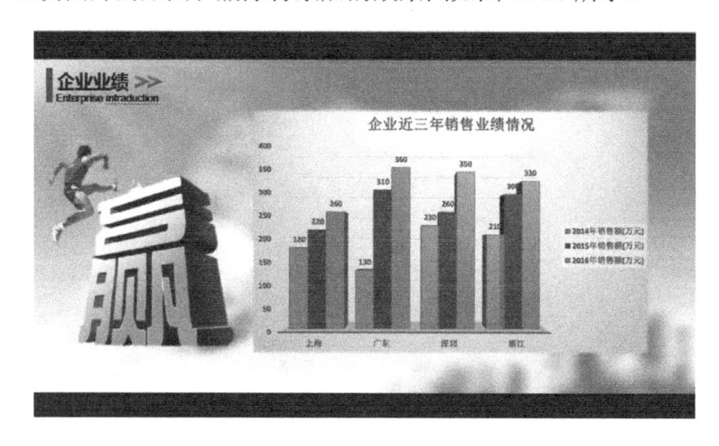

图 11-19　“企业业绩”幻灯片制作效果

图 11-20　删除背景前后效果对照

微课：抠图

删除图片背景的方法如下。

① 选中背景图片，单击【图片工具/格式】→【调整】→【删除背景】选项，出现如图 11-21 所示画面。上方功能区中显示的是删除图片背景所需的选项组；下方图片被分为两种颜色：一种是原色，即已被识别出来的部分区域；另一种是被玫红色覆盖的区域，是还没被识别出的区域。

微课：图片裁剪

② 单击功能区中的【标记要保留的区域】选项，然后用鼠标依次单击需要识别

的区域，如果变为原色，则说明已被识别出，否则继续单击相关位置，直到被识别出为止，如图 11-22 所示。

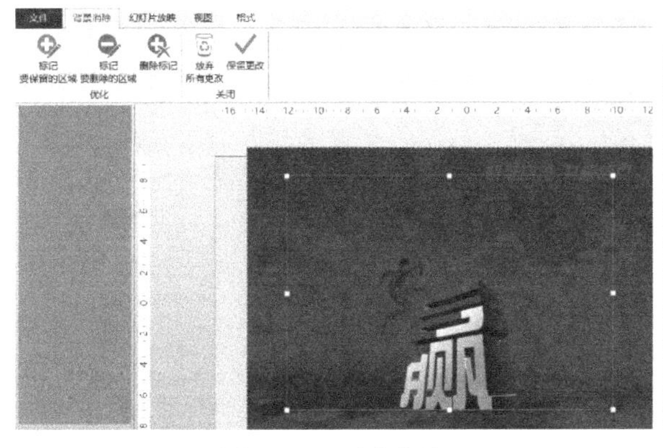

图 11-21　删除背景

图 11-22　标记识别

③ 这时，单击功能区中的【保留更改】选项，即可删除背景，效果如图 11-23 所示。但是图片比较大，需要对图片进行裁剪。

④ 选定需要裁剪的图片，单击【图片工具/格式】→【大小】→【调整】选项，图片四周边框变为如图 11-24 所示形状。

图 11-23　删除背景后的图片效果

图 11-24　裁剪图片

⑤ 将鼠标放在┛处，当光标变也为┛时，按住鼠标左键拖动，直到合适位置。如图 11-25 所示。在图片外部任意位置单击鼠标即可完成裁剪，裁剪后的图片如图 12-26 所示。这个有些类似于 Photoshop 中的抠图。

图 11-25　图片裁剪效果

图 11-26　裁剪后的图片

相关知识

将图片裁剪为形状，效果如图 11-27 所示。

制作步骤：选中图片，单击【图片工具/格式】→【大小】→【裁剪】选项，在列表中选择【裁剪为形状】，在出现的形状列表中选择裁剪的形状，如图 11-28 所示，即可将图片裁剪为所选形状样式。

图 11-27 裁剪为形状的图片效果图

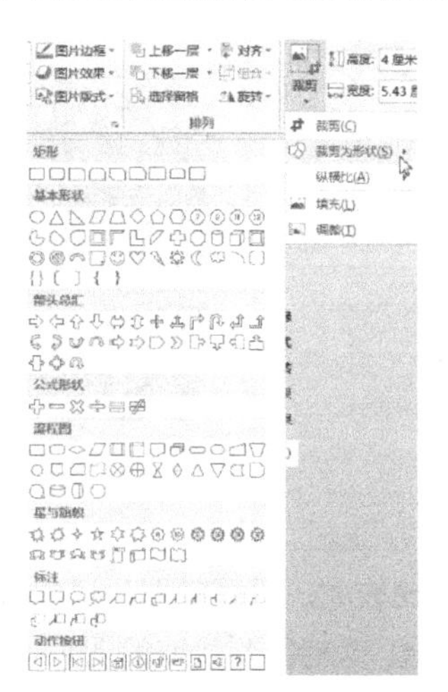

图 11-28 【裁剪为形状】选项

（3）图片样式设置。图片样式设置主要包括：图片边框、图片效果和图片版式设置等。以第五张产品展示幻灯片中图片的编辑处理为例，介绍如何使用图片样式功能美化图片。产品展示幻灯片效果如图 11-29 所示。

微课：图片对齐

① 图片大小和对齐方式设置。统一设置图片大小的方法如下：在第五张幻灯片中插入 9 张产品图片，如图 11-30 所示。按住 Shift 键或 Ctrl 键，依次单击每张图片，直至所有图片都被选中；将图 11-31 所示【设置图片格式】窗格中的【锁定纵横比】取消，然后在【图片工具/格式】→【大小】→【宽度/高度】微调框中统一设置图片大小，如图 11-31 所示。统一图片大小后的效果如图 11-32 所示。

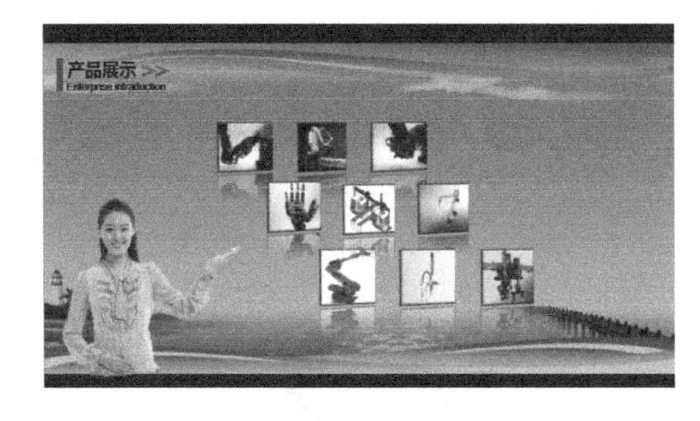

图 11-29 产品展示幻灯片

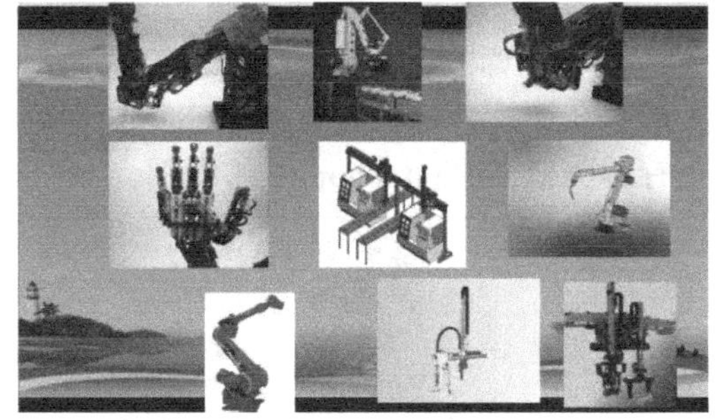

图 11-30 插入产品图片

图片对齐的方法如下：将第一行的 3 张图片底端对齐，首先应调整好第一行最左侧图片的位置，选中 3 张图片，选择【图片工具/格式】→【排列】→【对齐】选项，在列表中选择“底端对齐”，如图 11-33 所示，其余行同样操作。

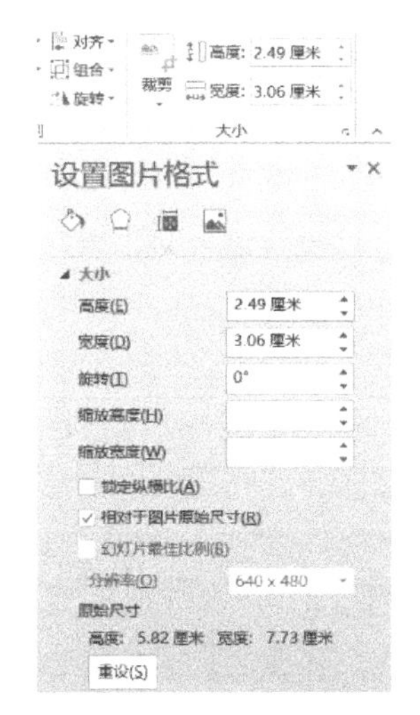

图 11-31　设置图片大小

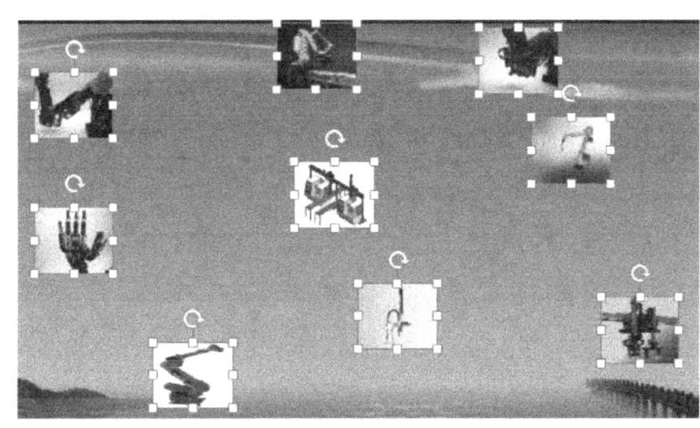

图 11-32　统一图片大小后的效果

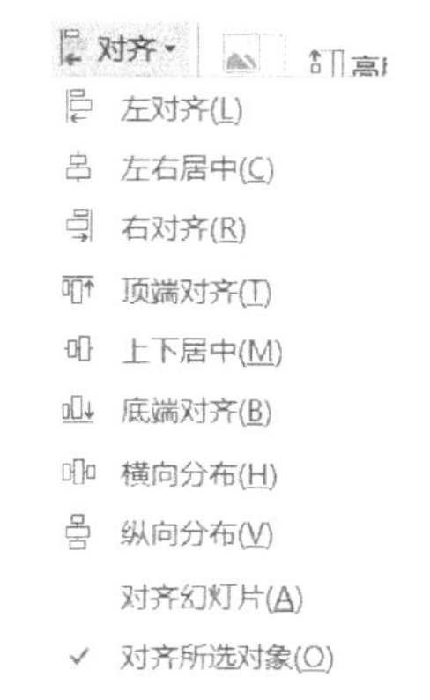

图 11-33　对齐方式

② 图片样式设置。为了使产品图片更加美观，可以为图片设置阴影、映像、发光、柔化边缘、棱台、三维旋转等样式。

方法一：套用系统给定的图片样式，样式效果如图 11-34 所示。选中图片，单击所需套用的样式即可，部分样式效果如图 11-35 所示。

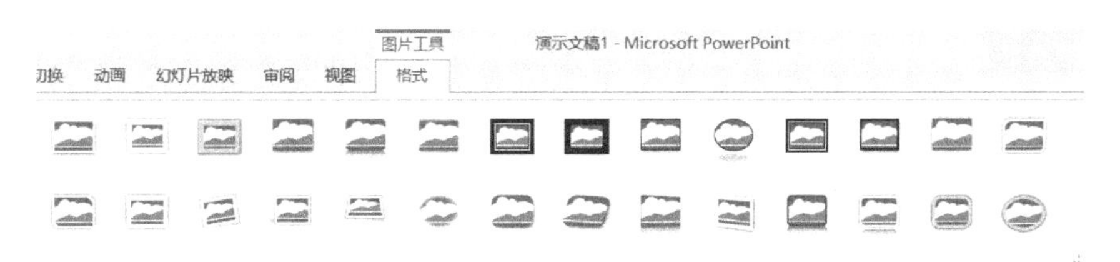

图 11-34　系统给定的图片样式

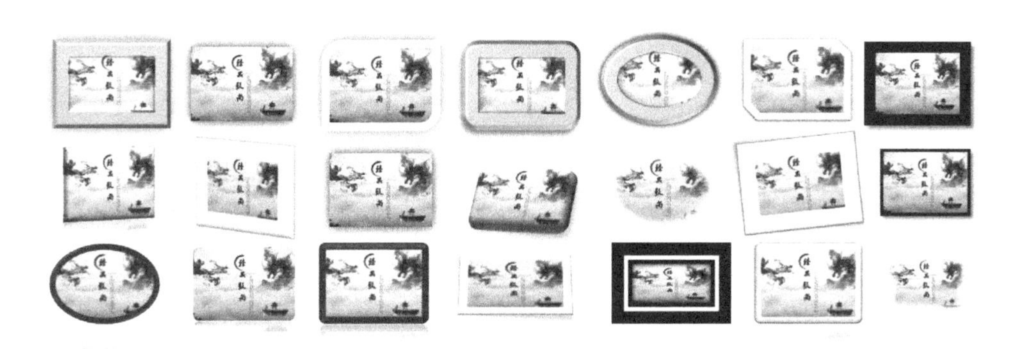

图 11-35　部分样式效果图

方法二：自定义图片样式。上面产品展示幻灯片中对产品图片进行了统一大小和图片对齐后，再对其进行样式效果设置。操作步骤如下。

图片边框设置：选中所有图片，选择【图片工具/格式】→【图片样式】→【图片边框】选项，在【主题颜色】面板中选择“蓝色，着色 5，深色 25%”；在【粗细】列表中选择“1.5 磅”，如图 11-36 所示。

图片效果设置：选择【图片工具/格式】→【图片样式】→【图片效果】选项，在【映像】对应列表中选择“半映像，4 pt 偏移量”；在【棱台】对应列表中选择“圆”，如图 11-37 和图 11-38 所示。

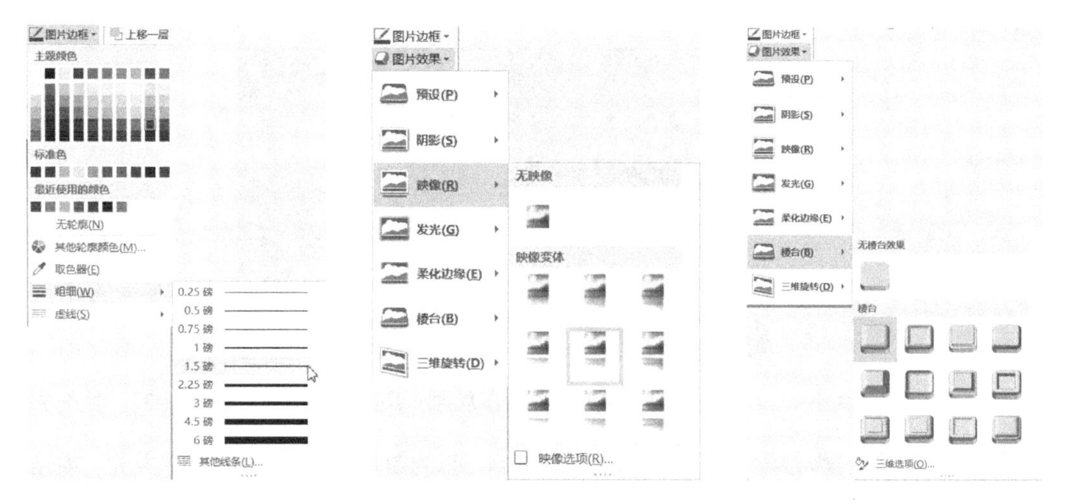

图 11-36　图片边框效果设置　　图 11-37　图片映像效果设置　　图 11-38　图片棱台效果设置

最后，再套用图 11-34 中的“映像右视图”效果。

相关知识

图片版式设置：除了可以对图片进行边框和效果设置外，还可以进行图片版式设置，部分效果如图 11-39 所示。设置方法：选择【图片工具/格式】→【图片样式】→【图片版式】选项，出现如图 11-40 所示版式列表，单击选择合适的版式即可，具体过程读者尝试完成。

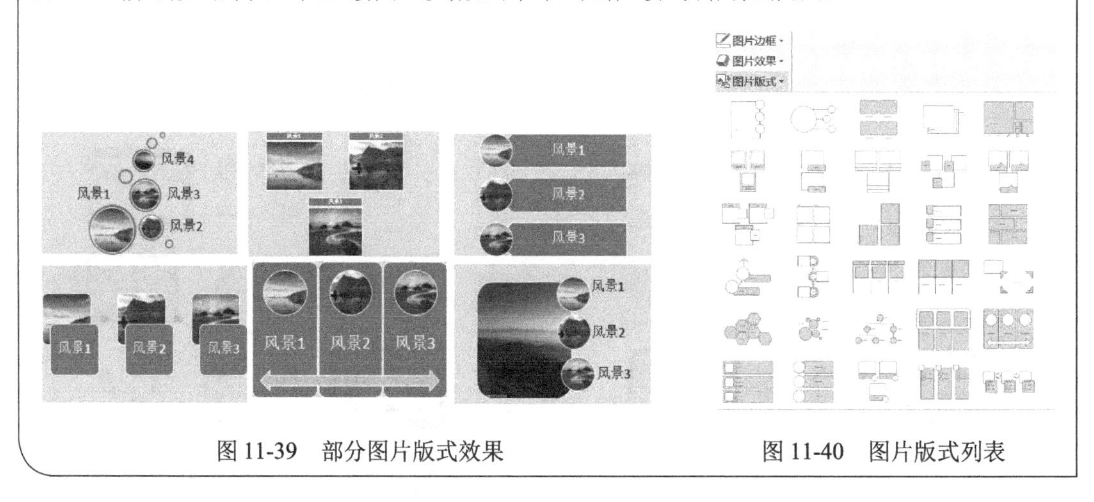

图 11-39　部分图片版式效果　　图 11-40　图片版式列表

3. 文字编辑与美化

文字编辑与美化的要点如下：

- 安装新字体；
- 文字编辑处理；
- 艺术字效果设置。

（1）安装新字体。系统自带的字体已无法满足人们越来越高的审美要求，安装新字体势在必行。素材文件夹中提供了方正字体库压缩包 fangzhengziku.rar 。

安装字体的方法：打开压缩文件，选中所有.TTF 文件并复制这些文件，如图 11-41 所示；打开“控制面板”，找到并打开 字体，进入字体文件夹，使用 Ctrl+V 快捷键将已复制的.TTF 文件粘贴到当前字体文件夹中即可，安装后效果如图 11-42 所示。

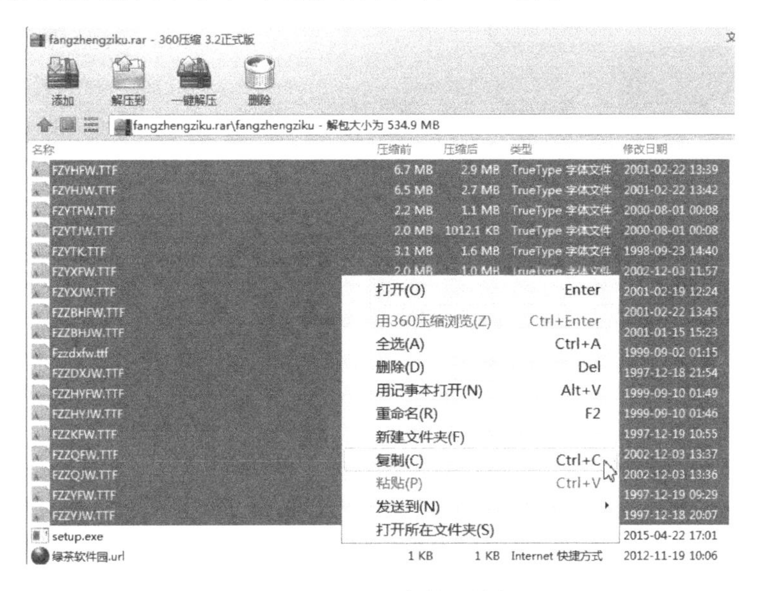

图 11-41　方正字体压缩包

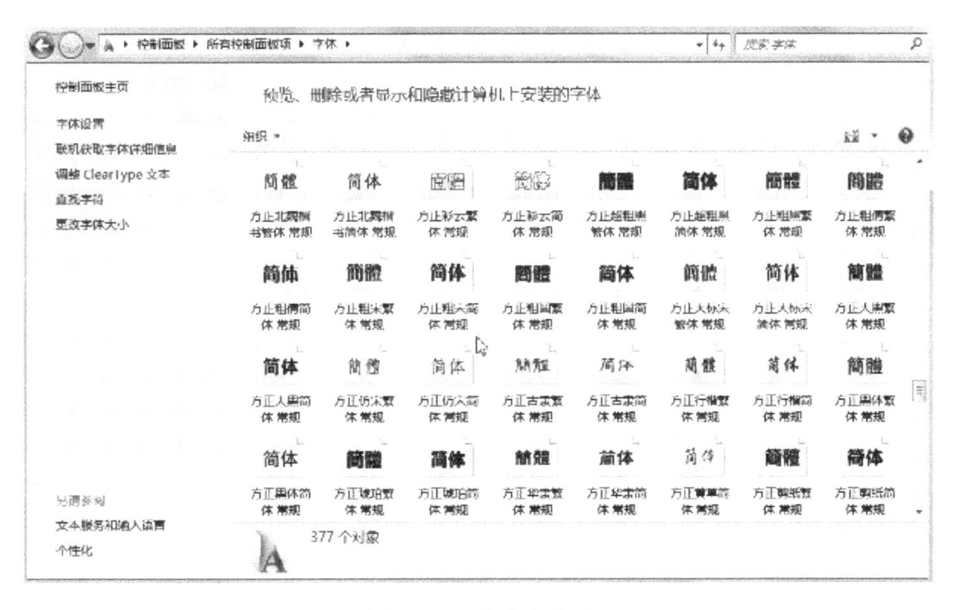

图 11-42　安装字体后

（2）文字编辑处理。对第一张幻灯片中的文字进行编辑处理，效果如图 11-43 和图 11-44 所示。

①“卓越品质”字体效果设置。选中“卓越”文字，在字体列表中选择“方正行楷简体”，如图 11-45 所示，设置大小为 72 磅，阴影效果。

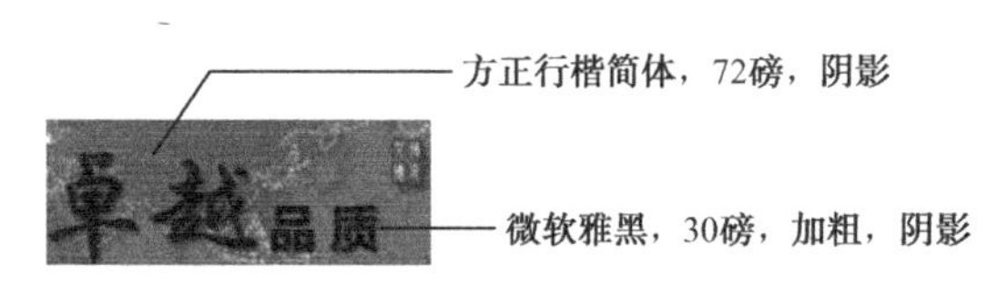

图 11-43　字体设置

艾博德智能科技有限公司

图 11-44　文字艺术效果

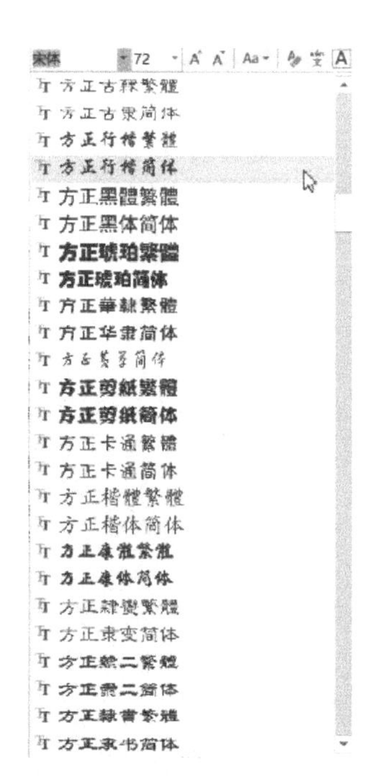

图 11-45　字体列表

② 标题“艾博德智能科技有限公司”文字效果设置。

幻灯片中文字必须放在文本框中，所以第一步首先插入一个文本框并录入文字内容。

设置字符格式为：方正中倩简体，46 磅，黑色，加粗。

设置艺术字样式为：

文本填充：颜色（金色，着色 4，淡色 60%），渐变（线性向左）；

文本轮廓：金色，着色 4；

文本效果：映像（半映像，4pt 偏移量），发光（橙色，11pt 发光，着色 2）。

设置方法如图 11-46 所示。

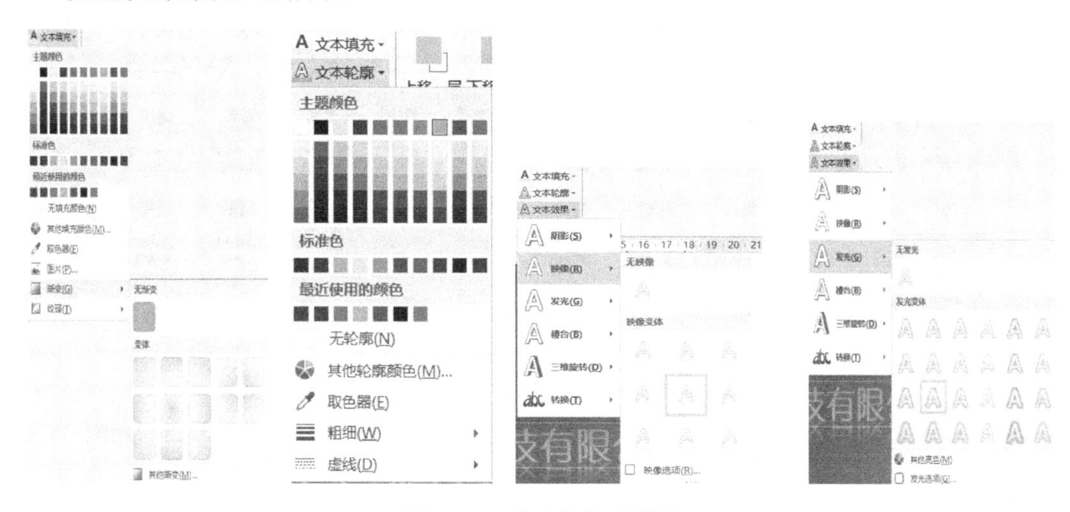

图 11-46　艺术字样式设置

相关知识

还可以在“设置形状格式”窗格中进行文本艺术字样式设置：选中文本，单击鼠标右键，在快捷菜单中选择【设置形状格式】，右侧出现【设置形状格式】窗格，如图 11-47 所示。（有两个选项：形状选项和文本选项，图中显示的是“文本选项”相关格式设置。）具体过程读者尝试完成。

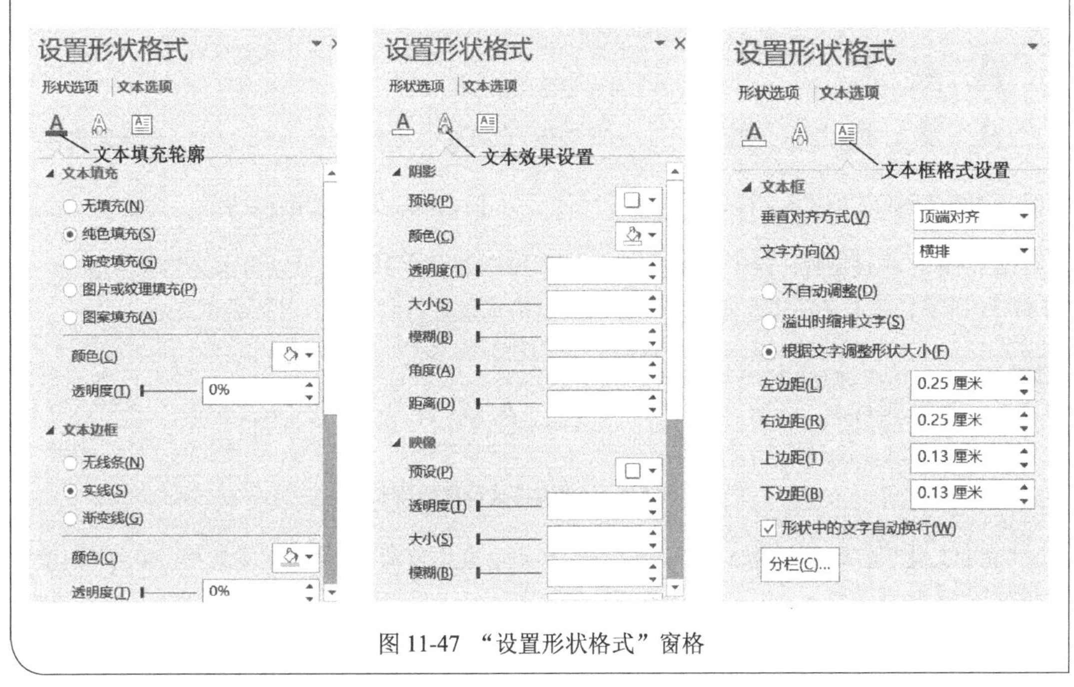

图 11-47　“设置形状格式”窗格

（3）艺术字编辑处理。以第三张幻灯片“企业文化”艺术字效果设置为例，效果如图 11-48 所示。

① 插入艺术字。选择【插入】→【文本】→【艺术字】选项，在如图 11-49 所示样式列表中选择适合的艺术字样式，可参照图 11-50 所示效果。

图 11-48　“企业文化”幻灯片效果

图 11-49 系统给定的艺术字样式

企业文化 企业文化 企业文化 企业文化 企业文化
企业文化 企业文化 企业文化 企业文化 企业文化
企业文化 企业文化 企业文化 企业文化 企业文化
企业文化 企业文化 企业文化 企业文化 企业文化

图 11-50 对应艺术字效果

② 艺术字格式设置。除了使用系统给定的 20 种样式之外，还可以自定义艺术字格式，如图 11-51 所示。艺术字格式设置和上面讲的文本格式设置相似，读者自行尝试完成。

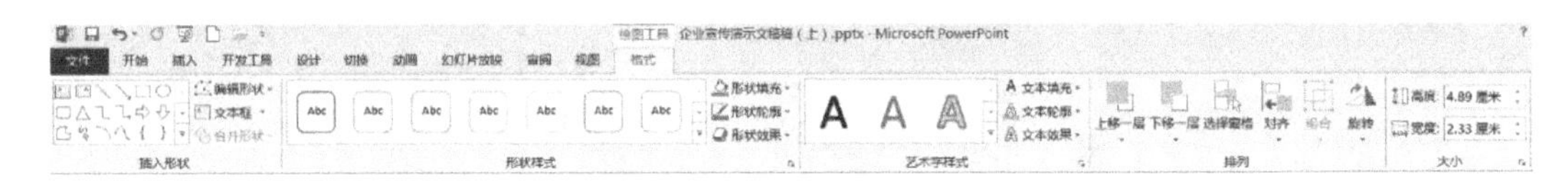

图 11-51 艺术字格式设置选项卡

“企业文化”艺术字样式如下，文本填充：红色；文本轮廓：橙色；文本效果：棱台（角度）。效果如图 11-52 所示。

竖排文字格式设置要求如下，字符格式：黑色，方正楷体简体，15 磅，加下画线；段落格式：1.3 倍行距。效果如图 11-53 所示。

图 11-52 艺术字效果

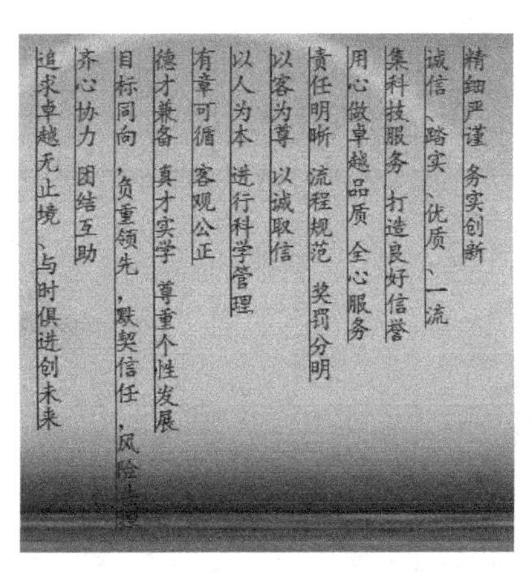

图 11-53 竖排文字效果

11.2.4 图表

微课：图形的布尔运算

微课：利用布尔运算绘制图形

1. 图形绘制与处理

（1）图形绘制。绘制演示文稿中出现的如图 11-54 所示图形。

图 11-54 图形效果

绘制图形“ 　”的步骤如下。

① 通过【插入】→【形状】绘制一个三角形，将三角形的“形状轮廓”设置为“无轮廓”，“形状填充”设置为“渐变填充”，并顺时针旋转 90 度，设置后效果如图 11-55 右图所示。

② 选中图 11-55 中右图，按“Ctrl+D”快捷键复制一个相同的三角形，然后按住 Shift 键单击另一个三角形，即同时选中两个三角形，如图 11-56 所示。

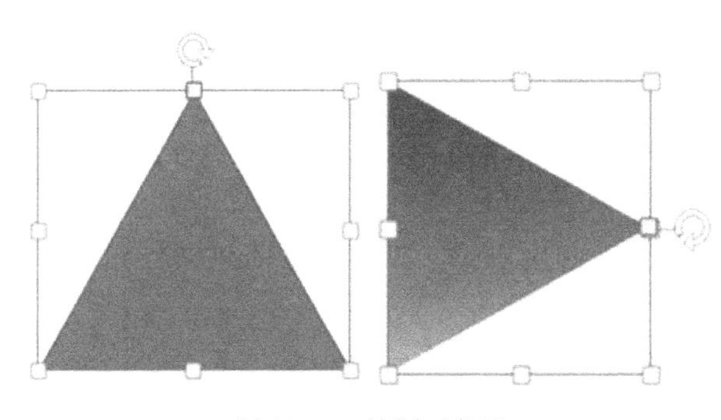

图 11-55　绘制三角形

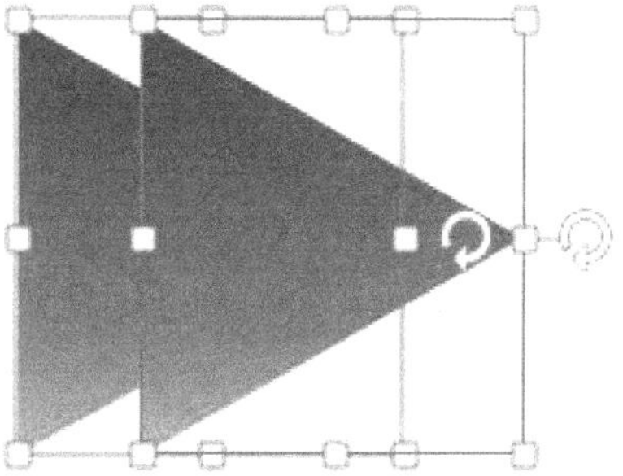

图 11-56　同时选中两个三角形

③ 选择【绘图工具/格式】→【插入形状】→【合并形状】→【剪除】选项，就会对选中的两个图形进行剪除处理，效果如图 11-57 所示。

④ 选中剪除后图形，按“Ctrl+D”快捷键复制一个相同的图形，调整好两个图形的位置，最终效果如图 11-58 所示。

图 11-57　剪除后图形效果

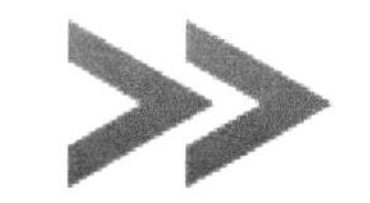

图 11-58　最终效果

注：绘制“　”比较简单，请读者自己尝试完成。

相关知识

1. 绘制任意图形

选择【插入】→【插图】→【形状】选项，显示如图 11-59 所示形状列表，列表中涵盖了多数绘图软件常用的形状。如果列表中还没有你想要的形状，可以通过“绘制曲线”、“绘制任意多边形”、“自由曲线”等形状绘制工具绘制任意图形，如图 11-60 所示。具体绘制请读者自己尝试完成。

2. 编辑形状

（1）更改形状。图形之间可以相互转换，例如，将已绘制好的圆形更改为六边形，步骤：选中圆形，选择【绘图工具/格式】→【插入形状】→【编辑形状】→【更改形状】选项，如图 11-61 所示，在弹出的列表中选择“六边形”，即可将圆形转变为六边形。

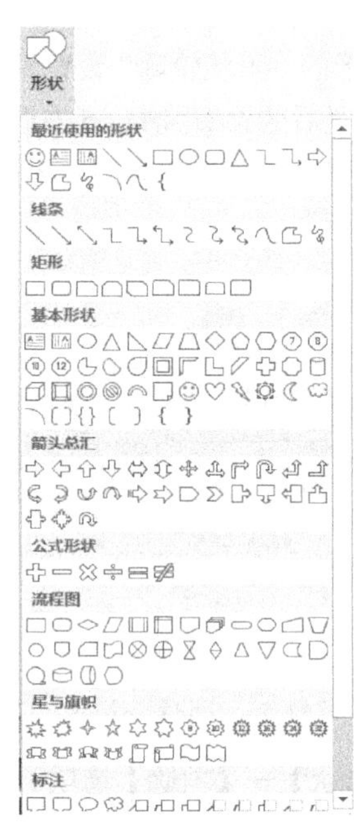

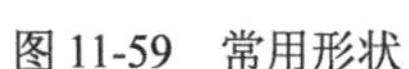
图 11-59　常用形状

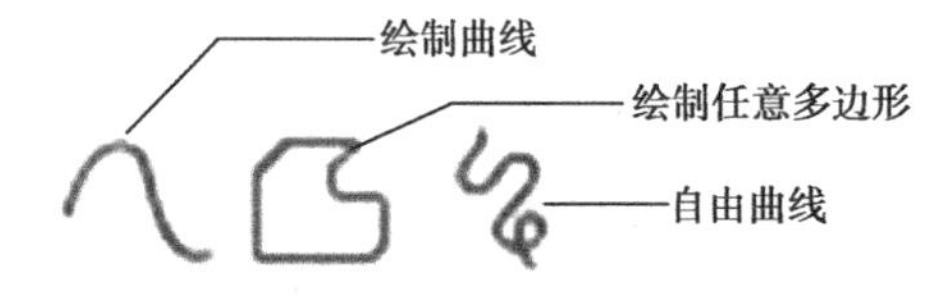

图 11-60　常用绘制工具

（2）编辑顶点。如果想将图形改变成任意多边形，可以通过编辑顶点实现。步骤：选中图形，选择【绘图工具/格式】→【插入形状】→【编辑形状】→【编辑顶点】选项，拖动图形四周顶点按钮可以任意改变形状，如图 11-62 所示。

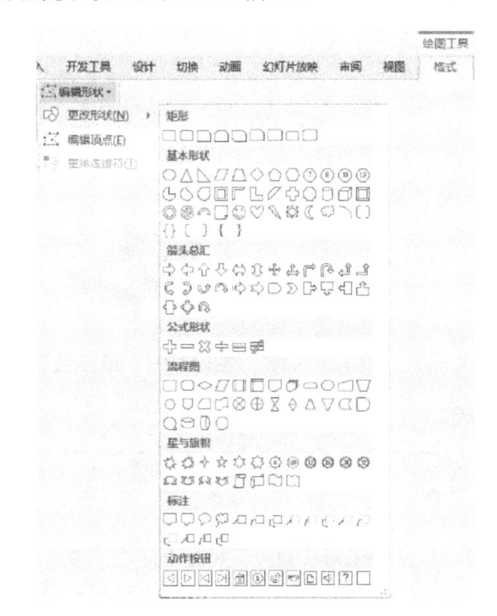

图 11-61　更改形状

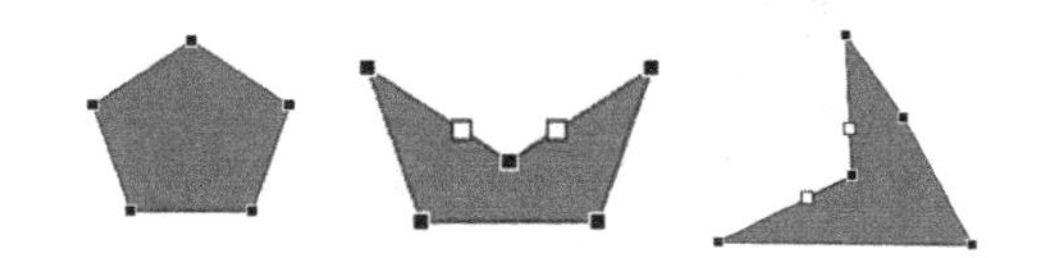

图 11-62　图形顶点编辑

3. 合并形状

还可以对多个形状进行组合、拆分、剪除、联合等进行合并处理，合并前后的效果如图 11-63～图 11-68 所示。步骤：按住 Shift 键选中多个图形，选择【绘图工具/格式】→【插入形状】→【合并形状】选项，在弹出的列表中选择合并形式即可，如图 11-69 所示。

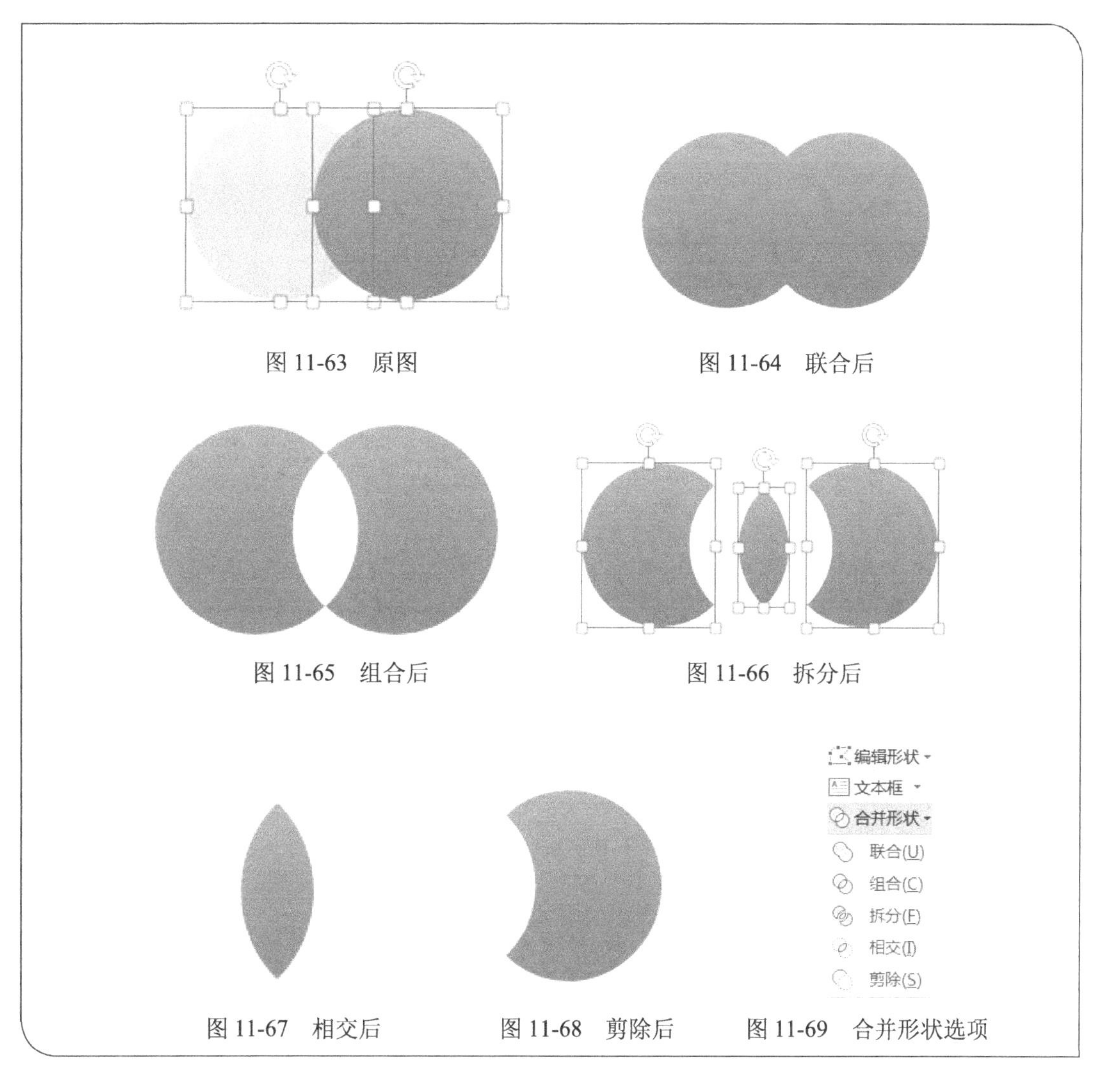

图 11-63　原图

图 11-64　联合后

图 11-65　组合后

图 11-66　拆分后

图 11-67　相交后

图 11-68　剪除后

图 11-69　合并形状选项

2. 插入 SmartArt 图形

除自己绘制图形外，PowerPoint 2013 还自带多种逻辑图形——SmartArt。下面将通过制作“主营业务”幻灯片中的主营业务图形，讲解如何使用 SmartArt 制作用户所需图形。效果如图 11-70 所示。

图 11-70　主营业务 SmartArt 图形

（1）SmartArt 图形。PowerPoint 中的 SmartArt 分为 8 类，提供共计 185 种形式的图形。这 8 类分别为列表、流程、循环、层次结构、关系、矩阵、棱锥图和图片。部分样式如图 11-71～图 11-74 所示。

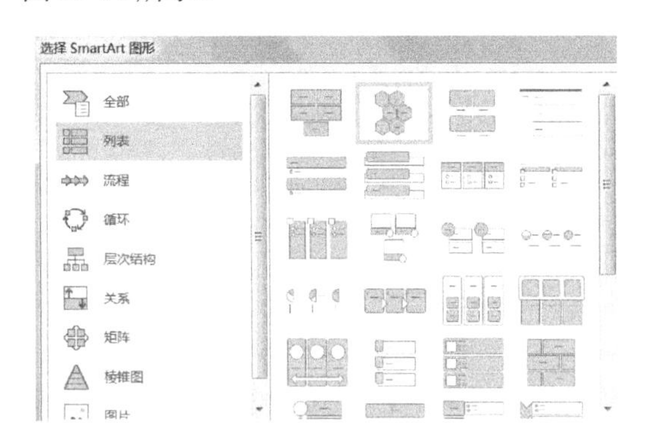

图 11-71　列表类

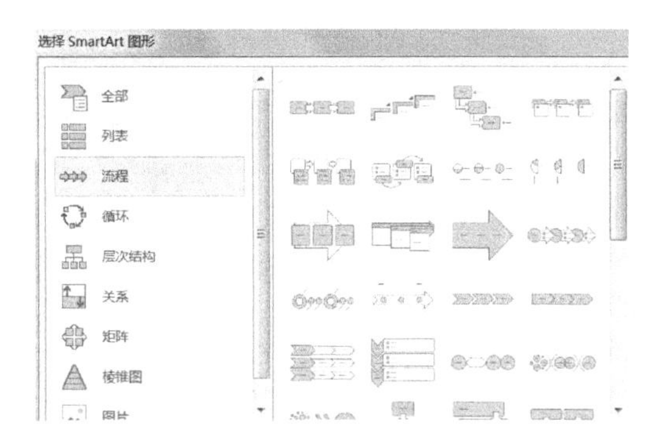

图 11-72　流程类

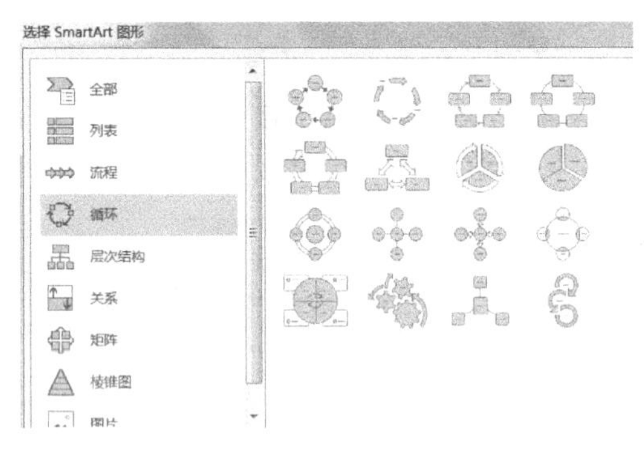

图 11-73　循环类

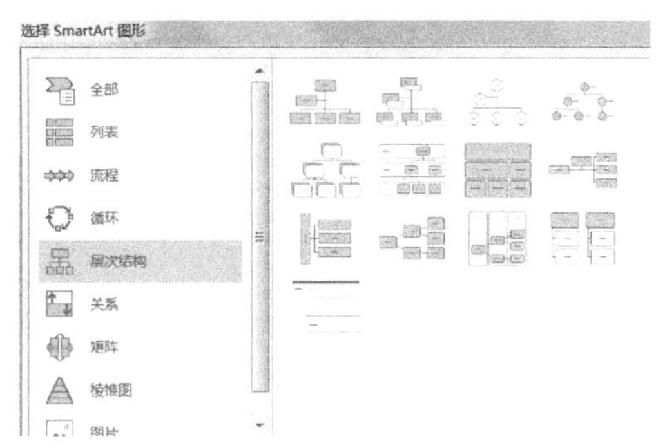

图 11-74　层次结构类

（2）SmartArt 图形应用与编辑美化。制作图 11-70 中左侧的 SmartArt 图形的步骤如下。

① 选择【插入】→【插图】→【SmartArt】选项，弹出【选择 SmartArt 图形】对话框，如图 11-75 所示。

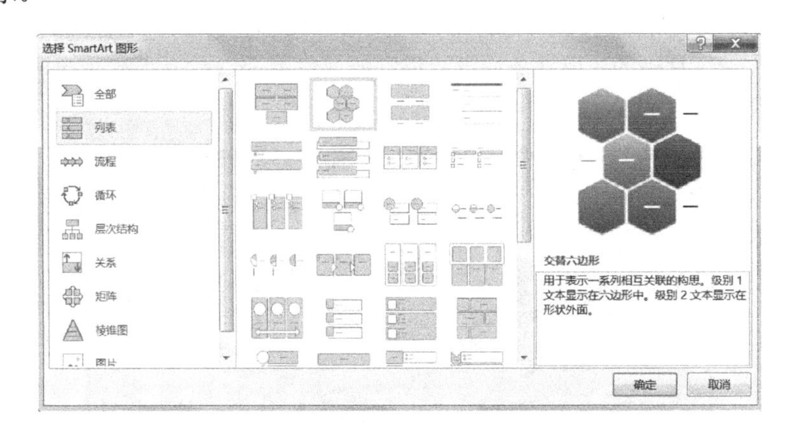

图 11-75 【选择 SmartArt 图形】对话框

② 在左侧列表中选择【列表】，然后在右侧列表中选择“交替六边形”样式。输入文字，效果如图 11-76 所示。

③ 将插入的 SmartArt 图形设置为如图 11-77 所示效果。步骤：选中图形，选择【SmartArt 工具/设计】→【SmartArt 样式】→【鸟瞰场景】选项，如图 11-78 所示；选择【SmartArt 工具/设计】→【SmartArt 样式】→【更改颜色】选项，在弹出的列表中选择“渐变循环-着色 1”；选择【SmartArt 工具/格式】→【形状样式】→【形状效果】→【棱台】→【角度】选项，如图 11-79 和图 11-80 所示，即可将 SmartArt 图形美化为如图 11-77 所示效果。

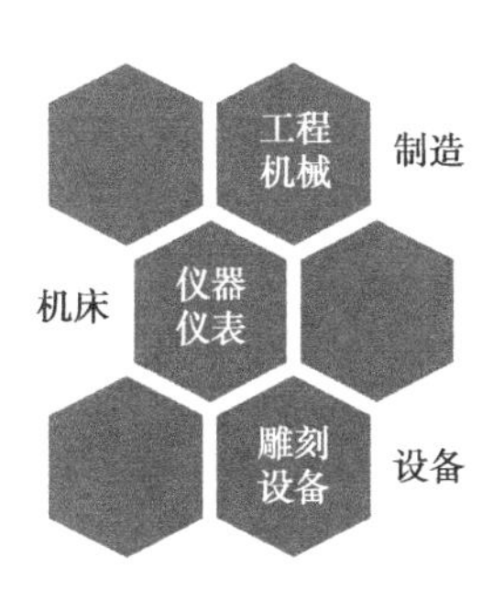

图 11-76　插入的 SmartArt 图形

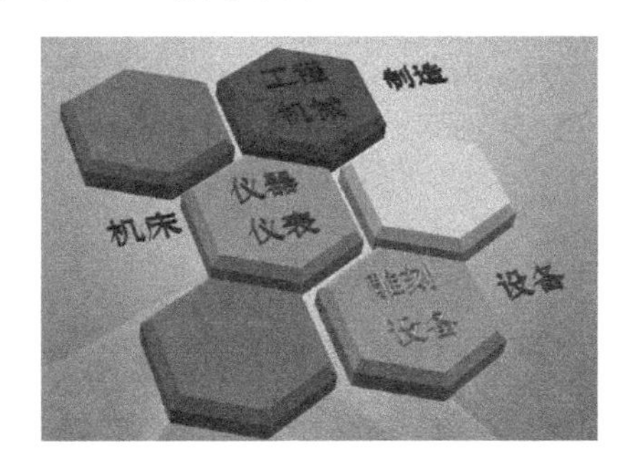

图 11-77　美化后效果

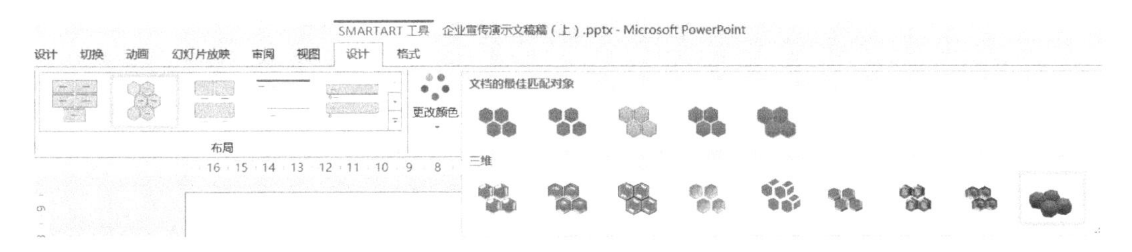

图 11-78　SmartArt 样式设置

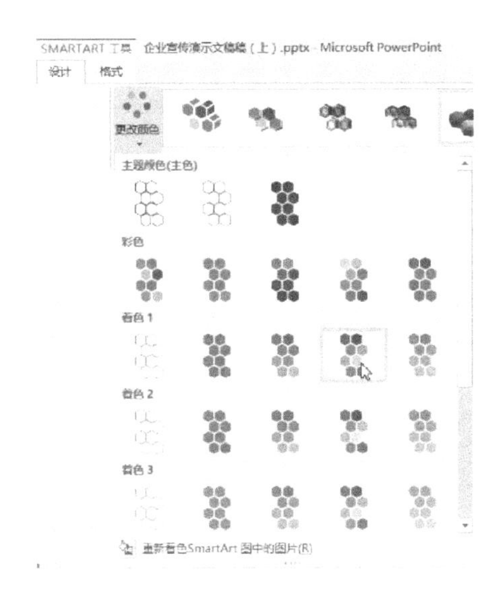

图 11-79　更改颜色

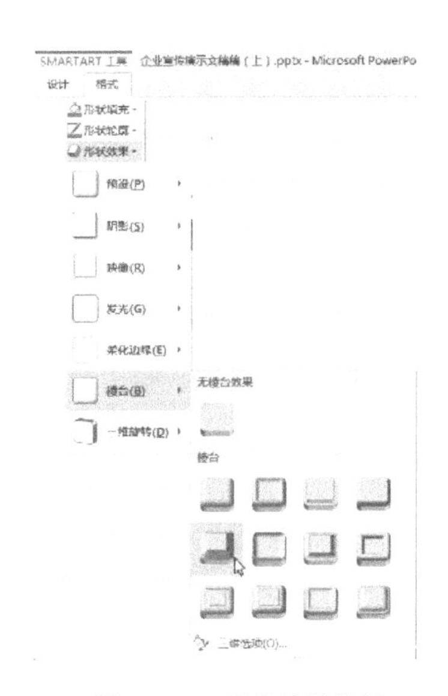

图 11-80　形状效果设置

3. 图表的创建与编辑

图表相对文字和数字而言更加直观简洁。下面以制作“企业业绩”幻灯片中的图表为例介绍图表的编辑处理，效果如图 11-81 所示。

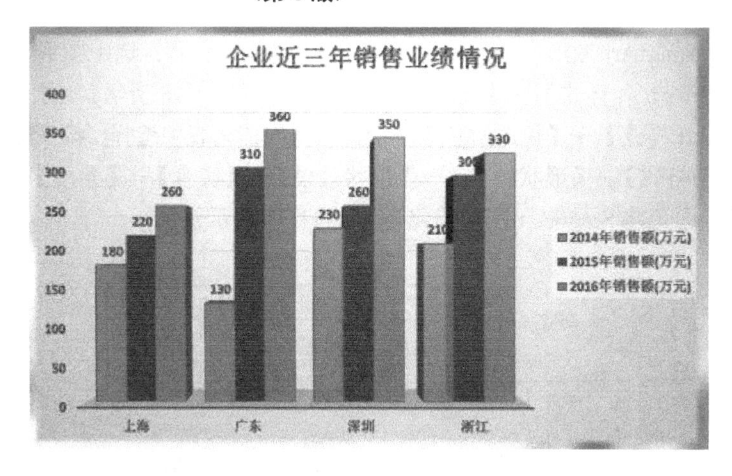

图 11-81　图表效果

（1）插入图表。

① 选择【插入】→【插图】→【图表】选项，弹出【插入图表】对话框，如图 11-82 所示。

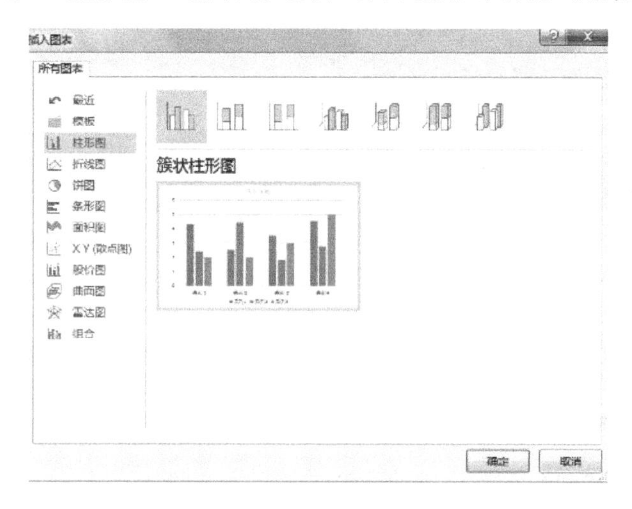

图 11-82 【插入图表】对话框

② 选择【柱形图】→【簇状柱形图】选项。

③ 单击【确定】按钮，弹出如图 11-83 所示“Microsoft PowerPoint 中的图表”窗口，并进行图表数据的设置。

Microsoft PowerPoint 中的图表

	A	B	C	D	E	F
1		2014年销售额(万元)	2015年销售额(万元)	2016年销售额(万元)		
2	上海	180	220	260		
3	广东	130	310	360		
4	深圳	230	260	350		
5	浙江	210	300	330		
6						
7						
8						

图 11-83　设置图表数据

创建的图表如图 11-84 所示。

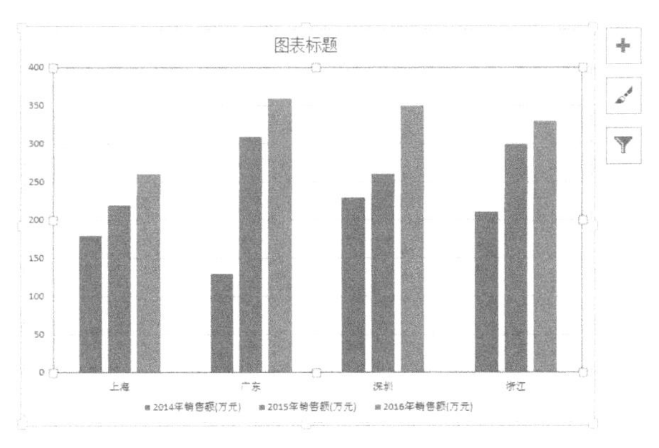

图 11-84　插入的原始图表

（2）图表编辑与美化。可以通过如图 11-85 所示图表设计功能和图 11-86 所示的图表格式设置进行图表的编辑美化，如进行图表样式套用、更改样式颜色、更改图表类型、快速布局图表、添加图表元素，以及形状样式（填充、轮廓、效果等设置）、艺术字样式、大小等设置。

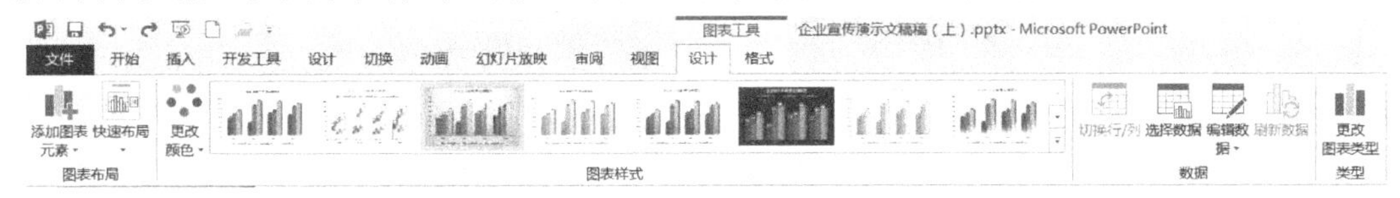

图 11-85　图表设计

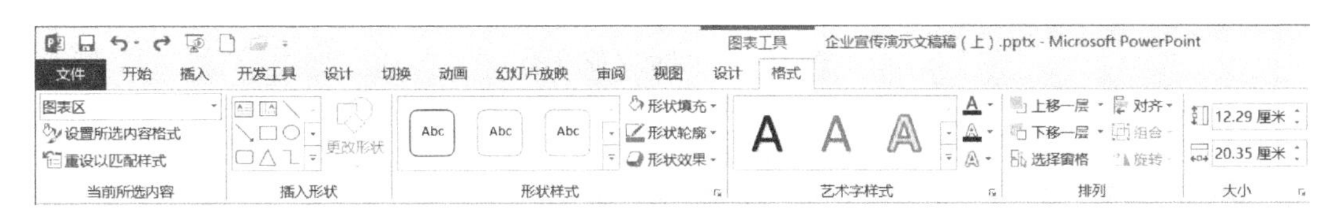

图 11-86　图表格式

11.2.5　放映

微课：自定义放映

1. 放映幻灯片

幻灯片放映设置如图 11-87 所示。放映方式说明如下。

- 从头开始：　　　　不管当前是哪张幻灯片，都从第一张幻灯片开始放映。
- 从当前幻灯片开始：从当前幻灯片开始向后播放。
- 联机演示：　　　　允许其他人在 Web 浏览器中查看你的幻灯片放映。
- 自定义幻灯片放映：可以根据需要自定义播放哪些幻灯片。

自定义幻灯片放映的步骤如下。

（1）单击如图 11-87 所示的【自定义幻灯片放映】选项，弹出如图 11-88 所示对话框。

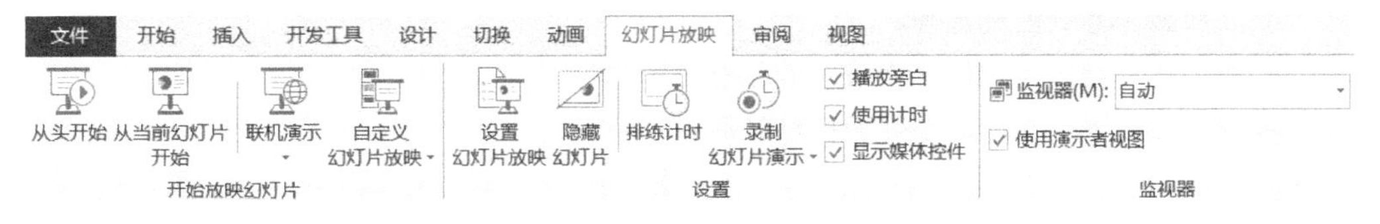

图 11-87　“幻灯片放映”选项卡

（2）单击【新建】按钮，弹出【定义自定义放映】对话框，在左侧栏中选中需要放映的幻灯片，单击【添加】按钮，将选定幻灯片添加到右侧列表中，幻灯片放映名称设置为“aa”，如图 11-89 所示。

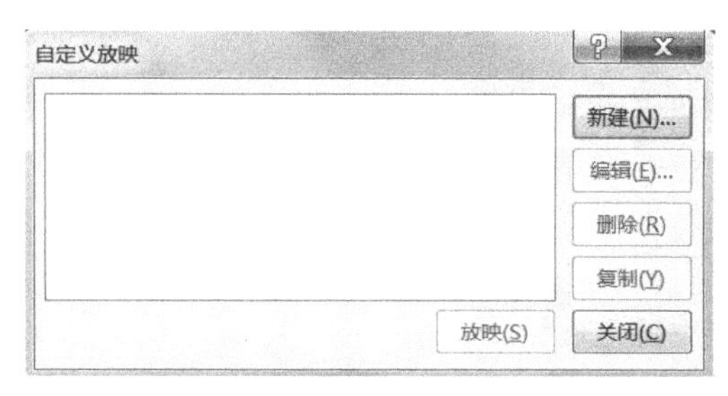

图 11-88 【自定义放映】对话框

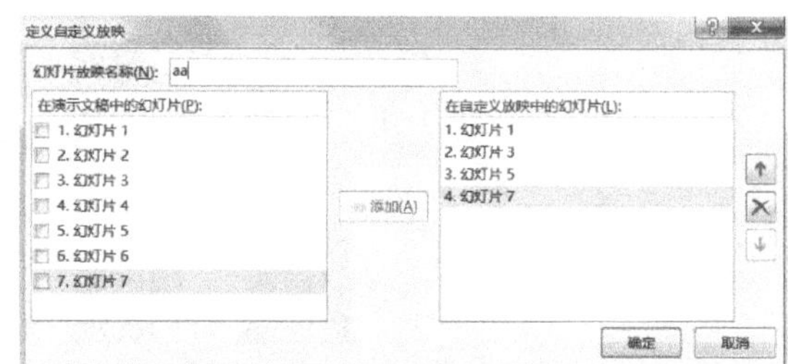

图 11-89 【定义自定义放映】对话框

（3）这样，就可以在图 11-90 所示的对话框中选择并放映名称为 aa 的幻灯片了（放映第 1、3、5、7 张幻灯片内容）。

图 11-90 自定义放映 aa

技 巧

在图 11-89 中，可以通过右侧的↑和↓按钮调整幻灯片的放映顺序，通过×按钮删除不需要放映的幻灯片。

2. 放映设置

微课：设置放映方式

（1）隐藏幻灯片：若想在放映时不播放某一张或多张幻灯片，但又不想删除这些幻灯片，则只需单击图 11-87 中的【隐藏幻灯片】按钮，即可将当前选中的一张或多张幻灯片隐藏，再单击可取消隐藏。

（2）设置放映方式。单击图 11-87 中的【设置幻灯片放映】按钮，弹出如图 11-91 所示对话框。

- 放映类型设置：可根据实际环境和需要设置“演讲者放映（全屏幕）”、“观众自行浏览（窗口）”、“在展台浏览（全屏幕）”等放映类型。
- 放映选项设置：可设置循环放映，放映时加不加旁白，放映时加不加动画，以及绘画笔颜色和激光笔颜色设置等。
- 放映幻灯片设置：选择本次放映的幻灯片有哪些。
- 换片方式设置：手动还是使用排练计时。

（3）排练计时。若想幻灯片在放映时无人操作放映，则可使用排练计时，在排练过程中系统会记下每个对象、每个动画的放映时间，然后再放映时就按排练过程的计时自动放映。如果存在排练计时但想放回手动放映，则只需将图 11-91 中【换片方式】设置为“手动”即可。

图 11-91　【设置放映方式】对话框

微课：录制幻灯片演示

（4）录制幻灯片演示。录制幻灯片演示就是将幻灯片演示过程以屏幕录制的方式录制成视频的形式，具体过程如下。

① 选择【幻灯片放映】→【设置】→【录制幻灯片演示】选项，在弹出的列表中选择录制起点幻灯片，此处选择【从头开始录制】，如图 11-92 所示。

② 弹出如图 11-93 所示对话框，选择想要录制的内容，此处选择需要录制幻灯片中的动画、旁白以及激光笔。

③ 单击【开始录制】按钮，进行幻灯片播放过程的录制，录制控制面板如图 11-94 所示。

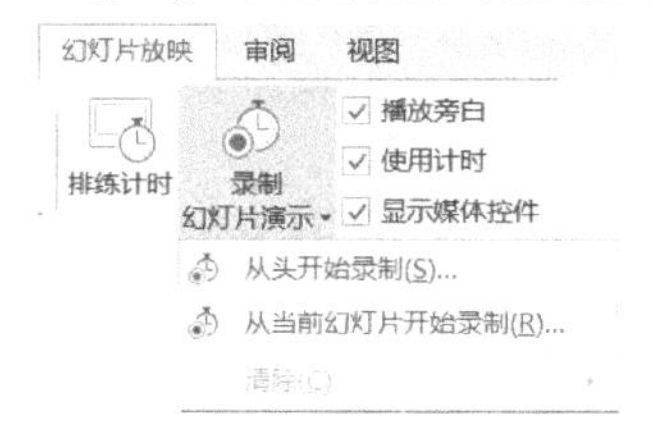

图 11-92　选择录制起点

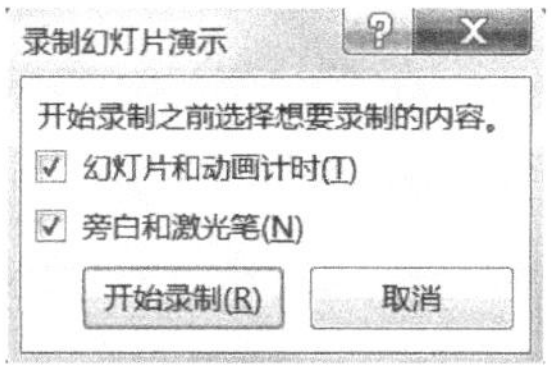

图 11-93　选择想要录制的内容

图 11-94　进行录制

④ 录制完成后（幻灯片放映完后），下一步需要将录制过程导出为视频文件。单击【文件】选项卡，选择【导出】→【创建视频】，然后单击页面右下方的“创建视频”按钮，如图 11-95 所示，弹出如图 11-96 所示【另存为】对话框，在【保存类型】下拉列表中选择视频类型，【文件名】中输入视频文件名称，单击【保存】按钮即可将之前录制的幻灯片保存为视频文件。

图 11-95　导出为视频文件

注意： 如果对当前的录制不满意，可以在图 11-97 显示的列表中清除计时和旁白，然后再重新录制。

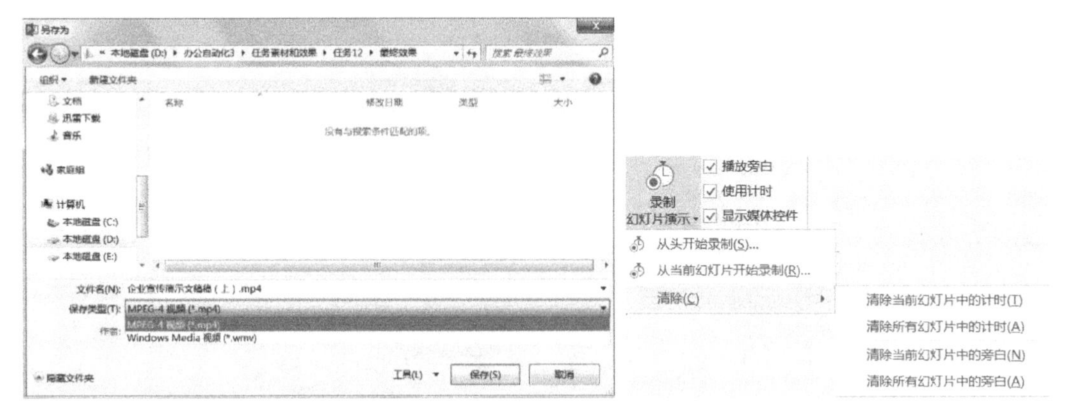

图 11-96 【另存为】对话框　　图 11-97　清除计时

11.2.6　存储

1. 导出

制作好的演示文稿可以导出为“PDF/XPS 文档”、“视频”、“CD”、“讲义”等形式，如图 11-98 所示，具体过程读者自行尝试完成。

2. 另存为

演示文稿默认扩展名为“ *.pptx ”，除此之外，还可以将演示文稿保存为“.pdf”：PDF 文档；“.potx”：PPT 模板；“.posx”：PPT 放映；“.mp4”：MPEG-视频；“.gif”：GIF 可交换的图形格式等格式，如图 11-99 所示。

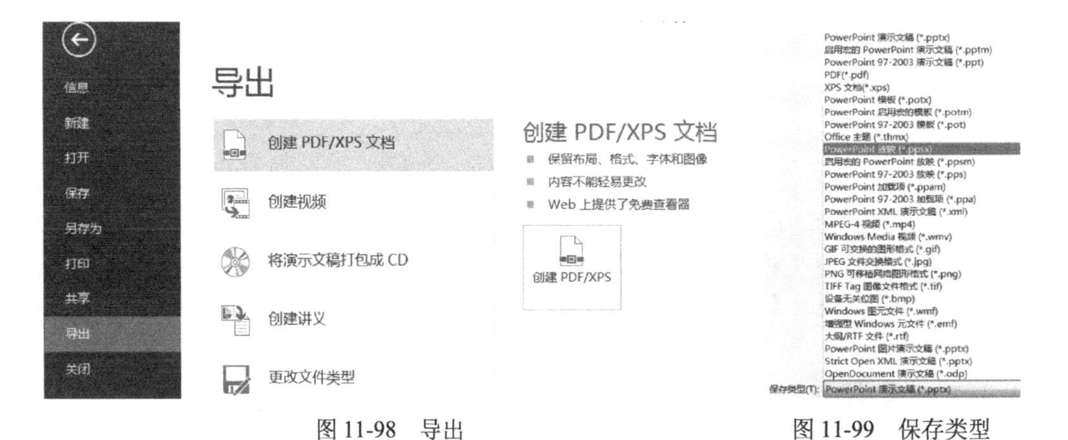

图 11-98　导出　　图 11-99　保存类型

拓展实训

实训 1：制作“情绪管理指南”演示文稿

制作如图 11-100 所示“情绪管理指南”演示文稿，制作过程如下。

图 11-100　“情绪管理指南”演示文稿

（1）制作幻灯片母版（目录页、过渡页、第一章、第二章、第三章），如图 11-101 所示。

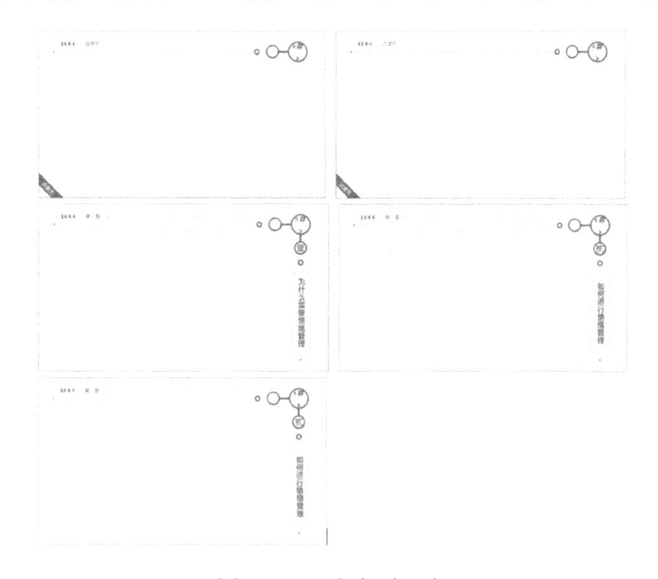
图 11-101　幻灯片母版

（2）依次新建 11 张幻灯片，并应用相应母版。

（3）为每张幻灯片输入文字，插入图片。

（4）对幻灯片中的文字进行格式设置，对图片进行格式处理与美化。

（5）在目录页中设置超链接。

提示　（1）设置幻灯片母版。格式统一的演示文稿会给人以主题鲜明、版面整洁美观的感觉，因此在制作幻灯片之前，设置统一格式的幻灯片母版是非常必要的。幻灯片母版可以预设每张幻灯片的背景、配色方案、图形图案、占位符的位置、大小和格式以及样式等，这样可避免单独对每一张幻灯片进行所需格式设置。另外，若想更改幻灯片设置，只需更改母版设置就可更改所有幻灯片的设置。设置如图 11-101 所示母版，步骤如下。

① 单击【视图】→【母版视图】→【幻灯片母版】选项，弹出如图 11-102 所示母版视图页面。

② 编辑幻灯片母版。

③ 完成后，单击图 11-102 中的【关闭母版视图】按钮。

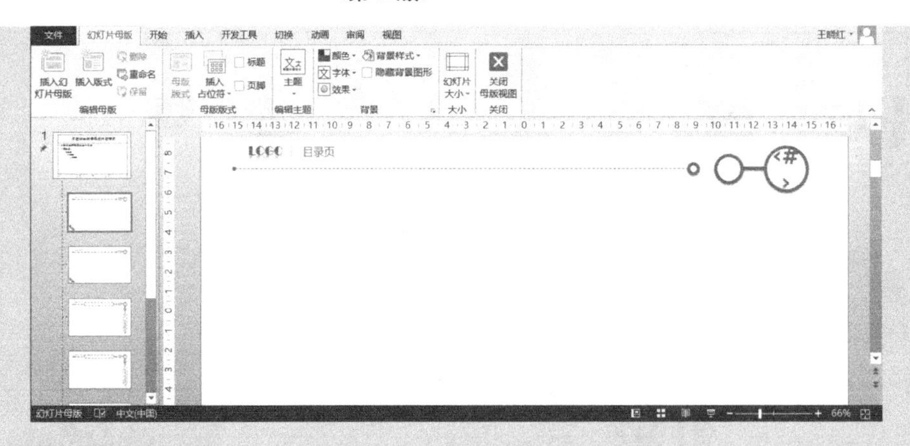

图 11-102　设置幻灯片母版

（2）第 1 张幻灯片中图片的编辑处理，如图 11-103 所示。分三步实现：绘制矩形、编辑矩形、形状填充为图片。

图 11-103　第 1 张幻灯片

① 绘制矩形。绘制一个矩形，并设置形状轮廓（颜色：橙色；粗细：6 磅），如图 11-104 所示。

图 11-104　绘制一个矩形

② 编辑矩形。编辑矩形至如图 11-105 所示形状，方法：选中矩形；选择【绘图工具/格式】→【插入形状】→【编辑形状】→【编辑顶点】选项，单击图形中需要编辑的边框线位置，变成如图 11-106 所示

状态；调整控点两侧的白色小方框，设置图形弧度；拖动黑色方框调整图形形状，直到变为图 11-105 所示形状为止。

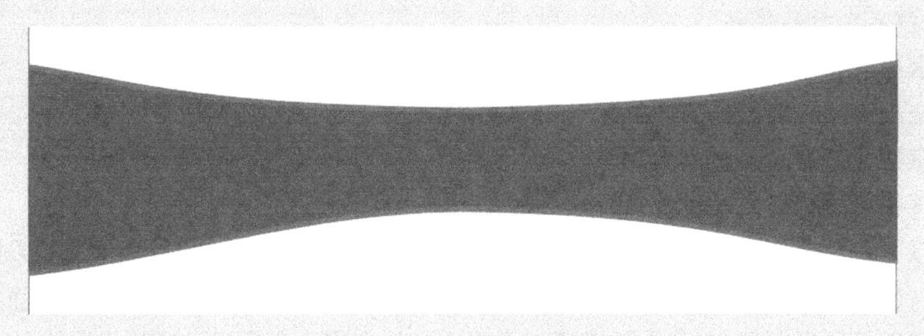

图 11-105　编辑后的矩形

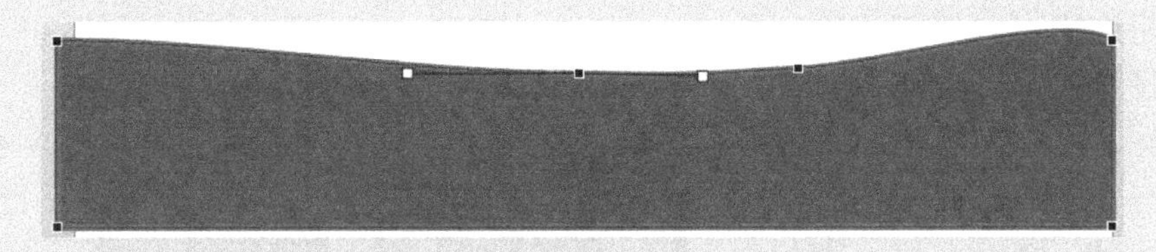

图 11-106　编辑矩形顶点

③ 形状填充为图片。最后一步是向编辑好的形状中填充图片，效果如图 11-107 所示。方法：选中编辑好的形状；单击【绘图工具/格式】→【形状样式】→【形状填充】→【图片】选项；弹出如图 11-108 所示【插入图片】窗口，找到需要插入的图片，单击【插入】按钮即可。

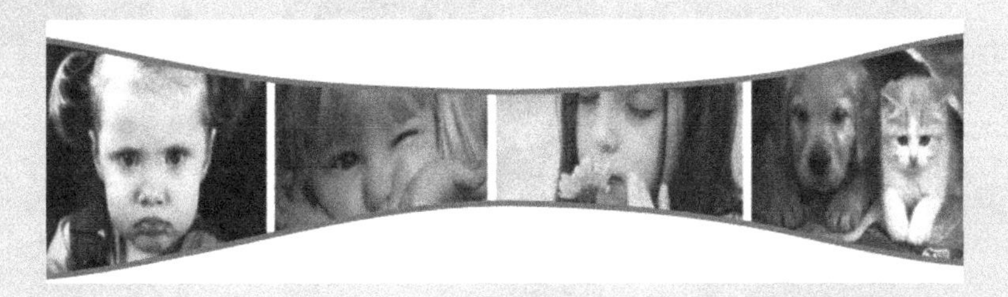

图 11-107　在形状中填充图片

图 11-108　插入图片

实训2：制作“我是我选择的我”演示文稿

“还记得年少时的梦吗，

像朵永远不凋零的花。

陪我经过那风吹雨打，

看世事无常，看沧桑变化。”

还记得年少的梦吗？我问自己。

制作以“我是我选择的我”为主题的演示文稿，效果如图11-109所示。制作要求如下。

（1）内容设计：从“人生选择”、“十年感悟”、“梦想”、“反思”、“行动”等方面展示自我，表达出“我”的所思所想，“我”的感悟以及对人生的态度。内容设计突出主题。

（2）幻灯片中的文字版式设计：使用横排和纵排文本的方式设置文本内容；文字底部背景使用半透明效果，以创设朦胧的意境。

（3）设置贯穿始终的背景音乐：汪峰的《光明》。

图11-109 “我是我选择的我”演示文稿

提示 （1）图形透明度设置。将图11-110中的矩形设置为透明和渐变效果，具体步骤为：选中矩形，单击鼠标右键，在弹出的快捷菜单中选择“设置形状格式”，弹出【设置形状格式】窗格，如图11-111所示；单击【形状选项】→【填充线条】→【填充】→【渐变填充】，然后设置“预设渐变颜色”、“类型”、“角度”等效果选项，设置“透明度”为“20%”。

（2）设置贯穿始终的背景音乐。

① 选择音乐响起的那张幻灯片，此处选择第1张幻灯片。

② 选择【插入】→【媒体】→【音频】→【PC上的音频】，弹出【插入声音】对话框，选择需要的歌曲文件，如图11-112所示。

图 11-110　矩形的透明和渐变效果

图 11-111　“设置形状格式”相关设置　　图 11-112　【插入音频】对话框

③ 插入音频文件后，默认情况下，只能在第 1 张幻灯片中播放，若到下一张幻灯片会停止播放。怎样让音乐成为背景音乐呢，进入以下设置：单击【动画】→【高级动画】→【动画窗格】，页面右侧显示如图 11-113 所示【动画窗格】窗口；单击声音对象右侧下拉按钮，在弹出的菜单中选择【效果选项】，如图 11-113 所示。弹出【播放音频】对话框，在【效果】→【停止播放】下设置“在 999 张幻灯片后”，即在 999 张幻灯片后才停止播放音频文件，如图 11-114 所示。这样就保证了背景音乐从头至尾播放。另外，还需要在图 11-115 中将【开始】设置为“与上一动画同时”。

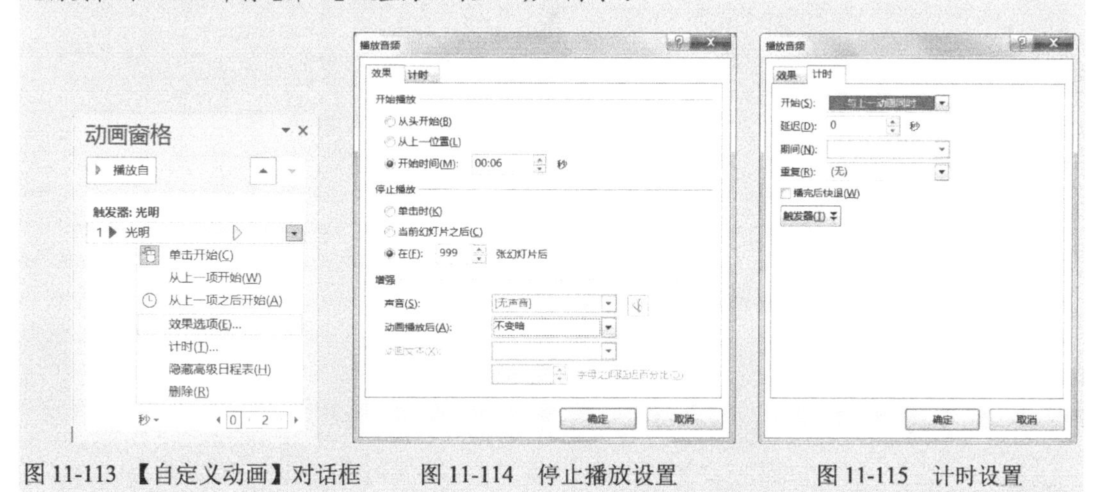

图 11-113　【自定义动画】对话框　　图 11-114　停止播放设置　　图 11-115　计时设置

④ 全部设定完成后，单击【确定】按钮返回幻灯片。

至此，音乐背景已制作完成，下面就可以从第 1 张幻灯片开始放映，来感受一下背景音乐带来的无穷魅力了！

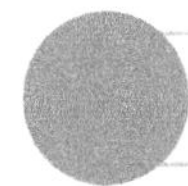

综合实践

根据以上所学内容，结合实际情况，制作一个关于大学生活的演示文稿，要求主题鲜明、风格统一、色彩搭配合理，演示文稿中的图文、图表要进行合理编辑与美化。

任务 12 制作企业宣传演示文稿（下）

在任务 12 中介绍了演示文稿的策划、设计、图文图表编辑处理、幻灯片放映、演示文稿存储等内容。企业宣传演示文稿已初具规模。但是作为代表企业形象的用于宣传的演示文稿来说，只有图文、图表等内容还是凸显平淡。本任务将在前面制作的基础上，为平淡无奇的演示文稿加以华丽的动画效果和多媒体效果，使演示文稿更显华丽、大气，如图 12-1 所示。

图 12-1 “企业宣传演示文稿”效果图

12.1 任务情境

小王所在企业为了提高企业知名度、宣传企业产品、树立企业形象，计划制作一个企业宣传演示文稿。要求该演示文稿既能反映企业理念、企业文化，又要让客户了解企业产品、企业近几年所取得的成绩等内容。

知识目标

- 演示文稿中的动画设计；
- 自定义动画设置；
- 动画切换效果设置；
- 演示文稿中的声音和视频；
- 演示文稿演示管理。

能力目标

- 能根据演示文稿特点进行动画效果设计；
- 能够在演示文稿中插入音视频，并能进行控制管理；
- 掌握 PPT 演示技巧，能够根据不同场合进行演示管理和控制。

12.2 任务分析与实现：制作企业宣传演示文稿（下）

12.2.1 动画

演示文稿中动画设计的要点如下：

- 动画设置环境；
- 自定义动画（进入动画、强调动画、退出动画、动作路径动画、组合动画等动画设置）；
- 页面切换动画设置。

在企业宣传演示文稿（上）中，为演示文稿设置了图文、图表等内容。在展示过程中会发现，只有内容的 PPT 味同嚼蜡，看之无味，那么，怎样让演示文稿活色生香、风声水起呢？接下来将介绍如何为演示文稿中平淡无奇的图文、图表对象添加绘声绘影的动画效果。

1. 一张图了解“动画”环境

微课：动画制作环境

为了更加清楚地了解 PPT 动画设置的相关概念和界面环境，以便于后面更好地设置动画效果，下面通过一张图（见图 12-2）介绍动画设置的基本知识。

在图 12-2 所示的上面是【动画】功能区，主要进行动画添加、动画效果设置、动画计时设置、动画预览等。右侧是【动画窗格】（相当于早期版本中页面右侧的【自定义动画】窗格），用于显示和编辑当前幻灯片中所有对象已完成的动画设置。左侧中间是当前幻灯片。

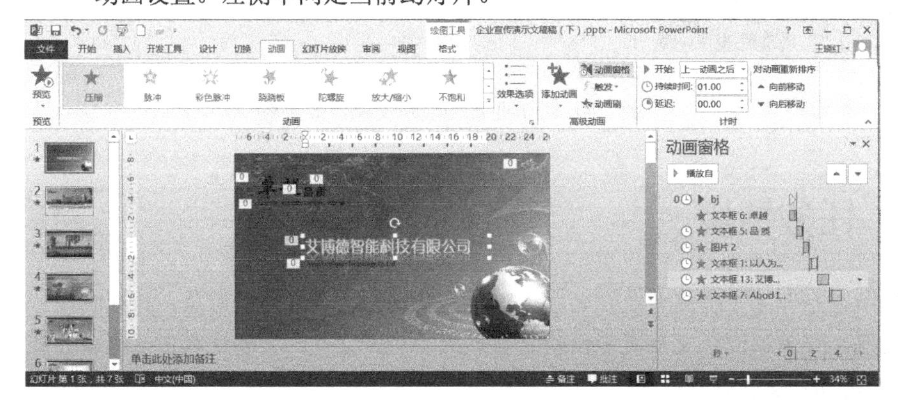

图 12-2 一张图了解“动画”制作环境

（1）【动画】功能区，主要包括预览、动画、高级动画、计时等选项组，动画设置主要在此进行。

（2）【动画窗格】。单击【动画】→【高级动画】→【动画窗格】选项，即可在页面右侧显示【动画窗格】。

① 可以在此查看当前幻灯片中每个动画播放的时间和先后顺序（由后面的方框显示，不同颜色代表不同类型的动画）。

② 可以查看每个动画的类型。动画类型包括进入动画、强调动画、退出动画、动作路径动

画，可以通过对象名称前面的五星颜色辨别，如：★ 文本框 6: 卓越（绿色五星），表示这个对象添加的是进入动画。

③ 可以调节动画播放的先后顺序。

④ 可以预览当前动画效果等。

（3）当前幻灯片。为每个已设置了动画的对象标注编号，如：艾博德智能科技有限公司，说明当前对象已设置了两个动画，上面那个有填充色的符号对应右侧动画窗格中当前选定的动画 ★ 文本框 13: 艾博...。

2. 自定义动画

微课：单一动画制作

PPT 动画主要有两大类：自定义动画和幻灯片页面切换动画。

自定义动画就是为幻灯片中的对象设置动画效果，主要包括进入动画、强调动画、退出动画、动作路径动画，以及由这几种动画组合起来的组合动画。单击【动画】→【动画】选项组右下角的展开按钮，显示主要动画效果，如图 12-3 所示。

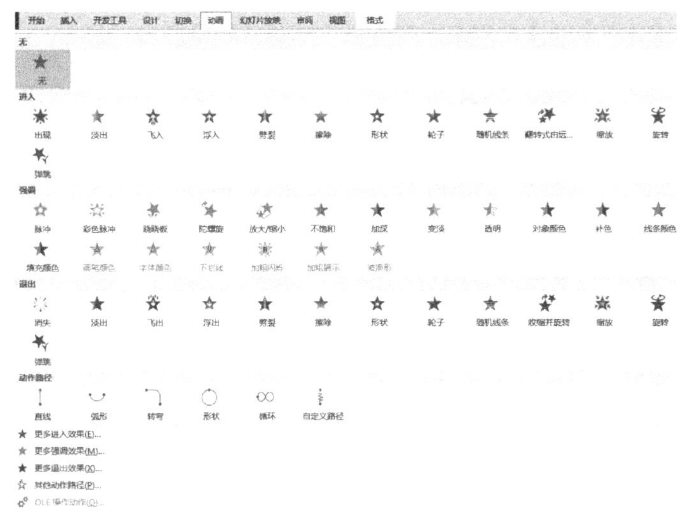

图 12-3　主要动画效果一览

（1）进入动画。“进入动画”是最基本的动画效果，即幻灯片中的对象从无到有出现的动画方式。如图 12-3 中显示了常用的进入、强调、退出、动作路径动画效果，若想进行更多动画效果设置，可单击下方的“更多进入效果”、“更多强调效果”……

① 第一张幻灯片中对象的进入动画效果设置。具体设置如图 12-4 所示。

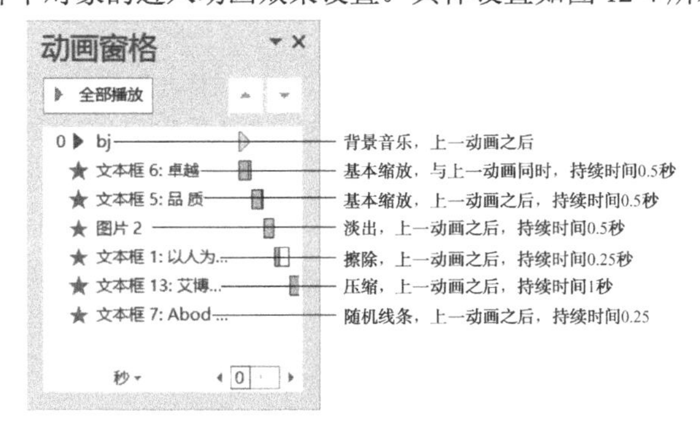

图 12-4　对象进入动画效果设置

相关知识

（1）在图 12-4 所示对象动画列表中，左侧五角星的颜色代表了动画的类型，其中绿色★代表进入动画；黄色★代表强调动画；红色★代表退出动画；线条型代表路径动画。

（2）右侧矩形方框代表了动画的持续时间、播放次序等。可以直接拖动方框调整开始时间、结束时间及时间延迟等。

（3）若想调整动画播放的次序，可选中列表中的动画对象，通过【动画窗格】右上方的 ▲ ▼ 进行调整。

（4）动画设置完成后，若想预览设置的动画效果，可单击【动画窗格】左上方的【全部播放】进行动画预览，这种播放方式比较方便快捷。

选中“卓越”文本框，单击图 12-3 中【更多进入效果...】选项。

弹出【更改进入效果】对话框，如图 12-5 所示，在其中选择【温和型】→【基本缩放】动画效果。

在【动画】→【计时】→【开始】中设置这一动画开始时间为“与上一动画同时”；在【持续时间】对应微调框中设置动画持续时间为“00.50”秒，如图 12-6 所示。

图 12-5 【更改进入效果】对话框

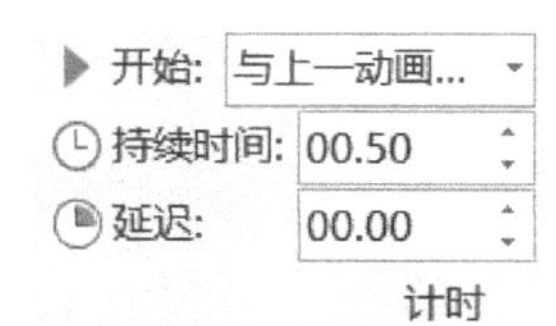

图 12-6 动画计时设置

相关知识

（1）进入动画一般分为“基本型”、“细微型”、“温和型”、“华丽型”，可以根据需添加动画的动作大小、华丽程度等选择合适的动画效果。

（2）图 12-6 所示的【开始】设置，指设置当前动画什么时候开始播放，有 3 个选项：单击时（单击鼠标时或按回车键时播放）；与上一动画同时（指在前一个动画进行时本动画同时展开）；上一动画之后（指前一个动画结束之后，本动画才开始播放）。

（3）图 12-6 所示的【持续时间】设置，指本动画从开始到结束所用的时间，可以自定义，也可以选择预设选项，包括：非常慢（5 秒）、慢速（3 秒）、中速（2 秒）、快速（1 秒）、非常快（0.5 秒）等选项。

（4）图 12-6 所示的【延迟】设置，即延迟多长时间再播放动画。

技　巧

动画刷。在图 12-4 中可以看到“卓越”和“品质”两个文本对象的动画效果是一样的，为避免重复工作，可以使用“动画刷”来刷取动画效果。具体使用和“格式刷”相同，只不过格式刷是刷格式的，而动画刷是刷动画效果的。

第一张幻灯片中其他对象的进入动画请读者自行尝试完成。

② 第二张幻灯片中进入动画效果设置。具体设置如图 12-7 所示。

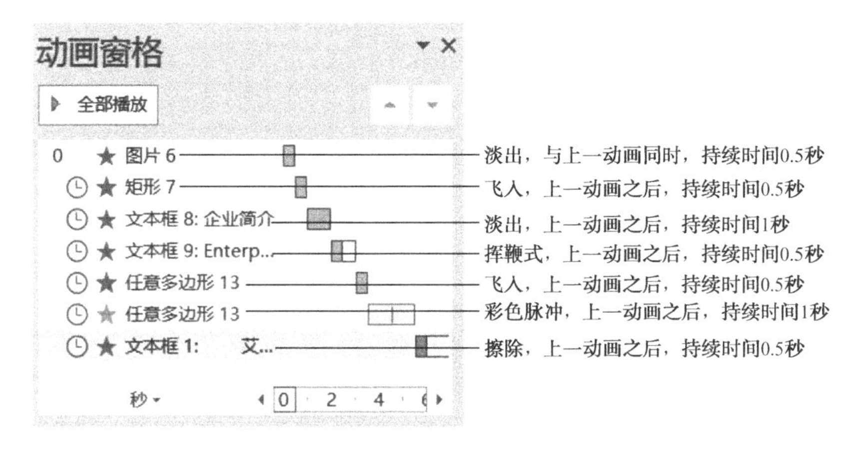

图 12-7　第二张幻灯片各对象动画设置

对象名称与幻灯片中对象的对应如下：

- 图片 6←→背景图片；
- 矩形 7←→▌；
- 文本框 8←→企业简介；
- 文本框 9←→Enterprise introduction；
- 任意多边形 13←→>>；
- 文本框 1←→文博德智能科技有限公司。

相关知识

（1）“矩形 7”进入动画效果是“飞入”，可以通过以下方式设置飞入的方向：在图 12-8 所示动画窗格中，单击矩形 7 右侧的下拉按钮▾，在弹出的菜单中选择【效果选项】；弹出如图 12-9 所示【飞入】对话框，在【设置】→【方向】中选择“自顶部”，如图 12-9 所示。另外，还可以进行“平滑开始”、“平滑结束”、“弹跳结束”等时间设置，以更好地进行飞入效果设置。

（2）“文本框 9”设置的进入效果是“挥鞭式”，为了更加形象地展示这一动画效果，将文本出现时的效果设置为按字母依次出现，方法为：打开“挥鞭式”的效果选项，如图 12-10 所示；在【效果】→【增强】→【动画文本】对应列表中选择“按字母”；将【字母之间延迟百分比】设置为“5”，如图 12-11 所示。

（3）在图 12-8 中展开的快捷菜单中，可以对当前选中的对象动画进行“计时”设置、“隐藏高级日程表”设置（不显示右侧的▯）、“删除”当前动画设置等，读者自行尝试完成。

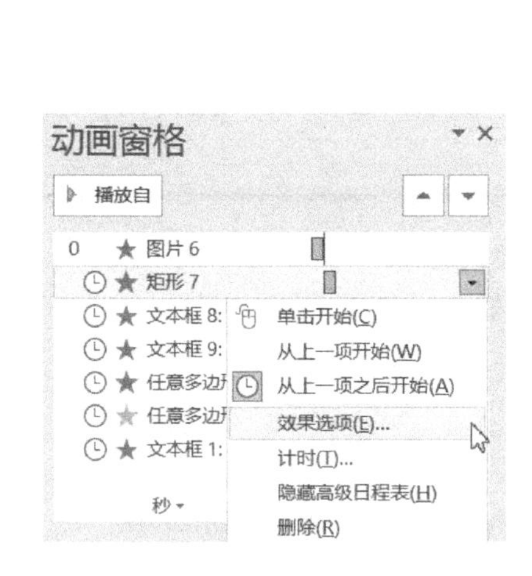

图 12-8　效果选项

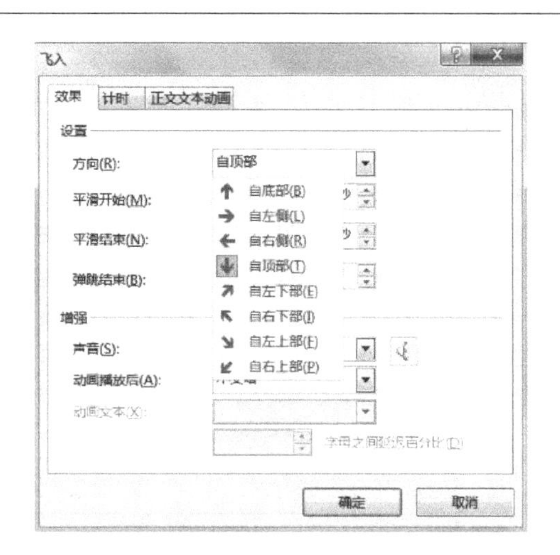

图 12-9　“飞入”效果选项设置

图 12-10　动画文本设置为“按字母”

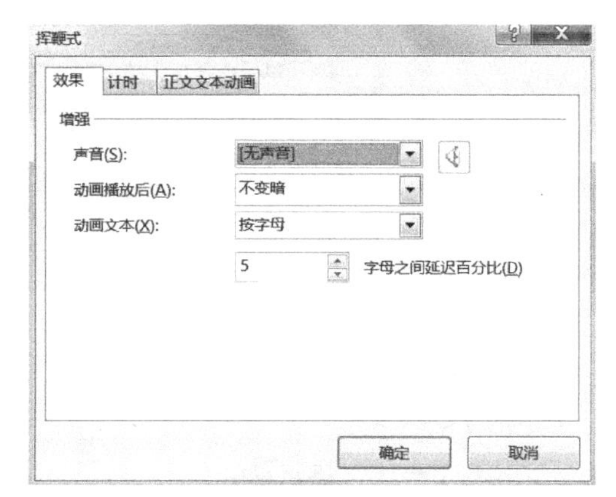

图 12-11　设置“字母之间延迟百分比”

注意：每个动画都有“效果选项”设置，动画不同效果选项也不同。基本动画设置比较简单，要想在基本动画基础之上做文章，一般都要靠“效果选项”设置实现。

技　巧

整个演示文稿中有多张幻灯片都出现类似企业简介>>动画内容，建议使用“动画刷”完成其动画效果设置。

（2）强调动画。“强调动画”一般用于在放映过程中能够引起观众注意的动画，比如对象的放大缩小、形状变化、颜色变化等。强调动画一般用于对象进入之后，也就是先上台后表演。

① 幻灯片中的>>，出现之后闪烁两次。设置步骤如下。

选中>>，单击【动画】→【高级动画】→【添加动画】按钮，在弹出的列表中选择“更多强调效果”。

弹出【添加强调效果】对话框，选择【华丽型】→【闪烁】动画效果，如图 12-12 所示，单击【确定】按钮即可为当前对象设置强调动画效果。

单击【动画窗格】中当前对象后面的下拉按钮，在菜单中选择“效果选项”选项，如图 12-13 所示。

弹出【效果选项】对话框，如图 12-14 所示，在【计时】→【重复】对应框中选择“2”，即该动画重复执行 2 次。

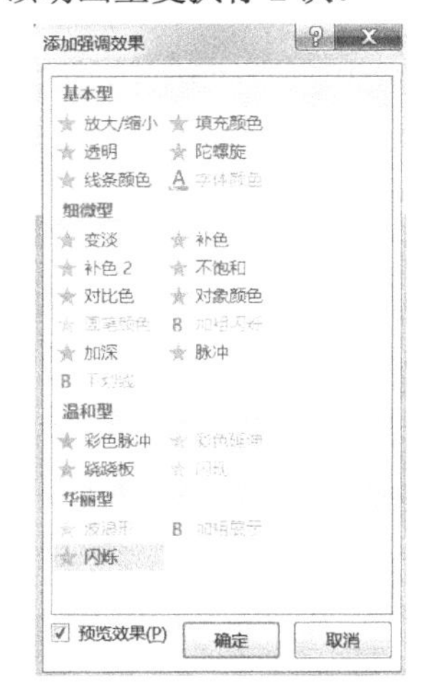

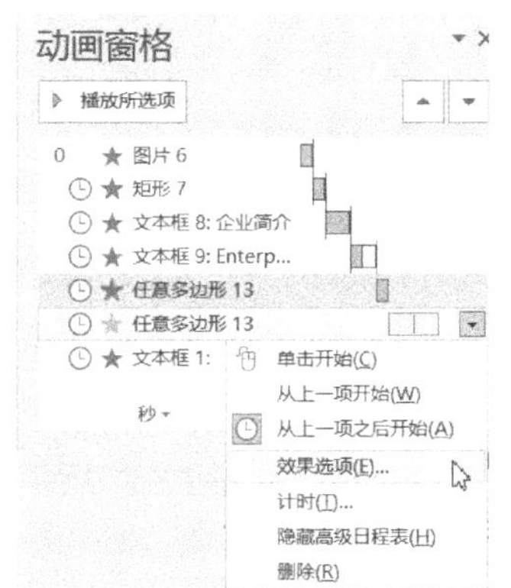

图 12-12 【添加强调效果】对话框　图 12-13　选择“效果选项”选项　　图 12-14　设置重复 2 次

提示　如果需要为一个对象设置多个动画，必须通过【动画】→【高级动画】→【添加动画】这种形式添加新的动画，否则就是对原动画的更改。

② “产品展示”幻灯片中强调动画效果设置，如图 12-15 所示。图片 5～图片 13 为产品图片，为这 9 张图片设置“脉冲”强调动画，动画持续时间 1 秒，同时播放。

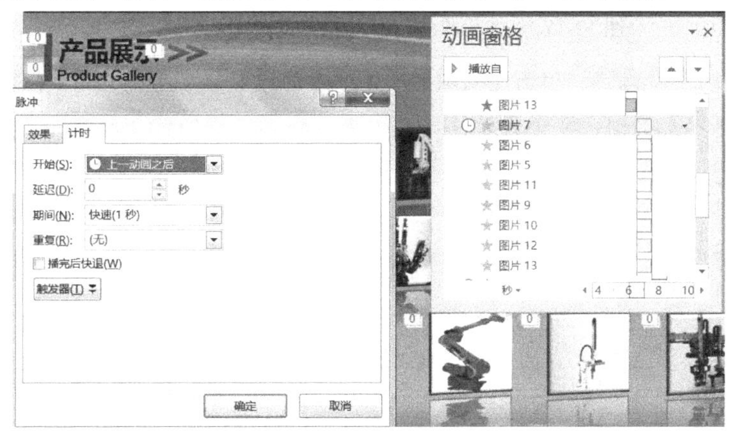

图 12-15　产品展示幻灯片中强调动画设置

提示　为图片 5～图片 13 设置相同的动画效果，可以同时选中所有图片，统一设置。

③ 最后一张幻灯片中强调动画效果设置，如图 12-16 所示。幻灯片中的文本“感谢您的观赏”：首先是“压缩”动画效果进入，然后设置了一个“彩色延伸”强调动画；动画播放后如果要改变文本的颜色，可以进行图 12-16 左侧【彩色延伸】效果选项设置；另外，此处的【字母之间延迟百分比】设置为“7”，可以通过设置此项参数调节字与字之间的播放延迟时间，以达到不同的播放效果。

图 12-16　最后一张幻灯片中强调动画效果设置

（3）退出动画。“退出动画”与“进入动画”是相反的过程，相对来讲用得比较少。退出动画一般用于画面与画面之间的过渡，起着连贯、对接的作用。

“主营业务”幻灯片中退出动画效果设置，如图 12-17 所示。设置步骤如下。

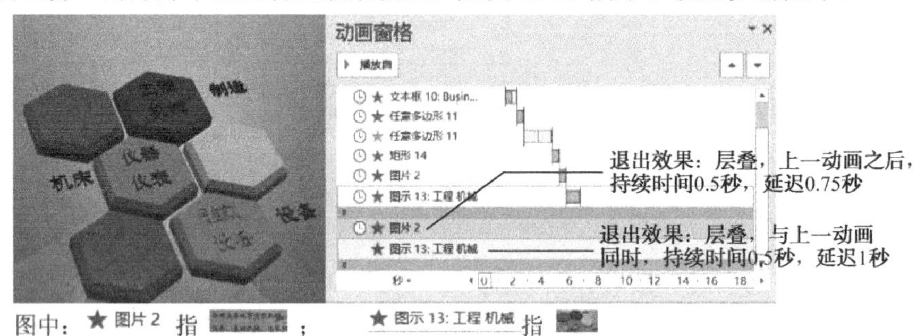

图中：★ 图片 2 指 ；★ 图示 13: 工程 机械 指

图 12-17　“主营业务”幻灯片中退出动画效果设置

选中“图片 2”，单击【动画】→【高级动画】→【添加动画】按钮，在列表处选择【更多退出效果】选项；弹出如图 12-18 所示【添加退出效果】对话框，选择【温和型】→【层叠】效果；在图 12-19 中，在【效果】选项卡【设置】选项组下设置方向为“跨越”；在【计时】选项卡下进行如图 12-20 所示设置。

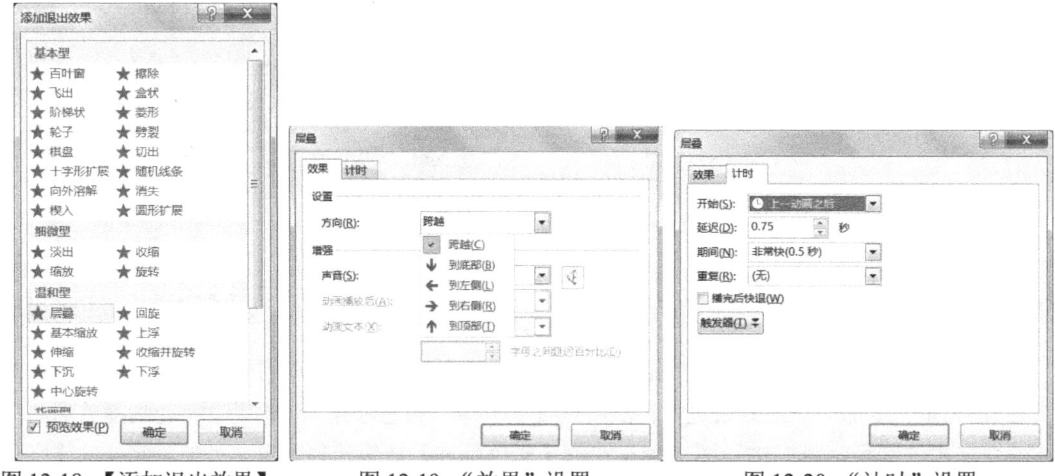

图 12-18　【添加退出效果】对话框　　图 12-19　“效果”设置　　图 12-20　“计时”设置

选中“图示 13”（幻灯片中的 SmartArt 图形 ）。“层叠”退出动画设置与上面操作相同，此处不再讲述；在【动画窗格】页面中，选中 ★ 图示 13: 工程 机械 ，单击后方的下拉按钮，在菜单中选择【效果选项】选项，如图 12-21 所示；弹出【层叠】对话框，如图 12-22 所示，将【SmartArt 动画】选项卡下的【组合图形】设置为“整批发送”；单击【确定】按钮即可。

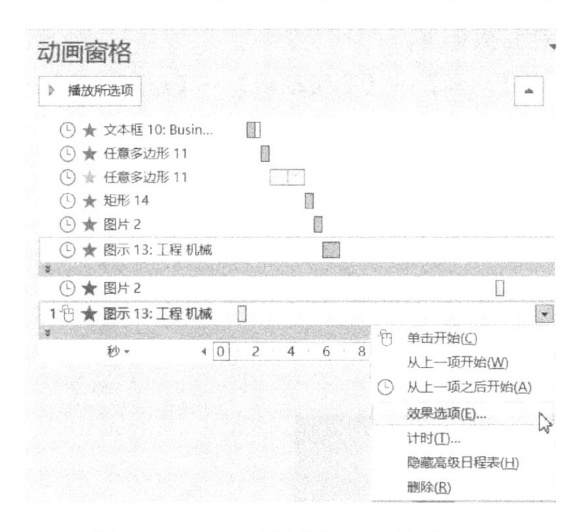

图 12-21　选择【效果选项】选项

图 12-22　“SmartArt 动画”设置

（4）路径动画。“路径动画”是指让对象按照规定的或绘制的路径运动的动画效果。这种动画能够实现 PPT 画面的千变万化，也是让 PPT 动画炫目的根本所在。

① 动作路径的种类。基本预设路径：根据需绘制动作路径的形状，选择如图 12-23 所示的基本预设路径即可。方法：通过【动画】→【动画】→【动作路径】选取。如果需要自己绘制任意形状的路径，可通过图中的“自定义路径”进行绘制。

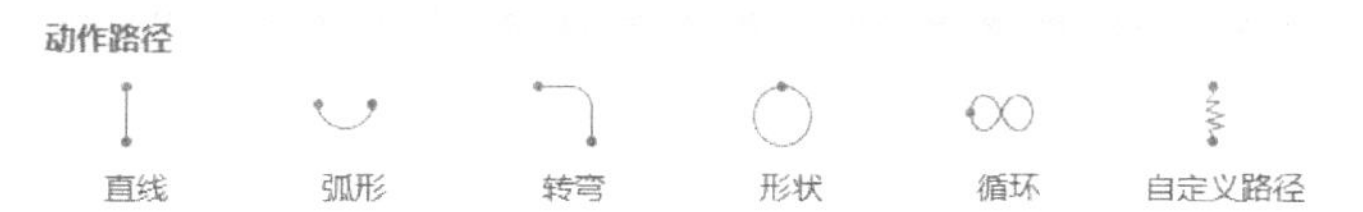

图 12-23　常用动作路径动画

系统提供的其他动作路径动画，如图 12-24 所示。

图 12-24　其他动作路径动画

若给定的动作路径中没有适合的，可以通过图12-23中的“自定义路径”绘制任意形状的路径。

② 最后一张幻灯片中“扬帆远航”文本由屏幕中间位置沿斜上方向移动到右上角位置，如图12-25所示。起止位置之间有一条虚线（绿色端为起点，红色端为终点），这条虚线就是动作路径，对象就是沿着这条线进行运动的。制作步骤如下：

设置文本“扬帆远航”到起点位置，选择【动画】→【高级动画】→【添加动画】→【其他动作路径】选项。

弹出【更改动作路径】对话框，选择【直线和曲线】→【对角线向右上】动画选项，如图12-26所示，单击【确定】按钮。

图12-25　动作路径动画

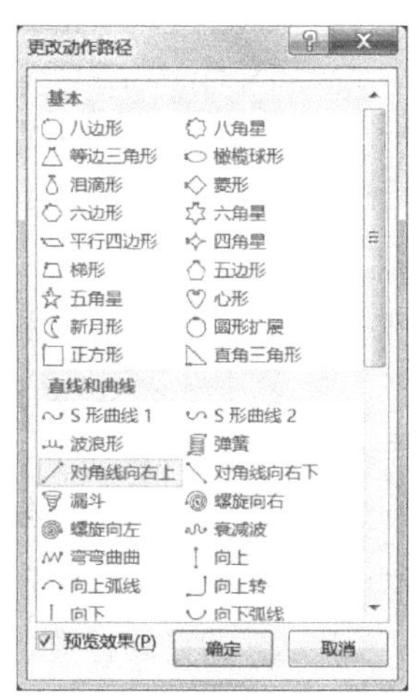

图12-26　动作路径动画

若路径线条不合适，可以把光标放在线条周围的控点处，进行长度、方向、角度、大小等的调整。

相关知识

（1）自定义动作路径。若系统给定的路径中没有适合的，可以通过“自定义路径”的方式自己绘制路径。比如设置一个小球弹跳的动画，方法如下：选中小球，单击图12-23中的“自定义路径”选项，按住鼠标左键绘制小球弹跳轨迹，双击结束绘制，如图12-27所示。

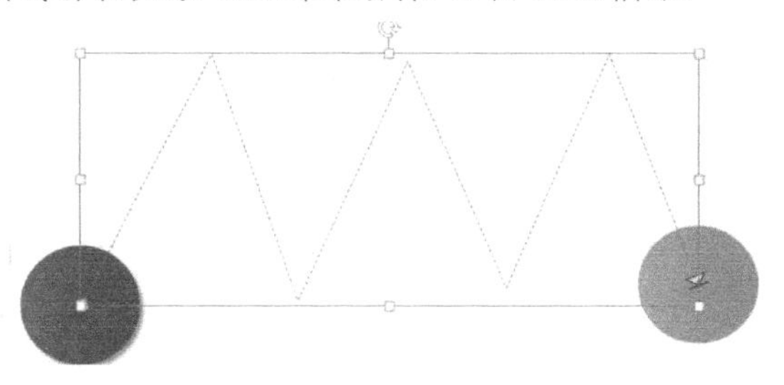
图12-27　小球弹跳动作路径绘制

（2）动作路径绿色箭头端是起点，红色箭头端是终点。

（3）可以把动作路径看做是一个图形，若想删除路径动画，直接按“Delete”键删除这个路径图形即可。

（5）组合动画。单一的动画设置往往表现不够自然、缺乏形象感，很多时候需要多种动画的组合才能表达出动画的意境。例如，表现一个对象从远到近的动画，除了有动作路径动画外，还应该有表现对象从小变大的强调动画。下面通过一个例子讲解如何制作组合动画。如图 12-28 所示，动画表现的是四周的 8 个小球以直线运动向中间球靠拢，在运动过程中小球缩小一半，同时伴随陀螺旋转。具体设置方法如下。

微课：组合动画

① 制作一个小球，按 7 次“Ctrl+D”快捷键复制出其余 7 个小球，调整小球位置如图 12-28 所示（为了使小球在一个圆面上，可以画一个圆做参照）。

② 拖动鼠标同时选中四周的 8 个球，为其设置直线路径动画，调整位置到中间球的四周，即红色三角形所在的位置。

③ 再次选中四周小球，添加“放大/缩小”强调动画，并设置缩小比例为“50%”，如图 12-29 所示，与上一动画同时播放，持续时间 1 秒。

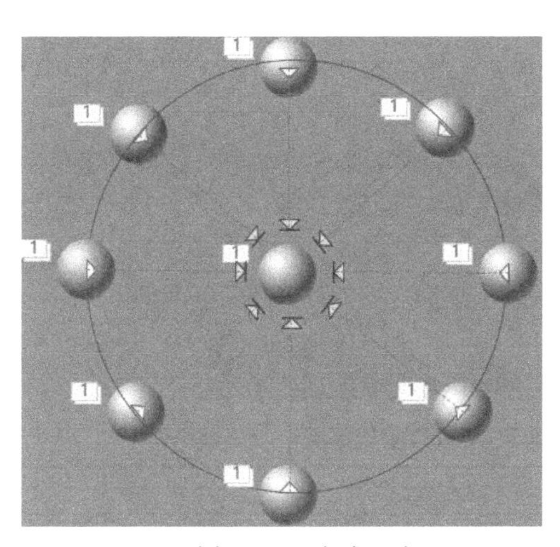

图 12-28　小球运动

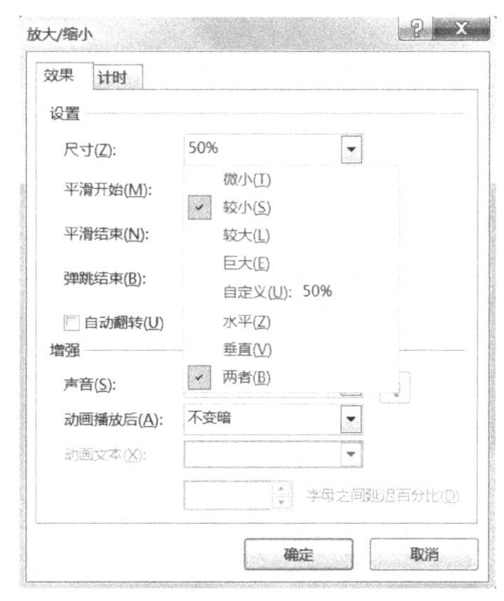

图 12-29　缩小强调动画效果设置

④ 选中四周小球，添加“陀螺旋”强调动画，与上一动画同时播放，持续时间 2 秒。

⑤ 组合动画设置效果如图 12-30 所示。

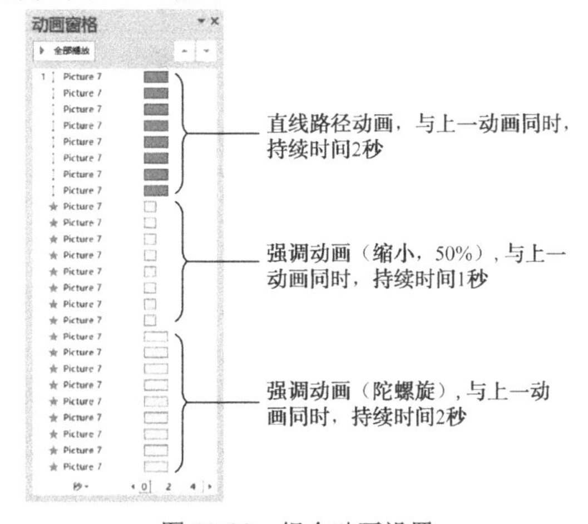

图 12-30　组合动画设置

技 巧

组合动画的制作效果取决于两点：一是创意与设计；二是各个对象的时间和速度设置。总之，要想做出颇具自然与美感的动画，必须开阔眼界，多想多做多总结，才能掌握动画制作的要领、方法和技巧，才能做出富有新意、耳目一新的PPT。

3. 切换动画

微课：切换动画

切换动画是用于幻灯片之间过渡的动画，PowerPoint 2013提供的幻灯片切换效果相对于早期版本更加简捷、生动、有气势。首先简单介绍一下切换动画的设置环境。

（1）切换动画功能区。切换动画功能区分为“预览”、“切换到此幻灯片”、“计时”3个选项卡，如图12-31所示。

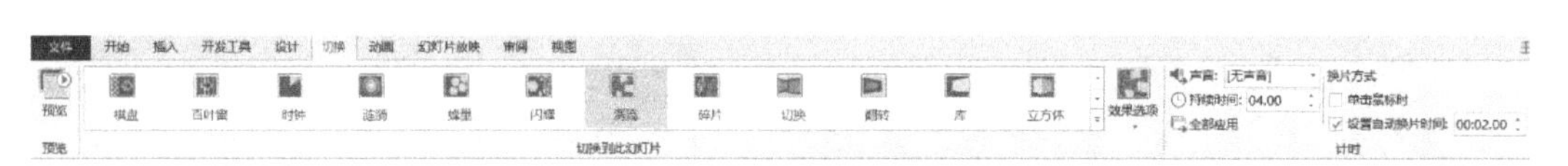

图12-31 切换动画功能区

【切换到此幻灯片】选项卡：提供了多种丰富多彩的动画切换效果，可直接选择使用；后面的【效果选项】，是对当前切换效果的选项设置，比如方向选择等。

【计时】选项卡：左侧的【声音】、【持续时间】是指当前切换动画播放时的声音设置以及切换持续的时间；【换片方式】是指本页幻灯片切换到下页幻灯片的方式，是单击鼠标换页，还是多长时间后自动换片。

（2）切换动画设置。本任务中各张幻灯片切换效果设置如表12-1所示。

表12-1 本任务幻灯片切换效果设置表

幻 灯 片	切换动画效果	切换效果选项	持 续 时 间	换 片 方 式
第1张	涡 流	自左侧	4秒	2秒钟后自动换到下一页
第2张	闪 耀	从左侧闪耀的六边形	4秒	2秒钟后自动换到下一页
第3张	涟 漪	居中	2秒	2秒钟后自动换到下一页
第4张	梳 理	水平	1秒	2秒钟后自动换到下一页
第5张	棋 盘	自左侧	2.5秒	2秒钟后自动换到下一页
第6张	剥 离	向左	1.25秒	2秒钟后自动换到下一页
第7张	百叶窗	垂直	1.6秒	单击鼠标换页

第1张幻灯片切换动画设置的步骤如下。

① 选中第1张幻灯片。

② 单击【切换】→【切换到此幻灯片】右侧的，展开后显示所有切换效果，如图12-32所示，此处选择【涡流】。

③ 单击【切换到此幻灯片】→【效果选项】按钮，在弹出的列表中选择“自左侧”，如图12-33所示。

④ 在【计时】选项组中，设置【持续时间】为4秒；【换片方式】：自动换片时间设置为2秒，如图12-33所示。

图 12-32 切换动画效果一览

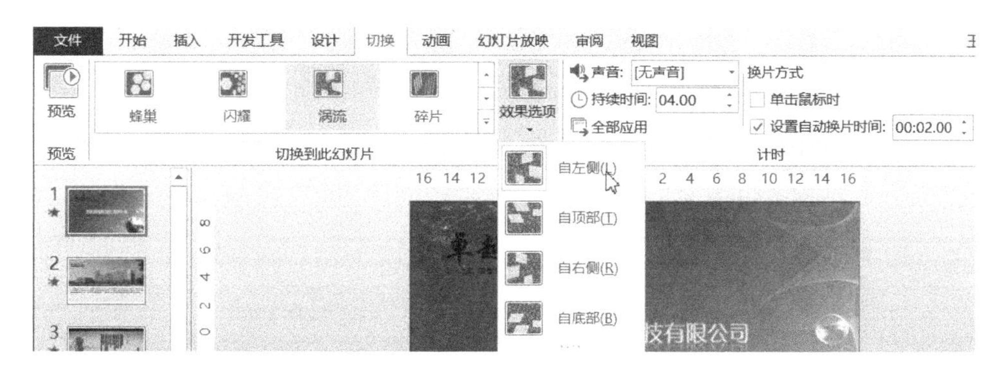

图 12-33 切换动画的效果选项设置

其他幻灯片切换动画设置读者自行完成。

提示 （1）以上设置中，“涡流”切换效果是第 1 张幻灯片出现时的效果；2 秒钟的换片方式是指第 1 张幻灯片放映完等待 2 秒钟后自动进行下一张幻灯片的播放。

（2）【计时】选项组中的【全部应用】全部应用选项，是指将当前幻灯片的切换、效果和计时设置应用于整个演示文稿。

12.2.2 声音

幻灯片中的声音一般有三种：背景音乐、动作声音、配音。

微课：背景音乐

1. 背景音乐

在公司宣传、仪式庆典、电子相册等演示文稿中，背景音乐起着渲染气氛、烘托主题、画龙点睛的作用。为 PPT 设置背景音乐，一般要经过三个步骤：一是背景音乐的选取；二是导入音乐；三是背景音乐的播放控制。

（1）如何选择背景音乐。选取什么样的背景音乐直接影响到演示文稿的整体效果，不同类型演示文稿的背景音乐作用也不一样。例如，宣传类 PPT 应该选择震撼大气、高昂浑厚的背景音乐；用于仪式庆典的 PPT 应选择高雅、温馨、活跃、喜气洋洋的音乐；电子相册 PPT 应该选择经典、有时代感、柔美清新的背景音乐。当然背景音乐的选取没有什么标准，适合的就是最好的。

本任务背景音乐选取了 Jim Brickman 的“Serenade”纯美钢琴曲，比较适合本演示文稿的特点。

（2）插入背景音乐。把“Serenade”插入到演示文稿中，方法如下。

① 把第 1 张幻灯片作为当前幻灯片。

② 单击【插入】→【媒体】→【音频】按钮，在下拉列表中选择【PC 上的音频】，如图 12-34 所示。

图 12-34　插入音频

③ 在弹出的对话框中选择“Serenade.mp3”文件，如图 12-35 所示。

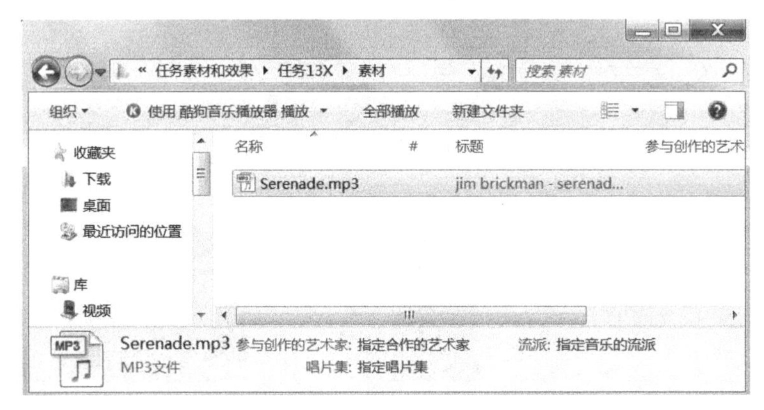

图 12-35　选择背景音乐文件

④ 插入音乐文件后，在当前幻灯片中多了一个图标，如图 12-36 所示；这时可以单击图 12-36 所示中的 ▶ 播放按钮，进行音乐试听播放，也可以通过后方的 进行音量调节。

（3）背景音乐的播放管理。

① 插入音频文件后，页面发生了三个变化：一是当前幻灯片中多了一个图标，如图 12-36 所示；二是右侧【动画窗格】窗口中多了一个音频文件对象，如图 12-37 所示；三是页面上方的功能区中自动出现【音频工具】选项卡，如图 12-38 所示。对声音的各项设置都是通过这 3 个选项的调节实现的。

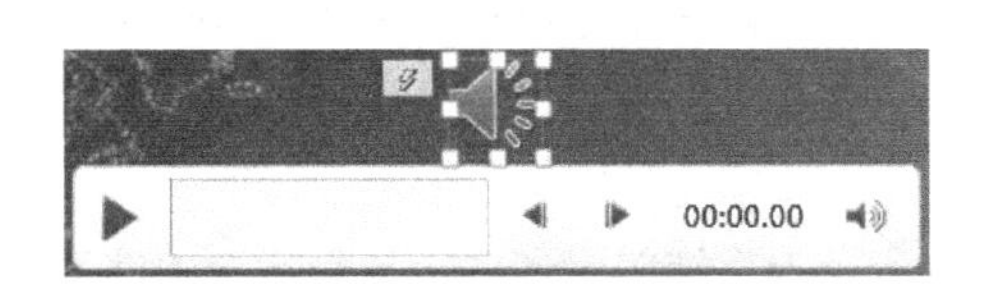

图 12-36　幻灯片中的音乐文件图标“小喇叭”

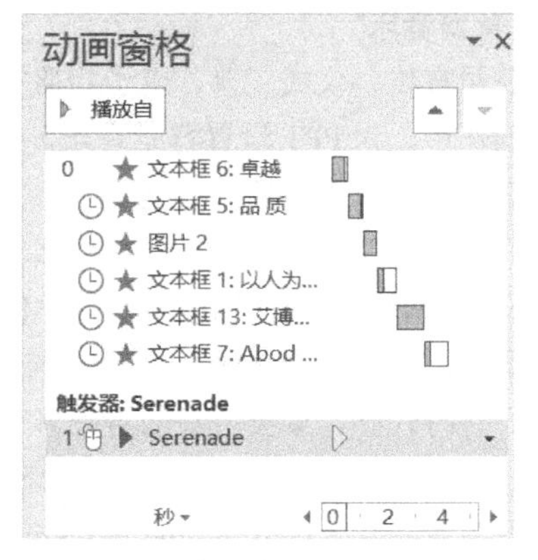

图 12-37　动画窗格窗口中的音乐文件对象

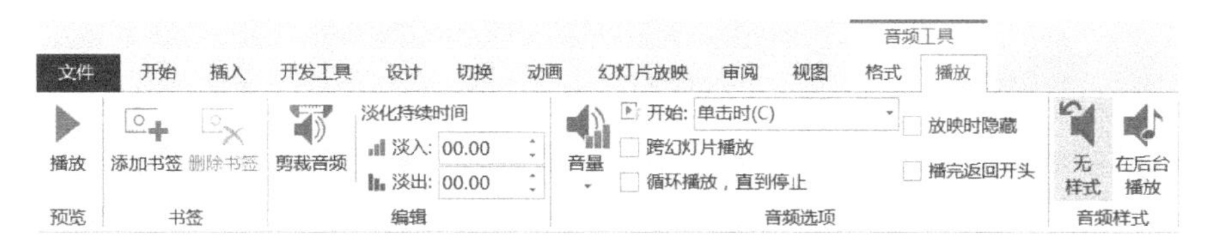

图 12-38　插入音频文件后自动出现的“音频工具”选项卡

② 让背景音乐从头至尾播放。插入音频文件后，默认情况下，只能在第 1 张幻灯片中播放，若到下一张幻灯片会停止播放。怎样让音乐成为名副其实的背景音乐呢，介绍两种方法。

方法一：右击【动画窗格】窗口中的声音对象，在弹出的快捷菜单中选择【效果选项】，如图 12-39 所示。弹出【播放音频】对话框，在【效果】→【停止播放】下设置“在 999 张幻灯片后”，即在第 999 张幻灯片后才停止播放音频文件。这就保证了背景音乐从头至尾播放。

方法二：在【音频工具/播放】→【音频选项】中勾选【跨幻灯片播放】，如图 12-41 所示。

以上两种方法都能使音乐从头至尾播放，区别是：假设当前演示文稿中一共有 30 张幻灯片，若想让音乐在第 20 张之后停止播放，那么只能用方法一才能实现；而方法二是针对整个演示文稿而言的。

③ 设置音乐的播放起点。同上面操作，在图 12-40 中，将【效果】→【开始播放】→【开始时间】设置为“6 秒”；这样即可任意设定音频文件的开始时间（默认从头开始播放）。

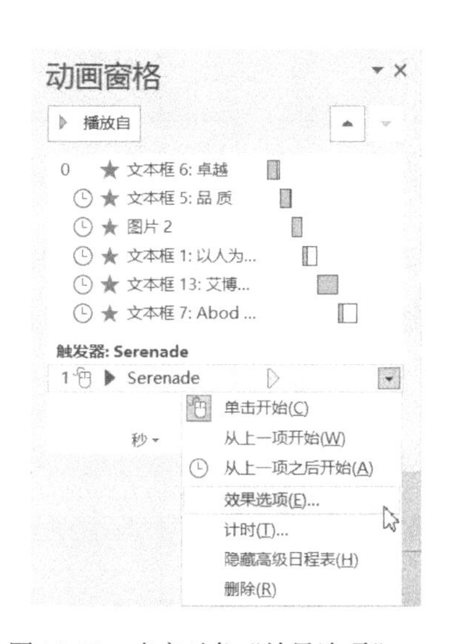

图 12-39　声音对象“效果选项”

图 12-40　音频播放设置

④ 设置音乐循环播放。如果整个音乐共 5 分钟，但 PPT 演示时间比较长，这时就需要设置背景音乐播放结束后自动再从头播放，具体操作为在图 12-41 中勾选【循环播放，直到停止】即可。

⑤ 设置放映时隐藏小喇叭图标。放映时，为了美观，可以隐藏小喇叭图标。有两种方法：一是将小喇叭图标拖到幻灯片页面外部即可；二是在图 12-41 中勾选【放映时隐藏】选项。

⑥ 调节声音大小。有两种方法，如图 12-42 所示。

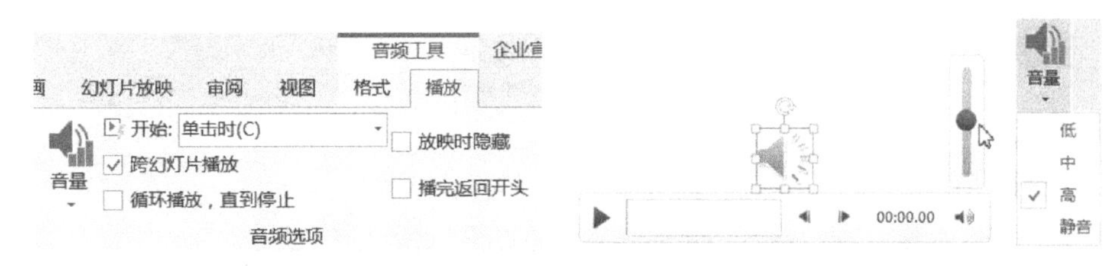

图 12-41　音频选项　　　　图 12-42　音量调节

相关知识

剪裁音频。PowerPoint 2013 自带音频剪裁功能。例如对当前插入的背景音乐进行剪裁，具体操作：单击【音频工具/播放】→【编辑】→【剪裁音频】按钮，如图 12-38 所示。弹出【剪裁音频】窗口，设置“开始时间”和“结束时间”（也可以拖动绿杆和红杆设置开始和结束时间），如图 12-43 所示；单击【确定】按钮，即可将当前音乐剪裁为前 20 秒内容。

微课：剪裁音频

图 12-43　剪裁音频

2. 动作声音

动作声音是指自定义动画播放时设置的声音和幻灯片切换时的声音。

（1）动画声音设置方法。在【动画窗格】窗口中选定动画对象，单击右键，在弹出的快捷菜单中选择【效果选项】，如图 12-44 所示，弹出如图 12-45 所示对话框，在【效果】→【增强】→【声音】下拉列表中选择适合的声音效果。

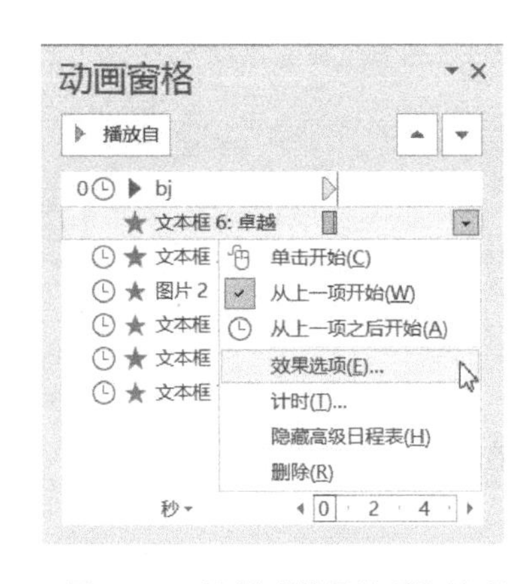

图 12-44　选择“效果选项”选项

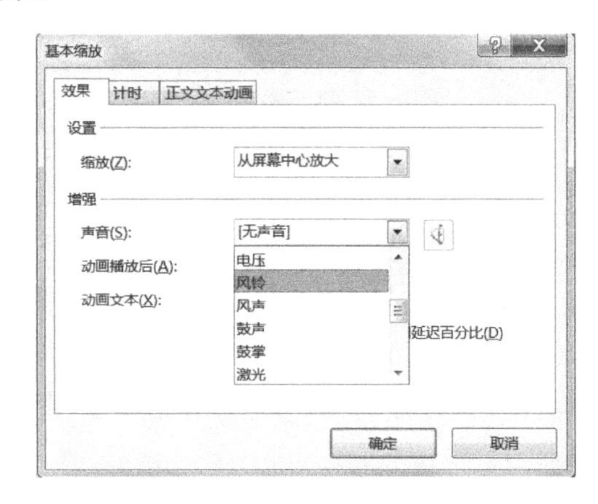

图 12-45　动画播放时的声音设置

（2）切换声音设置方法。选定幻灯片，在【切换】→【计时】→【声音】下拉列表中选择合适的切换声音效果，如图 12-46 所示。

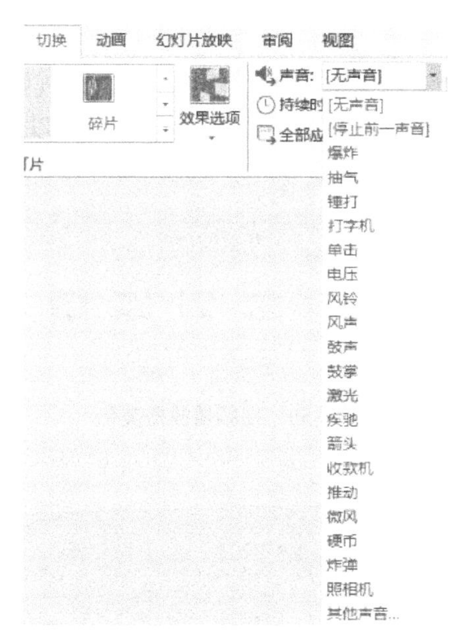

图 12-46　切换声音设置

12.2.3　视频

微课：插入视频

1. 插入视频

将素材中的“《舌尖上的中国》心传 5.mp4”视频插入到演示文稿中，方法如下。

（1）选择【插入】→【媒体】→【视频】→【PC 上的视频】，如图 12-47 所示。

图 12-47　插入 PC 上的视频

（2）在弹出的【插入视频文件】对话框中选择需要插入的视频，如图 12-48 所示。

（3）单击【插入】按钮，即可插入如图 12-49 所示视频播放器，可以使用下方的控制按钮播放视频、调节音量等。

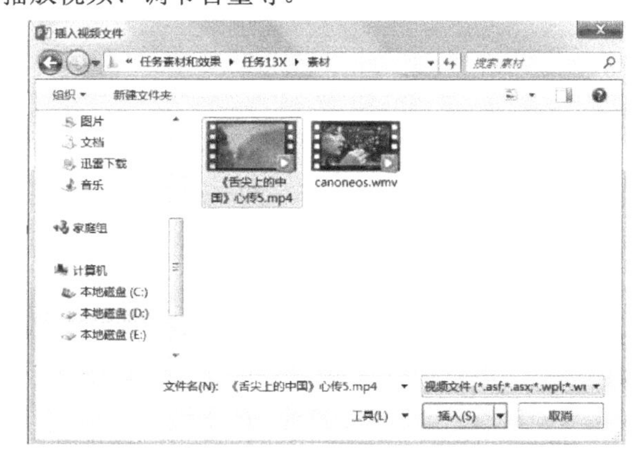

图 12-48　选择 PC 上的视频文件

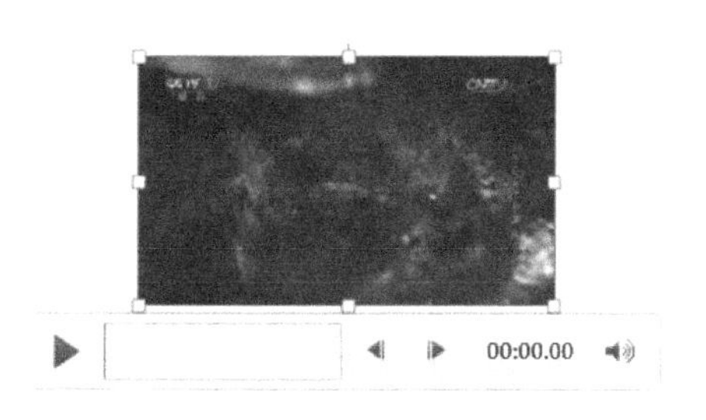

图 12-49　已插入的视频

2. 美化视频

视频插入PPT后一般没有任何修饰，也没有边框，可以对视频进行适当美化，增加立体感和真实感。视频的美化和图片的美化相似，如图12-50所示，可以选择合适的【视频样式】、【视频形状】、【视频边框】、【视频效果】对视频进行美化。如图12-51所示为经过美化的视频。

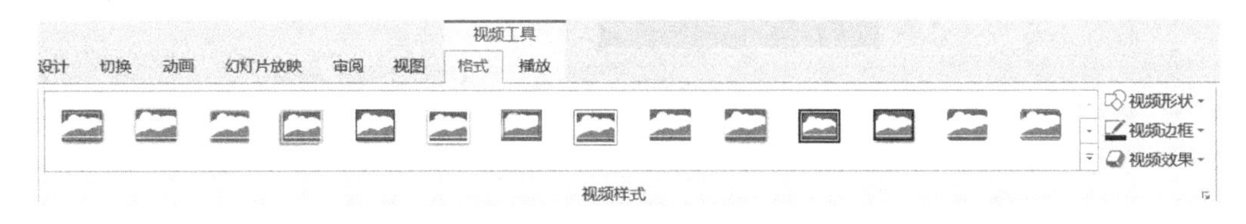

图12-50 视频播放器美化

图12-51 美化后的视频

3. 剪裁视频

与音频文件一样视频也能进行剪裁，方法如下。

（1）选中视频，选择【视频工具/播放】→【编辑】→【剪裁视频】选项，如图12-52所示。

微课：剪裁视频

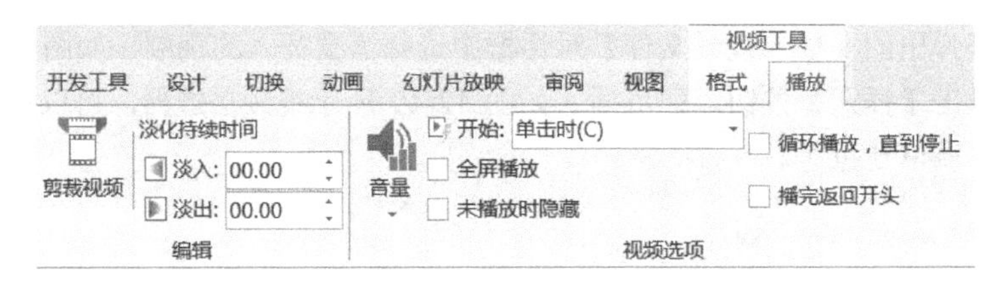

图12-52 剪裁视频

（2）弹出【剪裁视频】对话框，如图12-53所示，设置“开始时间”和“结束时间”，或者拖动绿色、红色竖杆，单击【确定】按钮即可。

4. 视频播放控制

在如图12-54所示【视频选项】中进行视频播放设置。

（1）【开始】：两个选项（自动，单击时）。

➢ 自动：在包含视频的幻灯片显示出来后立即播放，用于自动播放PPT时。
➢ 单击时：演示者手动单击影片窗口时才播放。

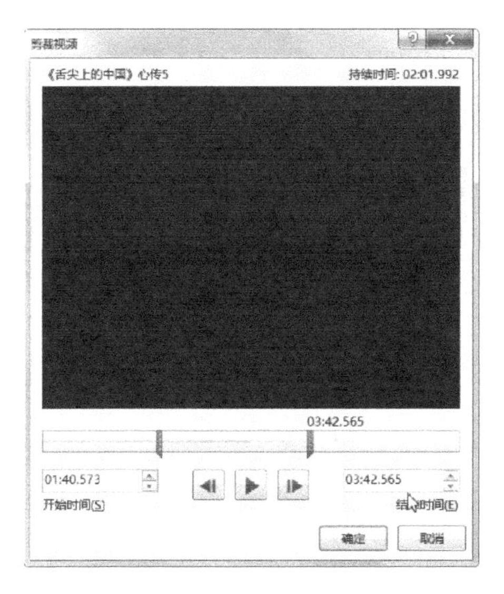

图 12-53　剪裁视频设置

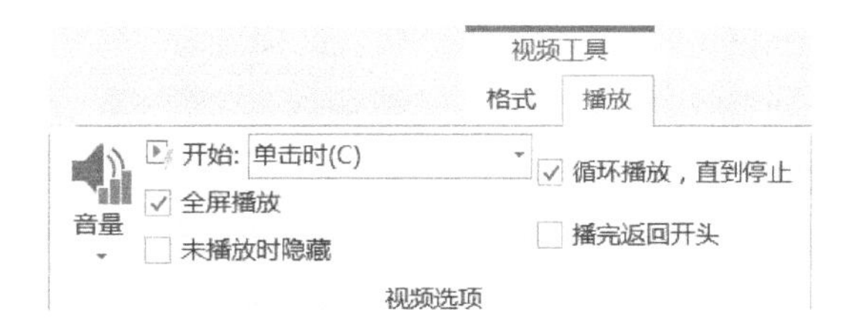

图 12-54　视频播放设置

（2）【全屏播放】：播放时自动将视频放大至全屏，播放结束返回该幻灯片。

（3）【循环播放，直到停止】：循环播放视频，直到停止。

（4）【播完返回开头】：视频播放完返回第一帧，默认是播放完在最后一帧。

（5）【音量】：可选择“低、中、高或者静音”。

相关知识

默认情况下 PowerPoint2013 支持的视频、音频文件格式如下表所示。如果插入的音视频文件系统不支持可使用格式转换软件（推荐使用“格式工厂”软件）进行格式转换。

支持的视频文件格式

文 件 格 式	扩　展　名
Windows Media 文件	.asf
Windows 视频文件（某些 . avi 文件可能需要其他编解码器）	.avi
MP4 视频文件	.mp4、.m4v、.mov
电影文件	.mpg 或 .mpeg
Adobe Flash Media	.swf
Windows Media Video 文件	.wmv

支持的音频文件格式

文 件 格 式	扩　展　名
AIFF 音频文件	.aiff
AU 音频文件	.au
MP3 音频文件	.mp3
高级音频编码 - MPEG-4 音频文件	.m4a、.mp4
Windows 音频文件	.wav
Windows Media Audio 文件	.wma

12.2.4 演示

1. 放映模式

演示文稿文件默认是编辑模式（.pptx 文件），若想打开文件就能自动放映，那就应该将制作好的 PPT 转换为放映模式（.ppsx 文件）。方法为：打开.pptx 文件，选择【文件】→【另存为】，单击【浏览】按钮，在【另存为】对话框的“保存类型”中选择“PowerPoint 放映（.ppsx）”，如图 12-55 所示。

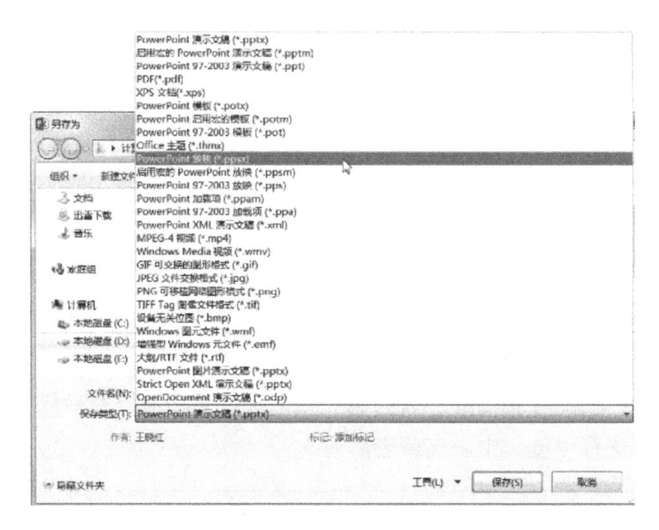

图 12-55　设置另存为.ppsx 类型

2. PPT 转换为 PDF、视频、Flash

（1）PPT 转换为 PDF。PPT 转 PDF 的方法与放置放映模式的方法一样，另存为.pdf 类型文件即可。除此之外还有另外一种方法就是“导出”，打开.pptx 文件，选择【文件】→【导出】→【创建 PDF/XPS 文档】，单击【创建 PDF/XPS】按钮，如图 12-56 所示；弹出【发布为 PDF 或 XPS】对话框，设置文件名，单击【发布】按钮即可，如图 12-57 所示。

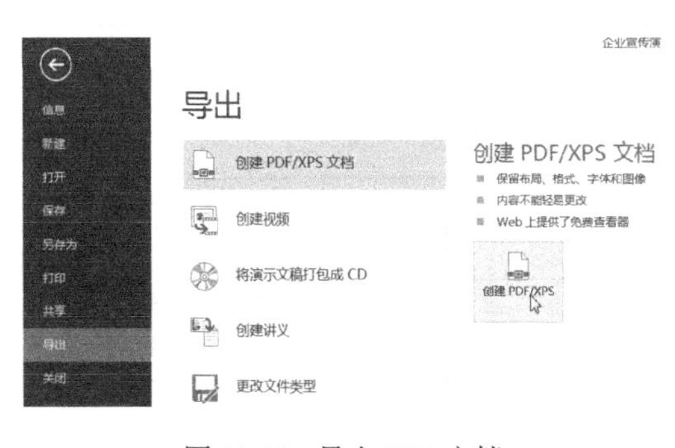

图 12-56　导出 PDF 文档

PPT 转换为 PDF 后，效果基本保持不变，只是原演示文稿中的动画全部丢失。这种方法一般适用于非动画 PPT。

（2）PPT 转为视频。相对于转 PDF，PPT 转为视频最大的特点就是能够保留 PPT 中的动画效果。方法为：选择【文件】→【导出】→【创建视频】，单击【创建视频】按钮，如图 12-56 所示。之后的操作跟前面介绍的 PPT 转 PDF 是一样的，在此不再赘述。

3. PPT 演示中的技巧

微课：演示技巧

（1）放映快捷键 F5 键。无论当前幻灯片是哪一张，按下 F5 键，直接从头放映。按“Shift+F5”组合键，从当前幻灯片开始放映。

（2）用“数字+Enter”组合键定位放映幻灯片。什么意思呢？通过一个例子说明。假如当前演示文稿共有 50 张幻灯片，当前正放映到第 3 张幻灯片，这时需要放映第 8 张幻灯片，则只需按下“8+Enter”组合键即可放映第 8 张幻灯片。

（3）放映过程中设置“白屏、黑屏、暂停放映”。假设你正在使用 PPT 对员工进行培训，讲到中间需要休息，这时只需要按下 B 键，则屏幕自动变成全黑色屏幕，若按下 W 键则变成白屏，若按下 S 键则可使 PPT 暂停放映。

（4）使用“显示”快速放映 PPT。通常情况下，都是先打开 PPT 文件，然后再放映，若想在打开 PPT 文件之前就放映该演示文稿，只需这样做：选定 PPT 文件，单击鼠标右键，在弹出的快捷菜单中选择【显示】选项即可，如图 12-58 所示。

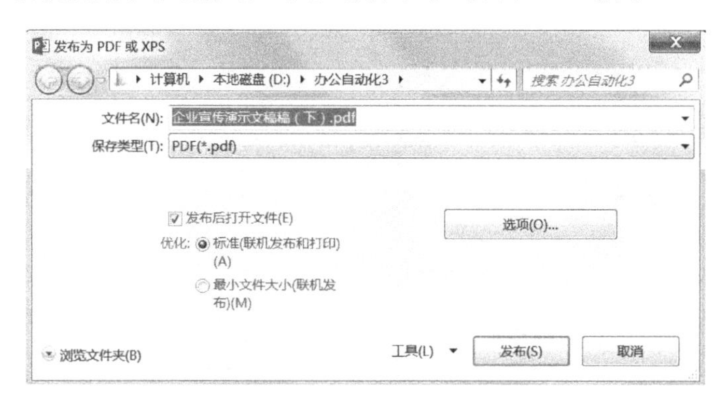

图 12-57　发布为 PDF 文档

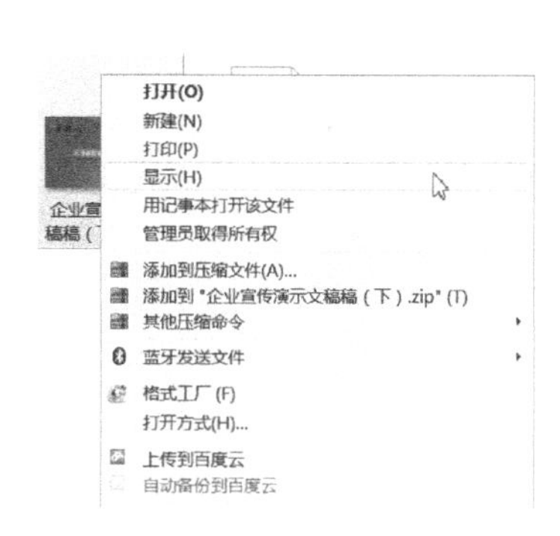

图 12-58　选择【显示】选项

拓展实训

实训 1：制作工作汇报演示文稿

为总结经验，展望未来，在新的一年即将来临之际，公司决定将于近期举行各科室年度工作总结汇报活动。工作汇报不仅要有简明条理的内容，还要配有适合的动画效果。下面就来制作一份主题鲜明、内容条理简明、新颖别致的演示文稿，效果如图 12-59 所示。制作要求如下。

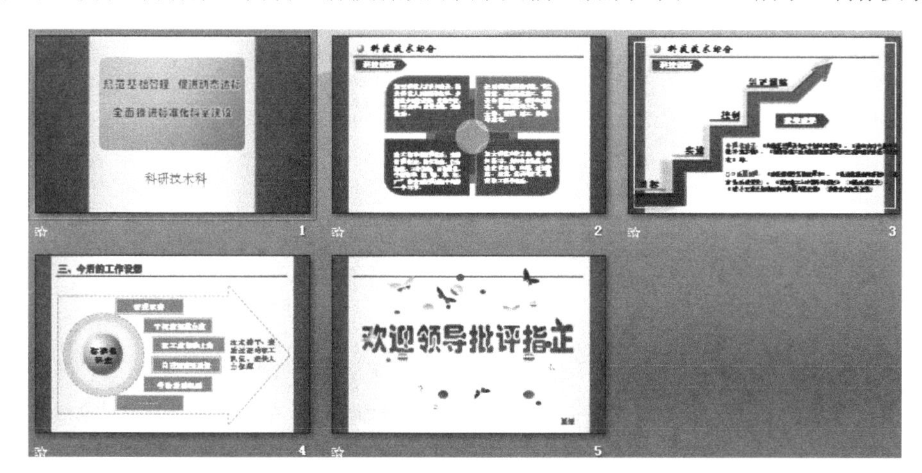

图 12-59　工作汇报演示文稿效果图

（1）汇报内容条理、简明，图文并茂。

（2）综合运用各种动画效果，为汇报锦上添花。

第 2 和第 3 张幻灯片中文字内容见配套素材。

提示　（1）标题幻灯片动画效果制作。在标题幻灯片中设置了以下对象：黄色球、具有渐变色效果的直线、两侧橘红色矩形、中间圆角矩形框及内部文字，如图 12-60 所示。幻灯片中各种对象的动画效果设置如下。

图 12-60　标题幻灯片

① 幻灯片四周的多个黄色球依次、快速缩放到屏幕中心并消失的动画效果制作。

将黄色球图片插入到标题幻灯片中，并使用复制（按“Ctrl+D”快捷键）和调整大小的方法，制作如图 12-60 所示多个大小不等的黄色球围在幻灯片四周的效果。

使用“鼠标拖动选择”和“按 Ctrl 键选择”的方法，选中所有黄色球。

选择【动画】→【高级动画】→【添加动画】→【退出】→【缩放】动画；然后设置如图 12-61、图 12-62 所示的动画效果选项。现在播放动画效果，显示所有黄球都一起缩小到屏幕中心并消失，我们要的效果是各个小球依次不断地缩小，这就需要设置每个小球动画开始和结束的时间。

图 12-61　效果设置　　　　图 12-62　计时设置

为每个小球设置动画开始和结束时间的方法。在【动画窗格】中选中所有“Picture”，单击其后的下拉按钮，弹出如图 12-63 所示的菜单，单击执行“显示高级日程表”命令，即会在每个对象后面出现橘黄色矩形，如图 12-64 所示；将鼠标放在矩形框上，拖动或放大即可调整该动画的开始时间和持续时间。这样就会制作成多个小球依次不断地缩放到屏幕中心并消失的动画效果。

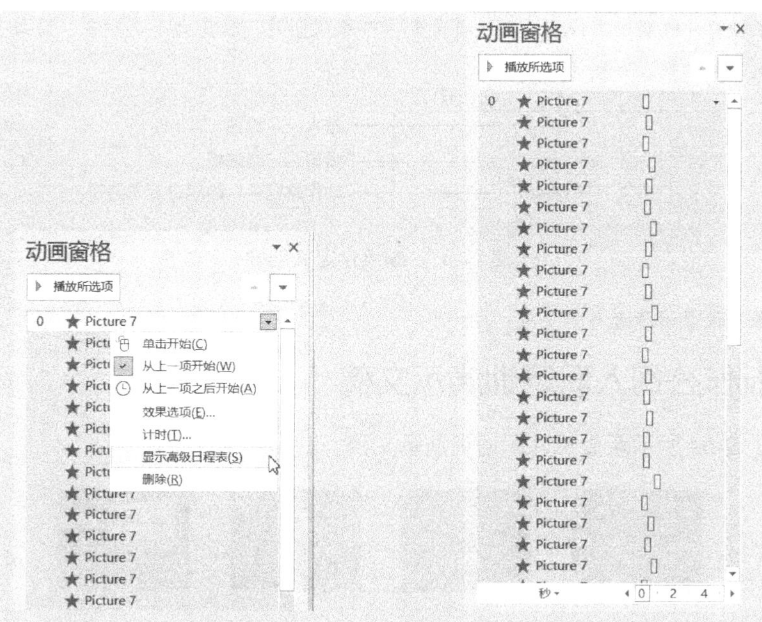

图 12-63　显示高级日程表　　　图 12-64　小球对象开始和结束时间的随机设置

标题幻灯片中其他对象的动画效果设置如图 12-65 所示。

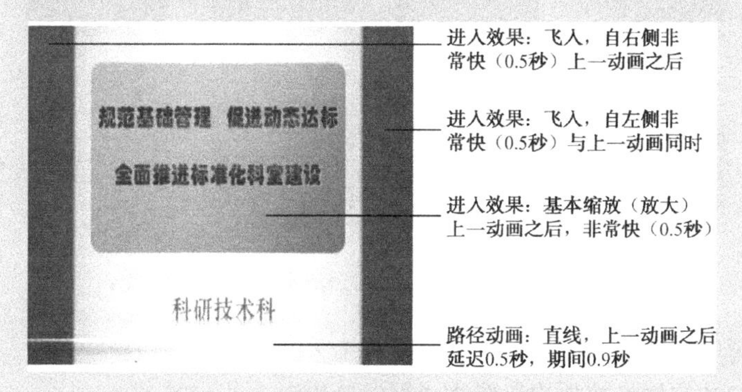

图 12-65　标题幻灯片中对象动画效果设置

（2）第 2 张幻灯片动画效果设置如图 12-66 所示。

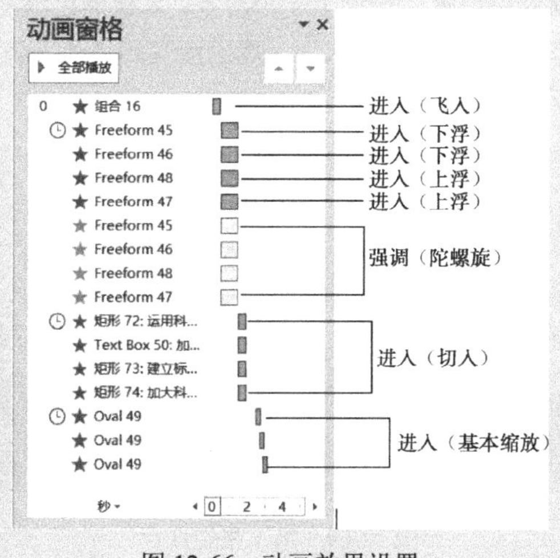

图 12-66　动画效果设置

（3）第5张幻灯片蝴蝶动画设置。插入并复制多个蝴蝶图片，改变大小和位置。为每个蝴蝶对象设置以下3种自定义动画效果，如图12-67所示。

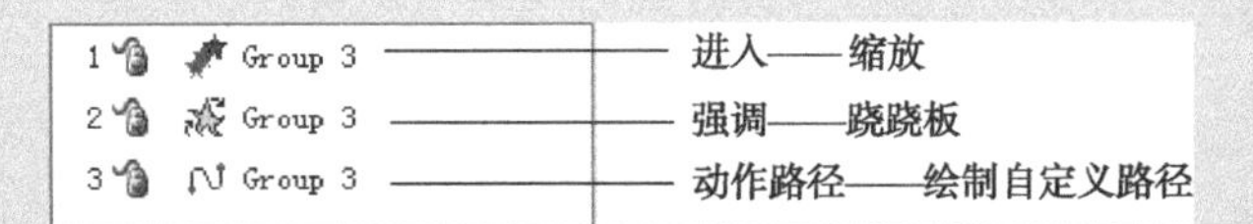

图12-67 蝴蝶自定义动画

其他动画效果设置请读者自行完成。

实训2：制作公司入职培训演示文稿

制作如图12-68所示新员工入职培训演示文稿。制作要求如下。

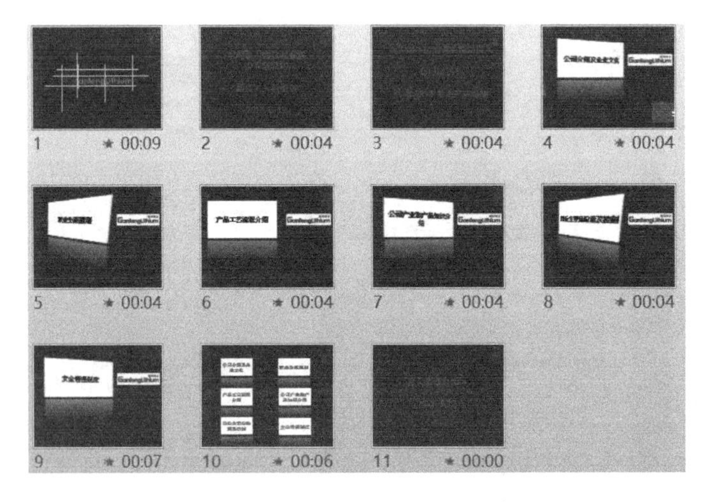

图12-68 公司入职培训演示文稿效果图

（1）幻灯片母版设置：应用内置主题“凤舞九天”。

（2）所有幻灯片的切换效果均设置为“平滑淡出”。

（3）自定义动画效果设置。

① 第1张幻灯片动画效果设置。设置了3个对象：8根黑色渐变线、8根青色线段、公司图片，如图12-69所示。动画播放次序依次为：黑色渐变线飞入、青色线段淡出、公司图片淡出的同时青色线段退出。动画效果设置如下。

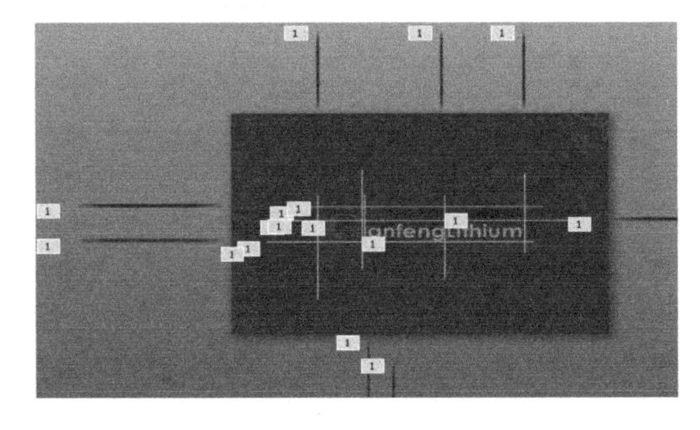

图12-69 第1张幻灯片

- 8 根黑色渐变线：分别“自右侧、自底部、自左侧、自顶部”飞入，并设置不同的持续时间。
- 8 根青色线段：进入—淡出—中速，8 个线段同时进入（“开始”设置为“与上一动画同时”）；退出—淡出—慢速，8 个线段同时退出（“开始”设置为“与上一动画同时”）。
- 公司图片：进入—淡出—中速，青色线段出现之后播放，并与青色线段同时退出。

② 第 4～9 张幻灯片动画效果相似，下面仅以第 4 张幻灯片动画设置为例进行介绍。设置了 4 个对象：白色矩形、公司图片、Lesson1、主讲人，如图 12-70 所示。对象出现的顺序依次为：白色矩形和公司图片以“缩放”效果同时进入，然后 Lesson1 和主讲人分别自左向右和自右向左同时进入，最后 4 个对象同时从左侧飞出。具体设置如图 12-71 所示。

图 12-70　第 4 张幻灯片对象设置

③ 第 10 张幻灯片动画效果设置。共有 6 个对象，动画效果均设置为：进入—淡出—非常快，依次播放，如图 12-72 所示。

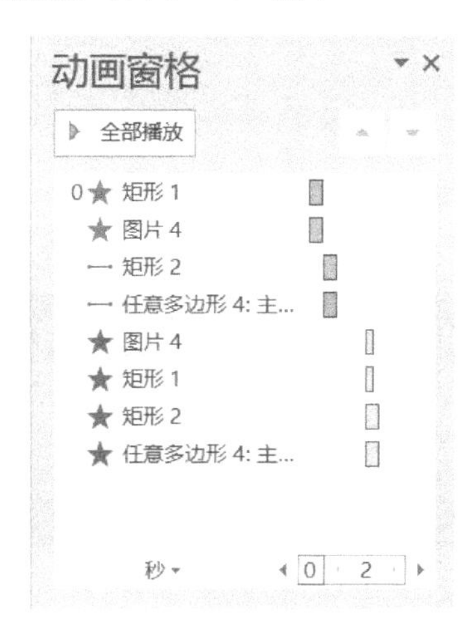

图 12-71　第 4～9 张幻灯片自定义动画设置

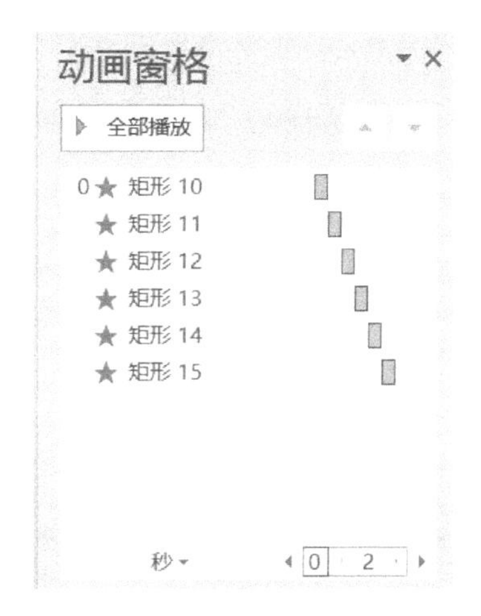

图 12-72　第 10 张幻灯片自定义动画设置

（4）按照每张幻灯片的实际播放时间进行排练计时。

（5）将演示文稿设置为循环播放。

实训 3：制作佳能 EOS 单反相机产品介绍演示文稿

制作如图 12-73 所示产品介绍演示文稿。制作要求如下。

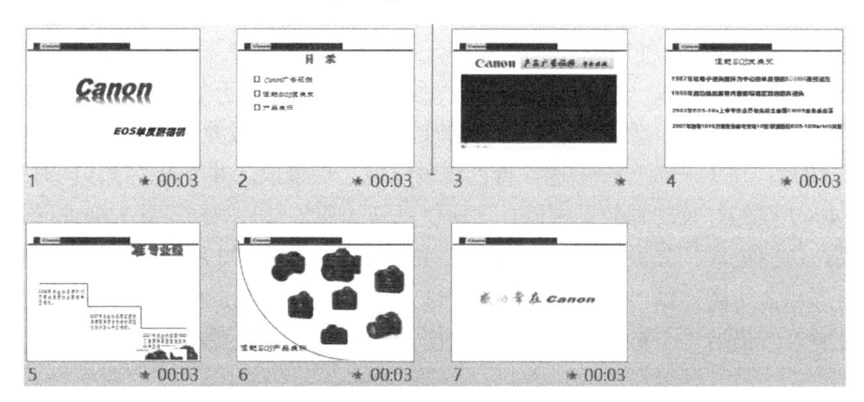

图 12-73　佳能相机产品介绍演示文稿

（1）在幻灯片中插入广告视频（播放器播放视频）。

（2）在幻灯片中插入 Flash 动画。

提示　（1）在幻灯片中插入广告视频。在幻灯片中插入视频的方法有以下两种。

方法一：直接插入视频文件播放（前后已介绍过）。这种插入视频的方法比较简单，缺点是播放过程中无法控制视频的状态，如暂停、播放、音量调节、播放进度等。

方法二：使用播放器播放。需要两步完成：插入 Windows Media Player 控件，指定播放地址。

第一步，插入“Windows Media Player”控件。切换到【开发工具】选项卡，在【控件】选项组中单击【其他控件】按钮，弹出【其他控件】对话框，在列表中选择“Windows Media Player”，如图 12-74 所示；单击【确定】按钮，光标变成十字花状，在幻灯片需要播放视频的位置拖动鼠标绘制出“Windows Media Player”控件，如图 12-75 所示。

图 12-74　【其他控件】对话框

图 12-75　插入 Windows Media Player 控件

第二步，指定“Windows Media Player”控件要播放的视频文件的地址。选中 Windows Media Player 控件，单击鼠标右键，在弹出的快捷菜单中执行【属性表】命令，弹出【属性】面板，设置 URL 属性为视频文件所在位置，如图 12-76 所示。

注意：图 12-76 中指定视频文件的位置是“\canoneos.wmv”，此处使用的是相对路径（若使用绝对路径，格式如：“F:\rw13\canoneos.wmv”）。此处的相对路径表示视频文件 canoneos.wmv 是和当前的演示文稿文件在同一个目录下。

（2）在幻灯片中插入 Flash 动画。Flash 文件因其体积小、不失真、表现力强等特点被广泛应用于网络、广告、游戏等领域，但是你知道吗，在 PPT 中也能插入 Flash 动画文件。本实训最后一张幻灯片中插入了一个 Flash 文件，具体方法如下。切换到【开发工具】选项卡，在【控件】选项组中单击【其他控件】按钮，弹出【其他控件】对话框，在列表中选择“Shockwave Flash Object”，如图 12-77 所示；鼠标变成十字形状，拖动鼠标绘制 Shockwave Flash Object 控件，如图 12-78 所示。

最后来指定“Shockwave Flash Object”控件要播放的 Flash 文件的地址，选中 Shockwave Flash Object 控件，单击鼠标右键，在弹出的快捷菜单中执行【属性表】命令，弹出【属性】对话框，设置 Movie 属性为 Flash 文件所在位置，如图 12-79 所示。

图 12-76　【属性】对话框

图 12-77　【其他控件】对话框

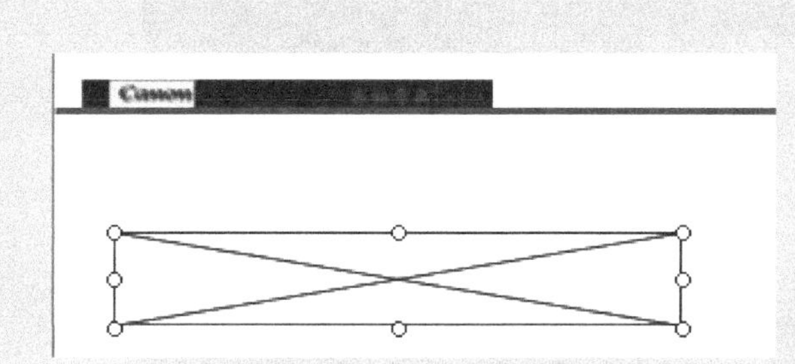

图 12-78　绘制 Shockwave Flash Object 控件

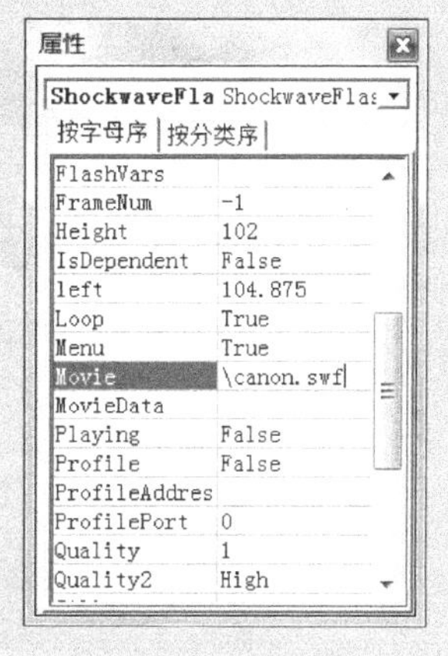

图 12-79　属性设置

使用“Shift+F5”快捷键即可欣赏本页炫丽的 Flash 动画效果，如图 12-80 所示。

感动常在 Canon

图 12-80　Flash 动画效果

综合实践

根据所学内容制作一份个人求职使用的演示文稿。要求对演示文稿的字体、段落进行合理的格式化设置，并添加动画、声音、幻灯片切换效果，使得演示文稿活泼生动、个性十足、有吸引力。

任务13 使用 Photoshop 制作公益海报

办公中，经常需要对图像进行处理，如颜色校正、颜色润饰、瑕疵修复，以及抠图、制作艺术字、制作海报招贴画、界面设计等。然而，Office 自带图像处理工具功能较弱，为了获得更好的图像处理效果，需要引入专业图像处理工具。Photoshop 作为一款功能强大的图像处理软件，已广泛应用于平面设计、照片修复处理、广告摄影、影像创意、艺术文字、视觉创意、界面设计等领域，是目前公认的最佳图像设计与制作工具之一。本任务以 Photoshop CS5 为版本，通过公益海报制作介绍 Photoshop 的基本概念、基本操作，旨在让读者掌握图像处理的一些主要技术、过程和方法。“公益海报”效果图如图 13-1 所示。

图 13-1 “公益海报”效果图

13.1 任务情境

无论是逛街、等地铁，还是上网浏览，精彩的海报都会让你驻足或瞩目，甚至让你过目难忘。公益广告作为诸多海报中的一种，醇朴而富有寓意，启发人们思考，使人们在无意中关注其宣扬的精神、执行其倡议的行动，有着很强的教育意义。最近，小王所在单位参加了市里开展的“低碳生活，绿色家园，保护环境”主题活动，小王正在积极响应此项活动。由于在大学期间学习了 Photoshop 软件，所以小王主动承担起了以“低碳生活-绿色家园”为主题的公益海报设计制作任务。下面就跟着小王一起开始设计吧。

知识目标

- 基本工具的使用；
- 蒙版概念及应用；

- 选区的概念及操作；
- 图层的概念及操作；
- 图层样式与图层混合模式；
- 抠图方法；
- 通道概念及应用；
- 艺术字制作；
- 图像调整；
- 滤镜及应用。

能力目标

- 了解选区、图层、通道、蒙版等概念；
- 能够根据图片特点选择有效的抠图方法进行快速抠图；
- 能够应用图层混合模式设计丰富的图层合成效果；
- 能够使用图层样式设置艺术效果文字等；
- 能够灵活应用通道、蒙版、滤镜等进行设计；
- 能够对图片进行校色、调色等修饰和美化。

13.2 任务分析

13.2.1 制作过程图解

1. 橘子鱼缸

（1）橘子鱼缸效果图如图 13-2 所示。

图 13-2　橘子鱼缸效果图

（2）步骤分解如图 13-3～图 13-10 所示。

① 获取橘子原始图片。　② 把橘子抠出，去掉白色背景。　③ 在橘子下方添加阴影。

图 13-3　橘子原图　　图 13-4　抠出橘子　　图 13-5　在下方添加阴影

④ 抠去橘子瓤。 ⑤ 将海水和鱼的图片放入橘子中。 ⑥ 获取水花原始图片。

图 13-6　抠去橘子瓤　　图 13-7　将图片放入橘子中　　图 13-8　水花原图

⑦ 抠出水花。 ⑧ 将水花效果放入鱼缸中，橘子鱼缸制作完成。

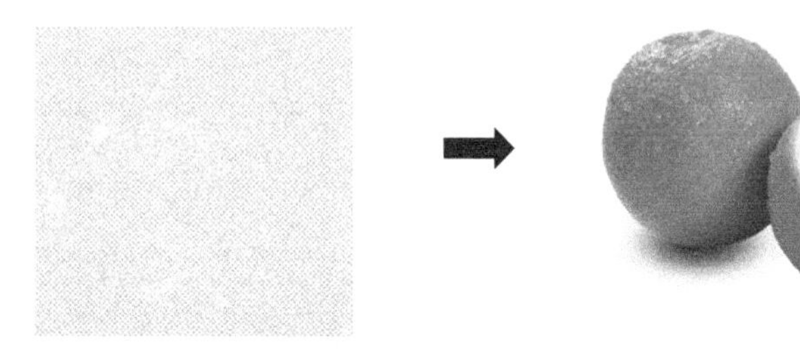

图 13-9　抠出水花　　图 13-10　将水花放入鱼缸

2. 海报背景

（1）海报背景效果图如图 13-11 所示。

图 13-11　海报背景效果图

（2）步骤分解如图 13-12～图 13-19 所示。

① 获取蓝天白云和青草小花图片。

图 13-12　蓝天白云图片

图 13-13　青草小花图片

② 去除青草小花图片下方的文字水印。

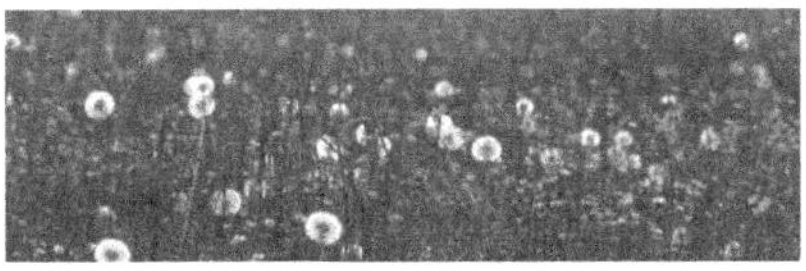

图 13-14 去除文字水印后

③ 将两张图片无缝融合为一张图片。

图 13-15 无缝融合后图片

④ 制作刷子涂抹效果。

图 13-16 刷子涂抹效果

⑤ 放入绿色艺术图片。

图 13-17 底部放入图片

⑥ 左侧放入蓝色和绿色刷子。

图 13-18 去除文字水印后

⑦ 加上文字，完成海报背景制作。

图 13-19 加上文字后效果

13.2.2 包含的知识要点

1. 橘子鱼缸知识要点

- 抠图方法与技巧；
- 常用工具的使用方法与技巧；
- 图层的概念与基本操作；
- 图层蒙版的应用；
- 通道的概念与应用。

2. 海报背景知识要点

- 巧妙去除文字水印的方法；
- 图层混合模式；
- 图层蒙版的应用；
- 文字添加与美化。

13.3 任务实现：使用 Photoshop 制作公益海报

13.3.1 抠图

制作海报之前，首先要对相关素材进行抠图处理。

1. 抠图及抠图方法

抠图是指将所需对象从背景中抠出来，是图像处理中常用的技法。抠图包含两层含义：首先采用一种选择方法制作选区，选中需抠出对象；然后通过选区将对象从背景中分离出来，放在单独的图层上。可见，抠图的核心在于选择。

Photoshop 提供了非常多的抠图工具、抠图命令和选择方法，采用什么工具或方法抠图需根据图像各自的特点。下面对几种常用抠图工具和方法进行介绍和分析。

（1）磁性套索工具。磁性套索工具能够自动检测和跟踪对象的边界，并自动黏附在图像边界上，它可以快速选择边缘复杂、背景对比清晰的对象。过程如图 13-20～图 13-22 所示。

图 13-20　使用磁性套索工具套选选区

图 13-21　形成选区选中对象

图 13-22　抠出对象

注意： 在图 13-21 中，花周围一圈闪烁的边界线，称为“蚁行线”，表示选区边界内部的图像被选择。在图 13-22 中，背景为灰白棋盘格，它标识了图层的透明区域，即背景为灰白棋盘格的便是抠出后的图像。

相关知识

选区：建立选区是指分离图像的一个或多个部分。通过选择特定区域，可以编辑效果和滤镜并将效果和滤镜应用于图像的局部，同时保持未选定区域不会被改动。由此可见，选区是用来定义操作范围的。有了它的限定，我们就可以对局部图像进行处理，如果没有选区，则编辑操作将对整个图像产生影响。上面所说的闪烁的蚁行线圈起的部分即为选区。获得选区的方法很多，如套索、魔棒、色彩选择等。

总之，选区是进行 PS 工作的第一步，也是最重要的一步，可以说，没有正确的选区就没有后面的各种操作和处理。

（2）魔术棒工具。魔术棒工具是最直观的抠图方法，是通过删除背景色来抠出图像的。它能够基于图像的颜色和色调差异建立选区，当背景颜色变化不大，对象轮廓清楚且与背景色之间有一定差异时，使用该工具可以快速将其选中抠出。

练习举例： 抠出下图中花枝和花朵。①点击左侧工具箱中“魔术棒工具”，连续单击背景区域，如图 13-23 所示；②直到把所有背景区域都选中并连成一片，如图 13-24 所示；③使用快捷键“Shift+Ctrl+I”对当前选区进行反选，即可选中需抠出图像，如图 13-25 所示。

图 13-23　选取部分背景

图 13-24　选取整个背景

图 13-25　选取需抠出图像

（3）“色彩范围”命令。色彩范围命令能根据图像的颜色范围创建选区。它与魔术棒工具有着很大的相似之处，但该命令提供了更多的控制选项，因此，选择精度更高。其抠图原理是，使用颜色吸管拾取背景色，根据颜色范围创建选区，抠出图像。

（4）“调整边缘”命令。调整边缘命令既能抠图，也能编辑选区。它可以有效识别透明区域、毛发等细微对象，还能对选区进行羽化、收缩、扩展、平滑等处理。

（5）通道。通道是最强大的抠图工具，特别适合抠取细节复杂的对象，如毛发、烟雾、婚纱等透明的对象以及被风吹动的旗帜、高速行驶的汽车等边缘模糊的对象。通道抠图属于颜色抠图方法。

以上方法有的较为复杂，后面将通过具体应用，详细介绍其实现方法。除此之外还有许多抠图方法，如，橡皮擦工具、钢笔工具、快速蒙版、抠图插件等，由于篇幅原因在此不再介绍。

2. 使用魔术棒工具抠出橘子图像

（1）使用 Photoshop 打开图像文件“橘子原图.jpg”。方法：选中“橘子原图.jpg”文件，单击鼠标右键，在弹出的快捷菜单中选择 打开方式(H) ▸ Adobe Photoshop CS5 。

（2）分析图像特点选择抠图工具。图像整个背景颜色变化不大，需要选取的橘子对象轮廓清晰，与背景色之间有一定差异，适合使用操作简单的魔术棒工具。具体步骤如下。

① 单击选取左侧工具箱中的魔术棒工具，菜单栏下方即显示该工具的属性栏，在使用魔术棒工具抠图之前，需要首先对其属性（选项）进行设置。

② 将“容差”选项设置为“20”；勾选“消除锯齿”和“连续”选项，如图 13-26 所示。

图 13-26　魔术棒工具及其功能选项

相关知识

（1）容差：容差是影响魔术棒工具性能最重要的选项，它决定了什么样的像素能够与选定的色调（单击点）相似。当该值较低时，只选择与鼠标单击点像素非常相似的少数颜色；该值越高，对像素相似程度的要求越低。

（2）连续：选中该选项，表示魔术棒工具只选择与单击点处相连接的符合要求的像素；如果取消该选项，则会选择整个图像范围内所有符合要求的像素，包括没有与单击点连接的区域内的像素。

以上两个选项都与单击点的像素有关，读者在操作时要注意单击时鼠标的位置。

③ 光标变为“⁂”，在白色背景处单击一下鼠标，即选中如图13-27所示的白色背景区域。再连续单击橘子下方的灰色背景区域，如图13-28所示；直到除橘子之外的背景区域都被选中，如图13-29所示。

图13-27　选中白色背景区域

图13-28　选中灰色背景区域

图13-29　选中整个背景效果

④ 现在已选中除橘子之外的其他区域，下面只要反向选择一下，即可选中橘子。方法：在【选择】菜单中执行【反向】命令（或使用快捷键“Ctrl+Shift+I”），如图13-30所示，即可选中橘子，如图13-31所示。

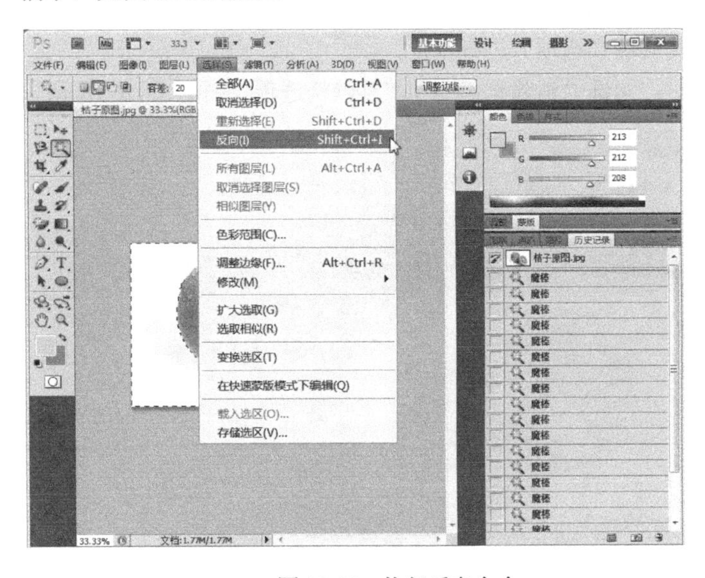

图13-30　执行反向命令

图13-31　选中橘子对象

⑤ 使用“Ctrl+C”组合键复制已选中的橘子对象，新建一个Photoshop文件，按“Ctrl+V”组合键将橘子复制到新文件中，使用“文件”菜单下的“存储为”命令保存文件为“橘子抠后.png”。

完成抠图。

3. 使用通道快速抠出透明水花

在 Photoshop 中打开图像文件“水花.jpg”。（方法：启动 Photoshop，执行“文件”菜单下的“打开”命令，找到该文件，打开即可。）因水花图像细节较为复杂，最适合使用通道抠取。使用通道抠取图像的步骤如下。

（1）在右侧面板区中单击“通道”，切换到“通道”面板，如图 13-32 所示。若当前没显示通道面板，可执行“窗口”菜单下的“通道”命令将其显示出来。

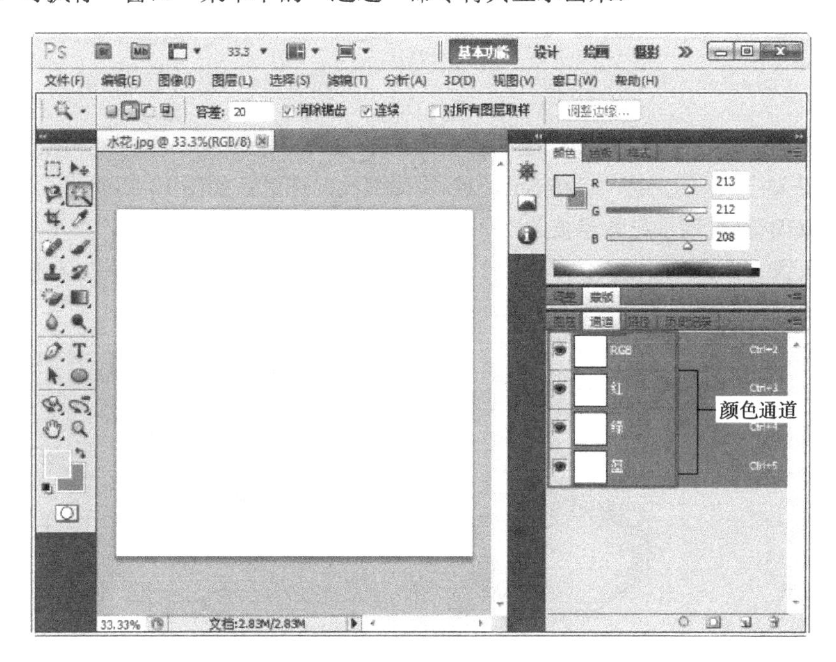

图 13-32　切换到“通道”面板

> **相关知识**
>
> 通道：图层、蒙版和通道是 Photoshop 的三大核心功能，后面依次会介绍到。通道主要用于保存图像的颜色信息或选区。打开一个图像时，Photoshop 会自动创建该图像的颜色信息通道，如 RGB 图像有红色、绿色、蓝色 3 个颜色通道，它们分别保存了当前图像的红、绿、蓝 3 种色光，它们按照不同的比例混合便生成了绚丽的色调，暗的区域表示对应的颜色较少，如果要在图像中增加某种颜色，将相应的通道调亮即可；要减少某种颜色，则将相应的通道调暗。

（2）分别单击查看“颜色道道”中的“红”、“绿”、“蓝”3 个通道中的图像，比较哪个通道中的水花轮廓最明显。经比较红色通道中的轮廓最明显，单击选中红色通道。

（3）复制红色通道。将红色通道拖动到通道面板右下方“创建新通道”按钮上，即可复制该通道，如图 13-33 所示。

（4）调整“红 副本”图像的色阶，使对比度更强烈。执行菜单【图像】→【调整】→【色阶】命令（或使用“Ctrl+L”快捷键），弹出【色阶】对话框，拖动“输入色阶”下方滑块调整色阶增强对比度，如图 13-34 所示。单击【确定】按钮。

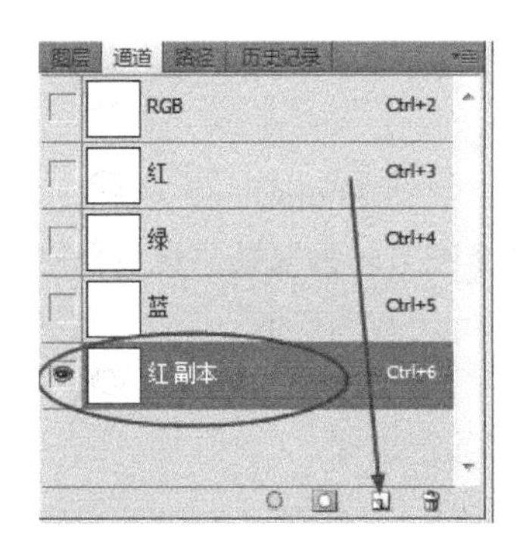

图 13-33　复制红色通道

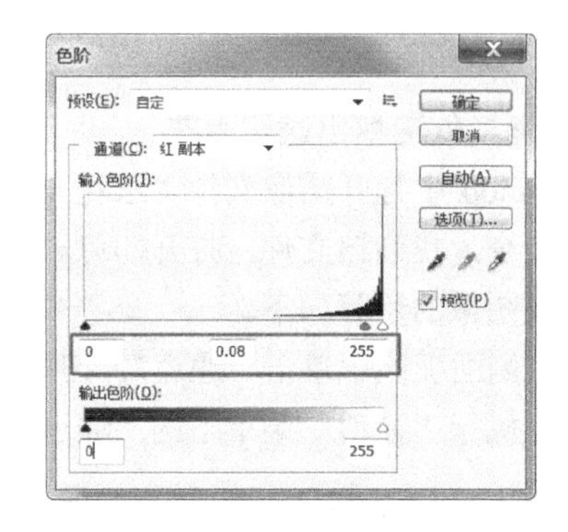

图 13-34 【色阶】对话框

（5）按住 Ctrl 键的同时，单击通道面板下的“红 副本”通道，即可载入选区，如图 13-35 所示。按“Ctrl+Shist+I”快捷键反向选区，如图 13-36 所示。单击“通道”面板下的“RGB”，看到水花图像被选出。

（6）切换到“图层”面板，按“Ctrl+J”快捷键复制选区并新建一个图层，将抠出的水花放在新建图层的对应位置，如图 13-37 所示。

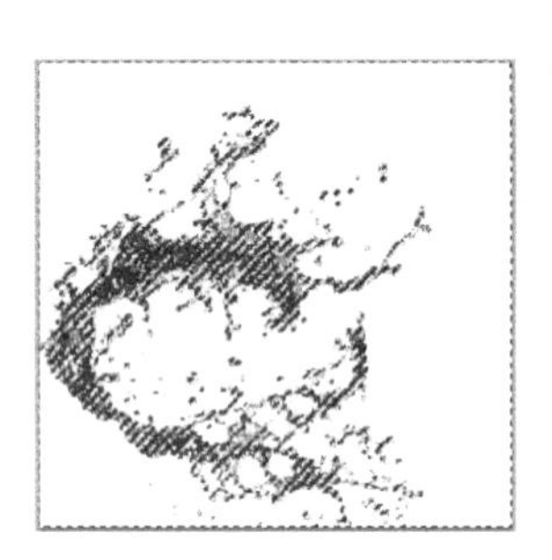

图 13-35　载入选区

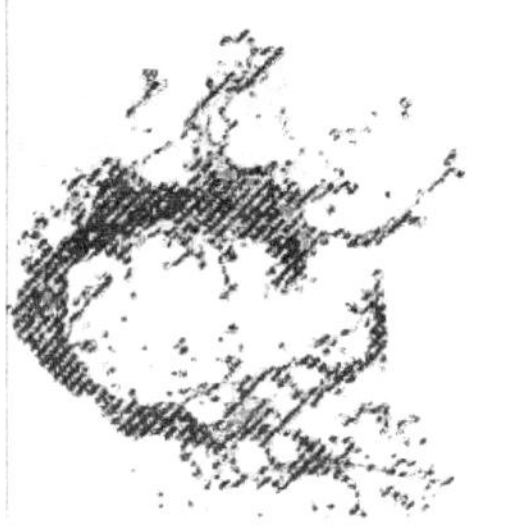

图 13-36　反向选区

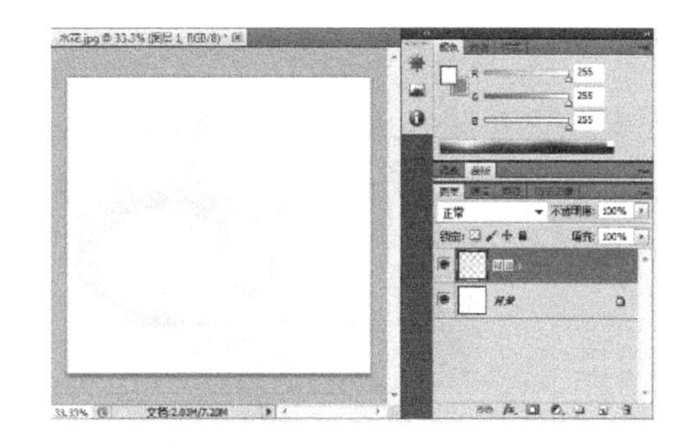

图 13-37　将选区复制到新建图层中

（7）选中“背景”层，单击右下方的“删除图层”按钮，如图 13-38 所示。在弹出的对话框中选择【是】，即可删除“背景”图层。

（8）执行菜单【文件】→【存储为】命令，将抠出的水花另存为“抠出的水花.png”文件。

13.3.2　制作橘子鱼缸

1. 为橘子添加阴影效果

（1）启动 Photoshop，执行【文件】→【新建】命令，弹出【新建】对话框，进行如图 13-39 所示设置（名称、宽度、高度、背景内容等），单击【确定】按钮，即可新建一个 Photoshop 文件，如图 13-40 所示。

（2）在 Photoshop 中打开“橘子抠后.png”文件，按“Ctrl+A”快捷键选中橘子图像，再按“Ctrl+C”快捷键复制图像。切换到新建的“橘子鱼缸”文件下，按“Ctrl+V”快捷键将复制的图像粘贴到当前文件中，结果如图 13-41 所示。可见，除之前的“背景”图层外，系统自动新建了一个图层，被粘贴过来的橘子图像被放在了这个新建图层上。

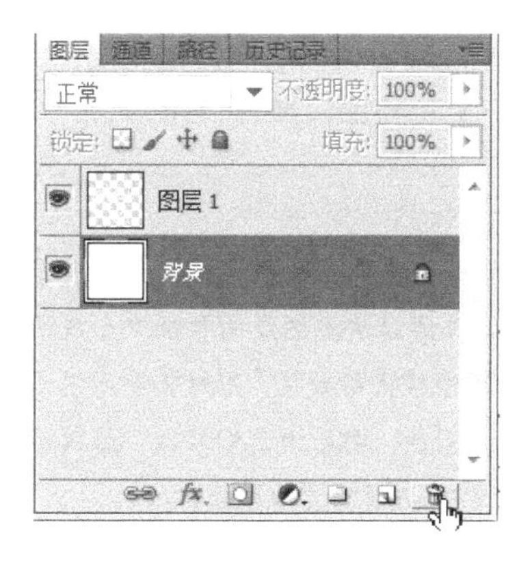

图 13-38　删除背景图层

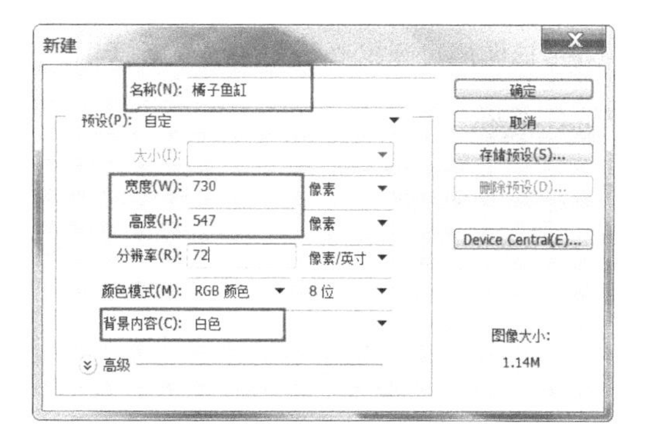

图 13-39　【新建】对话框

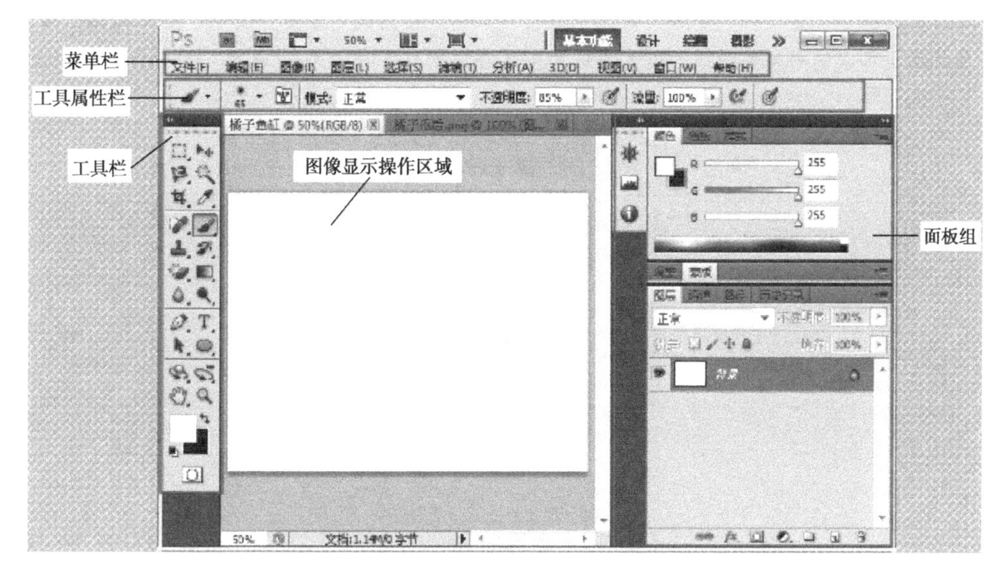

图 13-40　新建 PS 文件

图 13-41　将抠出的橘子图像粘贴到当前文件中

注意：在图 13-41 中，“背景”图层后方有一个🔒标志，说明该图层为锁定图层，不能被编辑；双击该图层，弹出“新建图层”对话框，单击【确定】按钮即可解锁该图层。

相关知识

图层：在 Photoshop 中，一幅作品往往是由多个图层组成的，一个文件中的所有图层都具有相同的分辨率、颜色模式以及通道数。每个图层中用于放置不同的图像，并通过这些图层的叠加来形成所需的图像效果，用户可以独立地对每个图层中的图像进行编辑或添加图像样式等效果，而对其他图层没有任何影响。当删除一个图层中的图像时，该区域将显示出下层图像。因此，图层为我们修改、编辑图像提供了极大的灵活性与方便性，可以任意修改一个图层中的图像，而不必顾虑其他图层。

通俗地讲，图层就好像是一个含有文字或图形等元素的透明“玻璃”，一张张按顺序叠放在一起，把图像的不同部分绘制于不同的图层中，叠放在一起便形成了一幅完整的图像。

对图层的操作主要是在“图层”面板中进行，如创建、隐藏、显示、复制、删除图层，更改图层顺序等，还可以使用调整图层、填充图层和图层样式创建各种效果。“图层”面板介绍如图 13-42 所示。

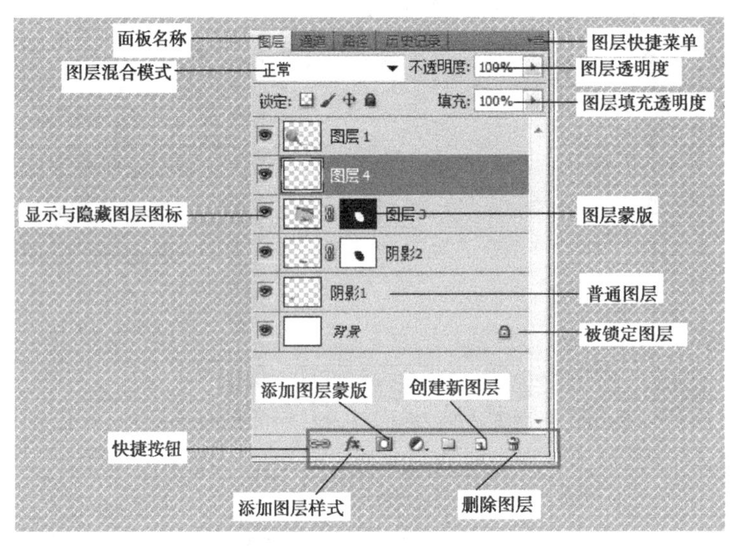

图 13-42　图层面板

（3）在橘子下方添加阴影效果。

① 单击图 13-42 右下方“创建新图层”按钮，创建一个新图层，双击图层名称，将新建图层名称改名为“阴影 1”。

② 单击选择左侧工具栏中的“画笔工具”，设置前景色为黑色（双击进行颜色设置），在出现的该工具属性栏中，点开“画笔预设选取器”设置画笔的大小、硬度等属性，设置“不透明度”值为“85%”，如图 13-43 所示。

③ 在左侧橘子下方单击一下鼠标，出现一个小黑圈，如图 13-44 所示。

④ 按“Ctrl+T”快捷键进行图像自由变换，如图 13-45 所示。拖动四周的控点改变选定图像的大小，拖动可改变位置。设置好大小和位置后，按回车键应用变换（这点要注意，不敲回车键确认，则不能继续进行其他操作）。

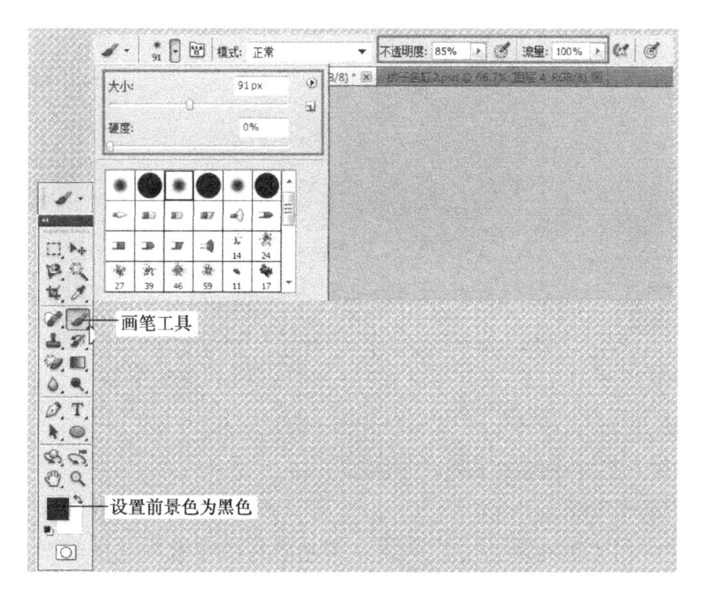

图 13-43　画笔属性设置

图 13-44　单击绘制小黑点

图 13-45　图像自由变换

⑤ 选中图层“阴影 1”，按住鼠标左键将“阴影 1”拖动到“橘子”图层下边，如图 13-46 所示。可以看到橘子图层遮盖住了部分下层的阴影，如图 13-47 所示。

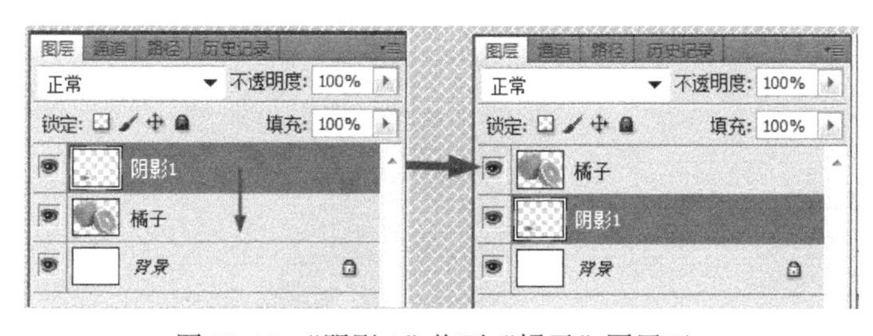

图 13-46 “阴影 1”拖至“橘子”图层下

图 13-47　橘子下方阴影效果

⑥ 在橘子图层下方新建一个图层，命名为“阴影 2”。使用画笔工具在右侧橘子下方画一个长方形的黑点，如图 13-48 所示。

⑦ 执行菜单【编辑】→【变换】→【变形】命令，出现如图 13-49 所示“九宫格”，拖动各个控点和切面点调整图像形状，将图层面板中的“不透明度”值设置为“88%”(减淡颜色)，如图 13-49 所示。

图 13-48　阴影

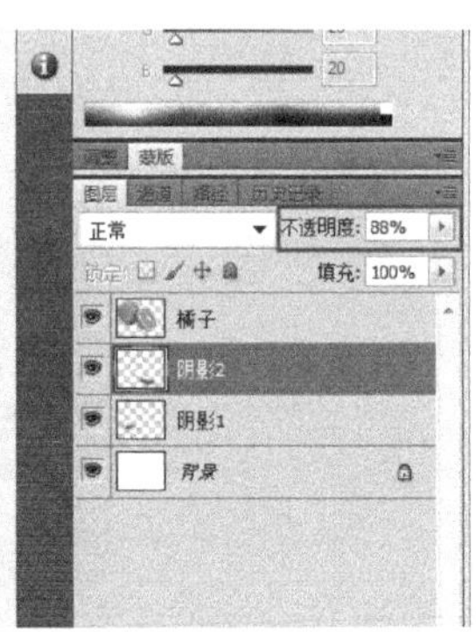

图 13-49　变形

2. 抠出橘子瓤

使用“磁性套索”工具抠出橘子瓤，步骤如下。

① 单击选中“橘子”图层。

② 选取工具栏中的“磁性套索”工具，若当前是“套索”工具，可按住鼠标左键不动，在出现的列表中选择 磁性套索工具 ，如图 13-50 所示。（其他工具如是。）

③ 使用拖动鼠标，沿橘子皮内边缘走动，会自动吸附橘子皮和橘子瓤相接部分，如图 13-51 所示，直到形成闭合的圆，双击起点处，形成选区，如图 13-52 所示。

图 13-50　工具选择

图 13-51　使用磁性套索工具套取选区

④ 按 Delete 键，将选区部分删除，如图 13-53 所示。

图 13-52　形成选区

图 13-53　删除橘子瓤

⑤ 不要取消选区（选区即外围“蚁行线”圈选内容），为了后面需要，在此，根据当前选区建立一个蒙版（后面讲述为什么）。方法如下。

选中“橘子”图层，单击“图层面板”下方的“添加矢量蒙版”按钮，即可根据当前选区创建一个蒙版，如图 13-54 所示。这时会发现橘子消失了，这是因为被刚刚创建的蒙版遮盖住了。（可以看到，所建蒙版由黑色和白色两块区域，黑色部分为受保护区域，白色部分可进行编辑。所以，黑色部分的橘子被遮盖住了。）

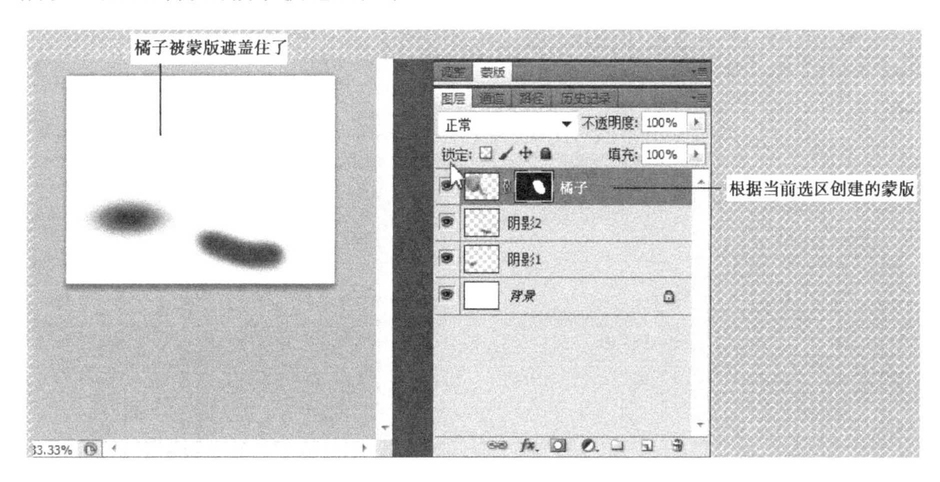

图 13-54　根据当前选区创建蒙版

将橘子显示出来。操作方法：选中蒙版，按“Ctrl+I”快捷键进行反向，结果如图 13-55 所示。对比前后两个蒙版的区别，发现：图 13-54 中的蒙版，背景色是黑色，选区部分是白色。反向后的蒙版，颜色反过来了。

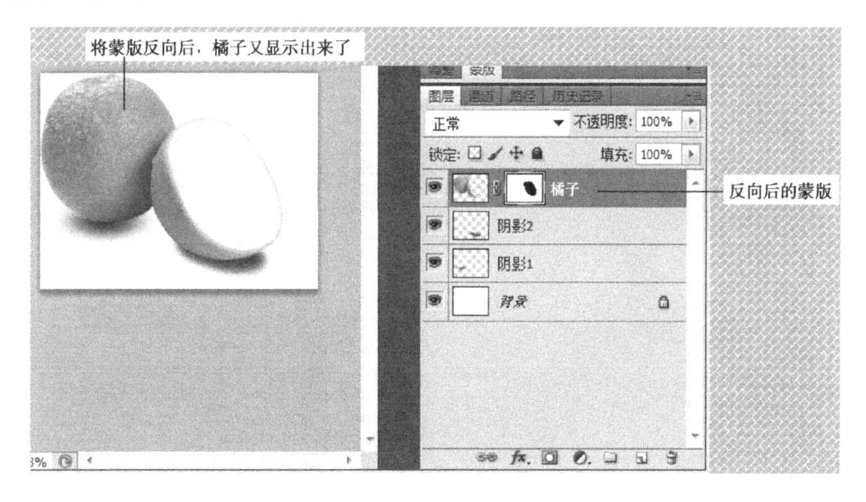

图 13-55　将蒙版反向后效果

相关知识

历史记录

Photoshop 中，用户的每步操作都有记录，通过“历史记录”面板可以返回操作过的任意一步，如图 13-56 所示。可以看到，之前进行过的每步操作，都记录在了历史记录中，可以单击任意步骤回到那时的状态。若当前无“历史记录”面板，可通过“窗口”菜单将其显示出来。

取消选区的快捷键为“Ctrl+D”。

3. 将海洋和鱼图片放入橘子中，形成橘子鱼缸效果

（1）切回到“图层”面板。

（2）在 Photoshop 中打开“海洋和鱼.jpg”图像。

（3）依次按“Ctrl+A”、“Ctrl+C”快捷键选定和复制图像。

（4）回到“橘子鱼缸”文件，按“Ctrl+V”快捷键，将图像复制到文件中，如图 13-57 所示。将图层名称改为“海洋和鱼”。

图 13-56 “历史记录”面板

图 13-57 将海洋和鱼图像复制到文件中

（5）将“海洋和鱼”图层拖至“橘子”图层下方，如图 13-58 所示。

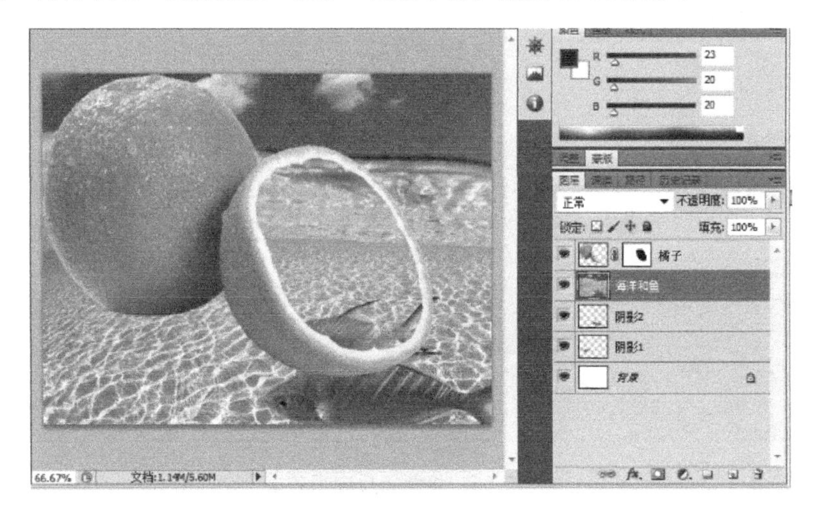

图 13-58 交换图层

（6）在“海洋和鱼”图层下，按“Ctrl+T”快捷键，改变图片大小和位置，如图 13-59 所示。按回车键确定更改。

（7）单击选中上面创建的蒙版，按住 Alt 键拖动鼠标至“海洋和鱼”图层，松开鼠标，就会复制一个蒙版到“海洋和鱼”图层，如图 13-60 所示。按“Ctrl+I”快捷键反向蒙版，效果如图 13-61 所示。

图 13-59　图片自由变换

图 13-60　复制蒙版

相关知识

蒙版

“蒙版”一词源自于摄影，是指用来控制照片不同区域曝光的传统暗房技术。Photoshop 中的蒙版与曝光无关，但它借鉴了区域处理这一概念。在 Photoshop 中，蒙版是一种用于遮盖图像的工具，我们可以用它将部分图像遮住，从而控制画面的显示内容。这样做并不会删除图像，而只是将其隐藏起来，因此，蒙版是一种非破坏性的编辑工具。

（1）蒙版是一种特殊的选区，但它的目的并不是对选区进行操作，相反，而是要保护选区不被操作。同时，不处于蒙版范围的地方则可以进行编辑处理。

（2）可以直接用选区创建蒙版，也可以用画笔涂抹。

（3）蒙版和其图像具有相同的大小。

（4）蒙版是一个灰度图像，其黑色部分，对应位置的图像变成透明；白色部分，对应位置的图像不变；灰色部分，对应位置的图像就要根据它的程度变成半透明。也就是说，蒙版的黑色区域可以隐藏像素（遮盖图像），白色区域对应位置正常显示图像。

4. 放入已抠好的水花图像

将已抠好的水花图片放入橘子鱼缸中，如图 13-62 所示。

图 13-61　反向蒙版

图 13-62　将水花图片放入鱼缸中

5. 将文件另存为“橘子鱼缸.png”

注意是“另存为”，原“橘子鱼缸.psd”文件保留，以备编辑修改之需。

13.3.3 制作海报背景

1. 去除素材图片中的文字水印

图片处理过程中，难免要在网上下载一些素材图片。但往往这些图片都会带有水印，至使我们无法使用。下面将通过去除“绿地”图片中的文字水印，讲解 Photoshop 中常用的几种去除文字水印的方法。

在 Photoshop 中打开“绿地.jpg”图像文件，可见图像左下方有文字水印，如图 13-63 所示。

图 13-63 带有水印的图片

方法一：使用仿制图章工具去除水印。

（1）选取工具栏中的“仿制图章”工具。

（2）取点采样。在无文字区域中选取与水印处色彩和图案相似的点，按住“Alt”键进行采样，如图 13-64 所示。

图 13-64 取点采样

（3）在窗口上方工具属性栏中可以设置图章大小、硬度、不透明度等属性，如图 13-65 所示。

（4）然后拖动鼠标，在文字区域处进行涂抹，以复制和覆盖文字，如图 13-66 和图 13-67 所示。采用同样的方法去除图中右下方水印。

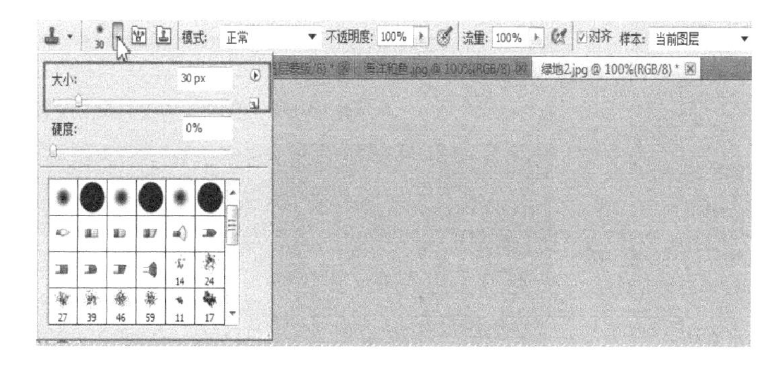

图 13-65　仿制图章属性设置

图 13-66　涂抹

图 13-67　去除水印后效果

方法二：使用修补工具去除水印。

（1）在工具栏中选取“修补工具”，如图 13-68 所示。

（2）在上方属性栏中，选择修补项为“源”，关闭“透明选项”，如图 13-69 所示。

（3）用修补工具框选水印文字，如图 13-70 所示。将框选文字拖动到无文字区域中色彩和图案相似的位置，松开鼠标完成复制，如图 13-71 所示。完成修补，去除水印。

注意：修补工具具有自动匹配颜色的功能，复制的效果与周围的色彩较为融合，这是仿制图章工具所不具备的。

方法三：使用修复画笔工具去除水印。操作方法与仿制图章工具相似。按住“Alt”键，在无文字区域点击与其色彩和图案相似的地方采样，然后在文字区域拖动鼠标复制以覆盖文字。只是修复画笔工具与修补工具一样，也具有自动匹配颜色的功能，可根据需要进行选用。

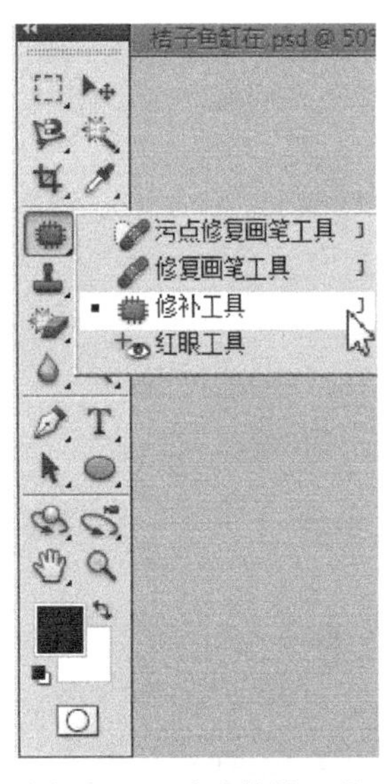

图 13-68　选取修补工具

图 13-69　修补工具的属性设置

图 13-70　使用修补工具框选水印文字

图 13-71　将框选文字拖动到相似位置

2. 将两幅图像无缝融合

（1）新建一个 PS 文件，设置大小为“1000×600 像素”，背景色为白色，文件命名为“蓝天草地融合.psd”。

（2）分别在 PS 中打开“蓝天.jpg”和“草地去水印后.jpg”图像文件，将两幅图像复制粘贴到新建文件“蓝天草地融合.psd”中。

（3）分别在两个图层使用“Ctrl+T”快捷键对两幅图像进行大小和位置调整，如图 13-72 所示。注意：将上面图片设置得长些，使两幅图片有叠加。

图 13-72　调整图像大小和位置

（4）在“图层 2”下，单击“图层”面板上方的“设置图层的混合模式”列表框，打开混合模式列表，将混合模式设置为“正片叠底”，如图 13-73 所示。

（5）选取工具栏中的“矩形选框工具” ，拖动鼠标选取如图 13-74 所示区域。

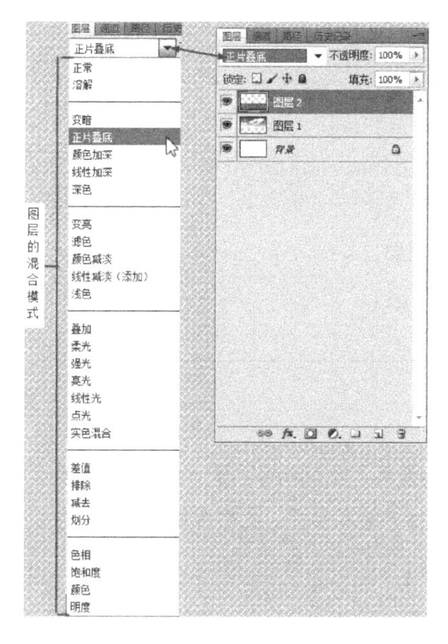

图 13-73 图层混合模式

图 13-74 制作矩形选区

（6）执行菜单栏中的【选择】→【调整边缘】命令，在打开的“调整边缘”对话框中设置“羽化”值为 6 像素，如图 13-75 所示。按“Delete”键，删除选区内的图像，按“Ctrl+D”快捷键取消选区，图像窗口效果如图 13-76 所示。

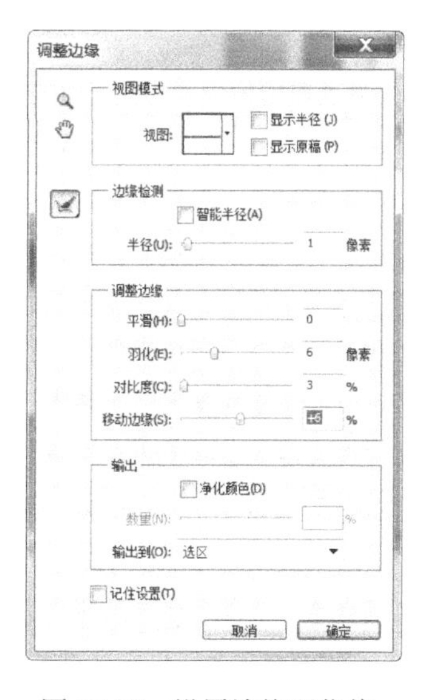

图 13-75 设置边缘羽化值

图 13-76 两幅图片融合后效果

（7）最后，将所有图层合并成一个图层。执行菜单【图层】→【合并可见图层】命令，即可将所有可见图层（前面有 的图层）合并到底层成一个图层，如图 13-77 所示。

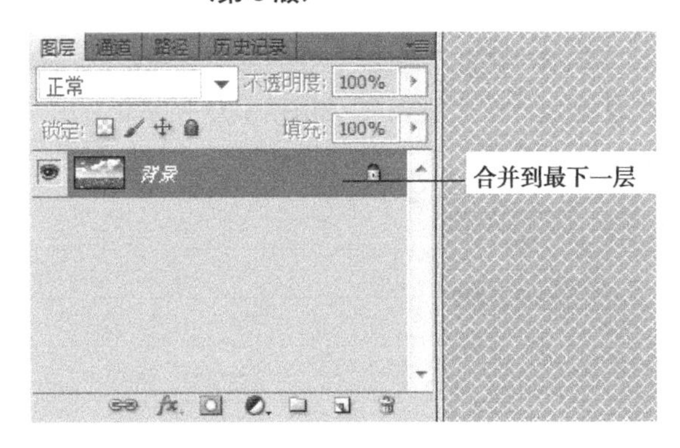

图 13-77　合并可见图层

将文件另存为“蓝天草地融合.png”图像文件。

相关知识

图层混合模式

图层与图层之间可以通过混合模式得到很多不同的叠加效果。当不同的层叠加在一起时，除了设置图层的不透明度以外，图层混合模式也将影响两个图层叠加后产生的效果。使用图层混合模式可以创建各种图层特效，实现充满创意的平面设计作品。

Photoshop CS5 中有 27 种图层混合模式，如图 13-73 所示。

1. 三个术语：基色（或称原始色）、混合色、结果色

基色是指当前图层之下的图层颜色；混合色是指当前图层的颜色；结果色是指图层混合后得到的颜色。

2. 部分混合模式介绍

（1）正常：默认模式，不和其他图层发生任何混合，使用时用当前图层像素的颜色覆盖下层颜色。

（2）溶解：使用时，该模式把当前图层的像素以一种颗粒状的方式作用到下层，以获取溶入式效果。将图层控制面板中不透明度值调低，溶解效果更加明显。

（3）变暗：选择较暗的像素作为混合结果，颜色较亮的像素会被颜色较暗的像素替换，而较暗的像素不会发生变化。

（4）正片叠底：考察每个通道里的颜色信息，并对基色进行正片叠加处理。如果和黑色发生混合，产生的就只有黑色；如果与白色混合就不会产生任何变化。

（5）颜色加深：查看每个通道中的颜色信息通过增加对比度使基色变暗，与白色混合后不产生变化。

（6）线性加深：通过降低亮度，让基色变暗以反映混合色彩，和白色混合不产生变化。

（7）变亮：比较相互混合的像素亮度，混合颜色中较亮的像素不变，较暗的像素则被替代。

（8）滤色：系统将混合色与基色相乘，再转为互补色，利用这种模式得到结果色通常为亮色。

（9）颜色减淡：与颜色加深模式刚好相反，通过降低对比度，加亮基色来反映混合色彩，与黑色混合没有任何变化。

（10）线性减淡（添加）：通过增加亮度使基色变亮，以此获得混合色，与黑色混合无变化。

（11）叠加：将混合色与基色叠加，并保持基色的亮度，此时基色不会被代替。但与混合色混合，将反映原色的明暗度。

（12）柔光：产生一种柔光照射的效果。如果混合色颜色比基色的像素更亮一些，那么结果色将更亮，反之则更暗。

（13）强光：产生一种强光照射的效果。如果混合色颜色比基色的像素更亮一些，那么结果色颜色将更亮，反之则更暗。

（14）亮光：通过增加或减小对比度来加深或减淡颜色，具体取决于混合色。如果混合色比 50%灰色亮，则通过减小对比度使图像变亮；如果混合色比 50%灰色暗，则通过增加对比度使图像变暗。

（15）线性光：通过减小或增加亮度来加深或减淡颜色，具体取决于混合色。如果混合色比 50%灰色亮，则通过增加亮度使图像变亮；如果混合色比 50%灰色暗，则通过减小亮度使图像变暗。

注意：由于篇幅原因，在此只介绍前 15 种混合模式。

3. 制作刷子涂抹效果

制作如图 13-78 所示刷子涂抹效果。

（1）对“刷子涂抹”图片抠图。如图 13-79 所示，刷子涂抹图片背景单一，可以说只有白色，适合使用简单快捷的“色彩范围”抠图。方法如下。

图 13-78　刷子涂抹效果

图 13-79　刷子涂沫图片对话框

① 执行菜单【选择】→【色彩范围】命令，弹出【色彩范围】对话框，如图 13-80 所示。选择黑色区域中一处位置，单击进行颜色取样，单击【确定】按钮，看到黑色区域部分形成选区，如图 13-81 所示。

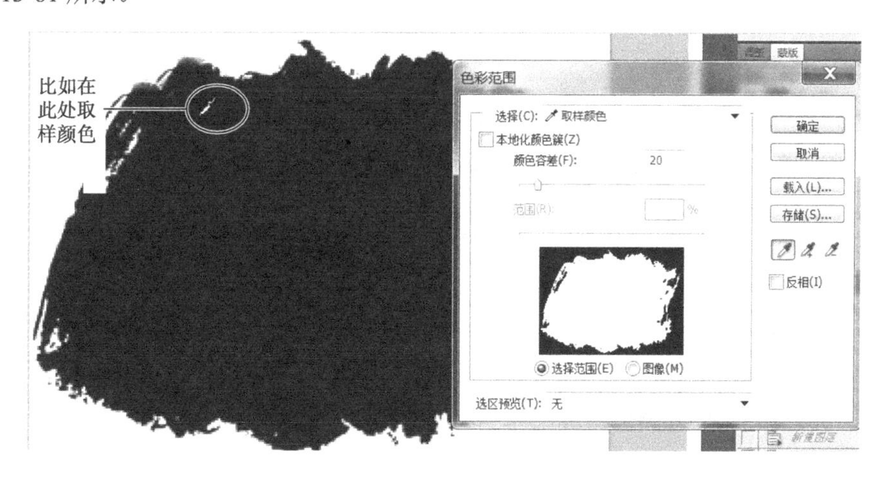

图 13-80 【色彩范围】对话框

② 按“Ctrl+C”快捷键复制选区。

③ 新建一个图层，按“Ctrl+V”快捷键将选区粘贴到新图层。

④ 删除背景层，被抠出图像如图13-82所示。

⑤ 将文件另存为“涂抹抠后.png”。

图13-81　建立选区

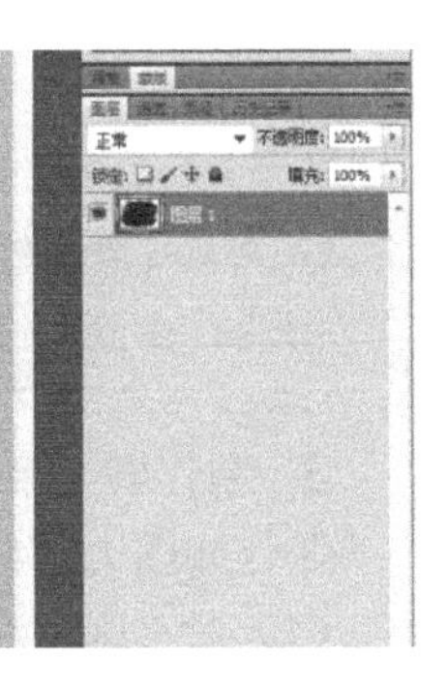

图13-82　被抠出的图像

（2）新建一个PS文件，设置大小为“700×400像素”，背景色为白色，文件命名为“刷子涂抹.psd”。

（3）分别将之前处理好的“蓝天草地融合.png”和“涂抹抠后.png”两幅图像复制粘贴到新建文件中。调整其大小和位置，并将各个图层命名，如图13-83所示。

注意：“图片”图层应在“涂抹部分”图层的上一层。

（4）选中“涂抹部分”图层，使用色彩范围命令创建选区，如图13-84所示。

图13-83　导入两幅图片

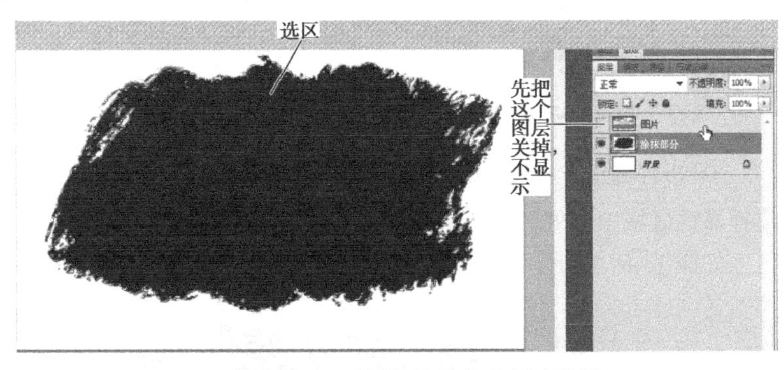

图13-84　对黑色涂抹部分创建选区

（5）单击图层面板下方的“添加图层蒙版”按钮，根据选区创建图层蒙版，如图13-85所示。按住Alt键拖动蒙版至“图片”图层，即可复制一个蒙版。使用蒙版制作的涂抹效果如图13-86所示。

（6）删除“背景”图层。

（7）执行菜单【文件】→【存储为】命令，将当前文件另存为“刷子涂抹效果.png”。

经过以上操作，我们获得了两个文件：“刷子涂抹.psd”和“刷子涂抹效果.png”，如图13-87所示。前者是Photoshop编辑文档，用于对文件的修改编辑；后者是图片文件，作为图片直接使用。

图 13-85　添加图层蒙版

图 13-86　效果图

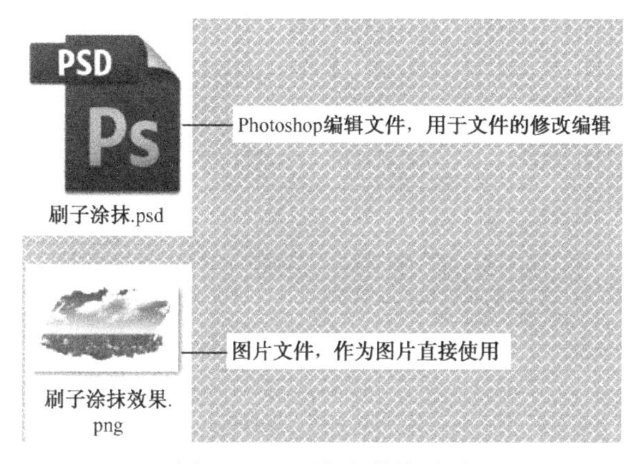

图 13-87　两个文件的区别

13.3.4　制作公益海报

经过以上操作，获得了以下素材，如图 13-88 所示。另外，根据海报的设计要求，从网上搜索到蓝色和绿色刷子图片，以及海报底部绿色艺术图片，并进行了抠图、去水印等处理，如图 13-89 所示。

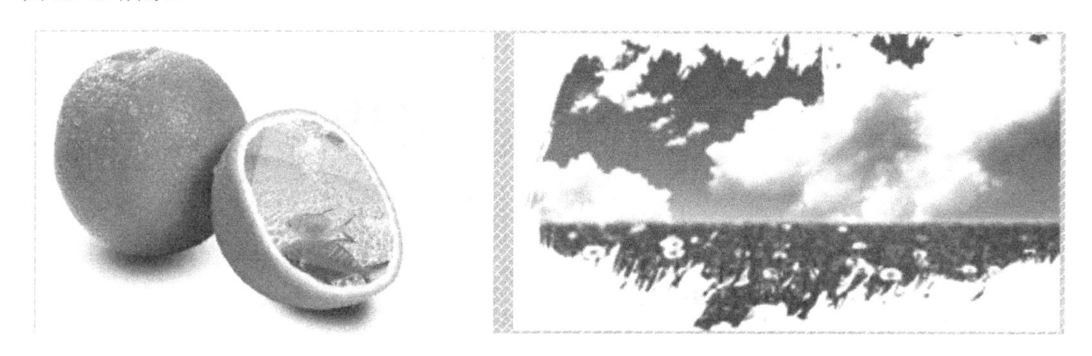

图 13-88　“橘子鱼缸.png”文件 和“刷子涂抹效果.png”文件

下面将根据以上素材制作公益海报。步骤如下。

（1）新建一个 PS 文件，设置大小为“1200×800 像素”，背景颜色为白色，文件命名为“公益海报.psd”。

（2）在 PS 中打开以上 5 个素材文件。

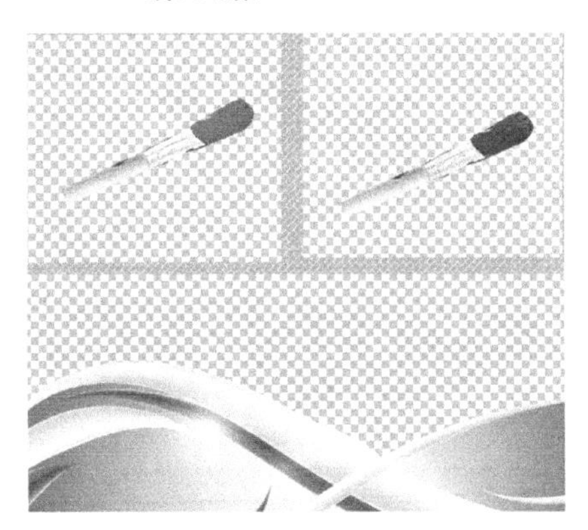

图 13-89 “绿色刷子.png”、“蓝色刷子.png”、“绿色艺术图片.png”

（3）依次将素材文件复制粘贴到“公益海报.psd”文件中，调整大小和位置，如图 13-90 所示。

图 13-90 导入素材后的效果

（4）为海报添加文字。

① 新建一个图层，将图层命名为“文字”。

② 选择工具箱中的“横排文字工具” T，在属性栏中进行“字体”、“字号”、“字体颜色”等设置；单击鼠标左键，输入文字“低碳生活—绿色家园”，如图 13-91 所示。

图 13-91 输入文字

③ 在图层面板中，单击下方的“添加图层样式”按钮 fx. ，在列表中选择“投影”，如图 13-92 所示。

④ 弹出【图层样式】对话框，在此进行投影项的设置，如“混合模式”、“不透明度”、“角度”、“距离”、“大小”等，如图 13-93 所示。

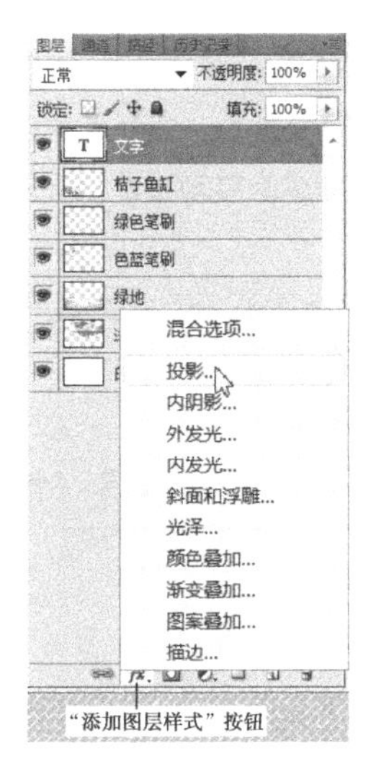

图 13-92　图层样式

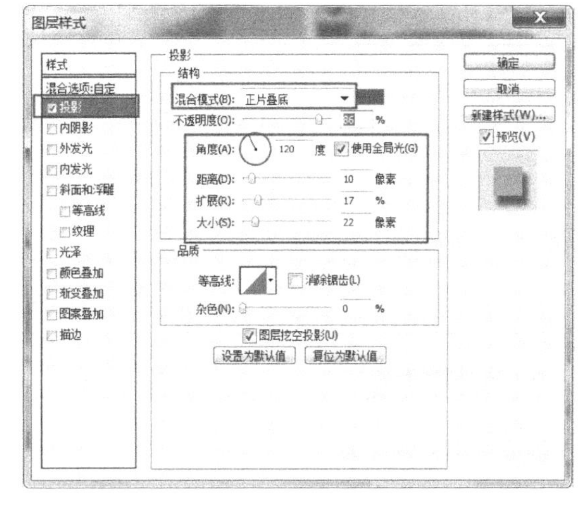

图 13-93　设置“投影”图层样式

⑤ 单击【确定】按钮，文字投影效果如图 13-94 所示。

至此，公益海报制作完成。

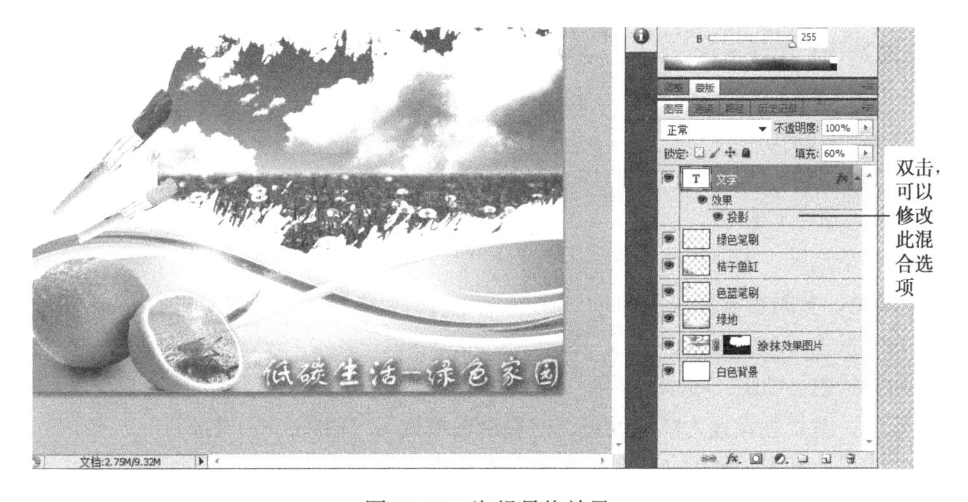

图 13-94　海报最终效果

相关知识

图层样式

（1）图层样式是为图层额外添加的各种丰富的效果，用来制作不同的特效。可以应用 Photoshop 自身提供的某种预设样式，也可以使用【图层样式】对话框创建自定样式。

（2）显示和应用预设样式。执行菜单【窗口】→【样式】命令，打开“样式”面板，如图 13-95 所示。使用鼠标选择某种样式即可应用该图层样式。

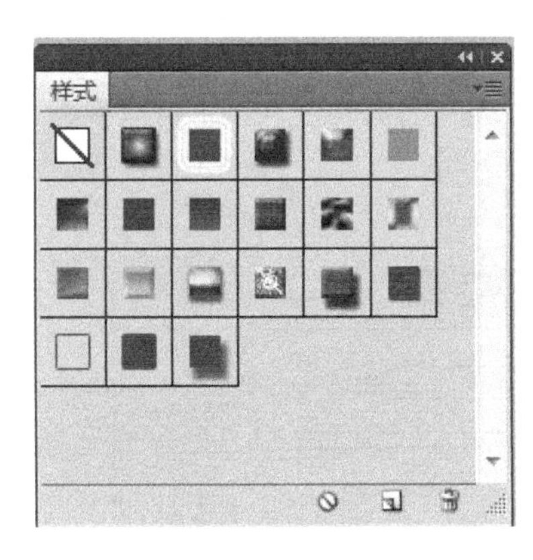

图 13-95 “样式”面板

（3）图层样式也可以进行复制、粘贴以及清除等操作。

（4）常用图层样式主要有：投影、内阴影、外发光、内发光、斜面和浮雕、光泽、颜色叠加、渐变叠加、图案叠加、描边等。

（5）图层样式特点。

① 应用的图层效果与图层紧密结合，即如果移动或变换图层对象、文本或形状，图层效果就会自动随着图层对象、文本或形状移动或变换。

② 图层效果可以应用于标准图层、形状图层和文本图层。

③ 可以为一个图层应用多种效果。

④ 可以从一个图层复制效果，然后粘贴到另一个图层。

13.3.5 常用快捷键

1. 图层应用相关快捷键

复制图层：Ctrl+J

向下合并图层：Ctrl+E

合并可见图层：Ctrl+Shift+E

放大视窗：Ctrl+“+”

缩小视窗：Ctrl+“-”

2. 区域选择相关快捷键

全选：Ctrl+A

取消选区：Ctrl+D

反选：Ctrl+Shift+I

恢复到上一步：Ctrl+Z

复制并移动选区：Alt+移动工具

3. 前景色、背景色设置快捷键

填充为前景色：Alt+Delete

填充为背景色：Ctrl+ Delete

将前景色、背景色设置为默认设置（前黑后白模式）：D 键

前景、背景色互换：X 键

4. 图像调整相关快捷键

调整色阶工具：Ctrl+L

调整色彩平衡：Ctrl+B

调节色调/饱和度：Ctrl+U

自由变形：Ctrl+T

去色：Ctrl+Shift+U

5. 画笔调整相关快捷键

增大笔头大小：右中括号]

减小笔头大小：左中括号 [

使用画笔工具：B

拓展实训

实训 1：照片处理

照片后期处理是日常工作和生活中经常用到的。由于设备的不理想、环境的不理想、人物本身缺陷等拍出的照片总是不尽如人意，因此对日常图片的基本处理和艺术化处理就显得尤为重要了。一般照片处理可分为修复、美化、创意三种，比如修复红眼、老照片翻新，或删掉背景里不应该出现的东西；或者是图片的调色、肤色美化，去掉脸上的斑点和痘印等；或者在原照片基础上，加上文字、图片、特效等，做出自然照片没有的创意感觉。

本实训通过对人物照片进行去斑、磨皮、色相、曲线等调整，处理前后对照图如图 13-96 所示。

图 13-96　照片处理前后对比图

素材：人物.jpg。

所含知识点：

- 修复画笔工具的使用；
- 滤镜效果的应用；
- 使用曲线工具校正图像的颜色。

主要步骤如下。

（1）去除人物面部斑点。

① 打开“人物.jpg”图片，复制图层，命名为“去斑”。按“Ctrl+加号”快捷键（可按多次，调整到合适大小）放大图像。（注：按“Ctrl+减号”快捷键是缩小图像）

② 选择工具箱中的修复画笔工具，单击鼠标右键，调节画笔硬度为“0”，间距默认，调节画笔到合适大小。

③ 按住“Alt”键，在斑点附近无斑点皮肤处点击鼠标左键取样，松开“Alt”键，点击斑点，斑点消失。因为斑点遍布面部不同区域，各区域的皮肤颜色也有不同，所以在去除斑点的过程中要不断取样，不断调节画笔大小。去除部分斑点后如图 13-97 所示；去除整个面部斑点后效果如图 13-98 所示。

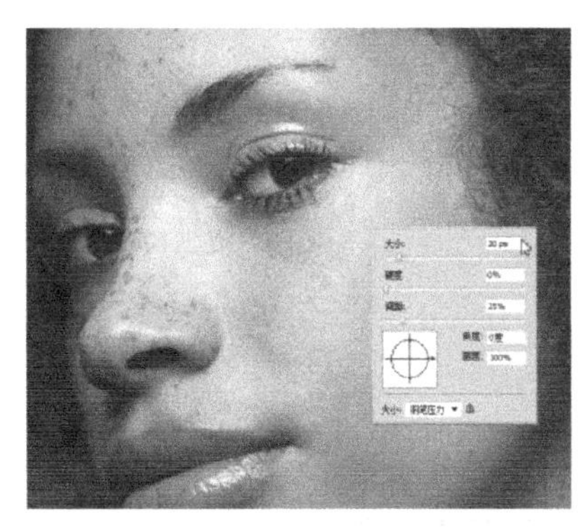

图 13-97　去除部分斑点效果图

图 13-98　去除整个面部斑点效果图

（2）皮肤细化模糊处理。

① 把去斑后的图层复制一份，命名为“模糊”，“图层”面板如图 13-99 所示。

② 执行菜单【滤镜】→【模糊】→【高斯模糊】命令，设置“半径”为 2，如图 13-100 所示，单击【确定】按钮。

图 13-99　当前图层

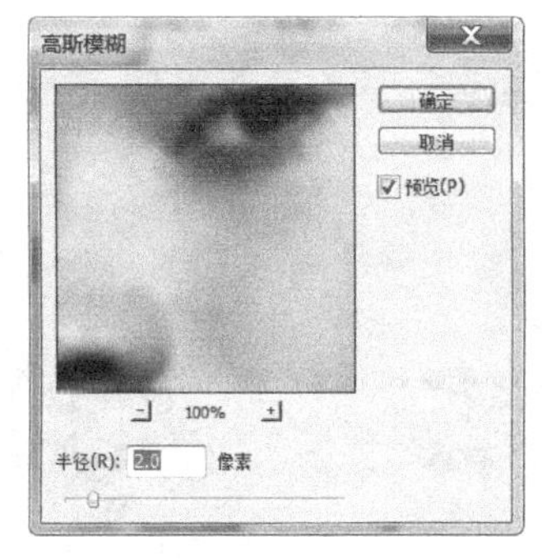

图 13-100　高斯模糊

③ 复制“去斑”图层，并将其放到“模糊”图层的上面，如图 13-101 所示。选择橡皮擦工具，调到适当大小，硬度为 0。

④ 切换到“去斑 副本”图层，使用橡皮擦工具擦去上层清晰的，露出下层模糊层（想让哪块皮肤模糊就擦哪里，这里只擦面部皮肤，不擦五官），注意保留原始皮肤的明暗轮廓，效果如图 13-101 所示。

图 13-101　橡皮擦擦后效果

⑤ 擦完后，把模糊层的不透明度值调“40%”左右，会更自然一些。

（3）调亮度。

① 按住 Shift 键选择上面两个图层，按“Ctrl+E”快捷键合并图层。

② 单击“图层”面板下方的“创建新的填充或调整图层”按钮，在弹出的列表中选择“曲线”选项，在上方“调整”面板中调整曲线的输入和输出值，使得图像变亮，如图 13-102 所示。

图 13-102　调整曲线参数使得图像变亮

实训 2：制作“金属质感”效果艺术字

利用图层样式制作如图 13-103 所示艺术字。制作步骤如下。

图 13-103　公司入职培训演示文稿效果图

（1）安装“Rothenburg Decorative”字体。（素材中已提供该字体文件。）

（2）新建一个宽 1000 像素，高 500 像素，黑色背景的文件。

（3）为黑色背景层添加杂色。执行菜单【滤镜】→【杂色】→【添加杂色】命令，在弹出的【添加杂色】对话框中，设置数量为“3%”，如图 13-104 所示，单击【确定】按钮。

（4）创建一个新图层，选择工具箱中的“横排文字工具”工具，在合适位置单击鼠标设定文字“Olympics”，在上方属性栏中设置文字的大小为 200 点，字体为“Rothenburg Decorative”，字体颜色为白色。

（5）单击图层面板下方的“添加图层样式”按钮，在列表中选择“斜面和浮雕”选项，如图13-105所示。

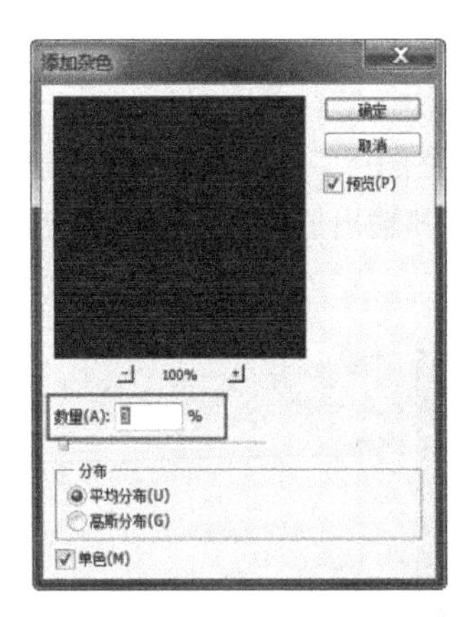

图13-104 【添加杂色】对话框

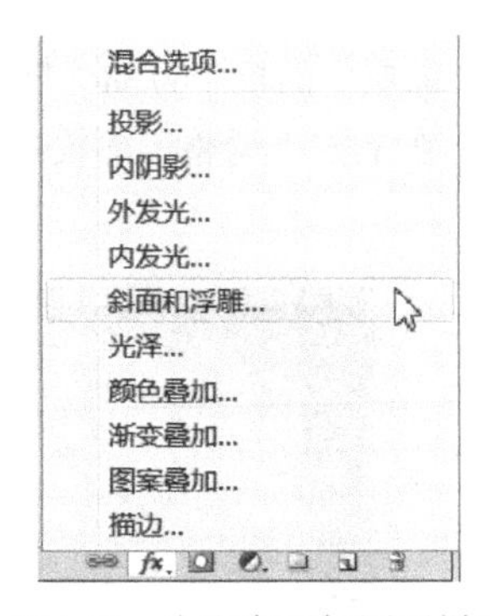

图13-105 为文字添加图层样式

（6）设置如图13-106所示的“斜面和浮雕”样式（按图中所示各项参数设置，下同）。

（7）设置如图13-107所示的“投影”样式。

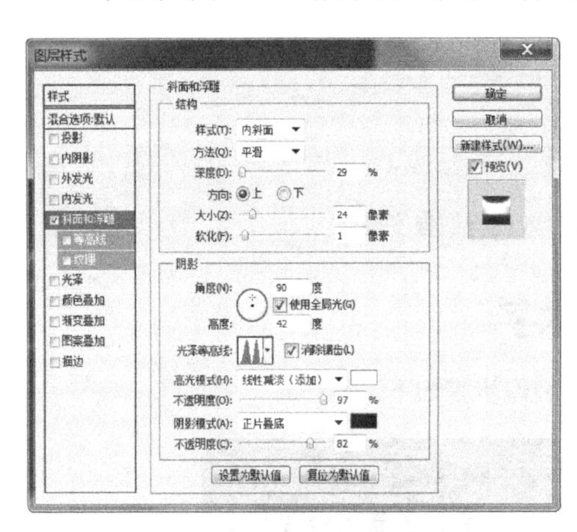

图13-106 设置“斜面和浮雕”图层样式

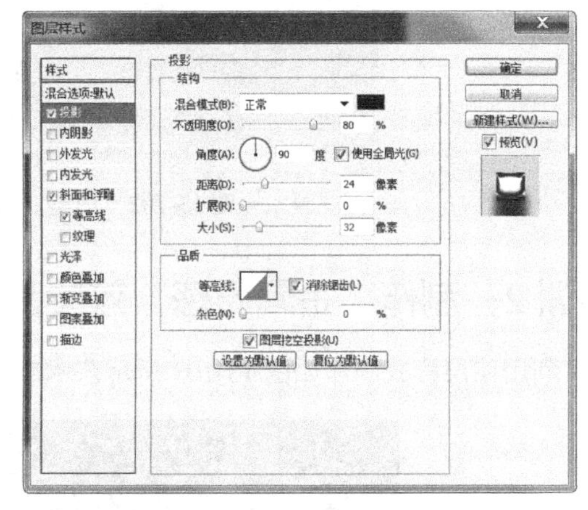

图13-107 设置“投影”图层样式

（8）设置如图13-108所示的“内阴影”样式。

（9）设置如图13-109所示的“光泽”样式。

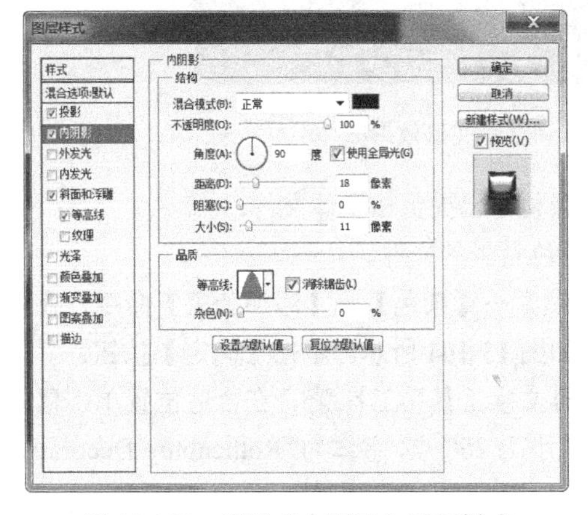

图13-108 设置“内阴影”图层样式

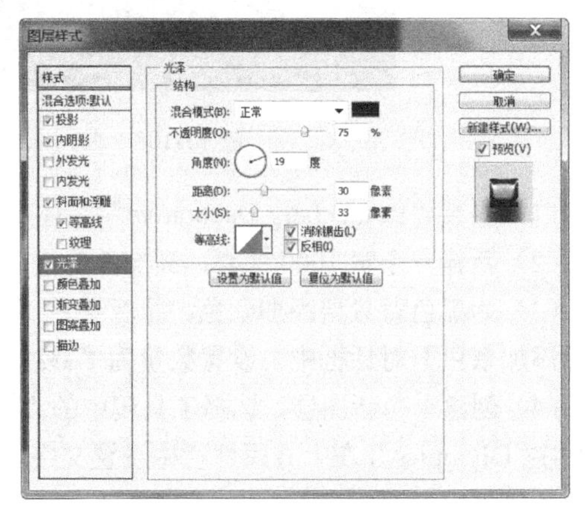

图13-109 设置“光泽”图层样式

（10）设置如图 13-110 所示的“颜色叠加”样式。

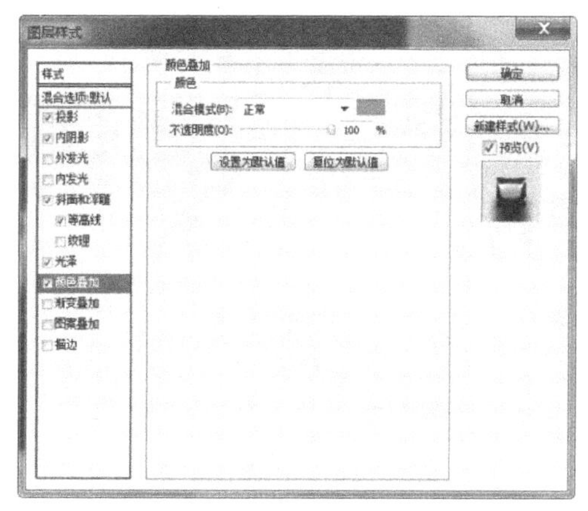

图 13-110　设置“颜色叠加”图层样式

（11）设置如图 13-111 所示的“描边”样式。

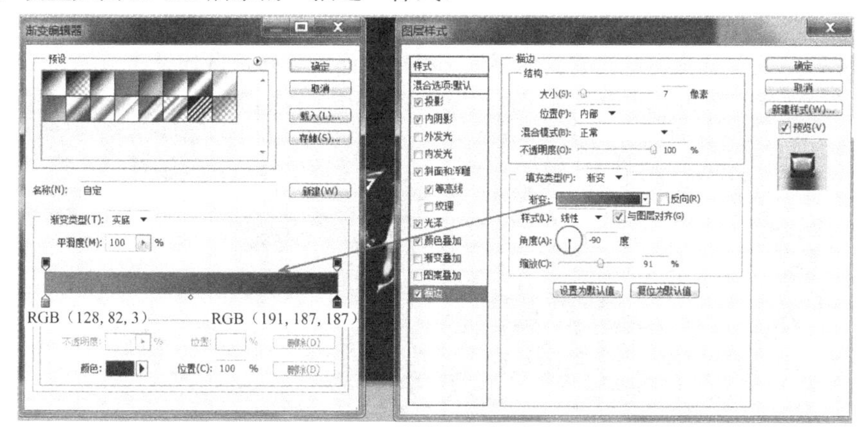

图 13-111　设置“描边”图层样式

实训 3：制作包装盒

包装盒效果图如图 13-112 所示。主要步骤如下。

图 13-112　包装盒效果图

（1）依次制作包装盒正面、侧面、顶部，如图 13-113 所示。

图 13-113　步骤分解图

（2）制作包装盒正面。

① 在 PS 中打开素材文件“正面背景.jpg”，如图 13-114 所示。

② 添加文字“中秋月饼”，如图 13-115 所示，并设置“投影”、“斜面和浮雕”、“描边”等图层样式效果。（文字样式在此没有具体要求，根据前面所学知识自行设计。）

图 13-114　包装盒正面背景图片

图 13-115　添加艺术效果文字

③ 在“中秋月饼”文字下方添加英文文字“ZHONGQIUYUEBING”，设置文字效果样式，如图 13-116 所示。

图 13-116　包装盒正面图

（3）制作包装盒侧面（见图 13-117）。

① 新建一个宽 200 像素，高 500 像素，背景白色的 PS 文件。

② 使用渐变工具为背景设置从左至右的渐变填充，如图 13-118 所示。

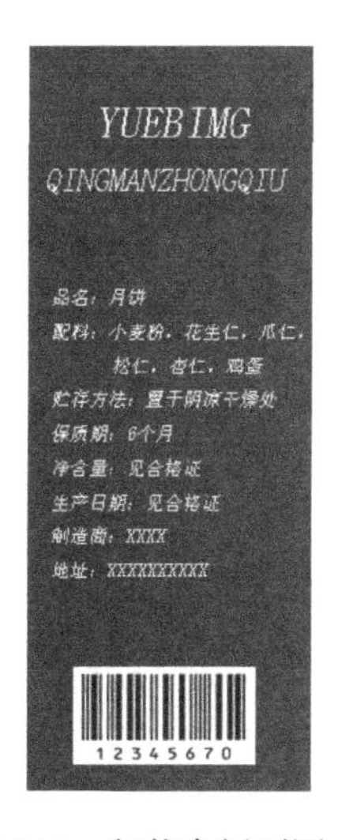

图 13-117　包装盒侧面图

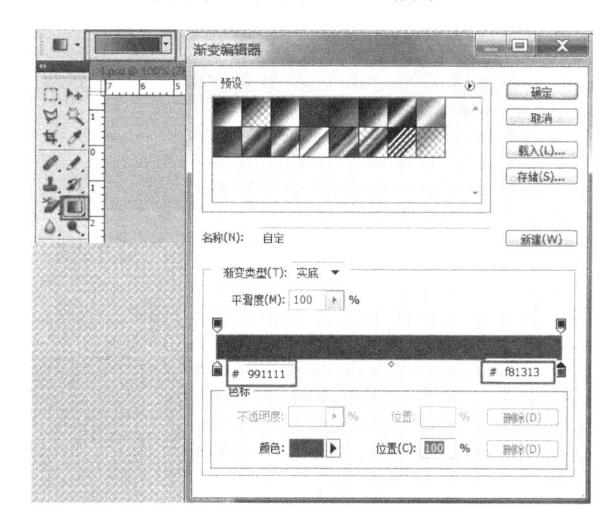

图 13-118　渐变填充设置

③ 设置文字和条形码。

（4）制作包装盒顶部图像。

（5）将以上 3 个文件分别存储为“正面.jpg”、“侧面.jpg”、“顶部.jpg”。

（6）制作包装盒。

① 新建一个宽 800 像素，高 500 像素，背景白色的 PS 文件。

② 为背景设置从灰色到黑色的渐变填充，如图 13-119 所示。

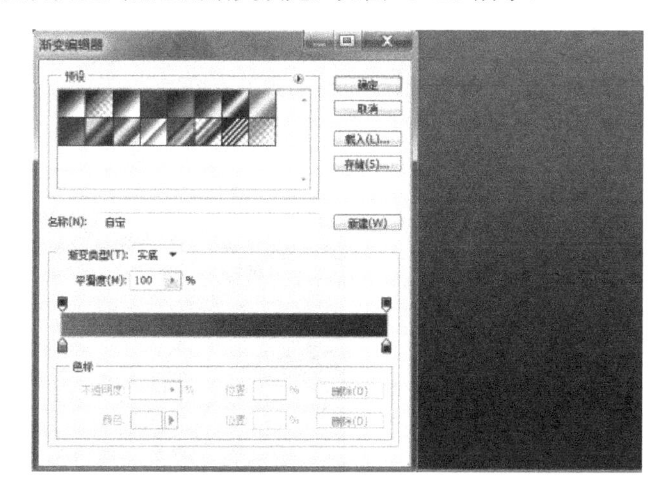

图 13-119　渐变填充设置

③ 将制作好的 3 张图片导入，并摆放好，如图 13-120 所示。

④ 定位在“侧面”图层，按“Ctrl+T”快捷键对侧面图像变形，单击鼠标右键，弹出如图 13-121 所示快捷菜单，选择“斜切”命令，调整侧面图像，如果需要还可使用“缩放”等命令进行调整。

图 13-120　摆放效果

⑤ 同样操作对顶部图像进行调整，如图 13-122 所示。

图 13-121　调整侧面图像

图 13-122　调整后效果

（7）制作包装盒倒影。

① 复制“正面”图层和“侧面”图层，如图 13-123 所示。

② 在“正面 副本”图层下，按“Ctrl+T”快捷键，对正面副本图像进行变形，单击鼠标右键，在弹出的快捷菜单中选择“垂直翻转”，拖动到下方位置。

③ 同样的操作，对侧面副本图像进行垂直翻转，使用“斜切”命令调整位置，效果如图 13-124 所示。

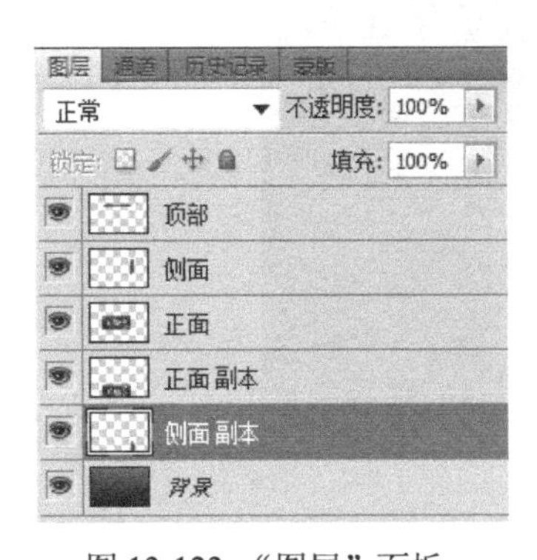

图 13-123　“图层”面板

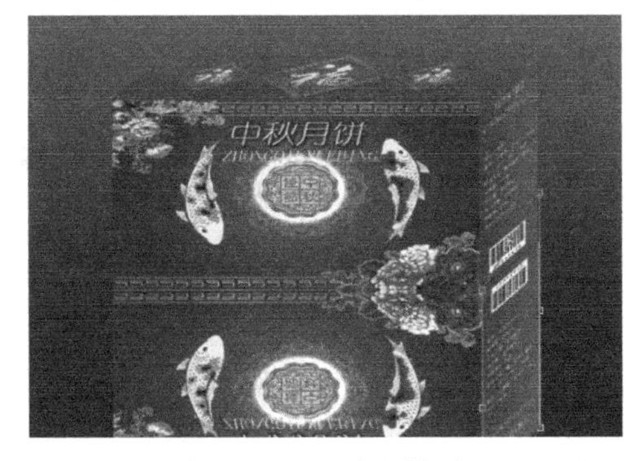

图 13-124　垂直翻转后

④ 对图 13-123 中的“正面 副本”和“侧面 副本”图层进行合并。方法为：按“Shift”键选中两个图层，按“Ctrl+E”快捷键组合，组合后效果如图 13-125 所示。

⑤ 单击左侧工具箱下方的“以快速蒙版模式编辑”按钮 ，进入快速蒙版编辑状态。为整个图像设置从白色到透明的渐变填充，如图 13-126 所示。

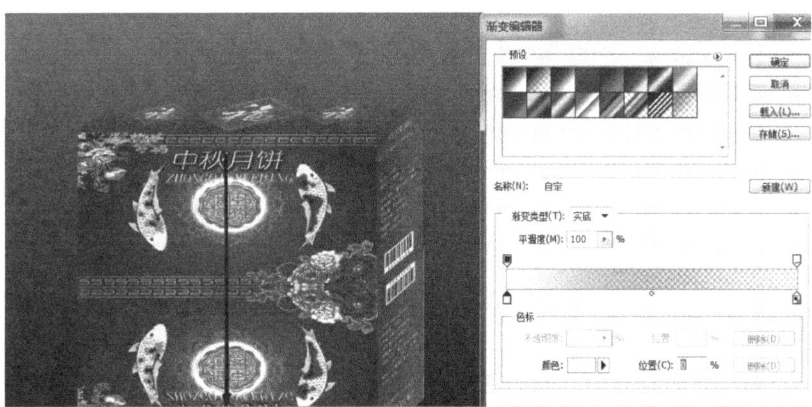

图 13-125　合并后图层　　　　图 13-126　快速蒙版编辑状态下设置渐变填充

⑥ 单击工具箱中的“以快速蒙版模式编辑”按钮 ，退出快速蒙版模式，按“Delete”键清除选区内容，得到效果如图 13-127 所示。到此，包装盒制作完成。

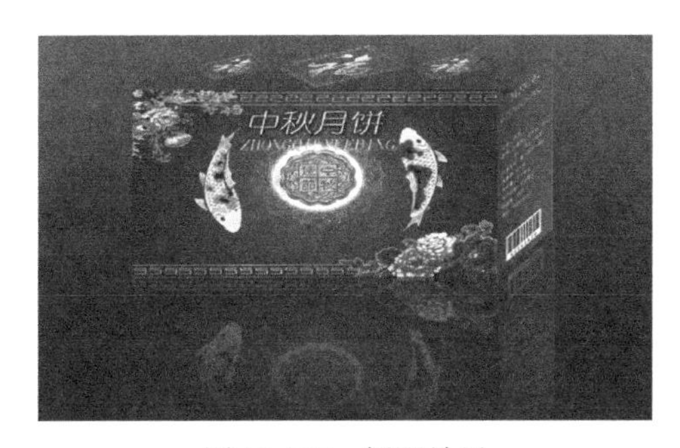

图 13-127　倒影效果

综合实践

通过以上学习，根据掌握的知识和技能，设计制作一个刊物或杂志封面。优秀的刊物或杂志封面设计应具有以下特点：

（1）立意新颖，主题鲜明；

（2）构形典雅，设计大方，风格独具；

（3）色彩清新，颜色搭配有一定视觉冲击力；

（4）刊头有强烈视觉效果。

扩展案例 2　组建及运用办公局域网

扫一扫学
局域网组建

扩展案例 3　网上交流与电子商务

扫一扫学
互联网技巧

参 考 文 献

[1] 姜传芳．Word/Excel 文秘办公典型实例[M]．北京：科学出版社，2009．

[2] 康轩文化，余婕．Word 2007 文档处理[M]．重庆：电脑报电子音像出版社，2008．

[3] 神龙工作室．Excel 表格制作范例应用[M]．北京：人民邮电出版社，2010．

[4] 赛贝尔资讯．Excel 公司表格设计典型实例[M]．北京：清华大学出版社，2008．

[5] 刘仰华，王丽艳．计算机应用基础[M]．北京：中国铁道出版社，2009．

[6] 方汗，陈朝华．局域网与 Internet 应用[M]．昆明：云南科学技术出版社，2005．

[7] 启典文化．新手学 Word/Excel/PPT2013 商务办公应用与技巧[M]．中国铁道出版社，2015．

[8] 神龙工作室．Word/Excel/PPT2013 办公应用从入门到精通[M]．人民邮电出版社，2015．

[9] 陈魁，吴娜．PPT 演义 100%幻灯片设计密码[M]．电子工业出版社，2014．